高等职业教育工程造价与工程管理类专业"十三五"规划教材

建筑施工工艺

主　编　钟汉华　危义祥　聂红峡
副主编　李君玉　吕　斌　闵绍禹　贾晨琛
主　审　鲁立中

WUHAN UNIVERSITY PRESS

武汉大学出版社

图书在版编目(CIP)数据

建筑施工工艺/钟汉华,危义祥,聂红峡主编.—武汉:武汉大学出版社,2017.3(2021.8重印)

高等职业教育工程造价与工程管理类专业"十三五"规划教材

ISBN 978-7-307-18846-4

Ⅰ.建…　Ⅱ.①钟…　②危…　③聂…　Ⅲ.建筑工程—工程施工—高等职业教育—教材　Ⅳ.TU7

中国版本图书馆 CIP 数据核字(2016)第 275195 号

责任编辑:邹　莹　　责任校对:杜筱娜　　装帧设计:吴　极

出版发行:**武汉大学出版社**　(430072　武昌　珞珈山)

(电子邮箱:whu_publish@163.com　网址:www.stmpress.cn)

印刷:广东虎彩云印刷有限公司

开本:787×1092　1/16　印张:21.75　字数:516 千字

版次:2017 年 3 月第 1 版　2021 年 8 月第 2 次印刷

ISBN 978-7-307-18846-4　　定价:48.00 元

特别提示

　　教学实践表明,有效地利用数字化教学资源,对于学生学习能力以及问题意识的培养乃至怀疑精神的塑造具有重要意义。

　　通过对数字化教学资源的选取与利用,学生的学习从以教师主讲的单向指导模式转变为建设性、发现性的学习,从被动学习转变为主动学习,由教师传播知识到学生自己重新创造知识。这无疑是锻炼和提高学生的信息素养的大好机会,也是检验其学习能力、学习收获的最佳方式和途径之一。

　　本系列教材在相关编写人员的配合下,逐步配备基本数字教学资源,主要内容包括:

　　文本:课程重难点、思考题与习题参考答案、知识拓展等。

　　图片:课程教学外观图、原理图、设计图等。

　　视频:课程讲述对象展示视频、模拟动画,课程实验视频,工程实例视频等。

　　音频:课程讲述对象解说音频、录音材料等。

数字资源获取方法:

① 打开微信,点击"扫一扫"。

② 将扫描框对准书中所附的二维码。

③ 扫描完毕,即可查看文件。

更多数字教学资源共享、图书购买及读者互动敬请关注"开动土木传媒"微信公众号!

前　言

　　本书根据工程造价专业的人才培养目标,以造价员、造价工程师等职业岗位能力的培养为导向,同时遵循高等职业院校学生的认知规律,以专业知识和职业技能、自主学习能力及综合素质培养为课程目标,紧密结合职业资格考试中的相关考核要求进行编写。本书按照土方工程施工、地基与基础工程施工、砌筑工程施工、混凝土结构工程施工、预应力混凝土工程施工、钢结构工程施工、结构工程安装、防水工程施工、建筑节能工程施工、建筑装饰工程施工等进行内容安排。本书根据编者多年的工作经验和教学实践,在自编教材基础上修改、补充编纂而成,可作为高等职业教育工程造价、建筑工程管理、工程监理等专业的教学用书,也可作为土建类其他层次职业教育相关专业的培训教材和土建工程技术人员的参考用书。

　　建筑施工工艺是一门实践性很强的课程。为此,本书始终坚持"素质为本、能力为主、需要为准、够用为度"的原则进行编写。本书结合我国建筑工程施工的实际精选内容,以贯彻理论联系实际、注重实践能力的整体方针,突出针对性和实用性,便于学生学习。同时,还兼顾了不同地区的特点和要求,力求反映国内外建筑工程施工的先进经验和技术成就。

　　本书由钟汉华、危义祥、聂红峡担任主编,李君玉、吕斌、闵绍禹及合肥职业技术学院贾晨琛担任副主编,董伟、施艳平、胡金光、石硕、王琨鸣参与了编写。湖北卓越工程监理有限责任公司鲁立中担任主审。具体编写分工为:钟汉华、董伟编写单元1,危义祥编写单元2,聂红峡、贾晨琛编写单元3,施艳平、闵绍禹编写单元4,胡金光编写单元5,吕斌编写单元6,李君玉编写单元7、单元8,石硕编写单元9,王琨鸣编写单元10。

　　在编写本书过程中,余燕君、邵元纯、王燕、金芳、李翠华、张少坤、刘宏敏、欧阳钦、徐欣、邱兰、王国霞、洪伟、丁艳荣等老师做了一些辅助性工作,在此对他们的辛勤工作表示感谢。

　　本书引用了大量有关专业文献和资料,未在书中一一注明出处,在此对相关文献的作者表示感谢。由于编者水平有限,加之时间仓促,书中难免存在错误和不足之处,敬请读者批评指正。

编　者

2016 年 10 月

目　　录

数字资源目录

单元1　土方工程施工

1.1　认识土的工程性质

5分钟看完本单元

1.1.1　土方工程施工特点

　　土方工程是一切建筑物施工的基础,也是建筑工程施工中的重要环节之一。它包括场地平整、土方开挖、土方填筑等主要施工过程,也包括施工排水、降水和土壁支护等辅助施工过程。土方工程施工有如下特点。

1. 工程量大,劳动强度高

　　大型场地平整工程,土方工程量可达数百万立方米,施工面积达数平方千米;大型基坑的开挖,有的甚至深达20多米,而且施工工期长,任务重,劳动强度高。在组织施工时,为了减轻繁重的体力劳动,提高生产效率,加快施工进度,降低工程成本,应尽可能采用机械化施工。

2. 施工条件复杂

　　土方工程施工多为露天作业,受气候条件、水文地质条件影响很大,施工中不确定因素较多。因此,施工前必须进行充分的调查研究,做好各项施工准备工作,制订合理的施工方案,以确保施工顺利进行,保证工程质量。

3. 受场地影响大

任何建筑物基础都有一定的埋置深度,基坑(槽)的开挖、土方的留置和存放都受到施工场地的影响,特别是城市内施工,场地狭窄,往往由于施工方案不妥,周围建筑设施、道路等出现安全问题。因此,施工前必须充分熟悉施工场地情况,了解周围建筑结构形式和地质技术资料,科学规划,制订切实可行的施工方案,以确保周围建筑物和道路的安全。

1.1.2 土的分类与鉴别

土的分类方法有很多,在土方工程施工中,常根据土体开挖的难易程度将土划分为松软土、普通土、坚土、砂砾坚土、软石、次坚石、坚石、特坚石 8 类。前 4 类属于一般土,后 4 类属于岩石,其分类和鉴别方法如表 1-1 所示。

表 1-1　　　　　　　　　　　　**土的工程分类与现场鉴别方法**

土的分类	土的名称	可松性系数		现场鉴别方法
		K_s	K'_s	
一类土（松软土）	砂土,粉土,冲积砂土层,种植土,泥炭(淤泥)	1.08~1.17	1.01~1.03	能用锹、锄头挖掘
二类土（普通土）	粉质黏土,潮湿的黄土,夹有碎石、卵石的砂,种植土,填筑土及粉土混卵(碎)石	1.14~1.28	1.02~1.05	用锹、锄头挖掘,少许用镐翻松
三类土（坚土）	中等密实黏土,重粉质黏土,粗砾石,干黄土及含碎石、卵石的黄土,粉质黏土,压实的填筑土	1.24~1.30	1.04~1.07	用镐,少许用锹、锄头挖掘,部分用撬棍
四类土（砂砾坚土）	坚硬、密实的黏土及含碎石、卵石的黏土,粗卵石,密实的黄土,天然级配砂石,软泥灰岩及蛋白石	1.26~1.32	1.06~1.09	整个用镐、撬棍,然后用锹挖掘,部分用楔子及大锤
五类土（软石）	硬质黏土,中等密实的页岩、泥灰岩、白垩土,胶结不紧的砾岩,软的石灰岩	1.30~1.45	1.10~1.20	用镐或撬棍、大锤挖掘,部分使用爆破方法
六类土（次坚石）	泥岩,砂岩,砾岩,坚实的页岩、泥灰岩,密实的石灰岩,风化花岗岩,片麻岩	1.30~1.45	1.10~1.20	用爆破方法开挖,部分用风镐开挖
七类土（坚石）	大理岩,辉绿岩,玢岩,粗、中粒花岗岩,坚实的白云岩、砂岩、砾岩、片麻岩、石灰岩,微风化的安山岩、玄武岩	1.30~1.45	1.10~1.20	用爆破方法开挖
八类土（特坚石）	安山岩,玄武岩,花岗片麻岩,坚实的细粒花岗岩、闪长岩、石英岩、辉长岩、辉绿岩、玢岩	1.45~1.50	1.20~1.30	用爆破方法开挖

土的开挖难易程度直接影响土方工程施工方案的选择、劳动量的消耗和工程费用。土体越硬,劳动消耗量越大,工程成本越高。正确区分和鉴别土的种类,可以合理选择施工方案,准确套用定额,计算出土方工程的相关费用。

1.1.3 土的工程性质

土的工程性质对土方工程施工有着直接影响，也是土方工程施工方案确定的基本资料。土的常见工程性质有：土的含水量、土的质量密度、土的可松性和土的渗透性。

1. 土的含水量

土的含水量是指土中水的质量与土中固体颗粒质量的百分比。

$$W=\frac{m_1-m_2}{m_2}\times100\%=\frac{m_w}{m_s}\times100\% \qquad (1-1)$$

式中 m_1——含水状态土的质量，kg；

m_2——烘干后土的质量，kg；

m_w——土中水的质量，kg；

m_s——土中固体颗粒的质量，即指土经 105 ℃高温烘干后的质量，kg。

含水量表示土体的干湿程度。含水量在 5%以下称为干土，含水量为 5%～30%称为潮湿土，含水量大于 30%称为湿土。土的含水量受气候条件、雨雪和地下水的影响。含水量对挖土的难易程度、施工时边坡的稳定性及回填土的夯实质量都有影响。

2. 土的质量密度

土的质量密度分为天然密度和干密度，表示土体的密实程度。

（1）土的天然密度

土的天然密度，指在天然状态下单位体积土的质量。它与土的密实程度和含水量有关。土的天然密度按下式计算：

$$\rho=\frac{m}{V} \qquad (1-2)$$

式中 ρ——土的天然密度，kg/m³；

m——土的总质量，kg；

V——土的体积，m³。

土的天然密度随着土颗粒的组成、孔隙的多少和含水量的变化而变化，一般黏土的天然密度为 1600～2200 kg/m³，密度越大，土体越硬，挖掘越困难。

（2）土的干密度

土的干密度，指单位体积土中固体颗粒的质量，计算公式为：

$$\rho_d=\frac{m_s}{V} \qquad (1-3)$$

式中 ρ_d——土的干密度，kg/m³；

m_s——土的固体颗粒质量，kg；

V——土的总体积，m³。

在一定程度上，土的干密度反映了土体颗粒排列的紧密程度。土的干密度愈大，表示土体愈密实。在填土压实时，土经过打夯，质量不变，体积变小，干密度增加，测定土的干密度可判断土是否达到要求的密实度。

3. 土的可松性

天然土经开挖后，其体积因松散而增加，虽经振动夯实，但仍然不能完全复原，土的

这种性质称为土的可松性。土的可松性用可松性系数表示，即

$$K_s = \frac{V_2}{V_1} \tag{1-4}$$

$$K_s' = \frac{V_3}{V_1} \tag{1-5}$$

式中　K_s，K_s'——土的最初、最终可松性系数；

V_1——土在天然状态下的体积，m^3；

V_2——土挖出后在松散状态下的体积，m^3；

V_3——土经压（夯）实后的体积，m^3。

土的可松性对土方平衡调配、基坑开挖时留弃土方量及运输工具的选择有直接影响。土的最终可松性系数是计算填方所需挖土工程量的主要参数，各类土的可松性系数见表1-1。

4. 土的渗透性

土的渗透性是指土体被水透过的性能。土的渗透性用渗透系数 K 表示，指单位时间内水穿透土层的能力，以 m/d 或 m/h 表示。土的渗透性同土的颗粒级配、密实程度等有关，是人工降低地下水位及选择各类井点的主要参数。各类土的渗透系数见表1-2。

表1-2　　　　　　　　　　土的渗透系数参考表

土的名称	渗透系数 $K/(m/d)$	土的名称	渗透系数 $K/(m/d)$
黏土	<0.005	中砂	5.00～20.00
粉质黏土	0.005～0.10	均质中砂	35～50
粉土	0.10～0.50	粗砂	20～50
黄土	0.25～0.50	圆砾石	50～100
粉砂	0.50～1.00	卵石	100～500
细砂	1.00～5.00		

1.2　土方量计算

土方量是土方施工设计和预算的重要依据，因此在施工前必须进行土方量计算。但由于土方工程往往地形复杂，几何形体不规则，要精确计算土方量比较困难。一般是将其假设或划分为一定的几何形体，并采用既能达到一定精度又与实际土方量相近的方法进行计算。

1.2.1　基坑与基槽土方量的计算

1. 基坑土方量

基坑土方量可按立体几何中拟柱体（由两个平行的平面作为底面的一种多面体）体积公式计算，如图1-1所示，即：

$$V = \frac{H}{6}(A_1 + 4A_0 + A_2) \tag{1-6}$$

式中　H ——基坑深度，m；

A_1，A_2 ——基坑上、下底面的面积，m^2；

A_0 ——基坑中截面的面积，m^2。

2. 基槽土方量

基槽土方量可沿长度方向分段后，按照上述同样的方法计算，如图 1-2 所示，即：

$$V_1 = \frac{L_1}{6}(A_1 + 4A_0 + A_2) \tag{1-7}$$

式中　V_1 ——第一段的土方量，m^3；

L_1 ——第一段的长度，m。

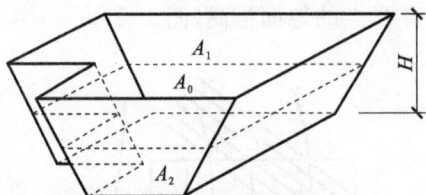

图 1-1　基坑土方量计算　　　　　　　图 1-2　基槽土方量计算

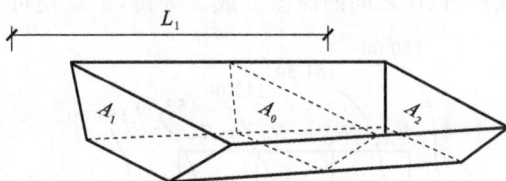

将各段土方量相加，即得总土方量：

$$V = V_1 + V_2 + \cdots + V_n \tag{1-8}$$

式中　V_1，V_2，$\cdots$，V_n ——各段土方量，m^3。

1.2.2　场地平整土方量的计算

建筑场地平整的平面位置和标高，通常由设计单位在总平面图竖向设计中确定。场地平整的方法通常是挖高填低。计算场地平整挖方量和填方量，首先要确定场地设计标高，由设计平面的标高与地面的自然标高之差，可以得到场地各点的施工高度（填、挖高度），由此可计算场地平整的挖方量和填方量。

1. 场地设计标高确定

场地设计标高是进行场地平整和土方量计算的依据，也是总图规划和竖向设计的依据。合理确定场地的设计标高，对减少土方量、加速工程进度都有重要的经济意义。如图 1-3 所示，当场地设计标高为 H_0 时，填挖方基本平衡，可将土方移挖作填，就地处理；当设计标高为 H_1 时，填方大大超过挖方，则需从场地外大量取土回填；当设计标高为 H_2 时，挖方大大超过填方，则要向场外大量弃土。因此，在确定场地设计标高时，应结合现场的具体条件，反复进行技术经济比较，选择其中最优的方案。

确定场地设计标高时，应考虑：满足生产工艺和运输的要求；充分利用地形（如分区台阶布置），尽量使挖填方平衡，以减少土方量；要有一定泄水

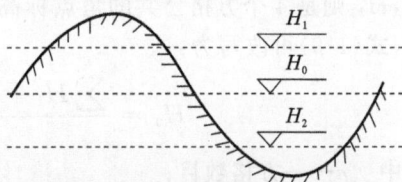

图 1-3　不同场地设计标高的比较

坡度(不小于 2%),使之能满足排水要求;要考虑最高洪水位的影响。

场地设计标高一般应在设计文件上规定,若设计文件对场地设计标高没有规定,可按下述步骤来确定场地设计标高。

(1) 初步计算场地设计标高(H_0)

初步计算场地设计标高的原则是场内挖填方平衡,即场内挖方总量等于填方总量($\sum V_挖 = \sum V_填$)。

① 在具有等高线的地形图上将施工区域划分为边长 $a = 10 \sim 40$ m 的若干方格,如图 1-4 所示。

② 确定各小方格的角点标高。其方法是根据地形图上相邻两等高线的高程,用插入法计算求得;也可用一张透明纸,在上面画 6 根等距离的平行线,把该透明纸放到标有方格网的地形图上,将 6 根平行线的最外两根分别对准 A、B 两点,这时 6 根等距离的平行线将 A、B 之间的高差分成 5 等份,于是便可直接读得 C 点的地面标高(图 1-5)。

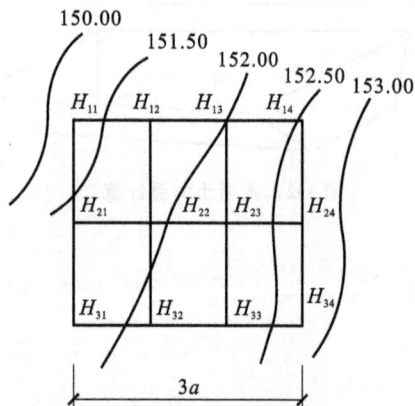

图 1-4 场地设计标高计算图(单位:m)

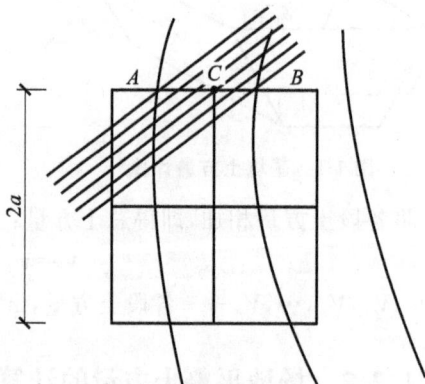

图 1-5 插入法图解

此外,在无地形图或地形不平坦时,可以在地面上用木桩打好方格网,然后用仪器直接测出方格网角点标高。

③ 按填挖方平衡确定场地设计标高 H_0:

$$na^2 H_0 = \sum_{i=1}^{n} \left(a^2 \frac{H_{i1} + H_{i2} + H_{i3} + H_{i4}}{4} \right)$$

即:

$$H_0 = \frac{1}{4n} \sum_{i=1}^{n} (H_{i1} + H_{i2} + H_{i3} + H_{i4}) \tag{1-9}$$

由图 1-4 可知,H_{11} 为 1 个方格的角点标高,H_{12} 和 H_{21} 均为 2 个方格公共的角点标高,H_{22} 则是 4 个方格公共的角点标高,它们分别在式(1-9)中要加一次、两次、四次。因此,式(1-9)可改写为:

$$H_0 = \frac{\sum H_1 + 2 \sum H_2 + 3 \sum H_3 + 4 \sum H_4}{4n} \tag{1-10}$$

式中 n——方格数目;

H_1——1 个方格独有的角点标高;

H_2——2 个方格共有的角点标高;

H_3——3 个方格共有的角点标高;

H_4——4 个方格共有的角点标高。

(2) 调整场地设计标高

初步确定场地设计标高(H_0)仅为一理论值,实际上,还需要考虑以下因素对初步场地设计标高(H_0)值进行调整。

① 土的可松性影响。由于土具有可松性,会造成填土的多余,需相应地提高场地设计标高。

② 场内挖方和填方的影响。由于场地内大型基坑挖出的土方、修筑路堤填高的土方,以及从经济角度比较,将部分挖方就近弃于场外(简称弃土)或将部分填方就近取土于场外(简称借土)等,均会引起挖、填土量的变化。必要时,需重新调整场地设计标高。

③ 考虑泄水坡度对设计标高的影响。按调整后的同一场地设计标高进行场地平整时,整个场地表面均处于同一水平面,但实际上由于排水的要求,场地需有一定的泄水坡度。平整场地的表面坡度应符合设计要求,如无设计要求,排水沟方向的坡度不应小于2%。因此,还需要根据场地泄水坡度的要求(单向泄水或双向泄水),计算出场地内各方格角点实际施工所用的设计标高。

单向泄水时设计标高的计算方法,是将已调整的设计标高(H'_0)作为场地中心线的标高(图 1-6),则场地内任一点的设计标高为:

$$H_{ij} = H'_0 \pm Li \tag{1-11}$$

式中 H_{ij}——场地内任一点的设计标高;

L——该点至 H''_0—H''_0 中心线的距离;

i——场地单向泄水坡度(不小于 2%)。

双向泄水时设计标高的计算方法,是将已调整的设计标高(H'_0)作为场地方向的中心点(图 1-7),则场地内任一点的设计标高为:

$$H_{ij} = H'_0 \pm L_x i_x \pm L_y i_y \tag{1-12}$$

式中 L_x, L_y——该点沿 x—x、y—y 方向至场地中心线的距离;

i_x, i_y——该点沿 x—x、y—y 方向的泄水坡度。

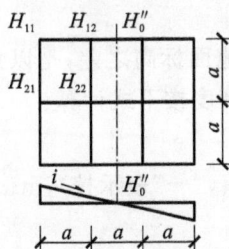

图 1-6 单向泄水坡度场地

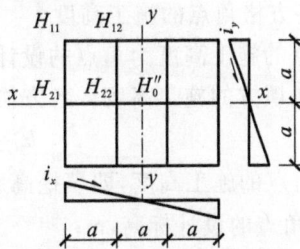

图 1-7 双向泄水坡度场地

2. 土方量计算

大面积场地的土方量,通常采用方格网法计算,即根据方格网的自然地面标高和实际采用的设计标高,算出相应的角点填挖高度(施工高度),然后计算出每一方格的土方量,并算出场地边坡的土方量,这样便可得到整个场地的填、挖土方总量。

场地平整土方量计算有方格网法和横截面法两种。横截面法是将要计算的场地划分成若干横截面后,用横截面计算公式逐段计算,最后将逐段计算结果汇总。横截面法计算精度较低,可用于地形起伏变化较大的地区。方格网法精度较高,适用于地形较平坦的地区。本节主要介绍方格网法。

方格网法计算场地平整土方量的步骤如下。

(1)绘制方格网图

由设计单位根据地形图(一般在比例为1∶500的地形图上),将建筑场地划分为若干方格网,方格边长主要取决于地形变化复杂程度,一般取 a 为 10 m、20 m、30 m、40 m 等,通常采用 20 m。方格网与测量的纵横坐标网相对应,在各方格角点规定的位置上标注角点的自然地面标高(H)和设计标高(H_n),如图 1-8 所示。

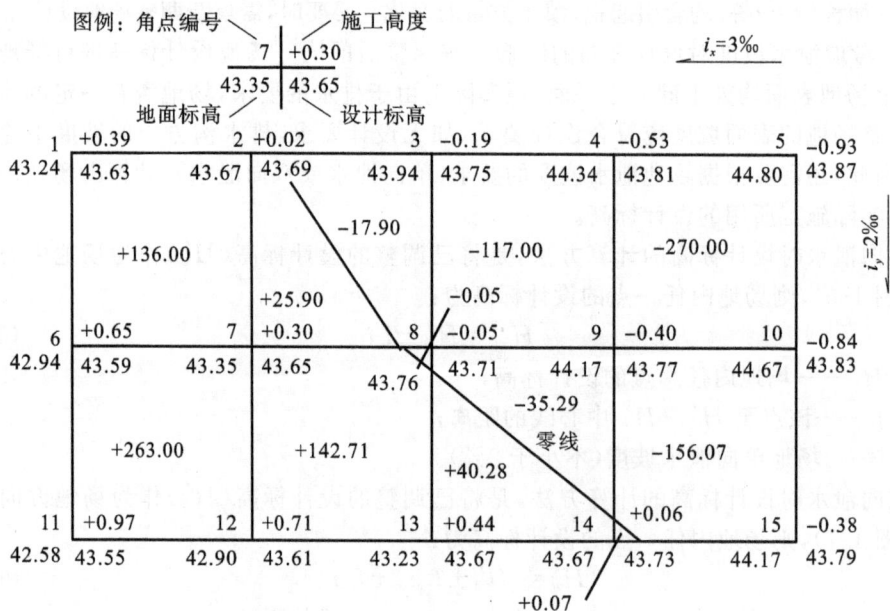

图 1-8　方格网法计算施工高度(单位:m)

(2)计算各方格角点的施工高度

各方格角点的施工高度为角点的设计标高与自然地面标高之差,是以角点设计标高为基准的挖方或填方的施工高度。各方格角点的施工高度按下式计算:

$$h_n = H_n - H \tag{1-13}$$

式中　h_n——角点的施工高度,即填挖高度("+"表示填,"−"表示挖),m;

　　　H_n——角点的设计标高,m;

　　　H——角点的自然地面标高,m;

　　　n——方格的角点编号(自然数列 1,2,3,…,n)。

(3)计算"零点",确定零线

当同一方格的 4 个角点的施工高度同号时,该方格内的土方则全部为挖方或填方;如果同一方格内一部分角点的施工高度为"+",而另一部分为"−",则此方格中的土方一部分为填方,另一部分为挖方,沿其边线必然有一个不挖不填的点,即为"零点",如图 1-9 所示。

"零点"位置按下式计算:

$$x_1 = \frac{ah_1}{h_1 + h_2}; \quad x_2 = \frac{ah_2}{h_1 + h_2} \quad (1\text{-}14)$$

式中 x_1，x_2——角点至"零点"的距离，m；

h_1，h_2——相邻两角点的施工高度，均用绝对值表示，m；

a——方格网的边长，m。

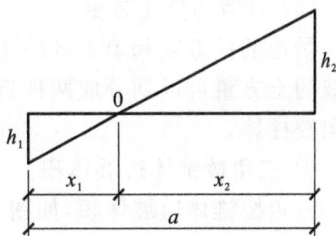

图 1-9 求"零点"的图解法

在实际工作中，为省略计算，确定"零点"也可以采用图解法，如图 1-5 所示。方法是用尺在各角点上标出挖填施工高度的相应比例，用尺相连，与方格相交点即为"零点"。该方法很方便，同时可避免计算或查表出错。将相邻的"零点"连接起来，即为零线。零线是确定方格中挖方与填方的分界线。

（4）计算方格土方量

按方格底面积图形和表 1-3 所列计算公式，计算每个方格内的挖方量或填方量。

表 1-3 常用方格网点计算公式

项目	图式	计算公式
一点填方或挖方（三角形）		$V = \frac{1}{2}bc\frac{\sum h}{3} = \frac{bch_3}{6}$ 当 $b=a=c$ 时，$V = \frac{a^2 h_3}{6}$
两点填方或挖方（梯形）		$V_+ = \frac{b+c}{2} \cdot a\frac{\sum h}{4} = \frac{a}{8}(b+c)(h_1+h_3)$ $V_- = \frac{d+e}{2} \cdot a\frac{\sum h}{4} = \frac{a}{8}(d+e)(h_2+h_4)$
三点填方或挖方（五角形）		$V = \left(a^2 - \frac{bc}{2}\right)\frac{\sum h}{5} = \left(a^2 - \frac{bc}{2}\right)\frac{h_1+h_2+h_4}{5}$
四点填方或挖方（正方形）		$V = \frac{a^2}{4}\sum h = \frac{a^2}{4}(h_1+h_2+h_3+h_4)$

注：1. a 为方格网的边长，单位为 m；b、c 分别为"零点"到一角的边长，单位为 m；h_1，h_2，h_3，h_4 分别为方格网 4 角点的施工高度，用绝对值代入，单位为 m；$\sum h$ 为填方或挖方施工高度总和，用绝对值代入，单位为 m；V 为填方或挖方的体积，单位为 m^3。

2. 本表计算公式是按各计算图形底面积乘以平均施工高度得出的。

（5）计算边坡土方量

场地的挖方区和填方区的边沿都需要做成边坡，以保证挖方土壁和填方区的稳定。边坡的土方量可以划分成两种近似的几何形体进行计算，一种为三角棱锥体，另一种为三角棱柱体。

① 三角棱锥体边坡体积。

三角棱锥体边坡体积，如图 1-10 中①～③、⑤～⑦所示，计算公式如下：

$$V_1 = \frac{1}{3} A_1 l_1 \tag{1-15}$$

式中　l_1——三角棱锥体边坡的长度，m；

A_1——三角棱锥体边坡的端面积，m^2。

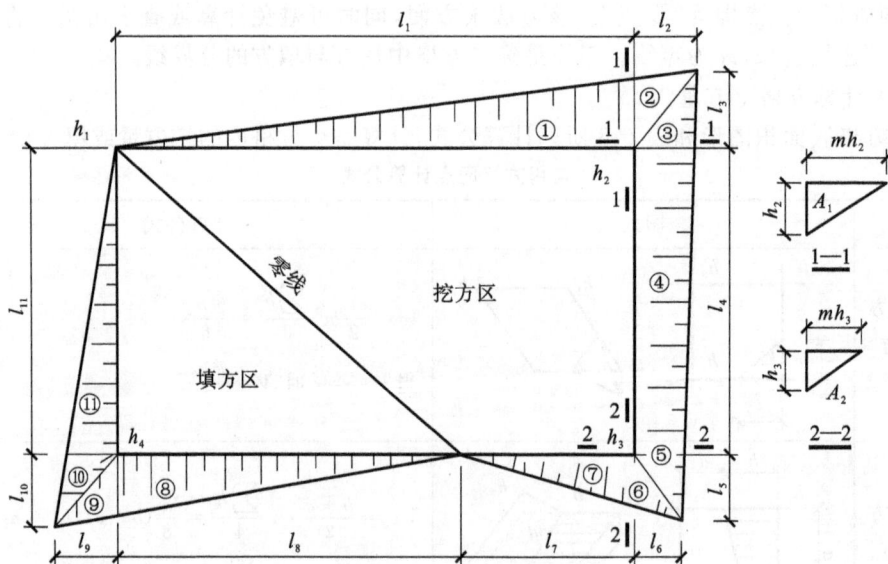

图 1-10　场地边坡平面图

② 三角棱柱体边坡体积。

三角棱柱体边坡体积，如图 1-10 中④所示，计算公式如下：

$$V_4 = \frac{A_1 + A_2}{2} l_4 \tag{1-16}$$

在两端横断面面积相差很大的情况下，边坡体积按下式计算：

$$V_4 = \frac{l_4}{6} (A_1 + 4A_0 + A_2) \tag{1-17}$$

式中　l_4——三角棱柱体边坡的长度，m；

A_1，A_2，A_0——三角棱柱体边坡两端及中部横断面面积。

（6）计算总土方量

将挖方区（或填方区）所有方格计算的土方量和边坡土方量汇总，即得该场地挖方和填方的总土方量。

【例 1-1】　某建筑施工场地地形图和方格网布置如图 1-11 所示。方格网的边长 $a=$ 20 m，方格网各角点上的标高分别为地面的设计标高和自然标高，该场地为粉质黏土。

为了保证填方区和挖方区边坡的稳定,设计填方区边坡坡度系数为 1.0,挖方区边坡坡度系数为 0.5,试用方格网法计算挖方和填方的总土方量。

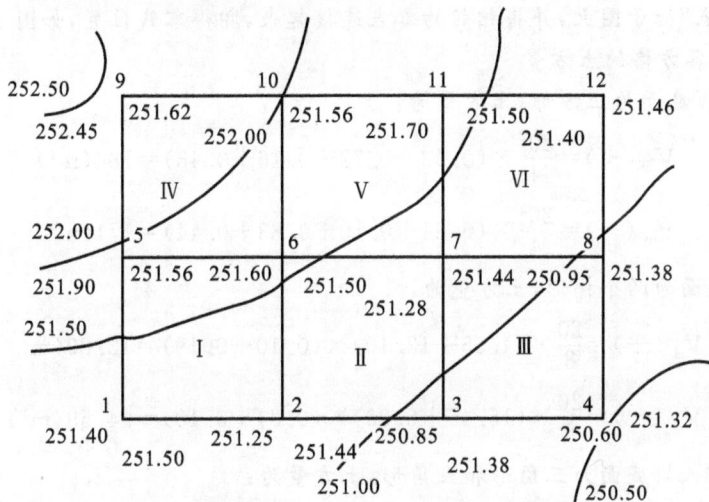

图 1-11　某建筑施工场地方格网布置图(单位:m)

【解】　(1)计算各角点的施工高度

根据方格网各角点的地面设计标高和自然标高,按照式(1-13)计算得:

$$h_1 = 251.50 - 251.40 = 0.10(\text{m}); \quad h_2 = 251.44 - 251.25 = 0.19(\text{m});$$
$$h_3 = 251.38 - 250.85 = 0.53(\text{m}); \quad h_4 = 251.32 - 250.60 = 0.72(\text{m});$$
$$h_5 = 251.56 - 251.90 = -0.34(\text{m}); \quad h_6 = 251.50 - 251.60 = -0.10(\text{m});$$
$$h_7 = 251.44 - 251.28 = 0.16(\text{m}); \quad h_8 = 251.38 - 250.95 = 0.43(\text{m});$$
$$h_9 = 251.62 - 252.45 = -0.83(\text{m}); \quad h_{10} = 251.56 - 252.00 = -0.44(\text{m});$$
$$h_{11} = 251.50 - 251.70 = -0.20(\text{m}); \quad h_{12} = 251.46 - 251.40 = 0.06(\text{m})$$

将各角点施工高度计算结果标注于图 1-12 中。

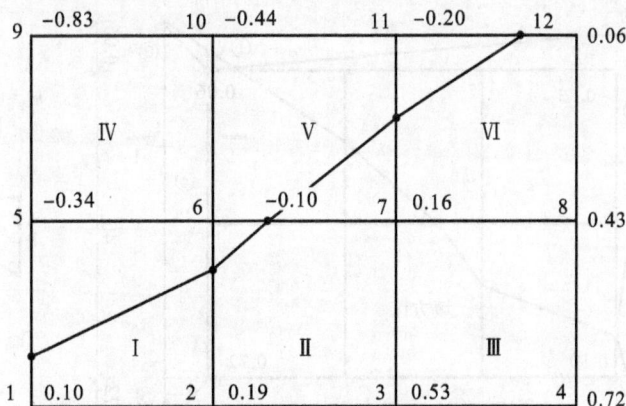

图 1-12　施工高度及零线位置(单位:m)

(2)计算"零点"位置

由图 1-12 可知,方格网边 1—5、2—6、6—7、7—11、11—12 两端的施工高度符号不同,这说明在这些方格边上有"零点"存在,由式(1-14)求得 1—5 线:$x_1 = 4.55$ m;2—6 线:$x_1 = 13.10$ m;6—7 线:$x_1 = 7.69$ m;7—11 线:$x_1 = 8.89$ m;11—12 线:$x_1 = 15.38$ m。

将各"零点"标于图上,并将相邻的零点连接起来,即得零线位置,如图 1-12 所示。

(3) 计算各方格的土方量

方格Ⅲ、Ⅳ底面为正方形,土方量为:

$$V_{Ⅲ}(+) = \frac{20^2}{4} \times (0.53 + 0.72 + 0.16 + 0.43) = 184(\text{m}^3)$$

$$V_{Ⅳ}(-) = \frac{20^2}{4} \times (0.34 + 0.10 + 0.83 + 0.44) = 171(\text{m}^3)$$

方格Ⅰ底面为两个梯形,土方量为:

$$V_{Ⅰ}(+) = \frac{20}{8} \times (4.55 + 13.10) \times (0.10 + 0.19) = 12.80(\text{m}^3)$$

$$V_{Ⅰ}(-) = \frac{20}{8} \times (15.45 + 6.90) \times (0.34 + 0.10) = 24.59(\text{m}^3)$$

方格Ⅱ、Ⅴ、Ⅵ底面为三角形和五角形,土方量为:

$$V_{Ⅱ}(+) = 65.73 \text{ m}^3; \quad V_{Ⅱ}(-) = 0.88 \text{ m}^3$$
$$V_{Ⅴ}(+) = 2.92 \text{ m}^3; \quad V_{Ⅴ}(-) = 51.10 \text{ m}^3$$
$$V_{Ⅵ}(+) = 40.89 \text{ m}^3; \quad V_{Ⅵ}(-) = 5.70 \text{ m}^3$$

方格网总填方量:

$$\sum V(+) = 184 + 12.80 + 65.73 + 2.92 + 40.89 = 306.34(\text{m}^3)$$

方格网总挖方量:

$$\sum V(-) = 171 + 24.59 + 0.88 + 51.10 + 5.70 = 253.27(\text{m}^3)$$

(4) 计算边坡土方量

如图 1-13 所示,除④、⑦按三角棱柱体计算外,其余均按三角棱锥体计算,由表 1-3

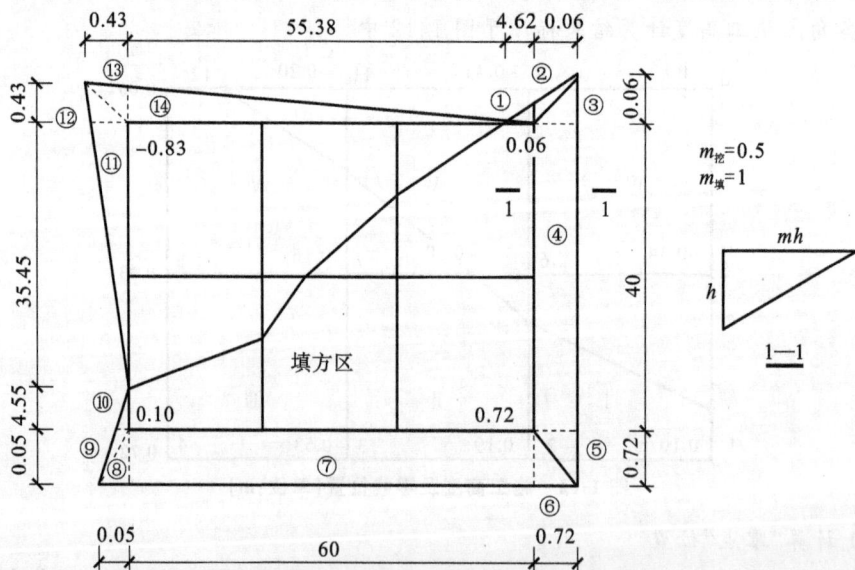

图 1-13 场地边坡平面图(单位:m)

中所列公式计算可得:$V_①(+)=0.003$ m³;$V_②(+)=V_③(+)=0.0001$ m³;$V_④(+)=$
5.22 m³;$V_⑤(+)=V_⑥(+)=0.06$ m³;$V_⑦(+)=7.93$ m³;$V_⑧(+)=V_⑨(+)=0.01$ m³;
$V_⑩(+)=0.01$ m³;$V_⑪=2.03$ m³;$V_⑫=V_⑬=0.02$ m³;$V_⑭=3.18$ m³。

边坡总填方量:

$$\sum V(+) = 0.003 + 0.0001 \times 2 + 5.22 + 2 \times 0.06 + 7.93 + 2 \times 0.01 + 0.01$$
$$= 13.30(\text{m}^3)$$

边坡总挖方量:

$$\sum V(-) = 2.03 + 2 \times 0.02 + 3.18 = 5.25(\text{m}^3)$$

1.2.3 土方调配

土方调配是土方工程施工组织设计(土方规划)中的一个重要内容,在平整场地土方量计算完成后进行。

1. 土方调配原则

① 力求达到挖方与填方基本平衡和运距最短。使挖方量与运距的乘积之和最小,即土方运输量最小或费用最少,降低工程成本。

② 近期施工与后期利用相结合。当工程分期、分批施工时,若先期工程有土方余额,应结合后期工程的需求来考虑其利用量与堆放位置,以便就近调配,避免重复挖运和场地混乱。

③ 应分区与全场相结合。分区土方的余额或欠额的调配,必须考虑全场土方的调配,不可只顾局部平衡而妨碍全局。

④ 尽可能与大型建筑物的施工相结合。大型建筑物位于填土区时,应将开挖的部分土体予以保留,待基础施工后再进行填土,以避免土方重复挖、填和运输。

⑤ 选择适当的调配方向、运输路线,使土方机械和运输车辆的功效得到充分发挥。

总之,进行土方调配,必须依据现场具体情况、有关技术资料、工期要求、土方施工方法与运输方法等,综合考虑上述原则,并经计算比较,选择经济合理的调配方案。

2. 土方调配方案的编制

土方调配方案的编制,应根据施工场地地形及地理条件,把挖方区和填方区划分成若干调配区,计算各调配区的土方量,并计算每对挖、填方区之间的平均运距(挖方区重心至填方区重心的距离),然后确定挖方各调配区的土方调配方案。土方调配的最优方案,应使土方总运输量最小或土方运输费用最少,工期短、成本低,而且便于施工。

调配方案确定后,绘制土方调配图,如图 1-14 所示。在土方调配图上要注明挖、填调配区,调配方向,土方数量和每对挖、填方区之间的平均运距。图 1-14 中的土方调配仅考虑场内挖方和填方的平衡,W 表示挖方,T 表示填方。

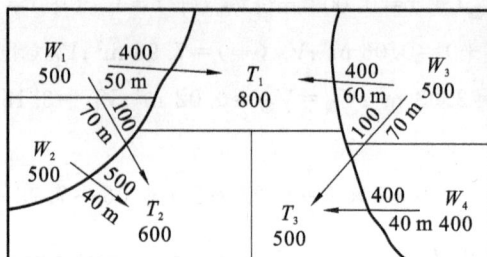

图 1-14 土方调配图(单位:m³)

1.3 施工准备与辅助工作

1.3.1 施工准备

土方开挖前需要做好下列准备工作。

(1) 学习与审查图纸

施工单位在接到施工图纸后,应组织各专业主要人员对图纸进行学习和综合审查。核对平面尺寸及坑底标高;注意各专业图纸间有无矛盾和差错;熟悉地质水文勘察资料;了解基础形式,工程规模,结构形式、特点,工程量和质量要求;弄清地下管线、构筑物与地基的关系;进行图纸会审,对发现的问题逐条予以解决。

(2) 清理场地

清理场地包括拆除施工区域内的房屋、古墓,拆除或改建通信和电力设备、上下水道及其他建筑物,迁移树木,清除含有大量有机物的草皮、耕植土、河塘淤泥等。

(3) 修筑临时设施与道路

施工现场所需临时设施主要包括生产性临时设施和生活性临时设施。生产性临时设施主要包括混凝土搅拌站、各种作业棚、建筑材料堆场及仓库等,生活性临时设施主要包括宿舍、食堂、办公室、厕所等。开工前还应修筑好施工现场内的临时道路,同时做好现场供水、供电、供气等设施的配备工作。

1.3.2 土方边坡与稳定

土壁稳定主要是因为土体内摩擦阻力和黏结力保持平衡,一旦失去平衡,土壁就会塌方。

1. 造成土壁塌方的原因

根据工程实践调查分析,造成土壁塌方的主要原因有以下几点。

① 边坡过陡使土体本身稳定性不够,尤其是在土质差、开挖深度大的坑槽中,常会引起塌方。

② 雨水、地下水渗入基坑,使土体重力增大及抗剪能力降低是造成塌方的主要原因。

③ 基坑（槽）边缘附近大量堆土，或停放机具、材料，或由于动荷载的作用使土体产生的剪应力超过土体的抗剪强度。

2. 土方边坡

土方边坡的坡度用挖方深度（或填方深度）h 与底宽 b 之比表示，如图 1-15 所示，即

$$土方边坡坡度 = \frac{h}{b} = \frac{1}{b/h} = 1 : m$$

$$(1-18)$$

式中　m——边坡系数。

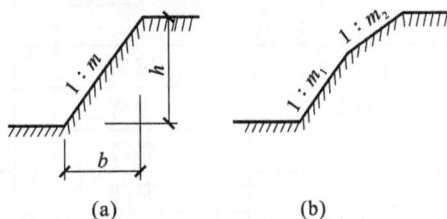

图 1-15　土方边坡坡度

(a) 直线形边坡；(b) 折线形边坡

3. 土方边坡的确定

土方边坡的大小应根据土质条件、开挖深度、施工方法、边坡留置时间、地下水位及排水情况、边坡上部的各种荷载情况、相邻建筑物的情况等因素综合确定。

① 当地质条件良好，土质均匀且地下水位低于基坑（槽）或管沟底面标高，敞露时间不长且挖方深度不超过表 1-4 规定时，挖方边坡可做成直壁不加支撑。

表 1-4　　　　　**直壁挖方的容许深度（不加支撑）**

土的类别	挖方深度/m
密实、中密的砂土和碎石类土（充填物为砂土）	1.00
硬塑、可塑的粉土及粉质黏性土	1.25
硬塑、可塑的黏性土和碎石类土（充填物为黏性土）	1.50
坚硬的黏性土	2.00

② 对于超过表 1-4 中规定深度的基坑（槽）开挖，根据《建筑地基基础工程施工质量验收规范》(GB 50202—2002)的规定，其临时性挖方边坡坡度应符合表 1-5 的规定。

表 1-5　　　　　**临时性挖方边坡坡度值（不加支撑）**

土的类别		边坡坡度（高：宽）
砂土（不包括细砂、粉砂）		1:1.25～1:1.50
一般黏性土	坚硬	1:0.75～1:1.00
	硬塑	1:1.00～1:1.25
	软	1:1.50 或更小
碎石类土	充填坚硬、硬塑黏性土	1:0.50～1:1.00
	充填砂土	1:1.00～1:1.50

注：1. 设计有要求时，应符合设计标准。

　　2. 如采用降水或其他加固措施，可不受本表限制，但应计算复核。

　　3. 开挖深度，对软土不应超过 4 m，对硬土不应超过 8 m。

③ 对于使用时间较长，地质条件良好、土质较均匀，挖方深度在 10 m 以内不加支撑的边坡，其坡度应符合表 1-6 的规定。若实际工程中出现岩石边坡，可按相关规范的规定取值。

表1-6　　　　　　　　　　　　土质边坡坡度允许值(不加支撑)

土的类别	密实度或状态	坡度允许值(高∶宽)	
		坡高在5 m以内	坡高为5~10 m
碎石土	密实	1∶0.35~1∶0.50	1∶0.50~1∶0.75
	中密	1∶0.50~1∶0.75	1∶1.75~1∶1.00
	稍密	1∶0.75~1∶1.00	1∶1.00~1∶1.25
黏性土	坚硬	1∶0.75~1∶1.00	1∶1.00~1∶1.25
	硬塑	1∶1.00~1∶1.25	1∶1.25~1∶1.50

注:1. 表中碎石土的充填物为坚硬或硬塑状态的黏性土。

2. 对于砂土或充填物为砂土的碎石土,其边坡坡度允许值均按自然修止角(土的自然修止角是指在某一状态下的土体可以稳定的坡度)确定。

3. 坡度大小视坡顶荷载情况取值:无荷载时取陡值,有动荷载时取缓值,有静荷载时取中等值。

4. 非黏性土坡顶不得有振动荷载。

④ 永久性挖方边坡坡度应按设计要求放坡,如设计无规定,可按表1-7确定。

表1-7　　　　　　　　　　　永久性土工构筑物挖方的边坡坡度

挖土性质	边坡坡度(高∶宽)
在天然湿度及层理均匀、不易膨胀的黏性土、粉质黏性土和砂土(不包括细砂、粉砂)内的挖方,深度不超过3 m	1∶1.00~1∶1.25
在天然湿度及层理均匀、不易膨胀的黏性土、粉质黏性土和砂土(不包括细砂、粉砂)内的挖方,深度为3~12 m	1∶1.25~1∶1.50
干燥地区内土质结构未经破坏的干燥黄土及类黄土,深度不超过12 m	1∶0.10~1∶1.25
在碎石土和泥灰岩土内的挖方,深度不超过12 m,根据土的性质、层理特性和挖方深度确定	1∶0.50~1∶1.50
在风化岩内的挖土,根据岩石性质、风化程度、层理特性和挖方深度确定	1∶0.20~1∶1.50
在微风化岩石内的挖方,岩石无裂缝且无倾向挖方坡脚的岩层	1∶0.10
在未风化的完整岩石内的挖方	直立的

4. 防止边坡塌方的主要措施

① 严格按规范要求正确留置边坡,放足边坡。土方开挖过程中,应随时观察边坡土体的变化情况,边挖边检查,每3 m左右修坡一次;对于较深、较大的基坑开挖,应设置观察点,并对土体的平面位移和沉降变化做好记录,以便及时与设计单位联系,研究相应的补救措施,确保边坡的稳定。

② 基坑(槽)边缘堆置土方、建筑材料,以及有运输工具和机械行驶时,应与基坑(槽)边缘保持一定距离,一般距基坑(槽)上边缘不少于2 m,堆置高度不应超过1.5 m。在垂直的坑壁上,此安全距离还应适当加大。软土地区不宜在基坑(槽)边上堆置弃土。

③ 做好基坑(槽)周围的地面排水和防水工作,严防雨水、施工用水等地面水浸入边坡土体。在雨季施工时,应更加注意检查边坡的稳定性,必要时可加设支撑。

④ 基坑(槽)开挖后,可采用塑料薄膜覆盖、水泥砂浆抹面、挂网抹面、喷浆、砌石压坡等方法进行边坡坡面防护,防止边坡失稳。

基坑支护
及开挖视频

1.3.3　基坑(槽)支撑

当基坑(槽)开挖较深,由于土质条件差、放坡后土方量过大,甚至影响周围建筑物、城市道路、地下管线,采用放坡开挖无法保证施工安全或由于施工场地狭小无放坡条件时,一般采用支护结构对土壁进行支撑,以保证基坑(槽)的土壁稳定性。

基坑(槽)支护结构主要由围护结构和撑锚两部分组成。其主要作用是支撑土壁,同时起不同程度的挡水作用。

基坑(槽)支护结构的类型较多。根据支护结构的受力状态不同,其可分为横撑式支撑、板桩支护结构(悬臂式、支撑式)、重力式支护结构;根据工作机理和围护墙的形式,其可分为图 1-16 所示的几种类型。

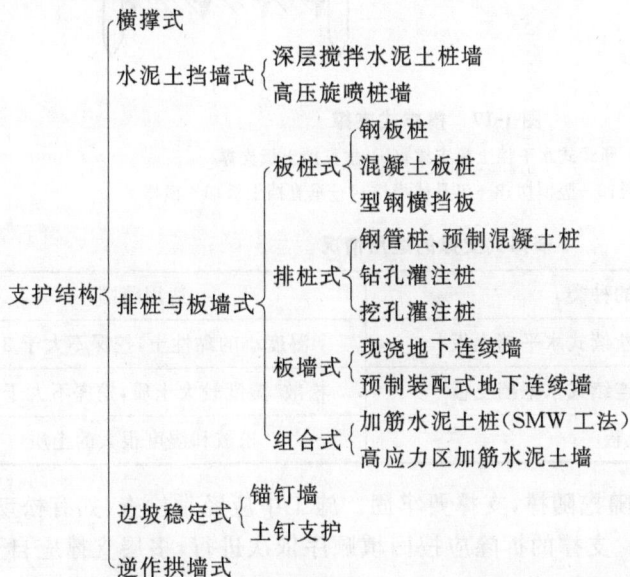

图 1-16　基坑(槽)支护结构按工作机理和围护墙的形式分类

水泥土挡墙式主要依靠其自重和刚度保护土壁,一般不设支撑,特殊情况下经采取措施后也可局部加设支撑;横撑、排桩与板墙式通常由围护墙、支撑(或土层锚杆)及防渗帷幕等组成;土钉支护由密集的土钉群、被加固的原位土体、喷射的混凝土面层等组成。现结合实际工程中常用的几种支护结构类型介绍如下。

1. 横撑式支撑

横撑式支撑主要用于开挖较窄的沟槽。根据挡土板的不同,其可分为水平挡土板[图 1-17(a)]和垂直挡土板[图 1-17(b)]两类,前者挡土板的布置又分为断续式和连续式两种。横撑式支撑的适用情况见表 1-8。

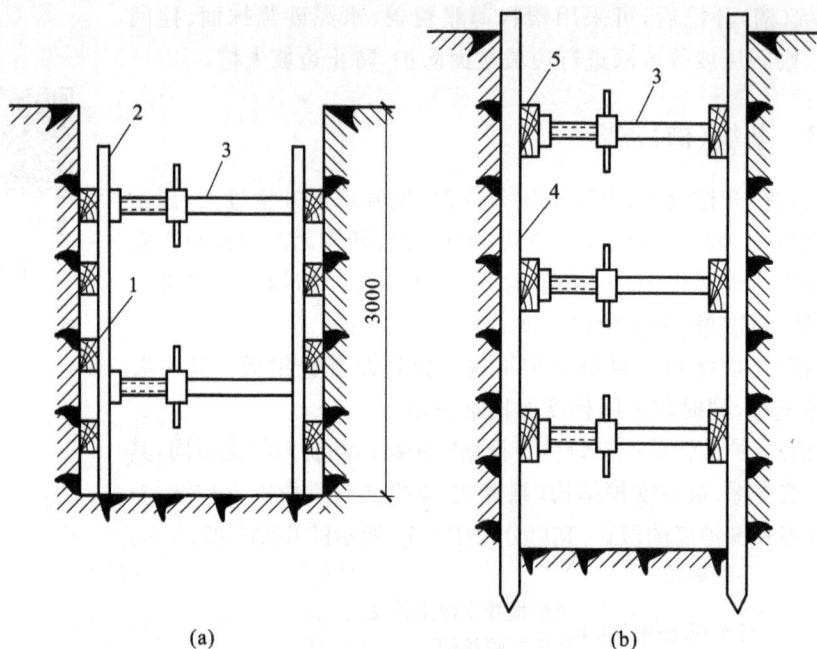

图 1-17 横撑式支撑

(a) 断续式水平挡土板支撑；(b) 垂直挡土板支撑

1—水平挡土板；2—竖横楞；3—工具式横撑；4—垂直挡土板；5—横楞木

表 1-8   横撑式支撑的适用情况

横撑式支撑的种类		适用范围
水平挡土板	断续式水平挡土板	湿度小的黏性土，挖深不大于 3 m
	连续式水平挡土板	松散、湿度较大土质，挖深不大于 5 m
垂直挡土板		松散和湿度很大的土质

采用横撑式支撑时，应随挖随撑，支撑要牢固。施工中应经常检查，如有松动、变形等现象，应及时加固或更换。支撑的拆除应按回填顺序依次进行，多层支撑应自下而上逐层拆除，随拆随填。

2. 深层搅拌水泥土桩墙

深层搅拌水泥土桩墙是通过深层搅拌机就地将水泥浆和土强制搅拌，制成水泥土桩，相互连续搭接形成的水泥土柱状加固体挡墙。其水泥土加固体的渗透系数不大于 10^{-7} cm/s，既能挡土，又能止水防渗，属于重力式支护结构，一般适用于软土地区深度不大于 7 m 的基坑工程。

（1）构造要求

水泥土桩墙通常布置成格栅式（图 1-18），相邻桩搭接长度不小于 200 mm，截面置换率（加固土的面积与水泥土墙的总面积之比）为 0.6～0.8。墙体的宽度 b 和插入深度 h_d 根据坑深、土层分布及其物理力学性能、周围环境情况、地面荷载等计算确定；当基坑开挖深度 $h \leqslant 5$ m 时，可按经验取 $b=(0.6～0.8)h$，$h_d=(0.8～1.2)h$。

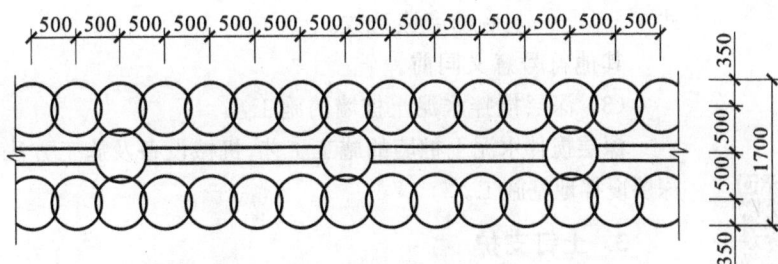

图 1-18　深层搅拌水泥土桩墙平面示意图

支护结构的水泥土加固体多采用强度等级为 32.5 的普通硅酸盐水泥,水泥掺量通常为 12%～14%(水泥重量与加固土体重量的比值),水泥浆的水灰比不大于 0.45,水泥土围护墙的 28 d 龄期强度应不低于 0.8 MPa,未达到设计强度前不得进行基坑开挖。

(2) 水泥土桩墙的计算

水泥土桩墙的全面计算应包括表 1-9 的内容。现主要介绍抗倾覆稳定验算、抗滑动稳定验算。图 1-19 所示为水泥土桩墙的计算简图。

表 1-9　　　　　　　　　　　　水泥土桩墙计算内容

项目	验算要求
抗倾覆稳定验算	必须验算
抗滑动稳定验算	必须验算
整体稳定验算	墙体下部为软弱土层时应验算
抗隆起稳定验算	墙体下部为软弱土层时应验算
抗管涌(抗渗透)稳定验算	坑底或墙体下部为砂石及砂土时应验算
桩体稳定验算	基坑开挖深度较大时应验算
基底地基承载力验算	墙体下部为软弱土层时应验算
格栅稳定验算	格栅分格较大时应验算
位移验算	对支护结构及墙背土体有位移控制要求时应验算

① 抗倾覆稳定验算。

如图 1-19 所示,对 C 点的平衡力矩为:

$$E_A h_a = GB/2 + E_P h_p$$

则抗倾覆安全系数为:

$$K_q = \frac{GB/2 + E_P h_p}{E_A h_a} \geq 1.5 \qquad (1-19)$$

式中　G——挡土墙的自重,kN;

　　　B——挡土墙的宽度,m;

　　　E_A,E_P——主动土压力和被动土压力,kN;

　　　h_a,h_p——主动土压力和被动土压力的力臂,m。

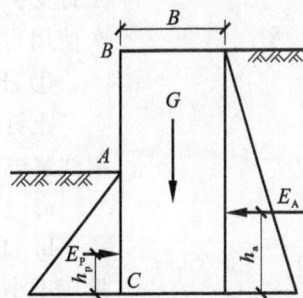

图 1-19　水泥土桩墙的计算简图

② 抗滑动稳定验算。

由于水泥土的重度接近土的重度,故不计算,则抗滑动安全系数为:

$$K_h = \frac{\mu G + E_P}{E_A} \geq 1.3 \qquad (1-20)$$

式中　μ——基底的摩擦系数。

其他符号意义同前。

(3) 深层搅拌水泥土桩墙的施工

深层搅拌水泥土桩墙的施工工艺、机械设备及施工方法详见单元2深层搅拌地基施工。

3. 土钉支护

(1) 土钉支护的构造

土钉墙
支护视频

土钉支护(图1-20)是用于土体开挖和边坡稳定的一种新技术,即基坑开挖时,逐层在坡面上采用较密排列的钻孔注浆钉或击入钉,与土体形成复合体,并在土钉坡面上设置钢筋网,喷射混凝土,使土体、土钉群与混凝土面板结合为一体,增强了土体破坏延性,提高了边坡整体稳定性和承受坡顶超载能力,亦称为喷锚支护或土钉墙。

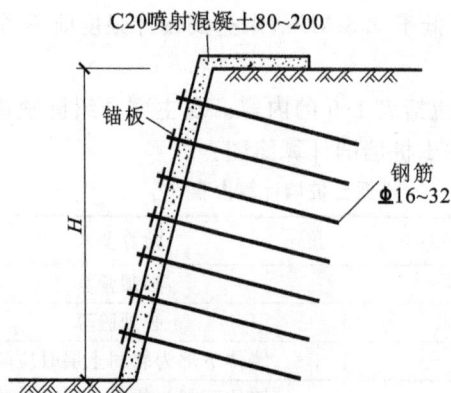

图1-20　土钉支护

土钉支护主要适用于地下水位以上或经降水后的杂填土、普通黏性土或非松散性的砂土,基坑侧壁安全等级为二、三级,基坑开挖深度不大于12 m的土壁支护。由于其经济、可靠,施工简便、快速,已在我国得到广泛使用。

除土体外,土钉支护通常由土钉、面层和排水系统三部分组成。土钉支护的构造与土体特性、支护面的坡角、支护的功能(如临时或永久使用),以及环境安全要求等因素有关。

① 土钉。

土钉的类型很多,一般有钻孔注浆钉、击入钉、注浆击入钉、高压喷射注浆击入钉、气动射入钉等。通常使用钻孔注浆钉,其主要参数如下。

a. 土钉钢筋。一般采用直径为16~32 mm的Ⅱ、Ⅲ级变形钢筋。

b. 土钉长度。一般为基坑开挖深度的50%~120%,顶部土钉长度应不小于基坑深度的80%。

c. 土钉间距。土钉的水平间距和竖向间距宜为1~2 m,沿面层布置的土钉密度不应低于每6 m²一根,土钉的竖向间距应与每步开挖深度相对应。

d. 土钉倾角。土钉与水平面的向下夹角宜为0°~20°。当利用重力向孔中注浆时,倾角不小于15°;当上层为软弱土层时,可适当加大倾角。

e. 土钉孔径。土钉钻孔直径一般为70~120 mm。

f. 注浆材料。强度等级不小于 M10,宜采用强度不小于 20 MPa 的水泥浆或水泥砂浆。水泥宜采用 32.5 级的普通硅酸盐水泥,水泥浆的水灰比宜为 0.5,水泥砂浆配合比宜为 1∶1～1∶2(重量比),水灰比宜为 0.38～0.45。

② 面层。

土钉支护面层主要由钢筋网和喷射混凝土组成,厚度宜为 80～200 mm,常用 100 mm。

a. 钢筋网。一般采用直径为 6～10 mm 的Ⅰ级钢筋,间距为 150～300 mm。当面层厚度大于 120 mm 时,宜设置两层钢筋网,上、下段钢筋网搭接长度应大于 300 mm。

b. 混凝土。混凝土强度等级不小于 C20,3 d 龄期强度不小于 10 MPa。其施工配合比应通过试验确定,水泥宜采用 32.5 级的普通硅酸盐水泥,粗骨料最大粒径不大于 12 mm,水灰比不大于 0.45。

c. 土钉与混凝土面层的连接,宜将土钉做成螺纹端,通过螺母、垫板与面层连接;也可采用短钢筋焊接固定。

d. 土钉支护的混凝土面层通常应插入基坑底面以下 300～400 mm,在基坑顶部宜设置宽度为 1～2 m 的喷射混凝土护顶。

③ 排水系统。

土钉支护宜在排除地下水的条件下施工,应采取的排水措施包括地表排水、支护内部排水,以及基坑排水,以避免土体处于饱和状态并减小作用于面层上的静水压力。基坑顶部四周可做散水和排水沟,坑内应设置排水沟和集水坑,并与边壁保留 0.5～1.0 m 的距离,集水坑内积水应及时抽出。如基坑侧壁水压较大,可在支护面层背部插入长度为 400～600 mm、直径不小于 40 mm 的水平导水管,外端伸出支护面层,间距为 1.5～2.0 m,以便将混凝土面层后积水排出。

(2) 土钉支护的计算

土钉支护的计算主要包括:土钉支护的整体稳定性验算;土钉计算、喷射混凝土面层的设计计算,以及土钉与面层的连接计算等。

(3) 土钉支护的施工

土钉支护施工前,应制订完善的基坑支护施工组织设计,周密安排支护施工与基坑土方开挖、出土等工序关系,在施工场地外确定水准基点和变形观测点,做好地表和地下降排水等准备工作。土钉支护施工通常采用边开挖、边施工的方法,其每段主要施工工序为:基坑开挖、修坡→钻孔→插入土钉钢筋→注浆→绑扎钢筋网、喷射混凝土。

① 基坑开挖、修坡。

基坑开挖应严格按照设计要求分层、分段进行,在上一层作业面土钉与喷射混凝土面层达到设计强度的 70% 以前,不得进行下一土层的开挖;每层开挖的水平分段长度取决于土壁自稳能力,且与支护施工流程相衔接,一般为 10～20 m。对土层地质条件较差的土壁边坡,清坡、休整后,应立即喷上一层薄砂浆或混凝土,待凝结后再进行下一道施工。

② 钻孔。

钻孔前,应根据设计要求定出土钉孔位并做出标记及编号。钻孔机具通常采用冲击钻机、螺旋钻机、回转钻机和洛阳铲等。成孔过程中应由专人做好记录,按土钉编号逐一记载取出的土体特征、成孔质量、事故处理等,若发现土体与设计认定的土质有较大偏差,应及时修改土钉的设计参数。土钉钻孔的质量应符合下列规定:孔距允许偏差为 ±100 mm,孔径允许偏差为±5 mm,孔深允许偏差为±30 mm,倾角允许偏差为±1°。

成孔后要进行清孔检查,若孔中出现局部渗水、塌孔或掉落松土现象,应立即处理。

③ 插入土钉钢筋。

插入土钉钢筋前应对土钉钢筋进行调直、除锈、除油处理,并在钢筋上安装对中定位支架(金属或塑料件),其构造应不妨碍注浆时浆液的自由流动,支架沿钉长的间距可为2～3 m,以保证钢筋处于孔位中心且注浆后其保护层厚度不小于25 mm。

④ 注浆。

注浆前要验收土钉钢筋安设质量是否达到设计要求。一般可采用重力、低压(0.4～0.6 MPa)或高压(1～2 MPa)注浆,水平孔应采用压力注浆。

重力注浆和低压注浆宜采用底部注浆方式,注浆导管底端应插至距孔底250～500 mm处;重力注浆以满孔为止,但在浆体初凝前应补浆1～2次;压力注浆应在孔口或规定位置设置止浆塞,注满后保持压力3～5 min。同时,注浆时要设置排气措施,满足注浆的充盈系数大于1的要求。

⑤ 绑扎钢筋网、喷射混凝土。

绑扎、固定钢筋网应在喷射一层混凝土后进行。钢筋网片可采用焊接或绑扎,牢固固定在边坡上,也可用插入土层中的钢筋固定,满足网格尺寸偏差不大于10 mm,每边搭接长度不小于200 mm(或一个网格边长),如为搭接焊则不小于10倍的网筋直径,钢筋保护层厚度不小于20 mm。

喷射混凝土前,应对机械设备,风、水管路和电路进行全面检查及试运转。同时,在边坡上垂直打入短钢筋作为标志,以控制喷射混凝土的厚度。

喷射混凝土应分段进行,同一段内喷射顺序应由下而上,喷头与受喷面保持垂直,距离控制为0.6～1.0 m,一次喷射厚度不宜小于40 mm;当面层厚度不小于100 mm时,应分两次喷射,每次喷射厚度宜为50～70 mm。

面层喷射混凝土终凝后2 h,可根据当地环境条件,采用喷水、洒水或喷涂养护剂等方法养护,养护时间宜为3～7 d。

1.3.4　降低地下水位

降排水施工图

在土方工程施工过程中,当开挖的基坑底面低于地下水位时,地下水会不断渗入坑内,如果没有及时采取降水措施,则会导致施工条件恶化。为了保持基坑干燥,防止由于水的浸泡发生边坡塌方和地基承载力下降,必须做好基坑的排水、降水工作。降低地下水位的方法有集水井降水法和井点降水法。

1. 集水井降水法

集水井降水法是一种设备简单、应用普遍的人工降低地下水位的方法。在开挖基坑或沟槽过程中，当基底挖至地下水位以下时，沿坑底周围开挖一定坡度的排水沟，设置集水井，使地下水经排水沟流入井内，然后用水泵抽出坑外，如图 1-21 所示。

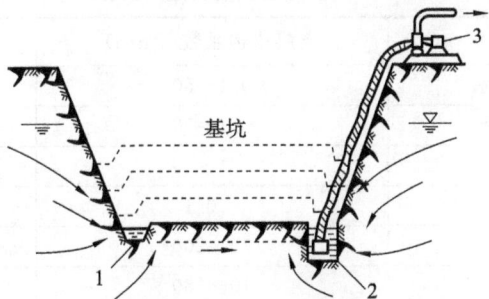

图 1-21 集水井降水法
1—排水沟；2—集水井；3—水泵

集水井应设置在基础范围以外、地下水流的上游。根据地下水量的大小、基坑平面形状及水泵能力，集水井每隔 20～40 m 设置一个。集水井的直径或宽度一般为 0.6～0.8 m。其深度随着挖土深度的加深而加大，要经常保持低于挖土面 0.7～1 m。当基坑挖至设计标高后，集水井底应低于基坑底 1～2 m，并铺设碎石滤层，以免抽水时将泥浆抽走，并防止井底土被扰动。

集水井降水法适用于水流较大的粗粒土层的排水、降水，也可用于渗水量较小的黏性土层降水，但不适用于细砂土和粉砂土层的降水，因为地下水渗出会带走细粒而发生流砂现象。

当基坑开挖深度大、地下水位较高而土质为细砂或粉砂时，如果采用集水井降水法开挖，当挖至地下水位以下时，坑底下面的土会形成流动状态，随地下水一起流动涌入基坑，这种现象称为流砂。发生流砂现象时，土完全丧失承载力，引起基坑边坡塌方，如果附近有建筑物，就会引起地基被掏空而使建筑物下沉、倾斜，甚至倒塌。

如果土层中产生局部流砂现象，应采取减小动水压力的处理措施，使坑底土颗粒保持稳定，不受水压干扰。如果条件许可，应尽量安排枯水期施工，使最高地下水位不高于坑底 0.5 m；水中挖土时，应不抽水或减少抽水，保持坑内水压与地下水压基本平衡；可采用井点降水法、打板桩法、地下连续墙法等，防止流砂现象产生。

2. 井点降水法

井点降水法是在基坑开挖前，在基坑四周预先埋设一定数量的滤水管（井），在基坑开挖前和开挖过程中，利用抽水设备不断抽出地下水，使地下水位降到坑底以下，直至土方和基础工程施工结束为止的方法。这样可使基坑挖土始终保持干燥状态，从根本上消除了流砂现象。同时，由于土层水分排出，还能使土密实，增强地基承载力，土方边坡也可陡些，从而减小了挖方量。

集水井降水法动画

井点降水法动画

井点降水的方法有轻型井点降水、电渗井点降水、喷射井点降水、管井井点降水及深井井点降水等。对不同类型的井点降水,可参考表 1-10 选用。

表 1-10　　　　　　　　　　井点降水类型及适用条件

井点降水类型	土层渗透系数/(m/d)	降低水位深度/m
单层轻型井点降水	0.1～50	3～6
多层轻型井点降水	0.1～50	6～12
喷射井点降水	0.1～50	8～20
电渗井点降水	<0.1	根据选用井点确定
管井井点降水	20～200	3～5
深井井点降水	10～250	>15

（1）轻型井点降水设备

轻型井点降水法是沿基坑四周或一侧以一定间距将井点管(下端为滤管)埋入蓄水层内,井点管上端通过弯联管与总管连接,利用抽水设备将地下水经滤管抽入井点管,经总管不断抽出,使原有地下水位降至坑底以下,如图 1-22 所示。

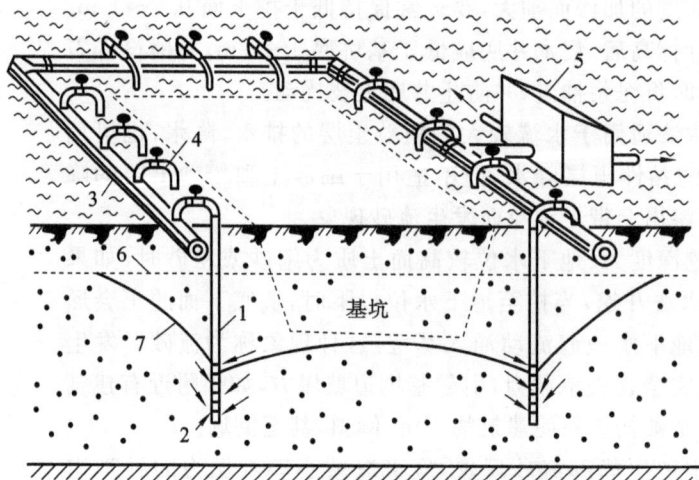

图 1-22　轻型井点降水法示意图
1—井点管;2—滤管;3—总管;4—弯联管;5—水泵房;6—原有地下水位线;7—降低后地下水位线

轻型井点降水设备由管路系统和抽水设备组成。管路系统包括滤管、井点管、弯联管及总管等。滤管为进水设备,如图 1-23 所示,一般为长度 1.0～1.5 m、直径 38～

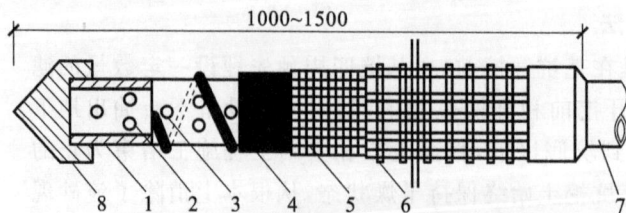

图 1-23　滤管构造
1—钢管;2—管壁上的小孔;3—塑料管;4—细滤网;5—粗滤网;6—粗铁丝保护网;7—井点管;8—铸铁塞头

55 mm 的无缝钢管,管壁钻有直径为 12~18 mm 的梅花形滤孔。管壁外包两层滤网,内层为细滤网,采用 3~5 孔/mm² 黄铜丝布或生丝布;外层为粗滤网,采用 0.8~1 孔/ mm² 铁丝布或尼龙布。为使水流通畅,在管壁与滤网间用铁丝或塑料管隔开,滤网外面再绑一层粗铁丝保护网,滤管下端为一铸铁塞头,滤管上端与井点管用螺丝套头连接。井点管是直径为 38~51 mm、长度为 5~7 m 的钢管。集水总管是直径为 100~127 mm 的钢管,每段长 4 m,其上装有与井点管连接的端接头,间距为 0.8 m 或 1.2 m。总管与井点管用 90°弯头连接,或用塑料管连接。抽水设备由真空泵、离心泵和集水箱等组成。

(2) 轻型井点布置

轻型井点布置根据基坑大小与深度、土质、地下水位高低与流向及降水深度要求等确定。

① 平面布置。

当基坑或沟槽宽度小于 6 m,且水位降低深度不超过 5 m 时,可采用单排线状井点,布置在地下水流的上游一侧,其两端延伸长度一般以不小于基坑(槽)宽度为宜,如图 1-24 所示。如基坑宽度大于 6 m 或土质不良,土的渗透系数较大,宜采用双排井点。基坑面积较大时,宜采用环状井点,如图 1-25 所示,为便于挖土机械和运输车辆出入基坑,可不封闭,布置为 U 形环状井点。井点管距离基坑壁一般不宜小于 0.7~1.0 m,以防止局部发生漏气,井点管间距应根据土质、降水深度、工程性质等决定,一般采用 0.8~1.6 m。

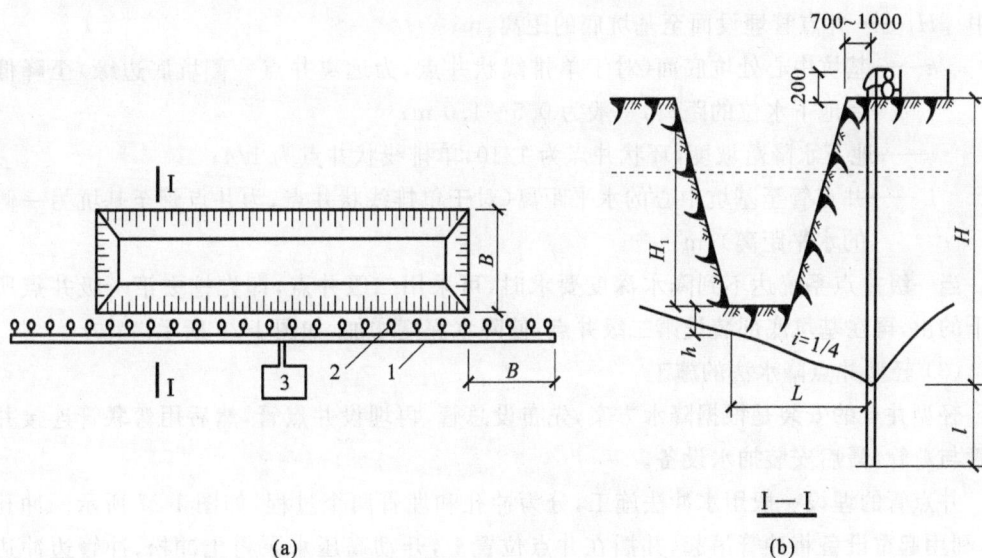

(a)　　　　　　　　　　　　　(b)

图 1-24　单排线状井点布置图

(a) 平面布置;(b) 高程布置

1—总管;2—井点管;3—抽水设备

一套抽水设备能带动的总管长度一般为 100~120 m。采用多套抽水设备时,井点系统要分段,各段长度要大致相等。

② 高程布置。

在考虑抽水设备的水头损失以后,井点降水深度一般不超过 6 m。井点管的埋设深度 H(不包括滤管)按下式计算,如图 1-25(b)所示。

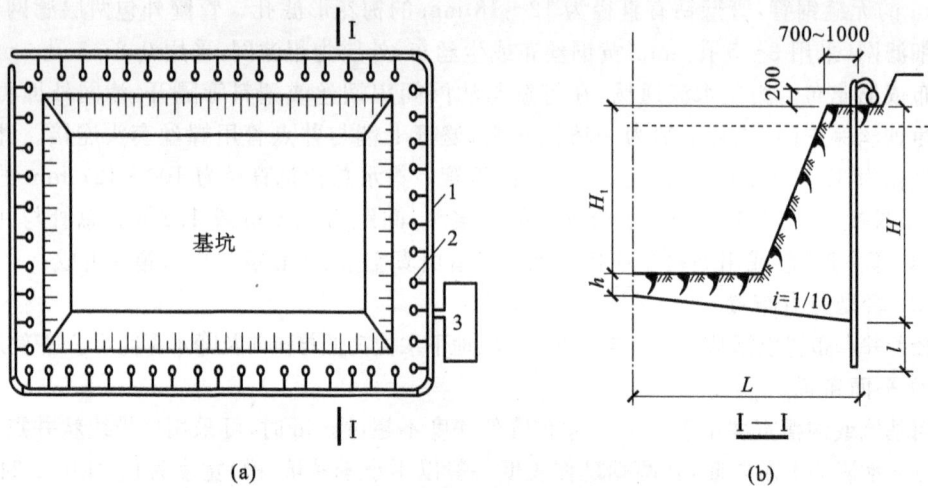

(a)   (b)

图 1-25　环状井点布置图

(a) 平面布置；(b) 高程布置

1—总管；2—井点管；3—抽水设备

$$H = H_1 + h + iL \tag{1-21}$$

式中　H_1——井点管埋设面至基坑底的距离，m；

h——基坑中心处坑底面(对于单排线状井点，为远离井点一侧坑底边缘)至降低后地下水位的距离，一般为 0.5～1.0 m；

i——地下水降落坡度，环状井点为 1/10，单排线状井点为 1/4；

L——井点管至基坑中心的水平距离(对于单排线状井点，为井点管至基坑另一侧的水平距离)，m。

当一级井点系统达不到降水深度要求时，可采用二级井点，即先挖去第一级井点所疏干的土，再在基坑底部装设第二级井点，使降水深度增加，如图 1-26 所示。

(3) 轻型井点降水法的施工

轻型井点的安装是根据降水方案，先布设总管，再埋设井点管，然后用弯联管连接井点管与总管，最后安装抽水设备。

井点管的埋设一般用水冲法施工，分为冲孔和埋管两个过程，如图 1-27 所示。冲孔时，利用起重设备将冲管吊起，并插在井点位置上，开动高压水泵将土冲松，冲管边冲边沉。冲孔要垂直，直径一般为 300 mm，以保证井管四壁有一定厚度的砂滤层，冲孔要比滤管底深 0.5 m 左右，以防冲管拔出时部分土颗粒沉于底部而触及滤管。

井孔冲成后，随即拔出冲管，插入井点管。井点管与井壁间应立即用粗砂灌实，距地面 1.0～1.5 m 深处，用黏土填塞密实，防止漏气。

(4) 轻型井点使用

轻型井点运行后，应保证连续不断地抽水。如果井点淤塞，一般可以通过听管内水流声响、手摸管壁感到有振动、手触摸管壁有冬暖夏凉的感觉等简便方法检查。若发现问题，应及时排除隐患，以确保施工正常进行。

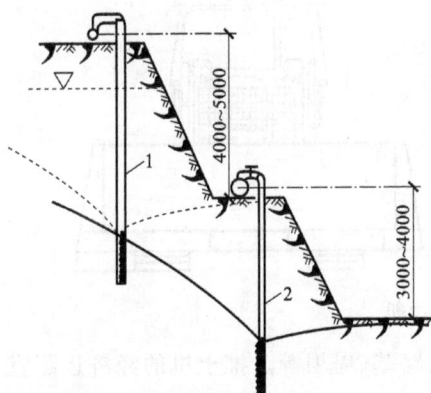

图 1-26 二级井点降水示意图
1——一级井点降水;2——二级井点降水

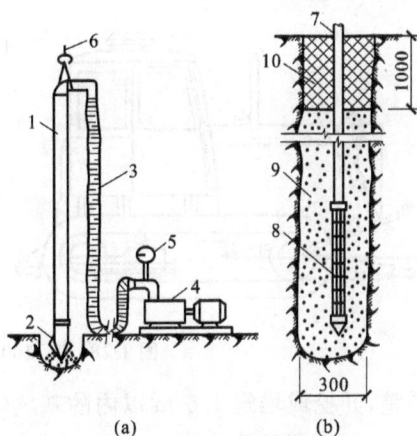

图 1-27 井点管的埋设
（a）冲孔;（b）埋管

1—冲管;2—冲嘴;3—胶管;4—高压水泵;

5—压力表;6—起重机吊钩;7—井点管;

8—滤管;9—粗砂;10—黏土封口

轻型井点法适用于土壤的渗透系数为 0.1～50 m/d 的土层降水。一级轻型井点水位降低深度为 3～6 m,二级轻型井点水位降低深度可达 6～9 m。

1.4 土方机械化施工

土方工程的施工过程主要包括土方开挖、运输、填筑与压实等。在施工中,除不适合采用机械施工或小型基坑(槽)土方工程以外,应尽量采用机械化施工,以减轻劳动强度,加快施工进度,缩短工期。常用的土方施工机械有推土机、铲运机、单斗挖土机及装载机等。

1.4.1 常用土方施工机械的性能

1. 推土机

推土机视频

推土机是在拖拉机上安装铲刀等装置而形成的机械。按照铲刀的操纵机构不同,其可分为索式和油压式两种。图 1-28 所示为油压式 T_2-100 型推土机外形图,油压式推土机除了可升降推土铲刀外,还可调整铲刀的角度,因此具有更大的灵活性。

（1）推土机的特点及适用范围

推土机能够独立完成推土、运土和卸土工作,具有操纵灵活、运转方便、所需工作面较小、行驶速度快、易于转移、能爬 30°左右的缓坡及配合铲运机、挖土机工作等特点。其能够推挖一至四类土,多用于场

27

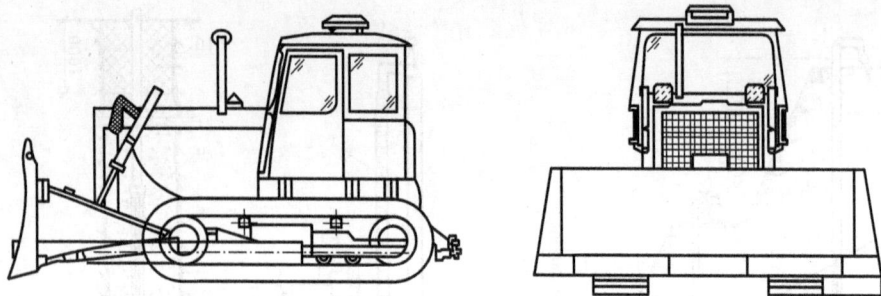

图 1-28　T₂-100 型推土机

地清理与平整,开挖或堆筑 1.5 m 以内的基坑(槽)、路基、堤坝等。推土机的经济运距宜在 100 m 以内,效率最高为 60 m。

(2)推土机的作业方法

推土机的生产效率主要取决于每次推土体积及铲土、运土、卸土和回转等工作循环时间。铲土时应根据土质情况,尽量以最大切土深度在最短距离(6～10 m)内完成。上下坡坡度不得超过 35°,横坡不得超过 10°。为了提高生产率,可采用下坡推土、槽形推土、并列推土、多铲集运、铲刀附加侧板等方法。

2. 铲运机

铲运机由牵引机械和铲斗组成。按行走方式,其分为自行式铲运机和拖式铲运机两种(图 1-29、图 1-30)。

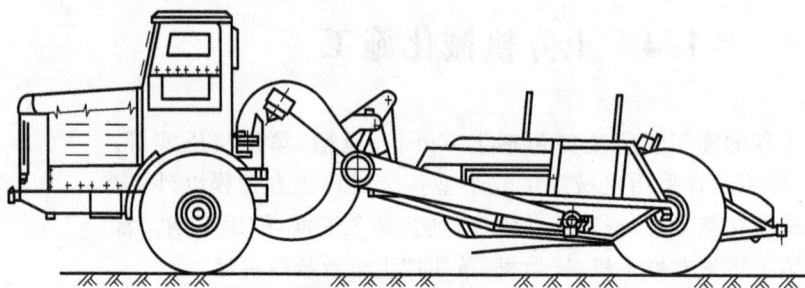

图 1-29　自行式铲运机

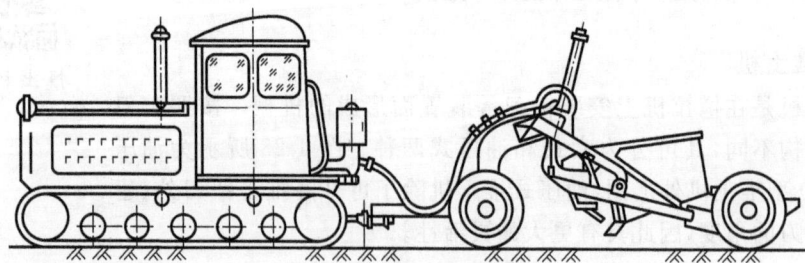

图 1-30　拖式铲运机

(1)铲运机的特点及适用范围

铲运机是一种能够独立完成铲土、运土、卸土、填筑和整平的土方机械。其具有操作灵活、行驶速度快、对道路要求低、生产效率高等特点。它适合挖运含水量在27％以下的一、二类土,但不适合在砾石层、冻土地带及沼泽地区使用,当挖运三、四类较坚硬的土时,宜用推土机助铲或用松土机配合松土0.2~0.4 m厚。常用于坡度在20°以内的大面积场地平整、大型基坑(槽)的开挖,以及路基、堤坝的填筑等。铲运机的适用运距为800 m以内,运距在200~350 m时效率最高。

(2) 铲运机的作业方法

铲运机的基本作业是铲土、运土、卸土三个工作行程和一个回转行程。在施工中,选定铲斗容量后,应根据工程大小、运距长短、土的性质和地形条件等,选择合理的开行路线和施工方法,以提高其生产效率。

铲运机的开行路线主要有三种:环形路线、大环形路线和8字形路线(图1-31)。

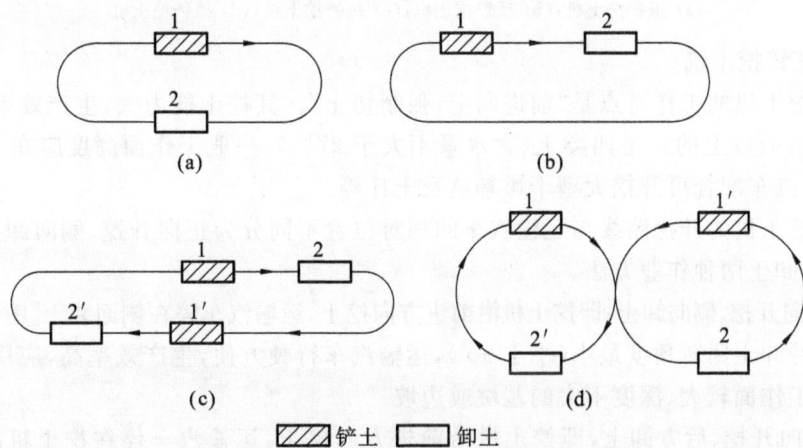

图1-31 铲运机开行路线
(a),(b) 环形路线;(c) 大环形路线;(d) 8字形路线

① 环形路线[图1-31(a)、(b)]:从挖方到填方按环形路线回转,每一循环完成一次铲土和卸土。其适用于100 m以内,填土高度在1.5 m以内的路堤(堑)及基坑开挖、场地平整等工程。

② 大环形路线[图1-31(c)]:当挖土和填土交替,挖、填方工作面短,填方不高,且填土区在挖土区的两端时,采用此开行路线可在一个循环完成两次铲土和卸土。

③ 8字形路线[图1-31(d)]:当地段较长或地形起伏较大时,采用此开行路线可在一个循环完成两次铲土和卸土。此方法可减少转弯次数和空载行程,且在运行中转弯方向不同,可避免机械单侧磨损。其多用于开挖管沟、沟边卸土及取土较长(300~500 m)的侧向取土、填筑路基、场地平整等工程。

为了提高铲运机的生产效率,除了确定合理的开行路线,还应根据施工条件选择合理的施工方法。常用的施工方法有下坡铲土法、跨铲法、助铲法、交错铲土法等。

铲运机生产效率计算可参照推土机生产效率的计算方法。

3. 单斗挖土机

单斗挖土机是土方开挖中常用的一种机械。按行走装置的不同,其分为履带式和轮胎式两类;按动力装置的不同,其分为机械传动和液压传动两类;按工作装置的不同,其分为正铲、反铲、拉铲和抓铲四种(图1-32)。

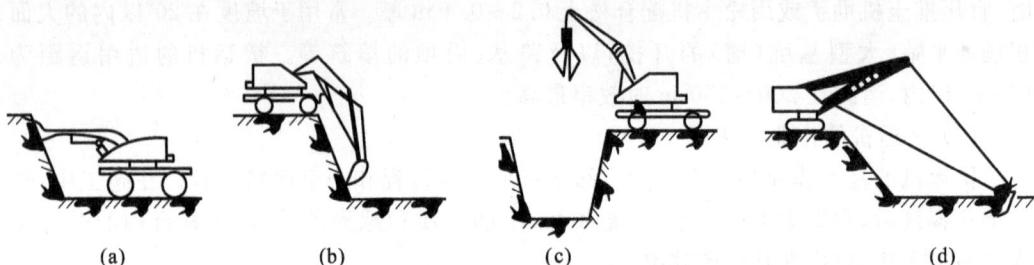

图1-32 单斗挖土机
(a)正铲挖土机;(b)反铲挖土机;(c)拉铲挖土机;(d)抓铲挖土机

(1)正铲挖土机

正铲挖土机的工作特点是"前进向上,强制切土"。其挖土能力大,生产效率高,适用于开挖停机面以上的一至四类土(含水量不大于27%),一般工作面高度应在1.5m以上,与运输汽车配合可开挖大型干燥基坑及土丘等。

根据挖土机的开挖路线与运输汽车的相对位置不同分为正向开挖、侧向卸土和正向开挖、后方卸土两种作业方法。

① 正向开挖、侧向卸土,即挖土机沿前进方向挖土,运输汽车停在侧面装土[图1-33(a)]。挖土机铲臂卸土回转角度最小(小于90°),运输汽车行驶方便,生产效率高,应用广泛,多用于开挖工作面较大、深度不大的基坑或边坡。

② 正向开挖、后方卸土,即挖土机沿前进方向挖土,运输汽车停在挖土机后面装土[图1-33(b)]。挖土机铲臂卸土回转角度较大(180°左右),生产效率低,一般适用于开挖工作面较小且较深的基坑。

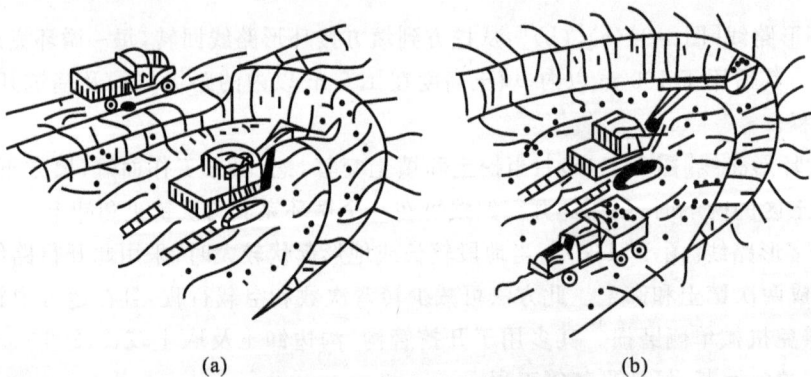

图1-33 正铲挖土机作业方法
(a)正向开挖,侧向卸土;(b)正向开挖,后方卸土

(2)反铲挖土机

反铲挖土机的工作特点是"后退向下,强制切土"。其挖土能力比正铲挖土机小。适用于开挖停机面以下含水量较大的一至三类土,以及最大挖土深度为4~6m(经济合理深度为1.5~3m)的基坑和沟槽。反铲挖土机可与运输汽车配合施工,也可弃土于坑槽附近。

反铲挖土机的作业方法有:沟端开挖、沟侧开挖、沟角开挖和多层接力开挖等。一般多采用沟端开挖和沟侧开挖。

① 沟端开挖:即挖土机停在基坑(槽)的端部,后退挖土,向沟一侧弃土或装车运走[图 1-34(a)]。挖土宽度和深度较大,一般开挖工作面宽度为:单面装土时为 1.3R(R 为挖土机的回转半径),双面装土时为 1.7R。当基坑(槽)宽度超过 1.7R 时,可多次开挖或按 Z 字形路线开挖。

② 沟侧开挖:即挖土机停在基坑(槽)的一侧,沿坑槽边移动挖土[图 1-34(b)]。挖土宽度较小(一般为 0.8R),边坡不易控制,机身稳定性较差,能够弃土于距坑槽较远的地方,多用于开挖土方不需外运的情况。

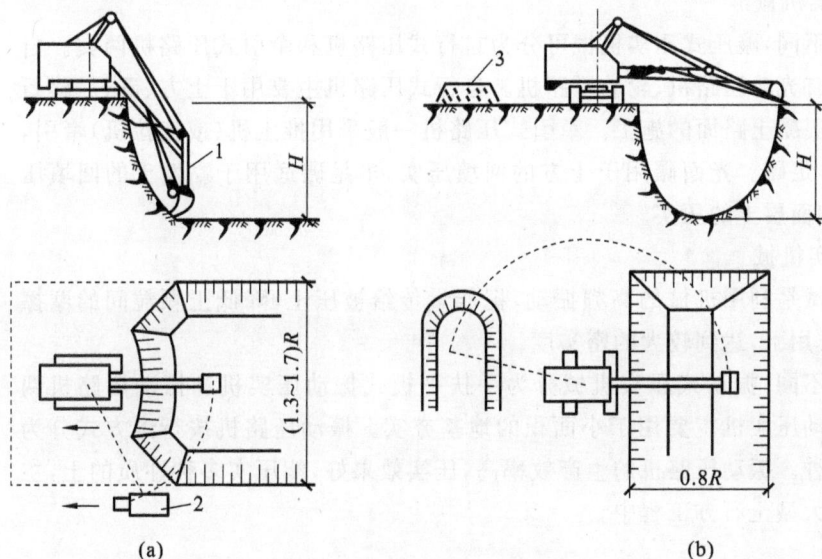

图 1-34 反铲挖土机作业方法
(a) 沟端开挖;(b) 沟侧开挖
1—反铲挖土机;2—自卸汽车;3—弃土堆

(3) 拉铲挖土机

拉铲挖土机的工作特点是"后退向下,自重切土"。其挖土半径和挖土深度较大,但操纵性较差,适用于开挖停机面以下的一至三类土,也可进行水下挖土,常用于大型基坑、沟槽开挖,以及大型场地平整、路基、堤坝填筑等。其作业方法与反铲挖土机相似,可沟端开挖或沟侧开挖。

拉铲机视频

(4) 抓铲挖土机

抓铲挖土机的工作特点是"直上直下,自重切土"。其挖土能力较小,操纵性较差,适用于开挖停机面以下的一、二类土,常用于土质松软,作业面较窄的深基坑、沟槽、沉井开挖等,特别适用于水下开挖。

4. 装载机

装载机按行走方式分为履带式和轮胎式两种,按工作方式分单斗装载机、链式装载机和轮斗式装载机。土方工程主要使用单斗装载机,它具有操作灵活、轻便和快速等特点。其适用于装卸土方和散料,也可用于松软土的表层剥离、地面平整和场地清理等工作。

5. 压实机械

根据土体压实机理,压实机械可分为冲击式、碾压式和振动式三大类。

(1)冲击式压实机械

冲击式压实机械主要有蛙式打夯机和内燃式打夯机两类,蛙式打夯机一般以电为动力。这两种打夯机适用于狭小的场地和沟槽作业,也可用于室内地面的夯实及大型机械无法到达的边角的夯实。

(2)碾压式压实机械

按行走方式的不同,碾压式压实机械可分为自行式压路机和牵引式压路机两类。自行式压路机常用的有光轮压路机、轮胎压路机。自行式压路机主要用于土方、砾石、碎石的回填压实及沥青混凝土路面的施工。牵引式压路机一般采用推土机(或拖拉机)牵引,常用的有光面碾、羊足碾。光面碾用于土方的回填压实,羊足碾适用于黏性土的回填压实,不能用于砂土和面层土的压实。

(3)振动式压实机械

振动式压实机械是利用机械的高频振动,把能量传给被压土,降低土颗粒间的摩擦力,在压实能量的作用下,达到较大的密实度。

按行走方式的不同,振动式压实机械分为手扶平板式振动压实机和振动压路机两类。手扶平板式振动压实机主要用于小面积的地基夯实。振动压路机按行走方式分为自行式和牵引式两种。振动压路机的生产效率高,压实效果好,能压实多种性质的土,主要用在工程量大的大型土石方工程中。

1.4.2 土方开挖方式与机械选择

在土方工程施工中合理选择土方机械,充分发挥机械性能,并使各种机械相互配合使用,对加快施工进度、提高施工质量、降低工程成本具有十分重要的意义。

1. 场地平整

场地平整包括土方的开挖、运输、填筑和压实等工序。地势较平坦、含水量适中的大面积平整场地,选用铲运机较适宜;地形起伏较大,挖方、填方量大且集中的平整场地,运距在 1000 m 以上时,可选择正铲挖土机配合自卸车进行挖土、运土,在填方区配备推土机平整及压路机碾压施工;挖填方高度不大,运距在 100 m 以内时,采用推土机施工灵活、经济。

2. 基坑开挖

单个基坑和中小型基础基坑多采用抓铲挖土机和反铲挖土机开挖。抓铲挖土机适用于一、二类土质和较深的基坑,反铲挖土机适用于四类以下土质、深度在 4 m 以内的基坑。

3. 基槽、管沟开挖

在地面上开挖具有一定截面、长度的基槽或沟槽，挖大型厂房的柱列基础和管沟，宜采用反铲挖土机挖土。如果水中取土或开挖土质为淤泥，且坑底较深，则可选择抓铲挖土机挖土。如果土质干燥，槽底开挖不深，基槽长 30 m 以上，可采用推土机或铲运机施工。

4. 整片开挖

若基坑较浅，开挖面积大，且基坑土干燥，可采用正铲挖土机开挖。若基坑内土体潮湿，含水量较大，则采用拉铲或反铲挖土机作业。

5. 柱基础基坑、条形基础基槽开挖

对于独立柱基础的基坑及小截面条形基础基槽，可采用小型液压轮胎式反铲挖土机配以翻斗车来完成浅基坑(槽)的挖掘和运土。

1.5　基坑(槽)施工

1.5.1　房屋定位

土方开挖以前，要做好建筑物的定位放线工作。

建筑物定位是将建筑物外轮廓的轴线交点测定到地面上，用木桩标定出来，桩顶钉上小钉指示点位，这些桩称为角桩，见图 1-35，然后根据角桩进行细部测设。

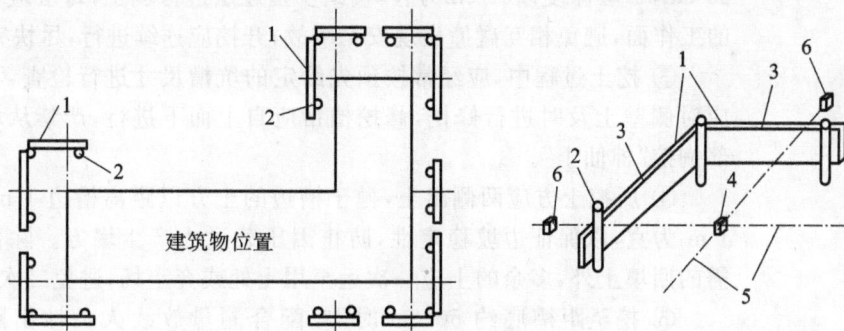

图 1-35　建筑物定位

1—龙门板；2—龙门桩；3—轴线钉；4—角桩；5—轴线；6—控制桩

为了方便地恢复各轴线位置，要把主要轴线延长到安全地点并做好标志，称为控制桩。为便于开槽后施工各阶段中确定轴线位置，应把轴线位置引测到龙门板上，用轴线钉标定。龙门板顶部标高一般定在±0.00 m，便于施工时控制标高。

1.5.2　房屋放线

房屋放线是根据房屋定位确定的轴线位置，用石灰画出开挖的边线。开挖上口尺寸应根据基础的设计尺寸和埋置深度、土壤类别及地下水情况，是否留工作面和放坡等确定。

1.5.3 基槽(坑)土方开挖

基槽(坑)开挖时，严禁扰动基层土层，破坏土层结构，降低承载力，要加强测量，以防超挖。控制方法为：在距设计基底标高 300～500 mm 时，及时用水准仪抄平，打上水平控制桩，以作为开挖槽(坑)时深度控制的依据。当开挖不深的基槽(坑)时，可在龙门板顶面拉上线，用尺子直接量开挖深度；当开挖较深的基坑时，用水准仪引测槽(坑)壁水平桩，一般距槽底 300 mm，沿基槽每 3～4 m 钉设一个。

使用机械挖土时，为防止超挖，可在设计标高以上保留 200～300 mm 土层不挖，而改用人工挖土。

基槽(坑)土方的开挖方法有人工挖方和机械挖方两种，应根据基础特点、规模、形式、深度及土质情况和地下水位，结合施工场地条件确定。一般大中型工程基坑土方量大，适合使用土方机械施工，配合少量人工清槽；小型工程基槽窄，土方量小，宜采用人工或人工配合小型挖土机施工。

1. 人工挖方

① 在基础土方开挖之前，应检查龙门板、轴承线桩有无位移现象，并根据设计图纸校核基础灰线的位置、尺寸、龙门板标高等是否符合要求。

② 基础土方开挖应自上而下分步、分层进行，每步开挖深度约 30 cm，每层深度以 60 cm 为宜，按踏步型逐层进行剥土；每层应留足够的工作面，避免相互碰撞出现安全事故；开挖应连续进行，尽快完成。

③ 挖土过程中，应经常按预先给定的坑槽尺寸进行检查，不够时应对侧壁土及时进行修挖，修挖槽帮应自上而下进行，严禁从坑壁下部掏挖"神仙土"。

④ 所挖土方应两侧出土，抛于槽边的土方以距离槽边 1 m、高度 1 m 为宜，以保证边坡稳定性，防止因压载过大产生塌方。除留足所需的回填土外，多余的土应一次运至用土处或弃土场，避免二次搬运。

⑤ 挖至距槽底约 50 cm 时，应配合测量放线人员抄出距槽底 50 cm 平线，沿槽边每隔 3～4 m 钉水平标高小木桩(图 1-36)。应随时依此检查槽底标高，不得低于标高。如个别处超挖，应用与基土相同的土料填补，并夯实到要求的密实度，或用碎石类土填补，并仔细夯实。如在重要部位超挖，可用低强度等级的混凝土填补。

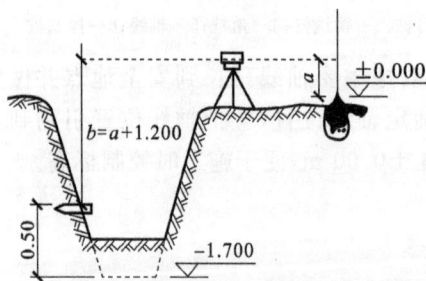

图 1-36 基槽底部抄平示意图(单位:m)

⑥ 如挖方后不能立即进行

下一工序或在冬、雨期挖方,应在槽底标高以上保留 15~30 cm 不挖,待下道工序开始前再挖。冬期挖方每天下班前应挖一步虚土并盖草帘等保温,尤其是挖到槽底标高时,地基土严禁受冻。

2. 机械挖方

(1)点式开挖

厂房的柱基或中小型设备基础坑,因挖土量不大、基坑坡度小,机械只能在地面上作业,一般多采用抓铲挖土机和反铲挖土机。抓铲挖土机能挖一、二类土和较深的基坑,反铲挖土机适用于挖四类以下土和深度在 4 m 以内的基坑。

(2)线式开挖

大型厂房的柱列基础和管沟基槽截面宽度较小,有一定长度,适合于机械在地面上作业。一般多采用反铲挖土机。如基槽较浅,又有一定的宽度,土质干燥,也可采用推土机直接下到槽中作业,但基槽需有一定长度并设上、下坡道。

(3)面式开挖

有地下室的房屋基础、箱形和筏式基础、设备与柱基础密集,采取整片开挖方式时,除可用推土机、铲运机进行场地平整和开挖表层外,多采用正铲挖土机、反铲挖土机或拉铲挖土机开挖。用正铲挖土机工效高,但需有上、下坡道,以便运输工具驶入坑内,还要求土质干燥;反铲挖土机和拉铲挖土机可在坑上开挖,运输工具可不驶入坑内,坑内土潮湿也可以作业,但工效比正铲挖土机低。

1.6 填土与压实

在土方填筑前,应对基底进行处理,清除基底上的垃圾、草皮、树根等杂物,排除坑穴中的积水、淤泥等。若填方基底为耕植土或松土,应将基底压实后进行填土。

1.6.1 填土的要求

填土土料应符合设计要求,以保证填方的强度和稳定性。通常应选择强度高、压缩性小、水稳定性好的土料。如设计无要求,应符合以下规定。

① 碎石类土、砂土和爆破石碴(粒径不大于每层铺土厚度的 2/3),可作为表层下的填料。

② 含水量符合压实要求的黏性土,可作为各层填料。

③ 淤泥和淤泥质土,一般不能用作填料。但在软土地区,经过处理含水量符合要求的,可用于填方中的次要部分。

有机物含量大于 8% 或水溶性硫酸盐含量大于 5% 的土,以及耕植土、冻土、杂填土等均不能用作填土。但无压实要求时,则不受限制。

1.6.2 填土的方法

填土可采用人工填土和机械填土。一般要求如下。

① 填土应尽量采用同类土填筑,并严格控制土的含水量在最优含水量范围内,以提高压实效果。

② 填土应从场地最低处开始分层填筑,每层铺土厚度应根据压实机具及土的种类而定。当采用不同类土填筑时,应将透水性较大的土层置于透水性较小的土层之下,以避免在填方区形成水囊。

③ 坡地填土应做好接槎,挖成 1∶2 阶梯形(一般阶高 0.5 m,阶宽 1.0 m)分层填筑,分层填筑时每层接缝处应做成大于 1∶1.5 的斜坡,以防填土横移。

填土的压实方法图

1.6.3 填土的压实方法

填土的压实方法一般有碾压、夯实、振动压实及利用运土工具压实。对于较大面积的填土工程,多采用碾压和利用运土工具压实。对于面积较小的填土工程,则宜用夯实机具进行压实。

(1) 碾压法

碾压法是利用机械滚轮的压力压实土壤,使之达到所需的密实度。碾压机械有平碾、羊足碾和气胎碾。

平碾又称光轮压路机(图 1-37),是一种以内燃机为动力的自行式压路机。按重量等级分为轻型(30~50 kN)、中型(60~90 kN)和重型(100~140 kN)三种,适于压实砂类土和黏性土,适用土类范围较广。轻型平碾压实土层的厚度不大,但土层上部变得较密实,当用轻型平碾初碾后,再用重型平碾碾压松土,就会取得较好的效果。如直接用重型平碾碾压松土,则由于强烈的起伏现象,其碾压效果较差。

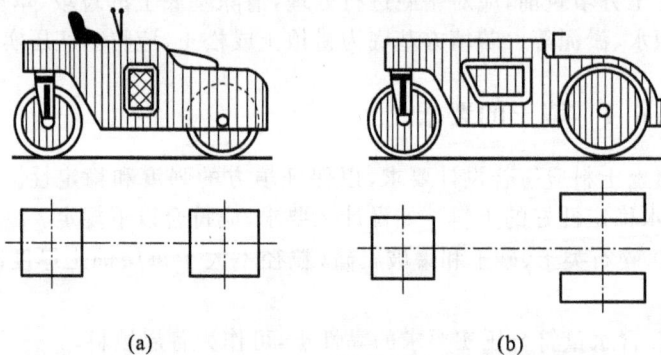

(a)　　　　　　　　　　　　(b)

图 1-37　光轮压路机

(a) 两轴两轮;(b) 两轴三轮

羊足碾见图 1-38 和图 1-39,一般无动力,靠拖拉机牵引,有单筒、双筒两种。根据碾压要求,其可分为空筒及装砂、注水等三种。羊足碾虽然与土接触面积小,但对单位面积的压力比较大,压实效果好。羊足碾只能用来压实黏性土。

气胎碾又称轮胎压路机(图 1-40),它的前、后轮分别密排着四个、

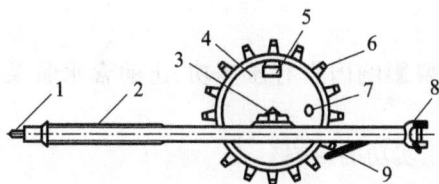

图 1-38　单筒羊足碾构造示意图

1—前拉头；2—机架；3—轴承座；4—碾筒；5—装砂口；
6—羊足头；7—水口；8—后拉头；9—铲刀

图 1-39　羊足碾

五个轮胎，既是行驶轮，又是碾压轮。由于轮胎弹性大，在压实过程中，土与轮胎都会变形，而碾压几遍后随着铺土密实度的提高，沉陷量逐渐减小，因此轮胎与土的接触面积逐渐缩小，但接触应力逐渐增大，最后使土料得到压实。由于在工作时是弹性体，故其压力均匀，压实质量较好。

碾压法主要用于大面积的填土，如场地平整、路基、堤坝等工程。

用碾压法压实填土时，铺土应均匀一致，碾压遍数要一样，碾压方向应从填土区的两边逐渐压向中心，每次碾压应有 15～20 cm 的重叠；碾压机械开行速度不宜过快，一般平碾不应超过 2 km/h，羊足碾控制在 3 km/h 之内，否则会影响压实效果。

（2）夯实法

夯实法是利用夯锤自由下落的冲击力来夯实土壤，主要用于小面积的回填土或作业面受到限制的情形。夯实法分人工夯实和机械夯实两种。人工夯实所用的工具有木夯、石夯等，常用的夯实机械有夯锤、内燃夯土机、蛙式打夯机（图 1-41）和利用挖土机或起重机装上夯板后的夯土机等。其中，蛙式打夯机轻巧灵活，构造简单，在小型土方工程中应用最广。

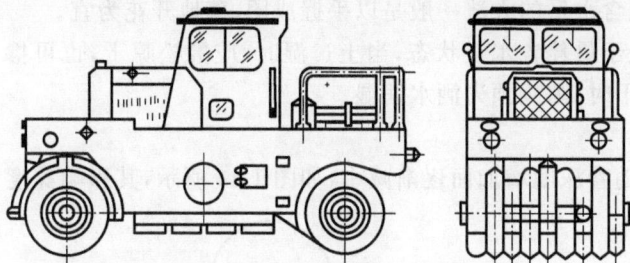

图 1-40　轮胎压路机

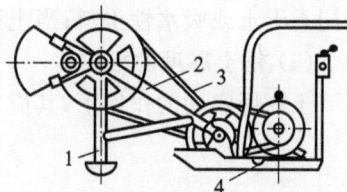

图 1-41　蛙式打夯机

1—夯头；2—夯架；3—三角胶带；4—底盘

（3）振动压实法

振动压实法是将振动压实机放在土层表面，借助振动机构让压实机振动土颗粒，使土颗粒发生相对位移而达到紧密状态。用这种方法振实非黏性土效果较好。

近年来，又将碾压和振动法结合起来而设计和制造了振动平碾、振动凸块碾等新型压实机械。振动平碾适用于填料为爆破碎石碴、碎石类土、杂填土或轻亚黏土的大型填方，振动凸块碾则适用于亚黏土或黏土的大型填方。当压实爆破碎石碴或碎石类土时，可选用重 8～15 t 的振动平碾，铺土厚度为 0.6～1.5 m，先静压后振动碾压，碾压遍数由现场试验确定，一般为 6～8 遍。

1.6.4　填土压实的影响因素

填土压实的质量与许多因素有关,其中主要影响因素有压实功、土的含水量及每层铺土厚度。

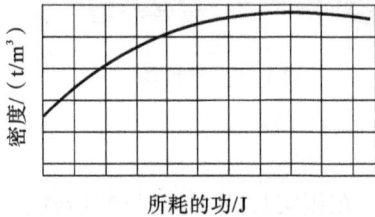

图1-42　土的密度与所耗的功的关系示意图

（1）压实功的影响

填土压实后的密实度与压实机械在其上所施加的功有一定的关系。土的密度与所耗的功的关系如图1-42所示。当土的含水量一定,在开始压实时,土的密度急剧增加,待接近土的最大密实度时,虽然压实功增加许多,但土的密度则变化甚小。实际施工中,对于砂土,只需碾压或夯击2～3遍;对于粉土,只需3～4遍;对于粉质黏土或黏土,只需5～6遍。此外,松土不宜用重型碾压机械直接滚压,否则土层有强烈起伏现象,效率不高。如果先用轻碾压实,再用重碾压实就会取得较好效果。

（2）含水量的影响

在同一压实功条件下,填土的含水量对压实质量有直接影响。对于较干燥的土,由于土颗粒之间的摩阻力较大,因此不易压实。当含水量超过一定限度时,土颗粒之间的孔隙由水填充而呈饱和状态,也不能压实。当土的含水量适当时,水起润滑作用,土颗粒之间的摩阻力减小,压实效果好。每种土都有其最佳含水量。土在最佳含水量条件下,使用同样的压实功进行压实,所得到的干密度最大,如图1-43所示。不同土的最佳含水量不同,如砂土为 $8\%\sim12\%$,黏土为 $19\%\sim23\%$,粉质黏土为 $12\%\sim15\%$,粉土为 $15\%\sim22\%$。工地简单检验黏性土含水量的方法一般是以手握成团、落地开花为宜。

为了保证填土在压实过程中处于最佳含水量状态,当土过湿时,应翻松晾干,也可掺入同类干土或吸水性材料;当土过干时,则应预先洒水润湿。

（3）铺土厚度的影响

土在压实功的作用下,其应力随着深度增加而逐渐减小,如图1-44所示,其影响深度

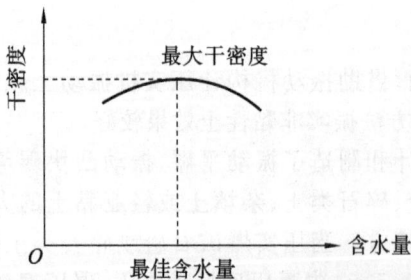

图1-43　土的干密度与含水量的关系

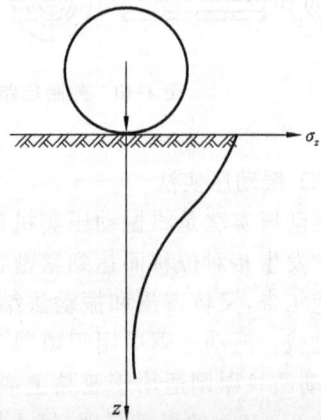

图1-44　压实作用沿深度的变化

与压实机械、土的性质和含水量等有关。铺土厚度应小于压实机械压土时的作用深度，但其中还有最优土层厚度的问题，铺得过厚，要压很多遍才能达到规定的密实度；铺得过薄，则要增加机械的总压实遍数。最优的铺土厚度应能使土方压实而机械的功耗费最少，可按照表 1-11 选用。

表 1-11   **每层铺土厚度与压实遍数**

压实机具	每层铺土厚度/mm	每层压实遍数/遍
平碾	250～300	6～8
振动压实机	250～350	3～4
柴油打夯机	200～250	3～4
人工打夯	<200	3～4

上述三个方面的因素相互影响。为了保证压实质量，提高压实机械生产效率，应根据土质和压实机械在施工现场进行压实试验，以确定达到规定密实度所需的压实遍数、铺土厚度及最佳含水量。

1.6.5 填土质量检查

填土压实后必须具有一定的密实度，以避免建筑物的不均匀沉陷。填土密实度以设计规定的控制干密度 ρ_d 或规定压实系数 λ_c 作为检查标准。

土的最大干密度 ρ_{dmax} 由试验室击实试验或计算求得，再根据规定的压实系数 λ_c 即可算出填土控制干密度 ρ_d 值。填土压实后的实际干密度应有 90% 以上符合设计要求，其余 10% 的最低值与设计值的差不得大于 0.08 g/cm³，且应分散，不得集中。

检查压实后的实际干密度，通常采用环刀法取样。填土工程质量检验标准见表 1-12。

表 1-12   **填土工程质量检验标准**

项目	序号	检查项目	柱基、基坑、基槽	场地平整 人工	场地平整 机械	管沟	地(路)面基础层	检查方法
主控项目	1	标高	−50	±30	±50	−50	−50	水准仪
	2	分层压实系数	设计要求					按规定或直观检查
一般项目	1	回填土料	设计要求					取样检查或直观检查
	2	分层厚度及含水量	设计要求					水准仪及抽样检查
	3	表面平整度	20	20	30	20	20	靠尺或水准仪

1.7 冬期施工和雨期施工

1.7.1 冬期施工措施

在冬期施工中，土由于受到冻结而变得坚硬，挖掘困难，施工费用高。一般来说，土方工程应尽可能安排在入冬之前施工较为合理;必须在冬期施工时,应对其施工方法进行技术和经济两方面的分析比较,以采用合理的冬期施工措施。

土方工程冬期施工的方法主要有防冻法、冻土融解法及冻土破碎法。

① 防冻法。对于土的防冻,应尽可能利用自然条件,以就地取材为原则,主要方法有地面耕松耙平防冻法、覆雪防冻法、保温材料防冻法等。

② 冻土融解法。冻土的融解是依靠外加的热能完成的,费用较高,通常只用于面积不大的工程。其主要方法有循环针法、电热法、烘烤法等。

③ 冻土破碎法。在没有保温防冻的条件或土已冻结时,采用先破碎冻土再挖掘的施工方法比较经济。破碎冻土的方法一般有爆破法、机械法和人工法三种。

此外,由于土冻结后形成坚硬的土块,回填施工时不易压实,且土解冻后会造成大量下沉,因此应严格按照规范中的要求施工。

1.7.2　雨期施工措施

在雨期进行土方工程施工,难度大,对土的性质、工程质量及安全等方面影响较大。因此,土方工程雨期施工应有保证工程质量和安全的技术措施,对于重要或特殊的土方工程,应尽量在雨期前完成。

土方工程雨期施工的措施主要有以下几个。

① 编制施工组织计划时,要根据雨期施工的特点,将不宜在雨期施工的分项工程提前或延后安排,对必须在雨期施工的工程采取有效的措施。

② 合理组织施工。晴天抓紧室外工作,雨天安排室内工作,尽量缩小雨天室外作业时间和工作面。

③ 雨期开挖基槽(坑)或管沟时,应注意边坡稳定性。必要时,可放缓边坡坡度或设置支撑,施工时应加强对边坡和支撑的检查。为防止边坡被雨水冲塌,可在边坡上加钉钢丝网片,并喷上 50 mm 的细石混凝土。

④ 雨期施工的工作面不宜过大,应逐段、逐片分期完成。基础挖到标高后,应及时验收并浇筑混凝土垫层,如基坑(槽)开挖后不能及时进行下道工序,应留保护层。对膨胀土地基及回填土要有防雨措施。

⑤ 为防止基坑浸泡,开挖时要在坑内做好排水沟、集水井。对位于地下的池子和地下室,施工时应考虑周到。如预先考虑不周,浇筑混凝土后遇有大雨,容易发生池子和地下室上浮的事故。

❍ 单元小结

本单元主要学习了土方工程的施工特点,土的分类和工程性质;土方量的计算方法;土方边坡的形式和确定方法,土壁支护的类型、适用范围和常用土壁支护的构造与施工方法;产生流砂的原因分析与防治措施,降水的类型与方法,轻型井点降水的设计与施工方法;土方施工机械的工作特点、适用范围、作业方法和选择,土方填土与压实的方法、填土土料的要求、填土压实的影响因素。

➡ 习 题

1-1 土的可松性对土方施工有何影响?

1-2 如何计算基坑及基槽土方量?

1-3 试述方格网法计算场地平整土方量的步骤和方法。

1-4 试述断面法计算场地平整土方量的步骤和方法。

1-5 什么是边坡系数?影响边坡稳定的因素有哪些?

1-6 人工降低地下水位的方法有哪些?适用范围是什么?

1-7 单斗挖土机有哪几种类型?其工作特点和适用范围是什么?正铲挖土机、反铲挖土机的开挖方式有哪几种?如何选择?

1-8 填土压实有哪几种方法?各有什么特点?影响填土压实的主要因素有哪些?

1-9 什么是土的最佳含水量?土的含水量和控制干密度对填土压实质量有何影响?

1-10 土方工程冬期施工有哪些防冻措施?雨期施工应注意哪些问题?

1-11 某基坑底长 85 m,宽 60 m,深 8 m,工作宽度为 0.5 m,四边放坡,边坡系数为0.5。试计算土方开挖工程量。

1-12 某建筑场地如图 1-45 所示,方格网边长为 40 m,试用方格网法计算场地总挖方量和填方量。如填方区和挖方区的边坡系数均为 0.5,试计算场地边坡挖、填土方量。

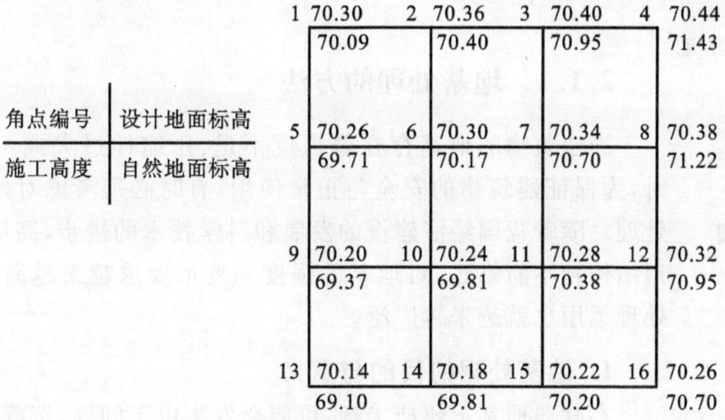

	1 70.30	2 70.36	3 70.40	4 70.44
	70.09	70.40	70.95	71.43
角点编号 | 设计地面标高	5 70.26	6 70.30	7 70.34	8 70.38
施工高度 | 自然地面标高	69.71	70.17	70.70	71.22
	9 70.20	10 70.24	11 70.28	12 70.32
	69.37	69.81	70.38	70.95
	13 70.14	14 70.18	15 70.22	16 70.26
	69.10	69.81	70.20	70.70

图 1-45 习题 1-12 图

单元 2　地基与基础工程施工

【学习目标】
　　（1）掌握高压旋喷地基、深层搅拌地基、钢筋混凝土条形基础、钢筋混凝土预制桩、泥浆护壁成孔灌注桩、干作业钻孔灌注桩、人工挖孔灌注桩等的施工工艺与要求。
　　（2）了解地下连续墙、沉井等其他深基础。

2.1　地　基　处　理

5分钟看完本单元

地基处理图

2.1.1　地基处理的方法

　　当建筑物的地基存在着强度不足、压缩性过大或不均匀等问题时，为保证建筑物的安全与正常使用，有时必须考虑对地基进行人工处理。随着我国经济建设的发展和科学技术的进步，高层建筑物和重型结构物不断修建，对地基的强度和变形要求越来越高。因此，地基处理运用也就越来越广泛。

1. 地基处理的目的与意义

　　在软弱地基上建造工程，可能会发生以下问题：沉降或差异沉降，特大、大范围地基沉降，地基剪切破坏，承载力不足，地基液化，地基渗漏，管涌等。地基处理的目的就是针对这些问题，采取适当的措施来改善地基条件。这些措施主要包括以下五个方面。

　　① 改善剪切特性。地基的剪切破坏及在土压力作用下的稳定性取决于地基土的抗剪强度。因此，为了防止剪切破坏及减轻土压力，需要采取一定措施增加地基土的抗剪强度。

　　② 改善压缩特性。需要研究采用何种措施以提高地基土的压缩模量，借以减少地基土的沉降。另外，防止侧向流动（塑性流动）产生的剪切变形，也是改善剪切特性的目的之一。

　　③ 改善透水特性。由于在地下水的运动中会出现一些问题，故需要研究采取何种措施使地基土变成不透水或减轻其水压力。

④ 改善动力特性。地震时饱和松散粉细砂(包括一部分粉土)将会产生液化。因此，需要研究采取何种措施防止地基土液化，并改善其振动特性以提高地基的抗震性能。

⑤ 改善特殊土的不良地基特性。主要是消除或减少黄土的湿陷性和膨胀土的胀缩性等特殊土的不良地基的特性。

2. 地基处理方法分类

我国各地自然地理环境不同，土质各异，地基条件区域性较强，地基处理方法也多样。表 2-1 是按照地基原理将处理方法进行分类的，在选择地基处理方案时，应考虑上部结构、基础和地基的共同作用，并经过技术经济比较，选用地基处理方案或加强上部结构和处理地基相结合的方案。

表 2-1 地基处理方法分类

编号	分类	处理方法	原理及作用	适用范围
1	碾压及夯实	重锤夯实，机械碾压，振动压实，强夯(动力固结)	利用压实原理，通过机械碾压夯击，把地基土压实，强夯则利用强大的夯击能，在地基中产生强烈的冲击波和动应力，迫使土动力固结密实	适用于碎石土、砂土、粉土、低饱和度的黏性土、杂填土等，对饱和黏性土应慎重采用
2	换土垫层	砂石垫层，素土垫层，灰土垫层，矿渣垫层	以砂石、素土、灰土和矿渣等强度较高的材料置换地基表层软弱土，提高持力层的承载力，扩散应力，减少沉降量	适用于处理暗沟、暗塘等软弱土地基
3	排水固结	天然地基预压，砂井预压，塑料排水带预压，真空预压，降水预压	在地基中增设竖向排水体，加速地基的固结和强度增长，提高地基的稳定性，加速沉降发展，使基础沉降提前完成	适用于处理饱和软弱土层，对于渗透性极低的泥炭土，必须慎重对待
4	振密挤密	振冲挤密，灰土挤密桩，砂桩，石灰桩，爆破挤密	采用一定的技术措施，通过振动或挤密，使土体的孔隙减小，强度提高；必要时，可在振动挤密的过程中，将回填砂、砾石、灰土、素土等与地基土组成复合地基，从而提高地基的承载力，减少沉降量	适用于处理松砂、粉土、杂填土及湿陷性黄土
5	置换及拌入	振冲置换，深层搅拌，高压喷射注浆，石灰桩等	采用专门的技术措施，以砂、碎石等置换软弱土地基中部分软弱土，或在部分软弱土地基中掺入水泥、石灰或砂浆等形成加固体，与未处理部分土组成复合地基，从而提高地基承载力，减少沉降量	黏性土、冲填土、粉砂、细砂等。振冲置换法对于不排水抗剪强度小于 20 kPa 的土质慎用
6	加筋	土工合成材料加筋，锚固，竖根桩，加筋土	在地基或土体中埋设强度较大的土工合成材料、钢片等加筋材料，使地基或土体能承受拉力，防止断裂，保持整体性，提高刚度，改变地基土体的应力场和应变场，从而提高地基的承载力，改善变形特性	软弱土地基，填土及陡坡填土、砂土
7	其他	灌浆，冻结，托换技术，纠偏技术	通过独特的技术措施处理软弱土地基	根据实际情况确定

2.1.2 高压旋喷地基施工

1. 加固地基原理

高压喷射注浆法就是利用钻机把带有喷嘴的注浆管钻入（或置入）至土层预定的深度，以 20～40 MPa 的压力把浆液或水从喷嘴中喷射出来形成喷射流，冲击破坏土层及预定形状的空间。当能量大、速度快和脉动状的喷射流的动压力大于土层结构强度时，土颗粒便从土层中剥落下来，一部分细粒土随浆液或水冒出地面，其余土颗粒在喷射流的冲击力、离心力和重力等作用下，与浆液搅拌混合，并按一定的浆土比例和质量大小有规律地重新排列。这样注入的浆液将冲下的部分土混合凝结成加固体，从而达到加固土体的目的。它具有增大地基强度、提高地基承载力、止水防渗、减少支挡结构物的土压力、防止砂土液化和降低土的含水量等多种功能。其施工顺序如图 2-1 所示。

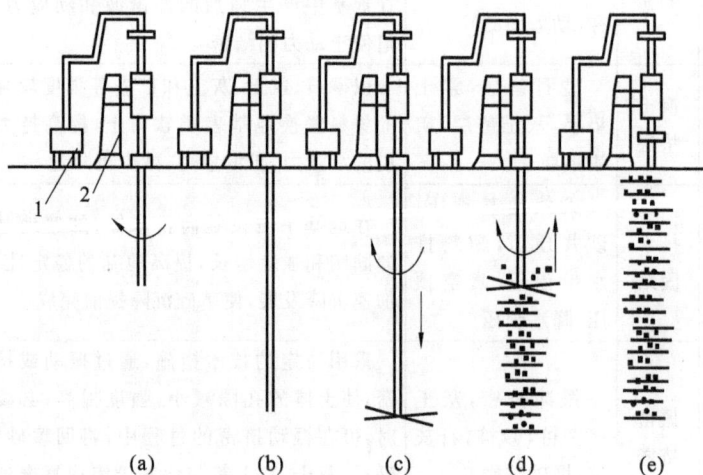

图 2-1　旋喷法施工顺序示意图

（a）开始钻进；（b）钻进结束；（c）高压旋喷开始；（d）边旋转边提升；（e）喷射完毕，桩体形成
1—超高压水泵；2—钻机

高压喷射注浆法的适用范围：淤泥、淤泥质土、黏性土、粉土、黄土、砂土、人工填土和碎石等地基。当土中含有较多的大粒径块石、坚硬黏性土、大量植物根茎或有过多的有机质时，应根据现场试验结果确定其适用程度。

2. 高压喷射注浆法的施工工艺

高压喷射注浆法的施工工艺流程如图 2-2 所示。

① 钻机就位。钻机需平置于牢固坚实的地方，钻杆（注浆管）对准孔位中心，偏差不超过 10 cm，打斜管时需按设计调整钻架角度。

② 钻孔下管或打管。钻孔的目的是将注浆管顺利置入预定位置，

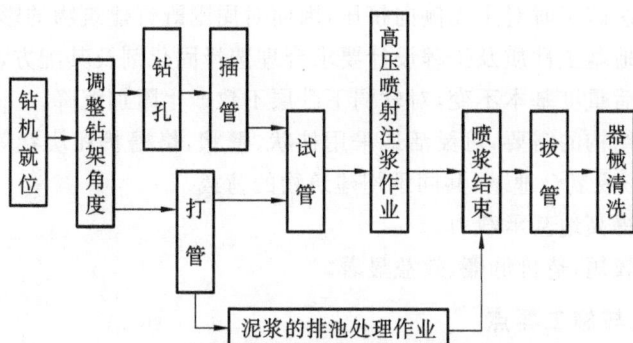

图 2-2　高压喷射注浆法的施工工艺流程

可先钻孔后下管,亦可直接打管,在下(打)管过程中,需防止管外泥砂或管内水泥浆小块堵塞喷嘴。

③ 试管。当注浆管置入土层预定深度后应用清水试压,若注浆设备和高压管路安全正常,则可搅拌制作水泥浆开始高压注浆作业。

④ 高压喷射注浆作业。浆液的材料、种类和配合比,要视加固对象而定。在一般情况下,水泥浆的水灰比为 0.5~1,若用以改善灌注桩桩身质量,则应减小水灰比或采用化学浆。高压射浆自上而下连续进行,注意检查浆液初凝时间、注浆流量、风量、压力、旋转和提升速度等参数,应符合设计要求。喷射压力高即射流能量大,加固长度大,效果好;若提升速度和旋转速度适当降低,则加固长度随之增加。在射浆过程中参数可随土质不同改变,若参数不变,则容易使浆量增大。

⑤ 喷浆结束与拔管。喷浆由下而上至设计高度后,拔出喷浆管,喷浆即告结束,把浆液填入注浆孔中,将多余的清除掉,但需防止浆液凝固时产生收缩的影响。拔管要及时,切不可久留孔中,否则浆液凝固后不能拔出。

⑥ 器械冲洗。当喷浆结束后,立即清洗高压泵、输浆管路、注浆管及喷头。

2.1.3　深层搅拌地基施工

水泥土搅拌法以水泥作为固化剂的主剂,通过特制的搅拌机械边钻边往软土中喷射浆液或雾状粉体,在地基深处将软土和固化剂(浆液或粉体)强制搅拌,使喷入软土中的固化剂与软土充分拌和在一起,利用固化剂和软土之间产生的一系列物理化学反应,形成的抗压强度比天然土强度高得多,并具有整体性、水稳定性和一定强度的水泥加固土桩柱体,由若干根这类加固土桩柱体和桩间土构成复合地基,从而达到提高地基承载力和增大变形模量的目的。

深层搅拌法是用来加固饱和黏性土地基的一种新技术。

1. 特点和适用范围

深层搅拌法加固软土具有如下特点。

① 深层搅拌法由于将固化剂和原地基软土就地搅拌混合,最大限度地利用了原土。

② 施工过程中无振动、无噪声、无污染。

③ 深层搅拌法施工时对土无侧向挤压,因而对周围既有建筑物的影响很小。

④ 按照不同地基土性质及工程设计要求合理选择固化剂及其配方,设计比较灵活。

⑤ 土体加固后重度基本不变,对软弱下卧层不致产生附加沉降。

⑥ 根据上部结构的需要,可灵活地采用柱状、壁状、格栅状和块状等加固体,这些加固体与天然地基形成复合地基,共同承担建筑物的荷载。

⑦ 可有效地提高地基承载力。

⑧ 施工工期较短,造价低廉,效益显著。

2. 施工工艺与施工要点

（1）施工工艺

深层搅拌法的施工工艺流程如图 2-3 所示,施工示意图如图 2-4 所示。

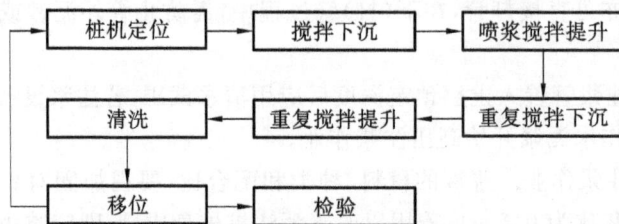

图 2-3　深层搅拌法的施工工艺流程

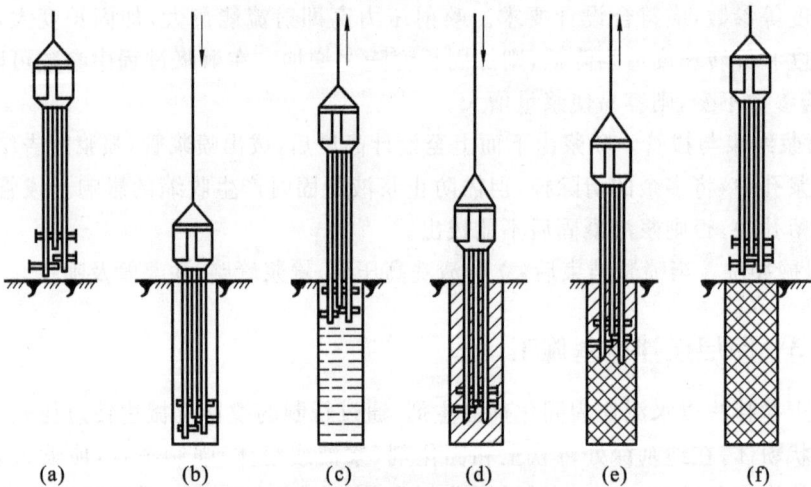

(a)　　(b)　　(c)　　(d)　　(e)　　(f)

图 2-4　深层搅拌法施工示意图

(a) 定位下沉；(b) 沉入到设计深度；(c) 喷浆搅拌提升；
(d) 原位重复搅拌下沉；(e) 重复搅拌提升；(f) 搅拌完毕形成加固体

（2）操作工艺

① 桩机定位。利用起重机或开动绞车将桩机移动到指定桩位。为保证桩位准确,必须使用定位卡,桩位偏差不大于 50 mm,导向架和搅拌轴应与地面垂直,垂直度的偏差不应超过 1.5%。

② 搅拌下沉。当冷却水循环正常后,启动搅拌机电机,使搅拌机沿导向架切土搅拌下沉,下沉速度由电机的电流表监控；同时按预定配比拌制水泥浆,并将其倒入集料斗备喷。

③ 喷浆搅拌提升。搅拌机下沉到设计深度后，开启灰浆泵，使水泥浆连续自动喷入地基，并保持出口压力为 0.4～0.6 MPa，搅拌机边旋转边喷浆边按已确定的速度提升，直至设计要求的桩顶标高。搅拌头如被软黏性土包裹，应及时将其清除。

④ 重复搅拌下沉。为使土中的水泥浆与土充分搅拌均匀，再次将搅拌机边旋转边沉入土中，直至设计深度。

⑤ 重复搅拌提升。将搅拌机边旋转边提升，再次至设计要求的桩顶标高，并上升至地面，制桩完毕。

⑥ 清洗。向已排空的集料斗中注入适量清水，开启灰浆泵清洗管道，直至其基本干净，同时将黏附于搅拌头上的土清洗干净。

⑦ 移位。重复上述步骤①～⑥，进行下根桩施工。

(3) 注意事项

① 所使用的水泥浆应过筛，制备好的浆液不得离析，泵送必须连续。

② 喷浆量及搅拌深度必须采用经国家计量部门认证的检测仪器自动记录。

③ 当水泥浆液到达出浆口后，应喷浆搅拌 30 s，在水泥浆与桩端土充分搅拌后，再开始提升搅拌头。

④ 若施工时因故停浆，则应将搅拌头下沉至停浆点以下 0.5 m 处，待恢复供浆时再喷浆搅拌提升。

2.1.4　其他地基加固方法

1. 预压法

预压法是在建筑物建造前，对地基土进行预压，使土体中的水排出，逐渐固结，地基发生沉降，同时强度逐步提高的方法。预压法包括堆载预压法、真空预压法等。预压法适用于淤泥质土、淤泥和冲填土等饱和黏性土地基。

(1) 堆载预压法

在建筑物施工前，通过在拟建场地上预先堆置重物，进行堆载预压，使地基土固结沉降基本完成，通过地基土的固结来提高地基承载力。预压荷载一般等于建筑物的荷载，但为了加速压缩过程，预压荷载也可比建筑物的重量大，称为超载预压。

堆载预压可分为塑料排水板或砂井地基堆载预压(图 2-5)和天然地基堆载预压。

(2) 真空预压法

在需要加固的软土地基上铺设砂垫层并设置竖向排水通道(砂井、塑料排水板)，再在其上覆盖不透气的薄膜形成一密封层使之与大气隔绝；然后用真空泵抽气，使排水通道保持较高的真空度，在土的孔隙中产生负的孔隙水压力，孔隙水逐渐被吸出，从而使土体达到固结(图 2-6)。该法的施工要点是：先设置竖向排水系统，埋设水平分布的滤管，砂垫层上的密封膜采用 2～3 层的聚氯乙烯薄膜，按先后顺序同时铺设。面积大时宜分区预压；做好真空度、地面沉降量、深层沉降、水平位移等观测；预压结束后，应清除砂槽和腐殖土层；应注意对周边环境的影响。该法适用于饱和均质黏性土及含薄层砂夹层的黏性土，特别适用于超软土地基的加固。

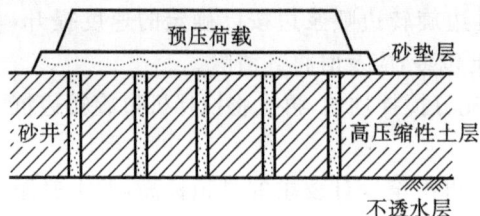

图 2-5　砂井堆载预压法

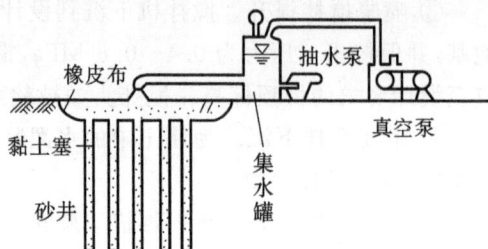

图 2-6　真空预压法示意图

2. 强夯法

强夯法是利用近十吨或数十吨的重锤从近十米或数十米的高处自由落下,对土进行强力夯击并反复多次,从而达到提高地基土的强度并降低其压缩性的处理目的。强夯法的作用机理是用很大的冲击能(一般为 500～800 kJ)使土体中出现冲击波和很大的应力,迫使土中孔隙压缩,土体局部液化,夯击点周围产生裂隙形成良好的排水通道,使土中的孔隙水(气)顺利溢出,土体迅速固结,从而降低此深度范围内土体的压缩性,提高地基承载力。同时,强夯技术可显著减少地基的不均匀性,减少地基差异沉降。

强夯法适用于碎石土、砂土、低饱和度的粉土和黏性土、湿陷性黄土、杂填土和素填土等地基,对于软土地基,一般来说处理效果不显著。

强夯法施工可按下列步骤进行。

① 清理并平整施工场地。

② 标出第一遍夯点位置,并测量场地高程。

③ 起重机就位,使夯锤对准夯点位置。

④ 测量夯前锤顶高程。

⑤ 将夯锤起吊到预定高度,待夯锤脱钩自由下落后,放下吊钩,测量锤顶高程以计算夯沉量。若发现因坑底倾斜而造成夯锤歪斜,应及时将坑底整平。

⑥ 重复步骤⑤,按设计规定的夯击次数及控制收锤标准完成一个夯点的夯击。

⑦ 换夯点重复步骤③～⑥,直至完成第一遍全部夯点的夯击。

⑧ 用推土机将夯坑填平,并测量场地高程。

⑨ 在规定的间隔时间后,按上述步骤逐次完成全部夯击遍数,最后用低能量满夯,把场地表层松土夯实,并测量场地高程。

3. 振冲法

振冲地基又称振冲桩复合地基,是用起重机吊起振冲器,启动潜水电机带动偏心块,使振冲器产生高频振动,同时开动水泵,通过喷嘴喷射高压水成孔,然后分批填以砂石骨料,形成一根根桩体,桩体与原地基构成复合地基以提高地基的承载力,减少地基的沉降和沉降差的一种快速、经济、有效的加固方法。该法具有技术可靠、机具设备简单、操作技术易于掌握、施工简便、省三材、加固速度快、地基承载力高等特点。

其施工要点如下。

① 施工前应先在现场进行振冲试验,以确定适合成孔的水压、水量、成孔速度、填料

方法、达到土体密实时的密实电流值、填料量和留振时间。

② 振冲前,应按设计图定出冲孔中心位置并编号。

③ 启动水泵和振冲器,使振冲器以 1~2 m/min 的速度徐徐沉入土中。每沉入 0.5~1.0 m,宜留振 5~10 s 进行扩孔,待孔内泥浆溢出时再继续沉入。当下沉达到设计深度时,振冲器应在孔底适当停留并减小射水压力,以便排除泥浆进行清孔。如此往复 1~2 次,孔内泥浆变稀,排泥清孔 1~2 min 后,将振冲器提出孔口。

④ 填料和振密,一般在成孔后,将振冲器提出孔口,从孔口向下填料,然后再将振冲器下降至填料中进行振密(图 2-7),待密实电流达到规定的数值,将振冲器提出孔口。如此自下而上反复进行直至孔口,成桩操作即告完成。

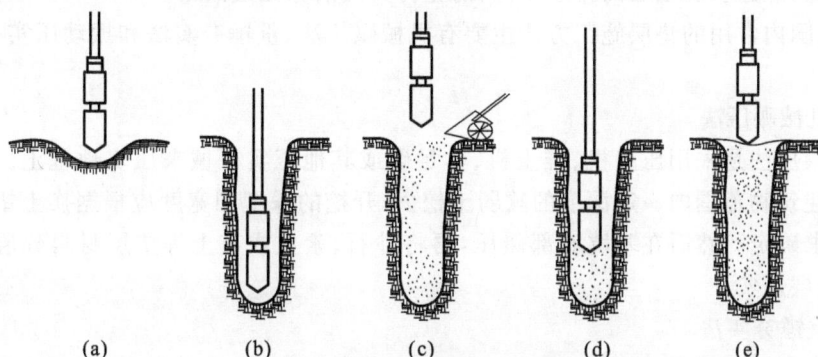

图 2-7　振冲法制桩施工工艺
(a) 定位;(b) 振冲下沉;(c) 填料;(d) 振密;(e) 成桩

⑤ 振冲桩施工时桩顶部约 1 m 范围内的桩体密实度难以保证,一般应予挖除,另做地基,或振动碾压使之压实。

4. 挤密法

利用挤密或振动在软弱土层中挤土成孔,从侧向将土挤密,然后向孔内回填碎石、砂、灰土、土等材料,形成碎石桩、砂桩、石灰桩等,与桩间土一起组成复合地基,从而提高地基承载力,减少沉降量,是深层加密处理的一种方法。深层挤密法主要有砂石桩法、石灰桩法、土或灰土挤密法等。

① 砂石桩可采用振动成桩法或锤击成桩法施工,桩径一般为 300~800 mm,桩长不宜小于 4 m,桩体材料可以用碎石、卵石、角砾、圆砾、沙砾、粗砂、中砂或石屑等,桩顶部宜铺设一层厚度为 300~500 mm 的砂石垫层。此法适用于挤密松散砂土、粉土、黏性土、素填土、杂填土等地基。

② 石灰桩的施工可以采用洛阳铲或机械成孔,成孔后填入生石灰块或同时在生石灰中掺入适量的水硬性掺和料(如粉煤灰、火山灰、炉渣等)。成孔直径常为 300~400 mm,桩长一般不宜超过 6~8 mm。石灰桩法用于处理饱和黏性土、淤泥、淤泥质土、素填土和杂填土等地基。

③ 土或灰土挤密桩可选用沉管(振动、锤击)、冲击或爆破等方法成孔,成孔后将孔底夯实,然后用素土或灰土在最佳含水量状态下分层回填夯实,待挤密桩施工结束后,将表层挤松的土挖除或分层夯压密实。桩孔直径宜为 300~450 mm,桩顶标高以上应设置

300～500 mm 厚的 2∶8 灰土垫层。此法适用于处理地下水位以上的湿陷性黄土、素填土和杂填土等地基,可处理的地基深度为 5～15 mm。

5. 换土垫层法

换土垫层法也称换填法,是将在基础底面以下处理范围内的软弱土层部分或全部挖去,然后分层换填密度大、强度高、水稳定性好的砂、碎石或灰土等材料及其他性能稳定和无侵蚀性的材料,并碾压、夯实或振实至要求的密实度为止。

换土垫层按其回填材料的不同可分为砂垫层、碎石垫层、素土垫层、灰土垫层、矿渣垫层、粉煤灰垫层等。垫层的作用是提高浅基础下地基的承载力,满足地基稳定性要求;减少沉降量;加速软弱土层的排水结固;防止持力层的冻胀或液化。

目前,国内常用的垫层施工方法主要有机械碾压法、重锤夯实法和振动压实(平板压实)法。

（1）机械碾压法

机械碾压法是采用压路机、推土机、羊足碾或其他压实机械来压实地基土。施工时先将拟建建筑物范围内一定深度的软弱土挖去,开挖的深度和宽度应根据换土垫层设计的具体要求确定。然后在基坑底部碾压,再将砂石、素土或灰土等垫层材料分层铺垫在基坑内,逐层压实。

（2）重锤夯实法

重锤夯实法是用起重机械将夯锤提升到一定高度,然后自由落锤,不断重复夯击以加固地基。重锤夯实法一般适用于地下水位距地表 0.8 m 以上,有效夯实深度内土的饱和度小于并接近 0.6 的情形。当夯击振动对邻近建筑物或设备产生有害影响时不得采用重锤夯实。

（3）平板压实法

平板压实法是利用振动压实机来压实非黏性土或黏粒含量少、透水性较好的松散杂填土地基的方法。

2.1.5 地基处理施工质量检验标准

1. 一般要求

① 建筑物地基的施工应具备下述资料:a. 岩土工程勘察资料;b. 邻近建筑物和地下设施类型、分布及结构质量情况;c. 工程设计图纸、设计要求及需达到的标准、检验手段。

② 砂、石子、水泥、钢材、石灰、粉煤灰等原材料的质量、检验项目、批量和检验方法,应符合国家现行标准的规定。

③ 地基施工结束,宜在一个间歇期后进行质量验收,间歇期由设计确定。

④ 地基加固工程,应在正式施工前进行试验段施工,论证设定的施工参数及加固效果。为验证加固效果所进行的荷载试验,其施加荷载应不低于设计荷载的 2 倍。

⑤ 竣工后的地基强度或承载力必须达到设计要求的标准。检验的数量,每单位工程不应少于 3 点;1000 m² 以上的工程,每 100 m² 至少应有 1 点;3000 m² 以上的工程,每 300 m² 至少应有 1 点。每一独立基础下至少应有 1 点,基槽每 20 m 应有 1 点。

⑥ 对复合地基承载力检验,检验数量为总数的 0.5%~1%,且不应少于 3 处。有单桩强度检验要求时,检验数量为总数的 0.5%~1%,且不应少于 3 根。

2. 预压地基

堆载施工应检查堆载高度、沉降速率。真空预压施工应检查密封膜的密封性能、真空表读数等。预压地基和塑料排水带质量检验标准应符合表 2-2 的规定。

表 2-2   **预压地基和塑料排水带质量检验标准**

项目	序号	检查项目	允许偏差或允许值		检查方法
			单位	数值	
主控项目	1	预压荷载	%	≤2	水准仪
	2	固结度(与设计要求比)	%	≤2	根据设计要求采用不同的方法
	3	承载力或其他性能指标	符合设计要求		按规定方法
一般项目	1	沉降速率(与控制值比)	%	±10	水准仪
	2	砂井或塑料排水带位置	mm	±100	用钢尺量
	3	砂井或塑料排水带插入深度	mm	±200	插入时用经纬仪检查
	4	插入塑料排水带时的回带长度	mm	≤500	用钢尺量
	5	塑料排水带或砂井高出砂垫层距离	mm	≥200	用钢尺量
	6	插入塑料排水带的回带根数	%	<5	目测

注:如真空预压,则主控项目中预压荷载的检查方法为真空度降低值小于 2%。

3. 振冲地基

施工前应检查振冲器的性能,电流表、电压表的准确度及填料的性能。施工中应检查密实电流、供水压力、供水量、填料量、孔底留振时间、振冲点位置、振冲器施工参数等(施工参数由振冲试验或设计确定)。振冲地基质量检验标准应符合表 2-3 的规定。

表 2-3   **振冲地基质量检验标准**

项目	序号	检查项目		允许偏差或允许值		检查方法
				单位	数值	
主控项目	1	填料粒径		设计要求		抽样检查
	2	功率30 kW的振冲器	密实电流(黏性土)	A	50~55	电流表读数
			密实电流(砂性土或粉土)	A	40~50	
		其他类型振冲器	密实电流	A	1.5~2.0	电流表读数,A为空振电流
	3	地基承载力		符合设计要求		按规定方法
一般项目	1	填料含泥量		%	<5	抽样检查
	2	振冲器喷水中心与孔径中心偏差		mm	≤50	用钢尺量
	3	成孔中心与设计孔位中心偏差		mm	≤100	用钢尺量
	4	桩体直径		mm	<50	用钢尺量

4. 高压喷射注浆地基

施工前应检查水泥、外掺剂等的质量，桩位，压力表、流量表的精度和灵敏度，高压喷射设备的性能等。施工中应检查施工参数（压力、水泥浆量、提升速度、旋转速度等）及施工程序。桩体质量及承载力检验应在施工结束后 28 d 进行。高压喷射注浆地基质量检验标准应符合表 2-4 的规定。

表 2-4　　　　高压喷射注浆地基质量检验标准

项目	序号	检查项目	允许偏差或允许值		检查方法
			单位	数值	
主控项目	1	水泥及外掺剂质量	符合出厂要求		检查产品合格证书或抽样送检
	2	水泥用量	符合设计要求		查看流量表及水泥浆水灰比
	3	桩体强度或完整性检验	符合设计要求		按规定方法
	4	地基承载力	符合设计要求		按规定方法
一般项目	1	钻孔位置	mm	≤50	用钢尺量
	2	钻孔垂直度	%	≤1.5	经纬仪测钻杆或实测
	3	孔深	mm	±200	用钢尺量
	4	注浆压力	符合设定参数指标		查看压力表
	5	桩体搭接	mm	>200	用钢尺量
	6	桩体直径	mm	≤50	开挖后用钢尺量

5. 水泥土搅拌桩地基

施工前应检查水泥及外掺剂的质量、桩位、搅拌机工作性能及各种计量设备完好程度（主要是水泥浆流量计及其他计量装置）。施工中应检查机头提升速度、水泥浆或水泥注入量、搅拌桩的长度及标高。水泥土搅拌桩地基质量检验标准应符合表 2-5 的规定。

表 2-5　　　　水泥土搅拌桩地基质量检验标准

项目	序号	检查项目	允许偏差或允许值		检查方法
			单位	数值	
主控项目	1	水泥及外掺剂质量	符合出厂要求		检查产品合格证书或抽样送检
	2	水泥用量	符合设计要求		查看流量表及水泥浆水灰比
	3	桩体强度	符合设计要求		按规定方法
	4	地基承载力	符合设计要求		按规定方法
一般项目	1	机头提升速度	m/min	≤0.5	量机头上升距离及时间
	2	桩底标高	mm	±200	测机头深度
	3	桩顶标高	mm	200 −50	水准仪（最上部 500 mm 不计入）
	4	桩位偏差	mm	<50	用钢尺量
	5	桩径		<0.04D	用钢尺量，D 为桩径

2.2 浅基础施工

2.2.1 浅基础的类型

浅基础根据使用材料性能不同可分为无筋扩展基础(刚性基础)和扩展基础(柔性基础)。

无筋扩展基础又称刚性基础,一般是由砖、石、素混凝土、灰土和三合土等材料建造的墙下条形基础或柱下独立基础。其特点是抗压强度高,而抗拉、抗弯、抗剪性能差,适用于 6 层和 6 层以下的民用建筑和轻型工业厂房。无筋扩展基础的截面形状有矩形、阶梯形和锥形等,墙下及柱下刚性基础截面形式如图 2-8 所示。为保证无筋扩展基础内的拉应力及剪应力不超过基础的允许抗拉、抗剪强度,一般基础的刚性角及台阶宽高比应满足设计及施工规范要求。

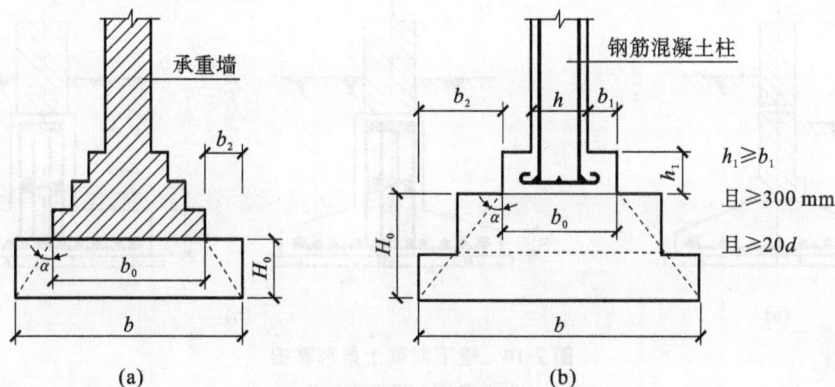

图 2-8 无筋扩展基础截面形式

(a)墙下刚性基础;(b)柱下刚性基础

b—基础底面宽度;b_0—基础顶面的墙体宽度或柱脚宽度;H_0—基础高度;b_2—基础台阶宽度;

h—钢筋混凝土柱宽度;h_1—钢筋混凝土柱与基础结合高度;b_1—钢筋混凝土柱与基础结合台阶宽度

扩展基础一般均为钢筋混凝土基础,按构造形式不同又可分为条形基础(包括墙下条形基础与柱下独立基础)、杯口基础、筏形基础、箱形基础等。

1. 条形基础

条形基础有砌石基础和钢筋混凝土基础两种。

(1)砌石基础

在石料丰富的地区,可因地制宜利用本地资源优势做成砌石基础。基础采用的石料分毛石和料石两种,一般建筑采用毛石较多,因其价格低廉、施工简单。毛石分为乱毛石和平毛石,用水泥砂浆采用铺浆法砌筑,灰缝厚度为 20~30 mm。毛石应分皮卧砌,上下错缝、内外搭接,砌第一层石块时,基底要坐浆。石块大面向下,基础最上一层石块宜选用较大、平面较好的石块砌筑,如图 2-9 所示。

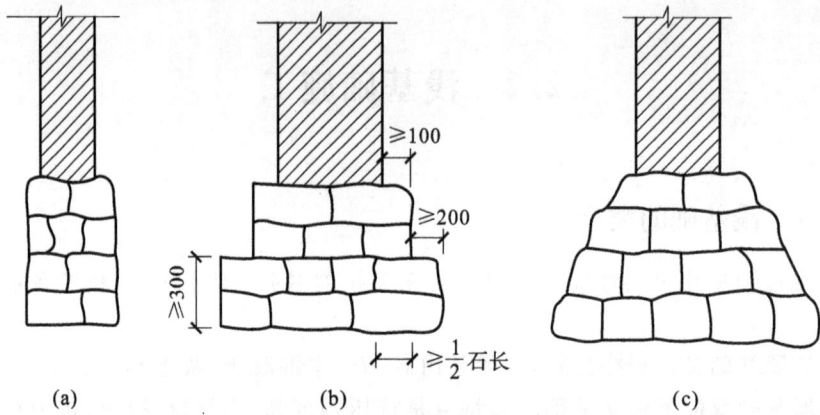

图 2-9 砌石基础

(a) 矩形;(b) 阶梯形;(c) 梯形

(2) 钢筋混凝土基础

墙下钢筋混凝土条形基础较为常见,其构造如图 2-10 所示。

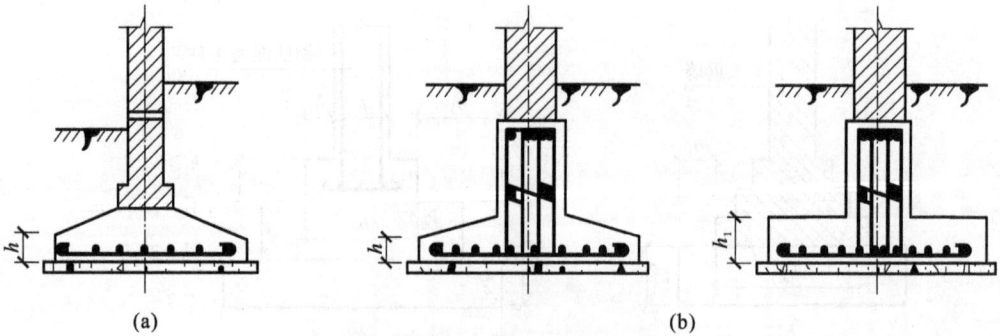

图 2-10 墙下混凝土条形基础

(a) 板式;(b) 梁板结合式

2. 杯口基础

杯口基础常用于装配式钢筋混凝土柱的基础,其形式一般有单杯口基础、双杯口基础、高杯口基础等。

(1) 杯口模板

杯口模板可用木模板或钢模板,可做成整体式,也可做成两半形式,中间各加楔形板一块;拆模时,先取出楔形板,然后分别将两半杯口模板取出。为便于拆模,杯口模板外可包钉薄铁皮一层。支模时杯口模板要固定牢固。在杯口模板底部留设排气孔,避免出现空鼓,如图 2-11 所示。

(2) 混凝土浇筑

混凝土要先浇筑至杯底标高,方可安装杯口内模板,以保证杯底标高准确。一般在杯底均留有 50 mm 厚的细石混凝土找平层,在浇筑基础混凝土时要仔细控制标高。

3. 筏形基础

筏形基础由整板式钢筋混凝土板(平板式)或钢筋混凝土底板、梁整体(梁板式)两种类型组成,适用于有地下室或地基承载能力较低而上部荷载较大的基础。筏形基础在外形和构造上如倒置的钢筋混凝土楼盖,分为梁板式和平板式两类,如图 2-12 所示。

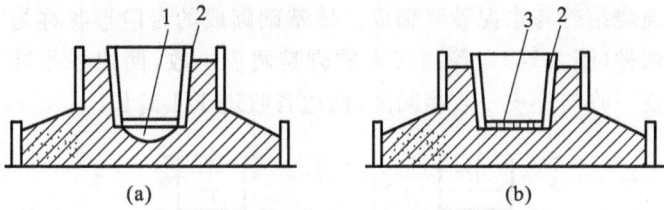

图 2-11   杯口内模板排气孔示意图

(a) 有空鼓的杯口;(b) 正常的杯口

1—空鼓;2—杯口模板;3—底板留排气孔

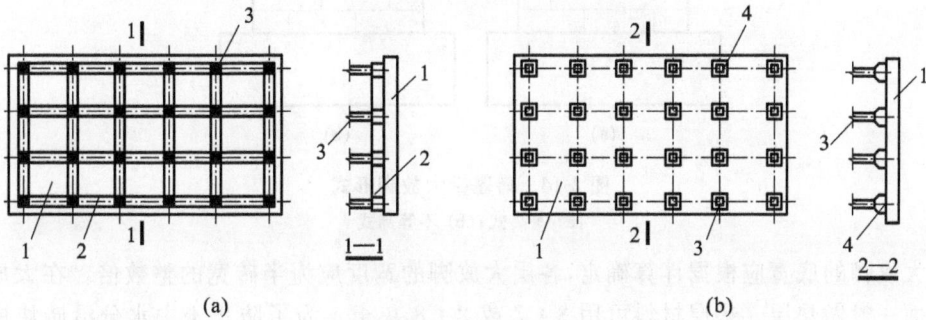

图 2-12   筏形基础

(a) 梁板式;(b) 平板式

1—底板;2—梁;3—柱;4—支墩

筏形基础的施工要点如下。

① 根据地质勘探和水文资料,地下水位较高时,应采用降低水位的措施使地下水位降低至基底以下不少于 500 mm;保证在无水情况下进行基坑开挖和钢筋混凝土筏体施工。

② 根据筏形基础结构情况、施工条件等确定施工方案。

③ 加强养护。混凝土筏形基础施工完毕后,表面应加以覆盖和洒水养护,以保证混凝土的质量。

4. 箱形基础

箱形基础(图 2-13)是由钢筋混凝土底板、顶板和纵横内、外隔墙组成的整体空间结构。这种基础具有很大的整体刚度,基础中空部分可作为地下室,与实体相比可减小基底压力。箱形基础较适用于地基软弱、平面形状简单的高层建筑。

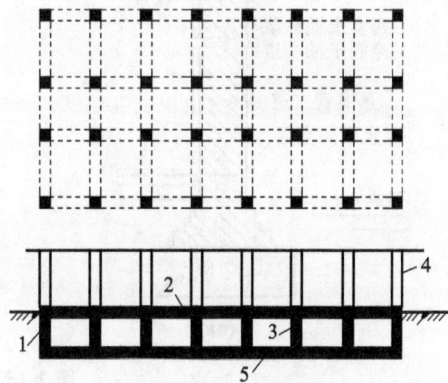

图 2-13   箱形基础

1—外墙;2—顶板;3—内墙;

4—上部结构;5—底板

2.2.2 砖基础施工

砖基础用普通烧结砖与水泥砂浆砌成。砖基础砌成的台阶形状称为"大放脚",有等高式和不等高式两种(图 2-14)。等高式大放脚是两皮一收,两边各收进 1/4 砖长;不等高式大放脚是两皮一收与一皮一收相间隔,两边各收进 1/4 砖长。

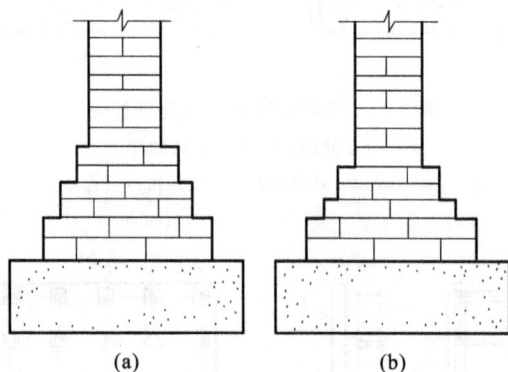

图 2-14 砖基础大放脚形式

(a) 等高式;(b) 不等高式

大放脚的底宽应根据计算确定,各层大放脚的宽度应为半砖宽的整数倍。在大放脚的下面一般做垫层。垫层材料可用 3∶7 或 2∶8 灰土。为了防止土中水分沿砖块中毛细管上升而侵蚀墙身,应在室内地坪以下一皮砖处设置防潮层。防潮层一般用 1∶2 水泥防水砂浆,厚约 20 mm(图 2-15)。

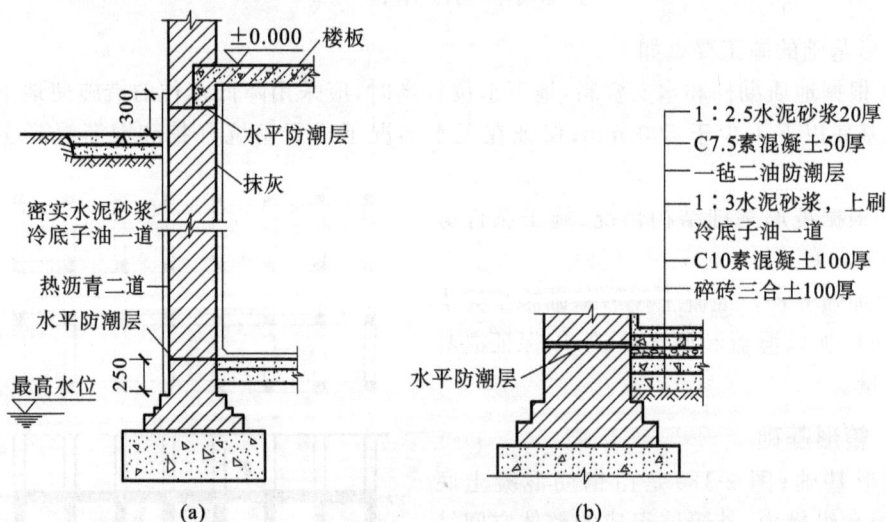

图 2-15 防潮层设置

(a) 墙身防潮;(b) 地坪防潮

砖基础施工时应注意如下事项。

① 基槽(坑)开挖:应设置好龙门桩及龙门板,标明基础、墙身和轴线的位置。

② 大放脚的形式：当地基承载力大于 150 kPa 时，采用等高式大放脚，即两皮一收；否则应采用不等高式大放脚，即两皮一收与一皮一收相间隔，基础底宽应根据计算而定。

③ 砖基础若不在同一深度，则应先由底往上砌筑。在高、低台阶接头处，下面台阶要砌一定长度（一般不小于基础扩大部分的高度）的实砌体，砌到上面后与上面的砖一起退台。

④ 砖基础接槎应留成斜槎，如因条件限制留成直槎，应按相关规范要求设置拉结筋。

2.2.3　钢筋混凝土基础施工

墙下或柱下钢筋混凝土条形基础较为常见，工程中柱下基础底面形状很多情况下是矩形的，称为柱下独立基础，它只是条形基础的一种特殊形式，其构造如图 2-16 所示。条形基础的抗弯和抗剪性能良好，可在竖向荷载较大、地基承载力不高的情况下采用，因为高度不受台阶宽高比的限制，故适宜在"宽基浅埋"的场合下使用，其横断面一般呈倒 T 形。

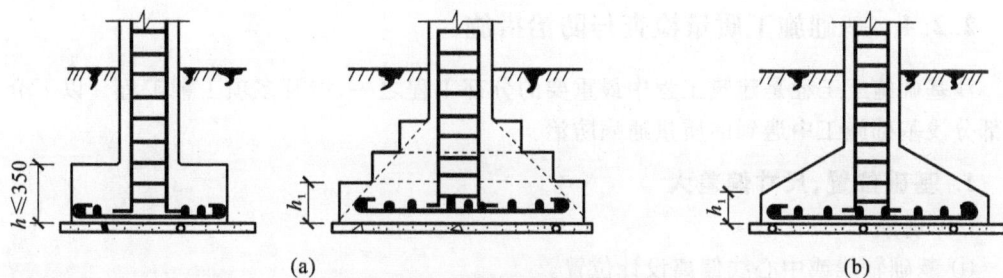

图 2-16　柱下混凝土独立基础
(a) 阶梯形；(b) 锥形

1. 构造要求

① 垫层厚度一般为 100 mm，混凝土强度等级为 C15。

② 底板受力钢筋的最小直径不宜小于 8 mm，间距不宜大于 200 mm。当有垫层时钢筋保护层的厚度不宜小于 35 mm，无垫层时不宜小于 70 mm。

③ 插筋的数目与直径应和柱内纵向受力钢筋相同。插筋的锚固及柱的纵向受力钢筋的搭接长度按国家现行设计规范的规定执行。

2. 工艺流程

基槽清理、验槽→混凝土垫层浇筑、养护→抄平、放线→基础底板钢筋绑扎、支模板→相关专业施工（如避雷接地施工）→钢筋、模板质量检查，清理→基础混凝土浇筑→混凝土养护→拆模。

3. 施工注意要点

① 基槽（坑）应进行验槽，局部软弱土层应挖去，用灰土或砂砾分层回填夯实至基底平整，并将基槽（坑）内清理干净。

② 如地基土质良好且无地下水，基槽（坑）第一阶可利用原槽（坑）浇筑，但应保证尺寸正确，砂浆不流失。上部台阶应支模浇筑，模板支撑要牢固，缝隙孔洞要堵严，木模应

浇水湿润。

③ 基础混凝土浇筑高度在 2 m 以内时，混凝土可直接卸入基槽(坑)内，注意混凝土能充满边角；浇筑高度在 2 m 以上时，应通过漏斗、串筒或溜槽，以防止混凝土产生离析分层。

④ 浇筑台阶式基础应按台阶分层一次浇筑完成，每层先浇筑边角，后浇筑中间。应注意防止上、下台阶交接处混凝土出现蜂窝和脱空现象。

⑤ 锥形基础如斜坡较陡，斜面应支模浇筑，并应注意防止模板上浮。斜坡较平时，可不支模，注意斜坡及边角部位混凝土的捣固密度，振捣完后，再人工将斜坡表面修正、拍平、拍实。

⑥ 当基槽(坑)因土质不一挖成阶梯形式时，先从最低处浇筑，按每阶高度，其各边搭接长度不应小于 500 mm。

⑦ 混凝土浇筑完后，外露部分应适当覆盖、洒水养护；拆模后，应及时分层回填土方并夯实。

2.2.4　基础施工质量检查与防治措施

浅基础施工工程是建筑工程中最重要的分部工程之一，涉及多项工种工程。以下介绍部分浅基础施工中遇到的质量通病防治。

1. 基础位置、尺寸偏差大

(1) 现象

① 基础轴线或中心线偏离设计位置。

② 毛石基础、混凝土基础等平面尺寸偏差过大。

(2) 预防措施

选用尺寸合适的毛石砌筑基础的各步台阶，尤其是最底下的一层毛石，以确保基础尺寸准确。混凝土基础应在检查模板尺寸、位置无误后，方可浇筑。

(3) 治理方法

① 轴线偏差过大，可能导致地基或桩基偏心受力，留下隐患。因此，当发现基础位置偏差过大时，必须请设计等有关方面协商处理。

② 基础尺寸减小后，造成地基应力提高，地基变形加大，由此造成上部建筑开裂等问题屡见不鲜。当基础尺寸严重偏小时，应约请有关方面研究采取加固补强措施。

砖石、混凝土基础尺寸、位置允许偏差及检验方法见表 2-6、表 2-7。

表 2-6　　　　　　　　**砖石、混凝土基础尺寸、位置允许偏差及检验方法**

序号	项目	允许偏差/mm				检验方法
		砖	毛石	毛料石	粗料石	
1	轴线位置偏移	10	20		15	经纬仪或拉线和钢尺检查
2	基础顶面标高	±15	±25		±15	水平仪和钢尺检查
3	砌体厚度	—	+30 −0	+30 −0	+15 −0	钢尺检查

表 2-7　　　　　　　　　　　　混凝土基础尺寸、位置允许偏差及检验方法

序号	项目	允许偏差/mm		检验方法
		独立基础	其他基础	
1	轴线位移	10	15	钢尺检查
2	截面尺寸	+8，−5		钢尺检查

2. 基础标高偏差过大

（1）现象

基础顶面标高不在同一水平面，其偏差明显超过施工规范的规定，这将影响上层墙体标高。此类通病在砖石基础中较常见。

（2）预防措施

① 基础施工前应校核标志板（龙门板）标高，发现偏差应及时修正。

② 砌体施工应设置皮数杆，并应根据设计要求、块材规格和灰缝厚度在皮数杆上标明皮数及竖向构造的变化部位。

③ 基础垫层（基层）施工时，应准确控制其顶面标高，宜在允许的负偏差范围内。

④ 砌筑基础前，应对基层标高普查一遍，局部凹洼处可用细石混凝土垫平。

（3）治理方法

基础顶面标高偏差过大时，应用细石混凝土找平后再砌墙，并以找平后的顶面标高为准设置皮数杆。

3. 毛石基础根部不实

（1）现象

毛石基础第一层毛石未坐实、挤紧。

（2）防治措施

① 基础砌筑前应认真验槽。若发现地基不良，应会同有关部门处理，并办理隐检记录。

② 第一皮砌体应选用较大的平毛石砌筑，砌前应坐浆，并将石块大面向下。

③ 砌筑时毛石应平铺卧砌，毛石长面与基础长度方向垂直（即顶砌），互相交叉紧密排好。接着灌入 2/5 较稀的砂浆，然后用小石块将毛石之间的缝隙填实，用手锤敲打密实，再将其余空隙灌满砂浆。

4. 石砌基础组砌形式不良

（1）现象

毛石基础不分皮砌筑，同皮内的石块内外不搭砌，上下皮石块不错缝，台阶形基础错台处不搭砌。

（2）防治措施

① 毛石基础的第一皮及转角处、交接处和洞口处应用较大的平毛石砌筑，大面朝下，放平、放稳。

② 毛石基础应分皮卧砌，各皮石块间应利用自然形状经敲打修整使其能与先砌石块基本吻合，搭砌紧密；应上下错缝，内外搭砌，不得采用外面侧立石块、中间填心的砌筑方法。

③ 毛石基础各皮必须设置拉结石。拉结石应均匀分布,相互错开,其一般间距为2 m左右。

④ 阶梯形毛石基础,上级阶梯的石块应至少压砌下级阶梯的1/2,相邻阶梯的毛石应相互错缝搭砌。

⑤ 毛石与毛石之间不得直接接触,应留 20～35 mm 的灰缝,灰缝较小(小于或等于30 mm)时,可用砂浆填满;灰缝较大(大于 30 mm)时,应选用小石块加砂浆填塞密实,不得使用成堆的碎石填塞。

5. 混凝土基础外观缺陷

(1)现象

① 基础中心线错位。

② 基础平面尺寸、台阶形基础的台阶宽和高的尺寸偏差过大。

③ 带形基础上口宽度不准,基础顶面的边线不直;下口陷入混凝土内;拆模后上段混凝土有缺损,侧面有蜂窝、麻面;底部支模不牢。

④ 杯形基础的杯口模板位移,芯模上浮或芯模不易拆除。

(2)防治措施

① 在确认测量放线标记和数据正确无误后,方可以此为据安装模板。模板安装中,要准确地挂线和拉线,以保证模板垂直度和上口平直。

② 模板及支撑应有足够的强度和刚度,支撑的支点应坚实、可靠。

③ 上段模板应支承在预先横插圆钢或预制混凝土垫块上;也可用临时木支撑将上部侧模支撑牢靠,并保持标高、尺寸准确。

④ 发现混凝土由上段模板下翻上来时,应及时铲除、抹平,防止模板下口被卡住。

⑤ 模板支撑支承在土上时,下面应垫木板,以扩大支承面。模板长向接头处应加拼条,使板面平整,连接牢固。

⑥ 杯形基础芯模板应刨光直拼,表面涂隔离剂,底部钻几个小孔,以利排气(水)。

⑦ 浇筑混凝土时,两侧或四周应均匀下料并振捣。脚手板不得搁在模板上。

2.3　桩基础施工

2.3.1　钢筋混凝土预制桩施工

钢筋混凝土预制桩是在预制构件厂或施工现场预制,用沉桩设备在设计位置上将其沉入土中。其特点是坚固耐久,不受地下水或潮湿环境影响,能承受较大荷载,施工机械化程度高,进度快,能适应不同土层施工。

目前最常用的预制桩是预应力混凝土管桩。它是一种细长的空心等截面预制混凝土构件,是在工厂经先张预应力、离心成型、高压蒸汽养护等生产工艺而成。

钢筋混凝土预制桩施工前,应根据施工图设计要求、桩的类型、成孔过程等,对土的挤压情况、地质探测和试桩等资料制订施工方案。一般的施工流程如图 2-17 所示。

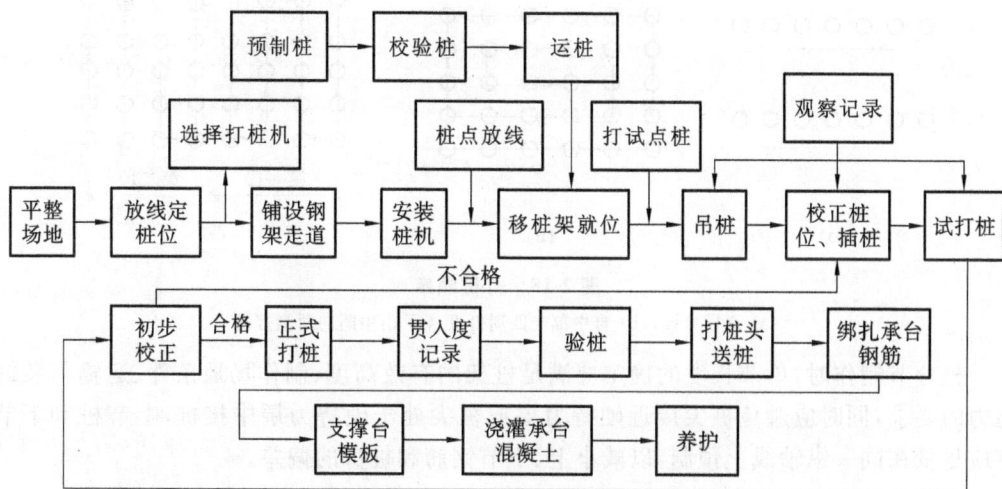

图 2-17　钢筋混凝土预制桩施工流程图

1. 打桩前的准备

桩基础工程在施工前应根据工程规模的大小和复杂程度,编制整个分部工程施工组织设计或施工方案。打桩前,现场准备工作的内容有平整场地、抄平放线定桩位、进行打桩试验、确定打桩顺序,以及桩帽、衬垫和打桩设备机具准备等。

① 平整场地。施工场地应平整、坚实(坡度不大于 10%),必要时宜铺设道路,经压路机碾压密实,场地四周应设置排水设施。

② 抄平放线定桩位。依据施工图设计要求,把桩基定位轴线桩的位置在施工现场准确地测定出来,并做出明显的标志(用小木桩或洒白石灰点标出桩位,或设置龙门板拉线法确定桩位)。在打桩现场附近设置 2～4 个水准点,用以抄平场地和作为检查桩入土深度的依据。桩基轴线的定位点及水准点应设置在不受打桩影响的地方。

③ 进行打桩试验。施工前应做数量不少于 2 根桩的打桩工艺试验,用以了解桩的沉入时间、最终沉入度、持力层的强度、桩的承载力及施工过程中可能出现的各种问题和反常情况等,以便检验所选的打桩设备和施工工艺,确定是否符合设计要求。

④ 确定打桩顺序。打桩顺序直接影响到桩基础的质量和施工速度,应根据桩的密集程度(桩距大小)、桩的规格、桩的长短、桩的设计标高、工作面布置、工期要求等综合考虑,合理确定打桩顺序。根据桩的密集程度,打桩顺序一般分为逐排打设、自中部向四周打设和由中间向两侧打设三种,如图 2-18 所示。

根据基础的设计标高和桩的规格,宜按先深后浅、先大后小、先长后短的顺序进行打桩。当一侧毗邻建筑物时,由毗邻建筑物处向另一方向施打。

⑤ 桩帽、衬垫和打桩设备机具准备。

2. 桩的制作、运输、堆放

(1) 桩的制作

较短的桩多在预制厂生产,较长的桩一般在打桩现场附近或打桩现场就地预制。

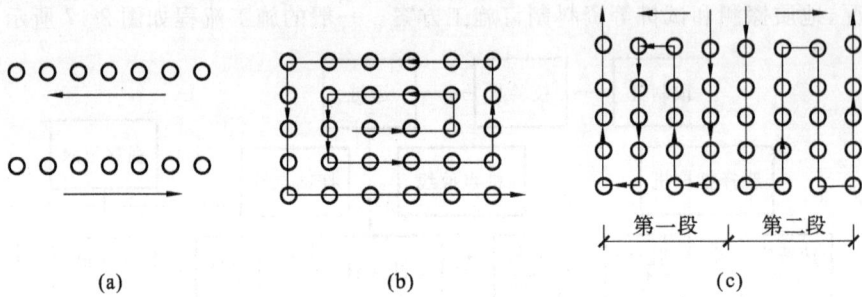

图 2-18 打桩顺序

(a) 逐排打设；(b) 自中部向四周打设；(c) 由中间向两侧打设

桩分节制作时，单节长度的确定应满足桩架的有效高度、制作场地条件、运输与装卸能力的要求，同时应避免桩尖接近硬持力层或桩尖处于硬持力层中接桩，上节桩和下节桩应尽量在同一纵轴线上预制，以减小上、下节钢筋和桩身的偏差。

(2) 桩的运输

混凝土预制桩达到设计强度的 70% 方可起吊，达到 100% 后方可进行运输。如提前吊运，必须验算合格。桩在起吊和搬运时，吊点应符合设计规定，如无吊环，设计又未做规定时，绑扎点的数量及位置按桩长而定，应符合起吊弯矩最小的原则，可按图 2-19 所示的位置捆绑。钢丝绳与桩之间应加衬垫，以免损坏棱角。起吊时应平稳提升，吊点同时离地，如要长距离运输，可采用平板拖车或轻轨平板车。

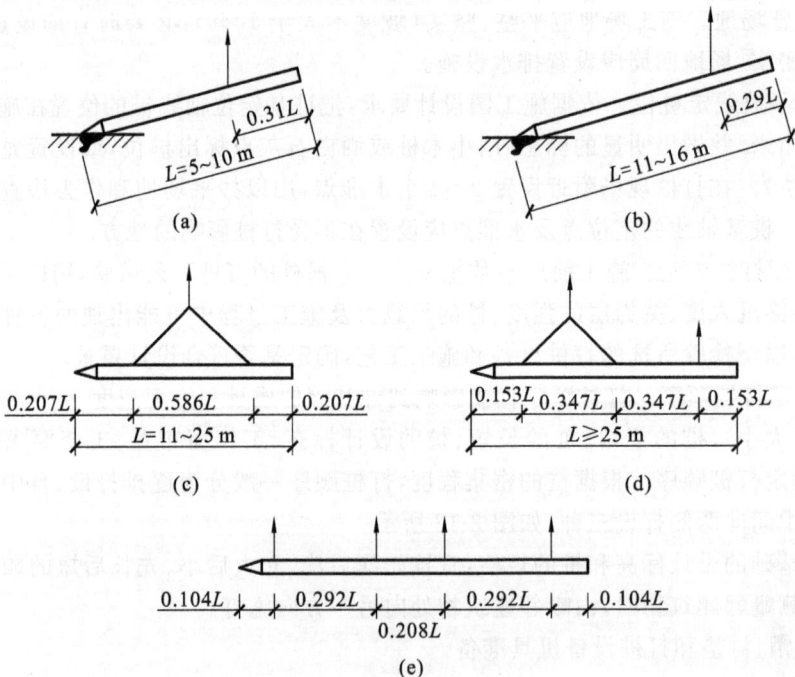

图 2-19 吊点的合理位置

(a)，(b) 一点吊法；(c) 两点吊法；(d) 三点吊法；(e) 四点吊法

（3）桩的堆放

堆放桩时,地面必须平整、坚实,垫木间距
应根据吊点确定,各层垫木应位于同一垂直线
上,最下层垫木应适当加宽,堆放层数不宜超
过4层。不同规格的桩应分别堆放。

3. 锤击沉桩施工

锤击沉桩也称打入桩(图2-20),是利用桩
锤下落产生的冲击能量将桩沉入土中。锤击
沉桩是混凝土预制桩最常用的沉桩方法。该
法施工速度快,机械化程度高,适用范围广,现
场文明程度高,但施工时有噪声和振动,在城
市中心和夜间施工有所限制。

锤击打桩法
视频

（1）打桩设备及选择

打桩所用的机具设备主要包括桩锤、桩架
及动力装置。

① 桩锤是把桩打入土中的主要机具,有落锤、汽锤(单动汽锤和
双动汽锤)、柴油桩锤、振动桩锤等。

② 桩架是支持桩身和桩锤,在打桩过程中引导桩的方向及维持
桩的稳定,并保证桩锤沿着所要求方向冲击桩体的设备。桩架一般由
底盘、导向杆、起吊设备、撑杆等组成。

③ 打桩机械的动力装置是根据所选桩锤而定的,主要有卷扬机、
锅炉、空气压缩机等。当采用空气锤时,应配备空气压缩机;当选用蒸
汽锤时,则要配备蒸汽锅炉和卷扬机。

（2）打桩工艺

① 吊桩就位。

按既定的打桩顺序,先将桩架移动至桩位处并用缆风绳拉牢,然
后将桩运至桩架下,利用桩架上的滑轮组由卷扬机提升桩。当桩提升
至直立状态后,即可将桩送入桩架的龙门导管内,同时把桩尖准确地
安放到桩位上,并与桩架导管相连接,以保证打桩过程中不发生倾斜
或移动。桩就位后,为了防止击碎桩顶,在桩锤与桩帽、桩帽与桩之间
应放上硬木、粗草纸或麻袋等桩垫作为缓冲层,桩帽与桩顶四周应留
5~10 mm的间隙。然后进行检查,若桩身、桩帽和桩锤在同一轴线上
即可开始打桩。

② 打桩。

打桩时采用"重锤低击"可取得良好的效果。这是因为这样桩锤
对桩头的冲击小,回弹也小,桩头不易损坏,大部分能量都用于克服桩
身与土的摩阻力和桩尖阻力,桩就能较快地沉入土中。

初打时地层软、沉降量较大,宜低锤轻打,随着沉桩加深(1~
2 m),速度减慢,再酌情增加起锤高度,要控制锤击应力。打桩时应观

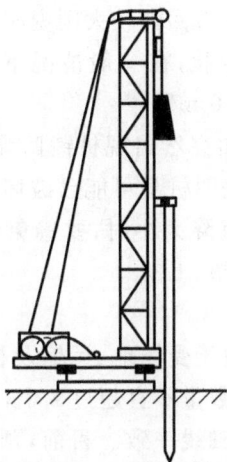

图 2-20 打入桩施工
示意图

察桩锤回弹情况,如经常回弹较大则说明桩锤太轻,不能使桩下沉,应及时更换。至于桩锤的落距,根据实践经验,在一般情况下,单动汽锤以 0.6 m 左右为宜,柴油锤不超过 1.5 m,落锤不超过 1.0 m。

在打桩过程中,如突然出现桩锤回弹,贯入度突增,锤击时桩弯曲、倾斜、颤动,桩顶破坏加剧等情况,则表明桩身可能已破坏。

打桩最后阶段,沉降太小时,要避免硬打,如难沉下,要检查桩垫、桩帽是否适宜,需要时可更换或补充软垫。

③ 接桩。

预制桩施工中,由于受场地、运输及桩机设备等的限制,将长桩分为多节进行制作。混凝土预制方桩接头数量不宜超过 2 个,预应力管桩接头不宜超过 4 个。接桩时要注意新接桩节与原桩节的轴线一致。目前,预制桩的接桩工艺主要有硫黄胶泥浆锚法、电焊接桩法和法兰螺栓接桩法三种。前一种适用于软弱土层,后两种适用于各类土层。

④ 打入末节桩体。

a. 送桩。设计要求送桩时,送桩的中心线应与桩身吻合方能进行送桩。送桩下端宜设置桩垫,要求厚薄均匀。若桩顶不平可用麻袋或厚纸垫平。送桩留下的桩孔应立即回填密实。

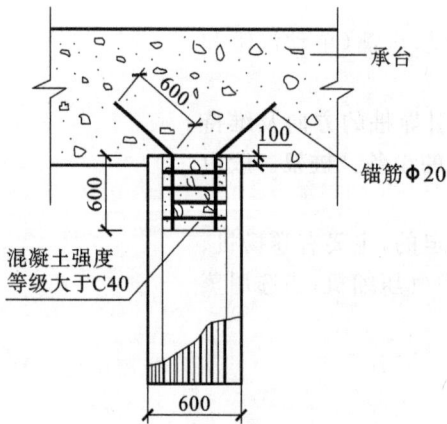

图 2-21 桩头处理

b. 截桩。在打完各种预制桩开挖基坑时,按设计要求的桩顶标高将桩头多余的部分截去。截桩头时不能破坏桩身,要保证桩身的主筋伸入承台,长度应符合设计要求。当桩顶标高在设计标高以下时,在桩位上挖成喇叭口,凿掉桩头混凝土,剥出主筋并焊接接长至设计要求长度,与承台钢筋绑扎在一起,用桩身同强度等级的混凝土与承台一起浇筑接长桩身,如图 2-21 所示。

4. 静力压桩施工

静力压桩是在软土地基上利用静力压桩机或液压压桩机用无振动的静力压力(自重和配重)将预制桩压入土中的一种新工艺。静力压桩已在我国沿海软土地基上较为广泛地应用。与普通的打桩和振动沉桩相比,静力压桩可以消除噪声和振动,故特别适用于医院和有防震要求部门附近的施工。

静力压桩机(图 2-22)的工作原理是:通过安置在压桩机上的卷扬机的牵引,由钢丝绳、滑轮及压梁将整个桩机的自重力(800～1500 kN)反压在桩顶上,以克服桩身下沉时与土的摩擦力,迫使预制桩下沉。桩架高度 10～40 m,压入桩长度已达 37 m,桩断面为 400 mm×400 mm～500 mm×500 mm。

压桩施工一般情况下都采取分段压入、逐段接长的方法。接桩的方法目前有三种:焊接法、浆锚法和法兰接法。

焊接法接桩(图 2-23)时,必须对准下节桩并垂直无误后,用点焊法将拼接角钢连接

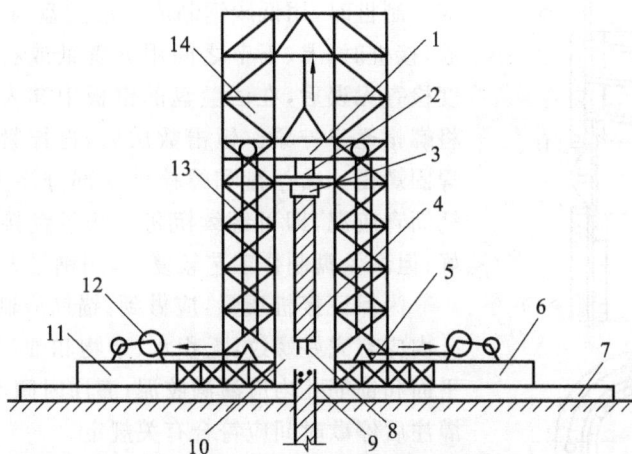

图 2-22　静力压桩机示意图

1—活动压梁；2—油压表；3—桩帽；4—上段桩；5—加重物仓；6,11—底盘；7—轨道；
8—上段接桩锚筋；9—下段桩；10—桩架；12—卷扬机；13—加压钢绳滑轮组；14—桩架导向笼

固定，再次检查位置正确后才能进行焊接。施焊时，应两人同时对角对称地进行，以防止节点变形不匀而引起桩身歪斜。焊缝要连续饱满。

浆锚法接桩(图 2-24)时，首先将上节桩对准下节桩，使 4 根锚筋插入锚筋孔(直径为锚筋直径的 2.5 倍)中，下落压梁并套住桩顶，然后将桩和压梁同时上升约 200 mm(以 4 根锚筋不脱离锚筋孔为度)。此时，安设好施工夹箍(施工夹箍由 4 块木板，内侧用人造革包裹 40 mm 厚的树脂海绵块而成)，将融化的硫黄胶泥注满锚筋孔内和接头平面，然后使上节桩和压梁同时下落，当硫黄胶泥冷却并拆除施工夹箍后，即可继续加荷施压。

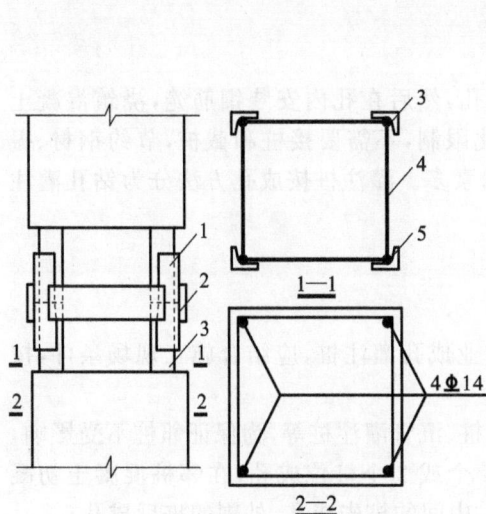

图 2-23　焊接法接桩节点构造

1—拼接角钢；2—水平向连接角钢；3—竖向连接角钢；
4—水平向连接钢筋；5—竖向连接钢筋

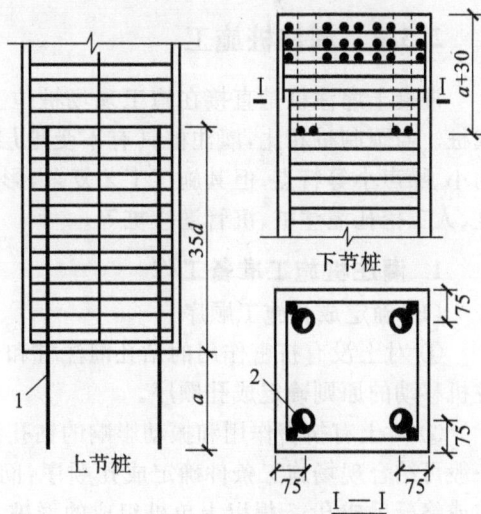

图 2-24　浆锚法接桩节点构造

1—锚筋；2—锚筋孔

法兰法接桩主要用于离心法成型的钢筋混凝土管桩中(图 2-25)，由法兰盘和螺栓组

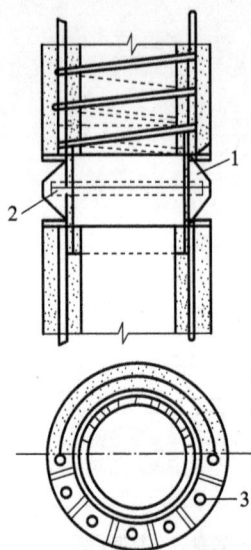

图 2-25　管桩法兰接桩节点构造
1—法兰盘；2—螺栓；3—螺栓孔

成。制桩时,用低碳钢制成的法兰盘与混凝土整浇在一起,接桩时,上、下节之间用沥青纸或石棉板衬垫,垂直度检查无误后,在法兰盘的钢板中穿入螺栓,并对称地将螺帽逐步拧紧。锤击数次后,再拧紧螺帽,并用点焊焊固螺帽。法兰盘和螺栓外露部分涂上防锈油漆或防锈沥青胶泥,即可继续沉桩。法兰盘接桩速度快、质量好,但法兰盘制作工艺较复杂,用钢量大,造价高。

为保证接桩质量,应做到:锚筋应刷净并调直;锚筋孔内应有完好螺纹,无积水、杂物和油污;接桩时接点的平面和锚筋孔内应灌满胶泥;灌注时间不得超过 2 min;灌注后停歇时间应符合有关规定。

5. 其他沉桩方法

(1) 水冲沉桩法

水冲沉桩法是锤击沉桩的一种辅助方法。它是利用高压水流经过桩侧面或空心管内部的射水管冲击桩尖附近土层,便于锤击沉桩。一般是边冲水边打桩,当沉桩至最后1~2 m时停止冲水,用锤击至规定标高。水冲沉桩法适用于砂土和碎石土,有时对于特别长的预制桩,单靠锤击有一定困难时,亦用水冲沉桩法辅助之。

(2) 振动沉桩法

振动沉桩法是利用振动机将桩与振动机连接在一起,振动机产生的振动力通过桩身使土体振动,使土体的内摩擦角减小、强度降低而将桩沉入土中。此法在砂土中效率最高。

2.3.2　灌注桩施工

混凝土灌注桩是直接在施工现场桩位上成孔,然后在孔内安装钢筋笼,浇筑混凝土成桩。与预制桩相比,灌注桩具有不受地层变化限制,不需要接桩和截桩,节约钢材、振动小、噪声小等特点,但其施工工艺复杂,影响因素多。灌注桩按成孔方法分为钻孔灌注桩、人工挖孔灌注桩、沉管灌注桩等。

1. 灌注桩施工准备工作

(1) 确定成孔施工顺序

① 对土没有挤密作用的钻孔灌注桩和干作业成孔灌注桩,应结合施工现场条件,按桩机移动的原则确定成孔顺序。

② 对土有挤密作用和振动影响的钻孔灌注桩、沉管灌注桩等,为保证邻桩不受影响,一般可结合现场施工条件确定成孔顺序:间隔 1 个或 2 个桩位成孔;在邻桩混凝土初凝前或终凝后成孔;5 根以上单桩组成的群桩基础,中间的桩先成孔,外围的桩后成孔。

③ 人工挖孔桩当桩净距小于 2 倍直径且小于 2.5 m 时,桩应间隔开挖;排桩跳挖的最小净距不得小于 4.5 m,孔深不宜大于 40 m。

(2) 桩孔结构的控制

① 桩孔直径的偏差应符合相关规范规定,在施工中,如桩孔直径偏小,则不能满足设

计要求(桩承载力不够);如直径偏大,则使工程成本增加,影响经济效益。

② 应根据桩型来确定桩孔深度控制标准。对桩孔的深度,一般先用钻杆和钻具粗挖,再用标准测量绳吊砣测量。

③ 护筒的位置主要取决于地层的稳定情况和地下水位的位置。

(3) 钢筋笼的制作

制作钢筋笼可采用专用工具人工制作。首先计算主筋长度并下料,弯制加强箍和缠绕筋,然后焊制钢筋笼。制作钢筋笼时,要求主筋环向均匀布置,箍筋的直径及间距、主筋的保护层、加强箍的间距等均应符合设计规定。钢筋笼在运输、吊装过程中,要防止钢筋扭曲变形。吊放入孔内时,应对准孔位慢放,严禁高起猛落、强行下放,防止倾斜、弯折或碰撞孔壁;为防止钢筋笼上浮,可采用叉杆对称地点焊在孔口护筒上。

(4) 混凝土的配制

混凝土强度等级不应低于 C15,水下浇筑混凝土强度等级不应低于 C20。所用粗、细骨料必须符合有关要求。混凝土坍落度的要求是:用导管水下灌注的混凝土宜为 160～220 mm,非水下直接灌注的混凝土宜为 80～100 mm,非水下素混凝土宜为 60～80 mm。

(5) 混凝土的灌注

桩孔检查合格后,应尽快灌注混凝土。灌注混凝土时,桩顶灌注标高应超过桩顶设计标高的 0.5 m 以上。灌注时若环境温度低于 0 ℃,混凝土应采取保温措施。

2. 钻孔灌注桩

钻孔灌注桩是指利用钻孔机械钻出桩孔,并在孔中浇筑混凝土(或先在孔中吊放钢筋笼)而成的桩。根据钻孔机械的钻头是否在土壤的含水层中施工,钻孔灌注桩又分为泥浆护壁成孔和干作业成孔两种施工方法。

(1) 泥浆护壁成孔灌注桩

泥浆护壁成孔是利用原土自然造浆或人工造浆浆液进行护壁,通过循环泥浆将被钻头切下的土块携带排出孔外成孔,然后安装绑扎好的钢筋笼,导管法水下灌注混凝土沉桩。此法对于地下水水位高或低的土层都适用,但在岩溶发育地区慎用。

① 泥浆护壁成孔灌注桩施工工艺流程图如图 2-26 所示。

② 施工准备。

a. 埋设护筒。

护筒是用 3～5 mm 厚钢板制成的圆筒,其内径应大于钻头直径 100～200 mm,其上部宜开设 1～2 个溢浆孔(图 2-27)。

护筒的作用是固定桩孔位置,防止地面水流入,保护孔口,增大桩孔内水压力,防止塌孔和成孔时引导钻头方向。

钻孔灌注桩
施工动画

```
                    ┌──────────┐      ┌──────────┐
                    │设泥浆池   │      │泥浆循环  │
                    │制备泥浆   │      │清渣      │
                    └────┬─────┘      └────┬─────┘
┌────┐   ┌────┐   ┌────┐  ↓    ┌────┐      ↓   ┌──────┐   ┌──────┐
│测定│ → │埋设│ → │桩机│ → │钻孔│ → │清孔│ → │安装钢│ → │水下浇筑│
│桩位│   │护筒│   │就位│   │    │   │    │   │筋骨架│   │混凝土 │
└────┘   └────┘   └────┘   └────┘   └────┘   └──────┘   └──────┘
```

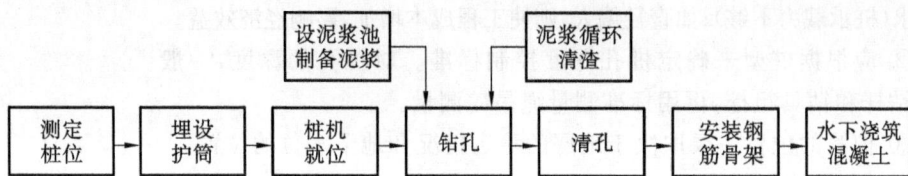

图 2-26　泥浆护壁成孔灌注桩施工工艺流程图

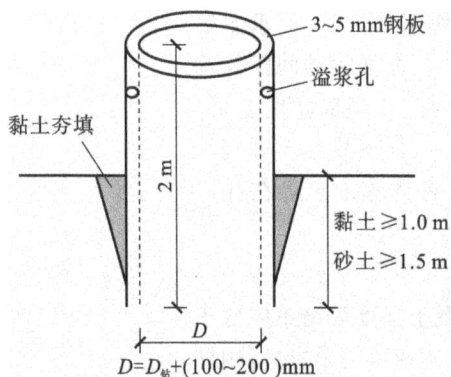

图 2-27　护筒埋设示意图

埋设护筒时,先挖去桩孔处地表土,将护筒埋入土中,保证其位置准确、稳定。护筒中心与桩位中心的偏差不得大于 50 mm,护筒与坑壁之间用黏土填实,以防漏水。护筒的埋设深度,在黏土中不宜小于 1.0 m,在砂土中不宜小于 1.5 m。护筒顶面应高于地面 0.4～0.6 m,并应保持孔内泥浆面高出地下水位 1 m 以上,在受水位涨落影响时,泥浆面应高出最高水位 1.5 m 以上。

b. 制备泥浆。

泥浆由水、黏土、化学处理剂和一些惰性物质组成。泥浆在桩孔内吸附在孔壁上,将土壁上孔隙填渗密实,避免孔内壁漏水,保持护筒内水压稳定,并具有较强的黏结力,可以稳固土壁、防止塌孔;通过循环泥浆可将切削碎的泥石碴屑悬浮后排出,起到携砂、排土的作用。同时,泥浆还对钻头和钻具有冷却和润滑作用,使钻头和钻具在孔内顺利起落。

制备泥浆方法:在黏性土中成孔时可在孔中注入清水,钻机旋转时,切削土屑与水旋拌,用原土造浆。在其他土中成孔时,泥浆制备应选用高塑性黏土或膨润土。

③ 成孔。

泥浆护壁成孔灌注桩的成孔方法按成孔机械分类,有钻机成孔(回转钻机成孔、潜水钻机成孔、冲击钻机成孔)和冲抓锥成孔,其中以钻机成孔应用最多。

a. 回转钻机成孔。

回转钻机是由动力装置带动钻机回转装置转动,再由其带动带有钻头的钻杆移动,由钻头切削土层。回转钻机成孔适用于地下水位较高的软、硬土层,如淤泥、黏性土、砂土、软质岩层。

回转钻机钻孔方式根据泥浆循环方式的不同,分为正循环回转钻机成孔和反循环回转钻机成孔。正循环回转钻机成孔的工艺原理如图 2-28 所示。由空心钻杆内部通入泥浆或高压水,从钻杆底部喷出,携带钻下的土渣沿孔壁向上流动,由

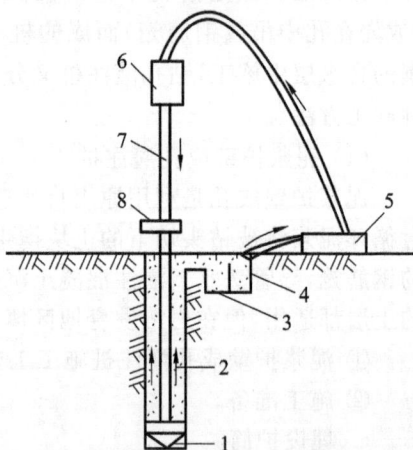

图 2-28　正循环回转钻机成孔工艺原理图

1—钻头;2—泥浆循环方向;3—沉淀池;
4—泥浆池;5—泥浆泵;6—水龙头;
7—钻杆;8—钻机回转装置

孔口将土渣带出流入泥浆池。反循环回转钻机成孔的工艺原理如图 2-29 所示。泥浆带渣流动的方向与正循环回转钻机成孔的情形相反。反循环工艺的泥浆上流的速度较高，能携带较大的土渣。

b. 潜水钻机成孔。

潜水钻机成孔示意图如图 2-30 所示。潜水钻机是一种将动力、变速机构、钻头连在一起加以密封，潜入水中工作的体积小而轻的钻机。这种钻机的钻头有多种形式，以适应不同桩径和不同土层的需要，钻头可带有合金刀齿，靠电机带动刀齿旋转切削土层或岩层。钻头靠桩架悬吊吊杆定位，钻孔时钻杆不旋转，仅钻头部分放置切削下来的泥渣，并通过泥浆循环排出孔外。

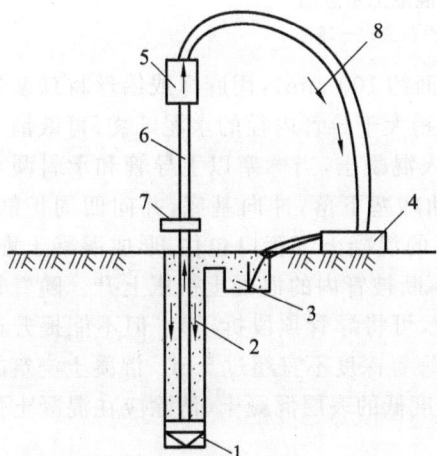

图 2-29 反循环回转钻机成孔工艺原理图

1—钻头；2—新泥浆流向；3—沉淀池；4—砂石泵；
5—水龙头；6—钻杆；7—钻机回转装置；8—混合液流向

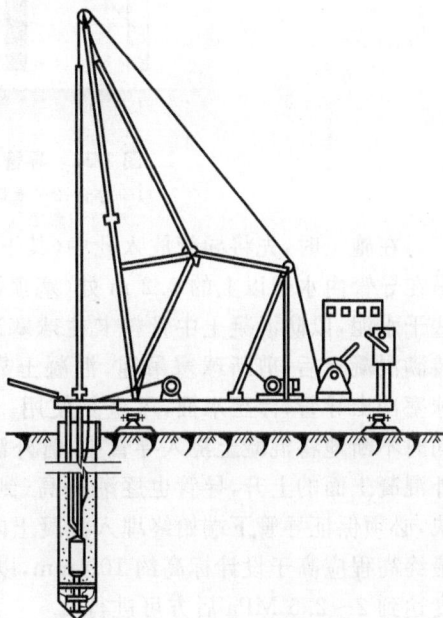

图 2-30 潜水钻机成孔示意图

c. 冲击钻机成孔。

冲击钻机通过机架、卷扬机把带刃的重钻头（冲击锤）提升到一定高度，靠自由下落的冲击力切削破碎岩层或冲击土层成孔（图 2-31）。部分碎渣和泥浆挤压进孔壁，大部分碎渣用掏渣筒掏出。此法设备简单，操作方便，对于有孤石的砂卵石岩、坚质岩、岩层均可成孔。

④ 验孔和清孔。

成孔后，即进行验孔和清孔。验孔是用探测器检查桩位、直径、深度和孔道情况；清孔即清除孔底沉渣、淤泥、浮土，以减少桩基的沉降量，提高承载能力。

⑤ 水下浇筑混凝土。

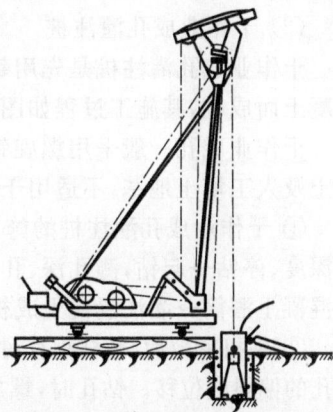

图 2-31 简易冲击钻机示意图

在灌注桩、地下连续墙等基础工程中,常要直接在水下浇筑混凝土。其方法是利用导管输送混凝土并使之与环境水隔离,依靠管中混凝土的自重,使管口周围的混凝土在已浇筑的混凝土内部流动、扩散,以完成混凝土的浇筑工作,如图 2-32 所示。

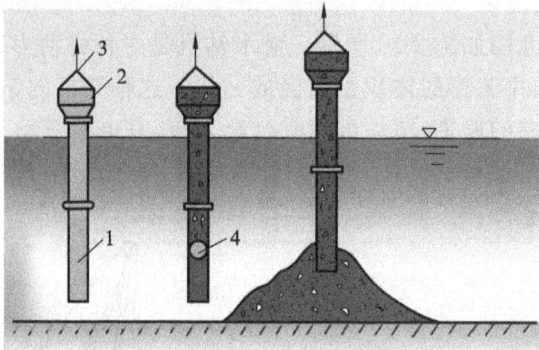

图 2-32 导管法水下浇筑混凝土示意图
1—导管;2—承料漏斗;3—提升机具;4—球塞

在施工时,先将导管放入孔中(其下部距离底面约 100 mm),用麻绳或铅丝将球塞悬吊在导管内水位以上的 0.2 m 处(塞顶铺 2~3 层稍大于导管内径的水泥纸袋,再散铺一些干水泥,以防混凝土中骨料卡住球塞),然后浇入混凝土,当球塞以上导管和承料漏斗装满混凝土后,剪断球塞吊绳,混凝土靠自重推动球塞下落,冲向基底,并向四周扩散。球塞冲出导管,浮至水面,可重复使用。冲入基底的混凝土将管口包住,形成混凝土堆。同时不断地将混凝土浇入导管中,管外混凝土面不断被管内的混凝土挤压上升。随着管外混凝土面的上升,导管也逐渐提高(到一定高度,可将导管顶段拆下)。但不能提升过快,必须保证导管下端始终埋入混凝土内,其最大埋置深度不宜超过 5 m。混凝土浇筑的最终高程应高于设计标高约 100 mm,以便清除强度低的表层混凝土(清除应在混凝土强度达到 2~2.5 MPa 后方可进行)。

导管法浇筑水下混凝土的关键:一是保证混凝土的供应量大于导管内混凝土必须保持的高度和开始浇筑时导管埋入混凝土堆内必须埋置深度所要求的混凝土量;二是严格控制导管提升高度,且只能上下升降,不能左右移动,以避免造成管内返水事故。

(2) 干作业成孔灌注桩

干作业成孔灌注桩是先用钻机在桩位处钻孔,然后在桩孔内放入钢筋骨架,再灌注混凝土而成桩,其施工过程如图 2-33 所示。

干作业成孔一般采用螺旋钻机钻孔,适用于成孔深度内没有地下水的一般黏土层、砂土及人工填土地基,不适用于有地下水的土层和淤泥质土。

① 干作业成孔灌注桩的施工工艺为:螺旋钻机就位对中→钻进成孔、排土→钻至预定深度、停钻→起钻,测孔深、孔斜、孔径→清理孔底虚土→钻机移位→安放钢筋笼→安放混凝土溜筒→灌注混凝土成桩→桩头养护。

② 钻机就位后,钻杆垂直对准桩位中心,开钻时先慢后快,减少钻杆的摇晃,及时纠正钻孔的偏斜或位移。钻孔时,螺旋刀片旋转削土,削下的土沿整个钻杆螺旋叶片上升而涌出孔外,钻杆可逐节接长直至钻到设计要求规定的深度。用导向钢筋将钢筋骨架送入孔内,同时防止泥土杂物掉进孔内。钢筋骨架就位后,应立即灌注混凝土,以防塌孔。灌注时,

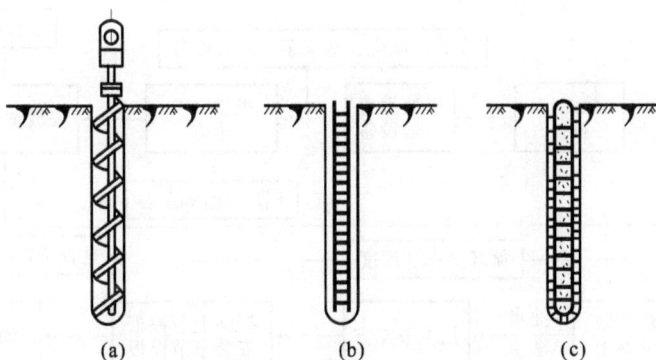

图 2-33　螺旋钻机钻孔灌注桩施工过程示意图
(a) 钻机进行钻孔；(b) 放入钢筋骨架；(c) 浇筑混凝土

应分层浇筑、分层捣实，每层厚度为 50～60 cm。

3. 人工挖孔灌注桩

人工挖孔灌注桩是采用人工挖掘方法成孔，然后放置钢筋笼、浇筑混凝土而成的桩基础。其施工特点是设备简单，无噪声、无振动、不污染环境，对施工现场周围原有建筑物的影响小；施工速度快，可按施工进度要求决定同时开挖桩孔的数量，必要时各桩孔可同时施工；土层情况明确，可直接观察到地质变化，桩底沉渣能清除干净，施工质量可靠。尤其当高层建筑选用大直径的灌注桩，而施工现场又在狭窄的市区时，采用人工挖孔比机械挖孔具有更大的适应性。但其缺点是人工消耗量大，开挖效率低，安全操作条件差等。

人工挖孔桩视频

施工时，为确保挖土成孔施工安全，必须考虑采取预防孔壁坍塌和流砂现象发生的措施。因此，施工前应根据地质水文资料，拟订出合理的护壁措施和降排水方案。护壁方法有很多，可以采用现浇混凝土护壁法、沉井护壁法、喷射混凝土护壁法等。

(1) 现浇混凝土护壁

现浇混凝土护壁法施工即分段开挖、分段浇筑混凝土护壁，既能防止孔壁坍塌，又能起到防水作用。现浇混凝土护壁施工工艺流程图如图 2-34 所示。

桩孔采取分段开挖，每段高度取决于土壁直立状态的能力，一般 0.5～1.0 m 为一施工段，开挖井孔直径为设计桩径加混凝土护壁厚度。

护壁施工段，即支设护壁内模板(工具式活动钢模板)后浇筑混凝土，模板的高度取决于开挖土方施工段的高度，一般为 1 m，由 4～8 块活动钢模板组合而成，支成有锥度的内模板。内模板支设后，吊放用角钢和钢板制成的两半圆形合成的操作平台入桩孔内，置于内模板顶部，以放置料具和浇筑混凝土操作之用。混凝土的强度等级一般不低于 C15，浇筑混凝土时要注意振捣密实。

当护壁混凝土强度达到 1 MPa(常温下约 24 h)时可拆除模板，开挖下段土方，再支模浇筑护壁混凝土，如此循环，直至挖到设计要求的深度。

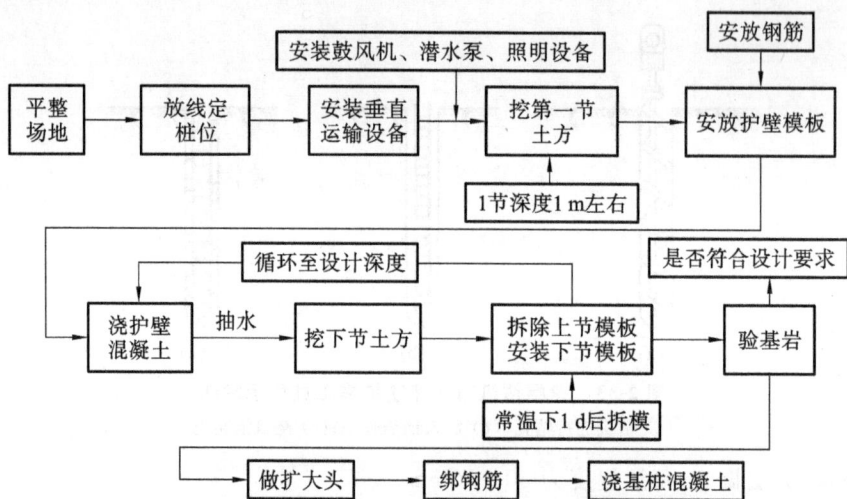

图 2-34　现浇混凝土护壁施工工艺流程图

当桩孔挖到设计深度,并检查孔底土质已达到设计要求后,再在孔底挖扩大头。待桩孔全部成型后,用潜水泵抽出孔底的积水,然后立即浇筑混凝土。当混凝土浇筑至钢筋笼的底面设计标高时,再吊入钢筋笼就位,并继续浇筑桩身混凝土形成桩基。

（2）沉井护壁

当桩径较大,挖掘深度大、地质复杂、土质差（松软弱土层）且地下水位高时,应采用沉井护壁法挖孔施工。

沉井护壁施工是先在桩位上制作钢筋混凝土井筒,井筒下捣制钢筋混凝土刃脚,然后在筒内挖土掏空,井筒靠其自重或附加荷载来克服筒壁与土体之间的摩擦阻力,边挖边沉,使其垂直下沉到设计要求深度。

4. 沉管灌注桩

沉管灌注桩是利用锤击打桩设备或振动沉桩设备,将带有钢筋混凝土的桩尖（或钢板靴）或带有活瓣式桩靴的钢管（钢管直径应与桩的设计尺寸一致）沉入土中,形成桩孔,然后放入钢筋骨架并浇筑混凝土,随之拔出套管,利用拔管时的振动将混凝土捣实,便形成所需要的灌注桩。利用锤击沉桩设备沉管、拔管成桩,称为锤击沉管灌注桩;利用振动器振动沉管、拔管成桩,称为振动沉管灌注桩。

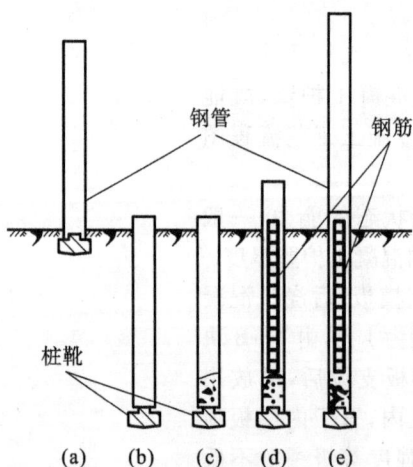

图 2-35　沉管灌注桩施工过程

（a）就位;（b）沉钢管;（c）开始灌注混凝土;
（d）下钢筋骨架继续浇筑混凝土;（e）拔管成型

（1）锤击沉管灌注桩

锤击沉管灌注桩适宜于一般黏性土、淤泥质土和人工填土地基,其施工过程如图 2-35 所示。施工工艺流程图如图 2-36 所示。

锤击沉管灌注桩施工要点如下。

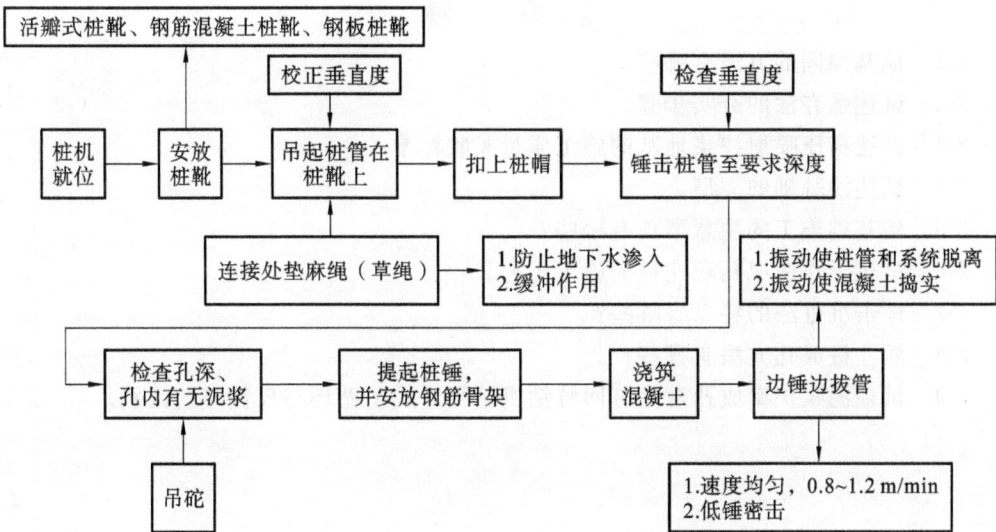

图 2-36　锤击沉管灌注桩施工工艺流程图

① 桩尖与桩管接口处应垫麻绳(或草绳)垫圈,以作缓冲层并防止地下水渗入管内。沉管时先用低锤锤击,观察无偏移后,再正常施打。

② 拔管前,应先锤击或振动套管,在测得混凝土确已流出套管时方可拔管。

③ 桩管内混凝土尽量填满,拔管时要均匀,保持连续密锤轻击,并控制拔管速度,一般土层以不大于 1 m/min 为宜,软弱土层与软硬交界处应控制在 0.8 m/min 以内。

④ 在管底未拔到桩顶设计标高前,倒打或轻击不得中断,注意使管内的混凝土保持略高于地面,并保持到全管拔出为止。

⑤ 桩的中心距在 5 倍桩管外径以内或小于 2 m 时,均应跳打施工;中间空出的桩须待邻桩混凝土达到设计强度的 50% 以后,方可施打。

(2) 振动沉管灌注桩

振动沉管灌注桩采用激振器或振动冲击沉管。其施工过程如下。

① 桩机就位。将桩尖活瓣合拢对准桩位中心,利用振动器及桩管自重,把桩尖压入土中。

② 沉管。开动振动箱,桩管即在强迫振动下迅速沉入土中。沉管过程中,应经常探测管内有无水或泥浆,如发现水、泥浆较多,应拔出桩管,用砂回填桩孔后方可重新沉管。

③ 上料。桩管沉到设计标高后停止振动,放入钢筋笼,再上料斗将混凝土灌入桩管内,一般应灌满桩管或略高于地面。

④ 拔管。开始拔管时,应先启动振动箱 8～10 min,并用吊砣测得桩尖活瓣确已张开、混凝土确已从桩管中流出以后,卷扬机方可开始抽拔桩管,边振边拔。拔管速度应控制在 1.5 m/min 以内。

➡ 单元小结

本单元主要学习了地基处理方法,砖基础、钢筋混凝土浅基础、钢筋混凝土预制桩基础、灌注桩基础等施工工艺及要求。

➡ 习　题

2-1　地基加固的方法有哪些?

2-2　试述强夯法的夯实步骤。

2-3　试述高压喷射注浆地基的施工质量验收标准。

2-4　试述浅基础的类型。

2-5　砖基础施工的注意事项有哪些?

2-6　试述干作业成孔灌注桩的施工工艺。

2-7　锤击沉桩法的特点有哪些?

2-8　灌注桩成孔方法有哪些?

2-9　试述泥浆护壁成孔灌注桩回转钻机钻孔方式正循环与反循环的区别。

单元3 砌筑工程施工

3.1 脚手架搭设

5分钟看完本单元

脚手架图

3.1.1 脚手架的基本要求与分类

脚手架是指在施工现场为安全防护、工人操作和楼层水平运输而搭设的支架,是施工临时设施,也是施工作业中必不可少的工具。脚手架工程对施工人员的操作安全、工程质量、工程成本、施工进度及邻近建筑物和场地影响都很大,在工程建造中占有相当重要的地位。

1. 脚手架的基本要求

① 要有足够的宽度(一般为 1.5～2.0 m)、步架高度(砌筑脚手架步架高度为 1.2～1.4 m,装饰脚手架步架高度为 1.6～1.8 m),且能够满足工人操作、材料堆置及运输方便的要求。

② 应具有稳定的结构和足够的承载力,能确保在各种荷载和气候条件下,不超过允许变形、不倾倒、不摇晃,并有可靠的防护设施,以确保在架设、使用和拆除过程中的安全可靠性。

③ 应与楼层作业面高度相统一,并与垂直运输设施(如施工电梯、井字架等)相适应,以满足材料由垂直运输转入楼层水平运输的需要。

④ 搭拆简单,易于搬运,能够多次周转使用。

⑤ 应考虑多层作业、交叉流水作业和多工种平行作业的需要,减少重复搭拆次数。

2. 脚手架的分类

脚手架的种类很多,按构造形式可分为多立杆式(也称杆件组合式)、框架组合式(如门式)、格构件组合式(如桥式)和台架等;按支固方式可分为落地式、悬挑式、悬吊式(吊篮)等;按搭拆和移动方式可分为人工装拆脚手架、附着升降脚手架、整体提升脚手架、水平移动脚手架和升降桥架;按用途可分为主体结构脚手架、装修脚手架和支撑脚手架等;按搭设位置可分为外脚手架和里脚手架;按使用材料可分为木、竹和金属脚手架。本节仅介绍几种常用的脚手架。

3.1.2 多立杆式脚手架

多立杆式脚手架主要由立杆(又称立柱)、纵向水平杆(大横杆)、横向水平杆(小横杆)、底座、支撑及脚手板构成受力骨架和作业层,再加上安全防护设施而组成。常用的有扣件式钢管脚手架(扣件式节点)和碗扣式钢管脚手架(碗扣式节点)两种。

1. 扣件式钢管脚手架

扣件式钢管脚手架的组成如图 3-1 所示,它具有承载能力大、装拆方便、搭设高度大、周转次数多、摊销费用低等优点,是目前使用最普遍的周转材料之一。

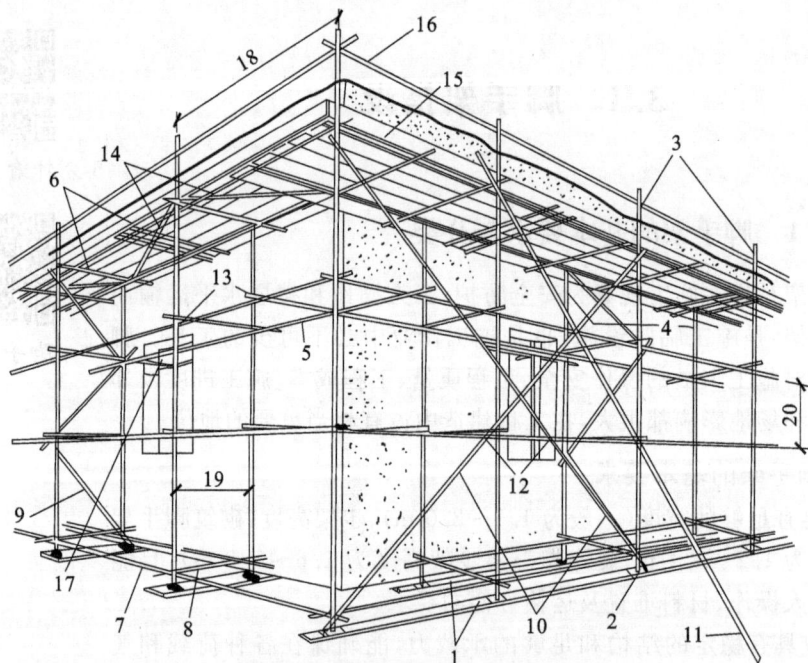

图 3-1 扣件式钢管脚手架的组成

1—垫板;2—底座;3—外立杆;4—内立杆;5—纵向水平杆;6—横向水平杆;7—纵向扫地杆;
8—横向扫地杆;9—横向斜撑;10—剪刀撑;11—抛撑;12—旋转扣件;13—直角扣件;14—水平斜撑;
15—挡脚板;16—防护栏杆;17—连墙固定件;18—柱距;19—排距;20—步距

（1）扣件式钢管脚手架主要组成部件及其作用

① 钢管。脚手架钢管的质量应符合《碳素结构钢》(GB/T 700—2006)中 Q235-A 级钢的规定,其尺寸应按表 3-1 采用。钢管宜采用 ϕ48 mm×3.5 mm 的钢管,每根质量不应大于 25 kg。

表 3-1　　　　　　　　　　　　　脚手架钢管尺寸　　　　　　　　　　　　（单位:mm）

截面尺寸		最大长度	
外径 ϕ	壁厚 t	横向水平杆	其他杆
48	3.5	2200	4000~6500
51	3.0		

根据钢管在脚手架中位置和作用的不同,钢管可分为立杆、大横杆、小横杆、剪刀撑、连墙杆、水平斜拉杆等,其作用如下。

a. 立杆:平行于建筑物并垂直于地面,将脚手架荷载传递给底座。

b. 大横杆:平行于建筑物并在纵向水平连接各立杆,承受、传递荷载给立杆。

c. 小横杆:垂直于建筑物并在横向连接内、外大横杆,承受、传递荷载给大横杆。

d. 剪刀撑:设在脚手架外侧面并与墙面平行的十字交叉斜杆,可增强脚手架的纵向刚度。

e. 连墙杆:连接脚手架与建筑物,承受并传递荷载,且可防止脚手架横向失稳。

f. 水平斜拉杆:设在有连墙杆的脚手架内、外立柱间的步架平面内的"之"字形斜杆,可增强脚手架的横向刚度。

g. 纵向扫地杆:采用直角扣件固定在距底座上皮不大于 200 mm 处的立杆上,起约束立杆底端在纵向发生位移的作用。

h. 横向扫地杆:采用直角扣件固定在紧靠纵向扫地杆下方的立杆上的横向水平杆,起约束立杆底端在横向发生位移的作用。

② 扣件。扣件是钢管与钢管之间的连接件,其基本形式有三种,如图 3-2 所示。

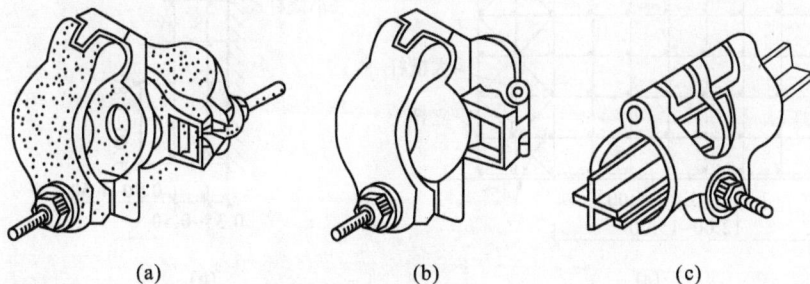

(a)　　　　　　　　　(b)　　　　　　　　　(c)

图 3-2　扣件形式
(a) 直角扣件;(b) 旋转扣件;(c) 对接扣件

a. 直角扣件(十字扣):用于两根垂直交叉钢管的连接。

b. 旋转扣件(回转扣):用于两根呈任意角度交叉钢管的连接。

c. 对接扣件(一字扣):用于两根钢管的对接连接。

③ 脚手板。脚手板是提供施工作业条件并承受和传递荷载给水平杆的板件,可用竹、木等材料制成。脚手板若设于非操作层,则起安全防护作用。

④ 底座。底座设在立杆下端,承受并传递立杆荷载给地基,如图 3-3 所示。

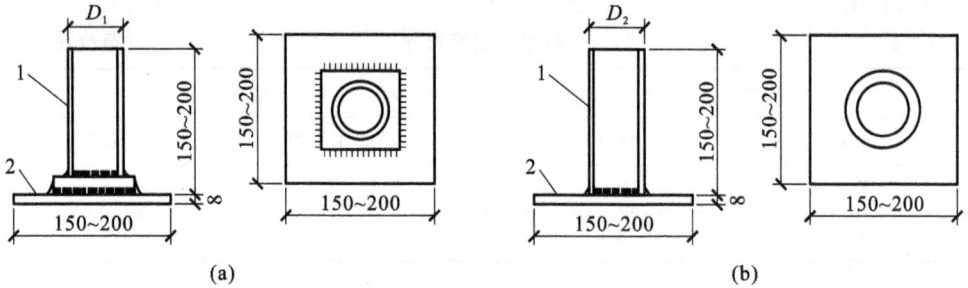

图 3-3 扣件式钢管脚手架的底座

(a) 内插式底座;(b) 外套式底座

1—承插钢管;2—钢板底座

⑤ 安全网。安全网可保证施工安全和减少灰尘、噪声、光污染,包括立网和平网两部分。

(2) 扣件式钢管脚手架的构造

扣件式钢管脚手架的基本构造形式有单排脚手架和双排脚手架两种构架形式(图 3-4)。单排脚手架和双排脚手架一般用于外墙砌筑与装饰。

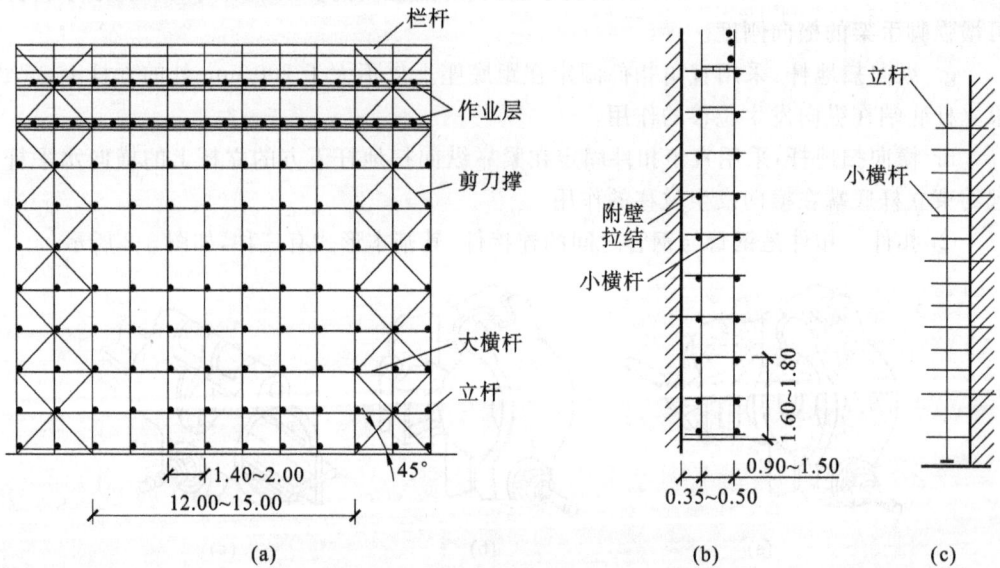

图 3-4 扣件式钢管脚手架的构造形式(单位:m)

(a) 正立面图;(b) 侧立面图(双排);(c) 侧立面图(单排)

① 立杆。

每根立杆均应设置标准底座。由标准底座底面向上 200 mm 处,必须设置纵、横向扫地杆,用直角扣件与立杆连接固定。立杆接长除顶层可以采用搭接外,其余各层必须采用对接扣件连接。立杆的对接、搭接应满足下列要求。

　　a. 立杆上的对接扣件应交错布置,两相邻立杆的接头应错开一步,其错开的垂直距离不应小于 500 mm,且与相近的纵向水平杆距离应小于 1/3 步距。

　　b. 对接扣件至主节点(立杆,大、小横杆三者的交点)的距离不应大于 1/3 步距。

　　c. 立杆的搭接长度不应小于 1 m,用不少于两个旋转扣件固定,端部扣件盖板的边沿至杆端距离不应小于 100 mm。

　　② 大横杆。

　　大横杆要水平设置,长度不应小于 2 跨,大横杆与立杆要用直角扣件扣紧,且不能隔步设置或遗漏。两大横杆的接头必须采用对接扣件连接。接头位置至立杆轴心线的距离不宜大于跨度的 1/3,同一步架中内外两根纵向水平杆的对接接头应尽量错开 1 跨,上下相邻两根纵向水平杆的对接接头也应尽量错开 1 跨,错开的水平距离不应小于 500 mm。

　　③ 小横杆。

　　小横杆设置在立杆与大横杆的相交处,用直角扣件与大横杆扣紧,且应贴近立杆布置,小横杆至立杆轴心线的距离不应大于 150 mm。当为单排脚手架时,小横杆的一端与大横杆连接,另一端插入墙内长度不小于 180 mm;当为双排脚手架时,小横杆的两端应用直角扣件固定在大横杆上。

　　④ 支撑。

　　支撑有剪刀撑(又称十字撑)和横向支撑(又称横向斜拉杆、之字撑)。剪刀撑是设置在脚手架外侧面、与外墙面平行的十字交叉斜杆,可增强脚手架的纵向刚度;横向支撑是设置在脚手架内、外排立杆之间的、呈“之”字形的斜杆,可增强脚手架的横向刚度。双排脚手架应设剪刀撑与横向支撑,单排脚手架应设剪刀撑。

　　a. 剪刀撑的设置应符合下列要求。

　　(a) 高度在 24 m 以下的单、双排脚手架,均应在外侧立面的两端各设置一道剪刀撑,由底至顶连续设置,中间每道剪刀撑的净距不应大于 15 m。

　　(b) 高度在 24 m 以上的双排脚手架应在外侧立面整个长度和高度上连续设置剪刀撑。

　　(c) 每道剪刀撑跨越立杆的根数宜为 5～7 根,与地面的倾角宜为 45°～60°。

　　(d) 剪刀撑的连接除顶层可采用搭接外,其余各接头必须采用对接扣件连接。搭接长度不小于 1 m,用不少于两个旋转扣件连接。

　　(e) 剪刀撑的斜杆应用旋转扣件固定在与之相交的小横杆的伸出端或立杆上,旋转扣件中心线至主节点的距离不应大于 150 mm。

　　b. 横向支撑的设置应符合下列要求。

　　(a) 横向支撑的每道斜杆应在 1～2 步内,由底至顶呈“之”字形连续布置,两端用旋转扣件固定在立杆或小横杆上。

　　(b) “一”字形、开口型双排脚手架的两端均必须设置横向支撑,中间每隔 6 跨设置一道。

　　(c) 24 m 以下的封闭型双排脚手架可不设横向支撑,24 m 以上者除两端应设置横向支撑外,中间应每隔 6 跨设置一道。

⑤ 连墙件。

连墙件(又称连墙杆)是连接脚手架与建筑物的部件,既要承受、传递风荷载,又要防止脚手架横向失稳或倾覆。

连墙件的布置形式、间距大小对脚手架的承载能力有很大影响,它不仅可以防止脚手架的倾覆,还可增强立杆的刚度和稳定性。连墙件的布置间距可参考表 3-2。

表 3-2 连墙件布置间距 (单位:m)

脚手架高度 H		竖向间距	水平间距
双排脚手架	≤50	≤6(3 步)	≤6(3 跨)
	>50	≤4(2 步)	≤6(3 跨)
单排脚手架	≤24	≤6(3 步)	≤6(3 跨)

根据传力性能、构造形式的不同,连墙件可分为刚性连墙件和柔性连墙件。通常采用刚性连墙件,使脚手架与建筑物连接可靠。24 m 以上的双排脚手架必须采用刚性连墙件与墙体连接,如图 3-5 所示;当脚手架高度在 24 m 以下时,也可采用柔性连墙件(如用铅丝或 φ6 钢筋),这时必须配备顶撑顶在混凝土梁、柱等结构部位,以防止其向内倾倒,如图 3-6 所示。

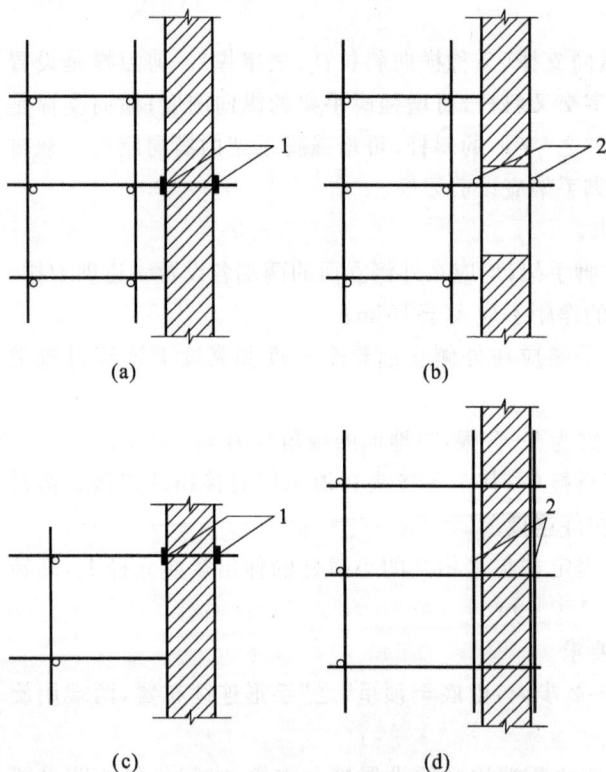

(a)   (b)   (a)

(c)   (d)   (b)

图 3-5 刚性连墙件固定   图 3-6 柔性连墙件固定

(a),(b)双排剖面;(c),(d)单排剖面   (a)双排剖面;(b)单排剖面

1—扣件;2—短钢管   1—8 号铅丝与墙内埋设的钢筋环柱;

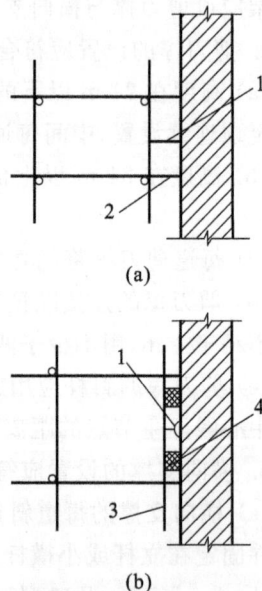

2—顶墙横杆;3—短钢管;4—木楔

（3）扣件式钢管脚手架的搭设与拆除

① 扣件式钢管脚手架的搭设。

脚手架的搭设要求钢管的规格相同，地基平整夯实；对高层建筑物脚手架的基础要进行验算，脚手架地基的四周应排水畅通，立杆底端要设底座或垫木，垫板长度不小于 2 跨，木垫板不小于 50 mm 厚，也可用槽钢。

通常，脚手架的搭设顺序为：放置纵向水平扫地杆→逐根树立立杆（随即与扫地杆扣紧）→安装横向水平扫地杆（随即与立杆或纵向水平扫地杆扣紧）→安装第一步纵向水平杆（随即与各立杆扣紧）→安装第一步横向水平杆→安装第二步纵向水平杆→安装第二步横向水平杆→加设临时斜撑杆（上端与第二步纵向水平杆扣紧，在装设两道连墙杆后可拆除）→安装第三、四步纵横向水平杆→安装连墙杆、接长立杆，加设剪刀撑→铺设脚手板→挂安全网→向上安装重复以上步骤。

开始搭设第一节立杆时，应每 6 跨暂设一根抛撑；当搭设至设有连墙件的构造点时，应立即设置连墙件与墙体连接，当装设两道连墙件后抛撑便可拆除；双排脚手架的小横杆靠墙一端应离开墙体装饰面至少 100 mm，杆件相交的伸出端长度不小于 100 mm，以防止杆件滑脱；扣件规格必须与钢管外径一致，扣件螺栓拧紧，扭力矩为 40~65 N·m；除操作层的脚手板外，宜每隔 1.2 m 高满铺一层脚手板，在脚手架全高或高层脚手架的每个高度区段内，铺板层不多于 6 层，作业层不超过 3 层，或者根据设计搭设。

对于单排架的搭设，应在墙体上留脚手架眼，但在墙体下列部位不允许留脚手架眼：砖过梁上与过梁两端成 60°角的三角形范围内及过梁净跨度 1/2 的高度范围内，宽度小于 1 m 的窗间墙，梁或梁垫下及其两侧各 500 mm 的范围内，砖砌体的门窗洞口两侧 200 mm 和墙转角处 450 mm 的范围内，其他砌体的门窗洞口两侧 300 mm 和转角处 600 mm 的范围内，独立柱或附墙砖柱，设计上不允许留脚手架眼的部位。

② 扣件式钢管脚手架的拆除。

扣件式钢管脚手架的拆除应按由上而下，后搭者先拆，先搭者后拆的顺序进行，严禁上下同时拆除，以及先将整层连墙件或数层连墙件拆除后再拆其余杆件。如果采用分段拆除，其高差不应大于 2 步架。当拆除至最后一节立杆时，应先搭设临时抛撑加固，再拆除连墙件。拆下的材料应及时分类集中运至地面，严禁抛扔。

2. 碗扣式钢管脚手架

碗扣式钢管脚手架的核心部件是碗扣接头，它是由焊在立杆上的下碗扣、可滑动的上碗扣、上碗扣的限位销和焊在横杆上的接头组成，如图 3-7 所示。

连接时，只需将横杆插入下碗扣内，将上碗扣沿限位销扣下，顺时针旋转，靠近上碗扣螺旋面使其与限位销顶紧，即可将横杆和立杆牢固地连接在一起，形成框架结构。碗扣接头可同时连接 4 根横杆，横杆可以相互垂直，也可以偏转成一定的角度，位置随需要确定。该脚手架具有多功能、高功效、承载力大、安全可靠、便于管理、易改造等优点。

（1）碗扣式钢管脚手架的构配件及用途

碗扣式钢管脚手架的构配件按用途可分为主要构件、辅助构件和专用构件三类。

① 主要构件。

a. 立杆：由一定长度 φ48 mm×3.5 mm 钢管上每隔 600 mm 安装碗扣接头，并在其

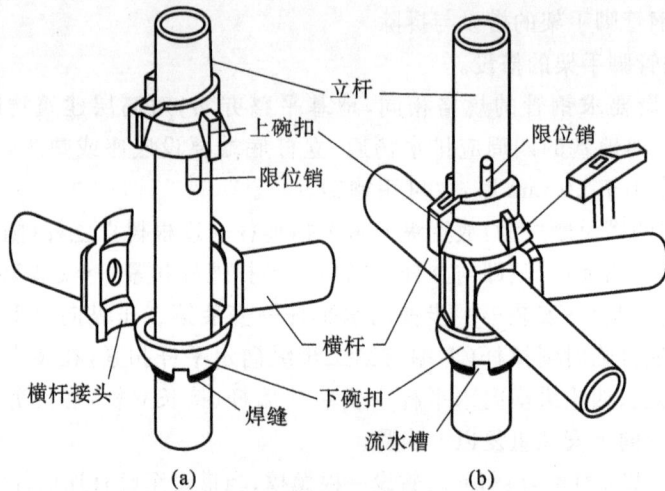

图 3-7 碗扣接头

(a) 连接前；(b) 连接后

顶端焊接立杆焊接管制成,用作脚手架的垂直承力杆。

b. 顶杆:即顶部立杆,在顶端设有立杆的连接管,以便在顶端插入托撑,用作支撑架(柱)、物料提升架等顶端的垂直承力杆。

c. 横杆:由一定长度的 φ48 mm×3.5 mm 钢管两端焊接横杆接头制成,用作立杆横向连接管或框架水平承力杆。

d. 单横杆:仅在 φ48 mm×3.5 mm 钢管一端焊接横杆接头,用作单排脚手架横向水平杆。

e. 斜杆:用于增强脚手架的稳定性,提高脚手架的承载力。

f. 底座:由 150 mm×150 mm×8 mm 的钢板在中心焊接连接杆制成,安装在立杆的底部,用作防止立杆下沉并将上部荷载分散传递给地基的构件。

② 辅助构件:用于作业面及附壁拉结等的杆部件。

a. 间横杆:为满足普通钢脚手板或木脚手板的需要而专设的杆件,可搭设于主架横杆之间的任意部位,用以减小支承间距和支撑挑头脚手板。

b. 架梯:由钢踏步板焊在槽钢上制成,两端带有挂钩,可牢固地挂在横杆上,用作作业人员上、下脚手架的通道。

c. 连墙撑:该构件为脚手架与墙体结构间的连接件,用以加强脚手架抵抗风荷载及其他永久性水平荷载的能力,提高其稳定性,防止倒塌。

③ 专用构件:用于专门用途的杆部件。

a. 悬挑架:由挑杆和撑杆用碗扣接头固定在楼层内支承架上制成。用于其上搭设悬挑脚手架,可直接从楼内挑出,不需在墙体结构设预埋件。

b. 提升滑轮:用于提升小物料而设计的杆部件,由吊柱、吊架和滑轮等组成。吊柱可插入宽挑梁的垂直杆中固定,与宽挑梁配套使用。

(2)搭设要点

① 组装顺序:底座→立杆→横杆→斜杆→接头锁紧→脚手板→上层立杆→立杆连接→横杆。

② 注意事项。

a. 立杆、横杆的设置。双排外脚手架立杆的横向间距取 1.2 m，横杆的步距取 1.8 m，立杆的纵向间距根据建筑物结构及作用荷载等具体要求确定，常选用 1.2 m、1.8 m、2.4 m 三种尺寸。

b. 直角交叉。对于一般方形建筑物的外脚手架，在拐角处两直角交叉的排架要连在一起，以增加脚手架的整体稳定性。

c. 斜杆的设置。斜杆用于增强脚手架的稳定性，可装成节点斜杆，也可装成非节点斜杆。一般情况下，斜杆应尽量设置在脚手架的节点上，对于高度在 30 m 以下的脚手架，可根据荷载情况，设置斜杆的框架面积为整架立面面积的 1/5～1/2；对于高度在30 m 以上的高层脚手架，可设置斜杆的框架面积不小于整架面积的 1/2。在拐角边缘及端部必须设置斜杆，中间可均匀间隔布置。

d. 连墙撑的设置。连墙撑是脚手架与建筑物之间的连接件，用于提高脚手架的横向稳定性，承受偏心荷载和水平荷载等。一般情况下，对于高度在 30 m 以下的脚手架，可 4 跨 3 步（约 40 m²）设置一个，对于高层及重载脚手架，则要适当加密；对于 50 m 以下的脚手架，至少应 3 跨 3 步（约 25 m²）布置一个；对于 50 m 以上的脚手架，至少应 3 跨 2 步（约 20 m²）布置一个。连墙撑尽量连接在横杆层碗扣接头内，与脚手架、墙体保持垂直，并随建筑物及架子的升高及时设置，尽量采用梅花形布置方式。

3.1.3　其他脚手架

1. 门式钢管脚手架

门式钢管脚手架是 20 世纪 80 年代初由国外引进的一种多功能型脚手架，它由门架及配件组成。门式钢管脚手架结构设计合理，受力性能好，承载能力高，装拆方便，安全可靠，是目前国际上应用较为广泛的一种脚手架。

（1）门式钢管脚手架的主要组成部件

门式钢管脚手架由门架、剪刀撑（交叉拉杆）、水平梁架（平行架）、挂扣式脚手板、连接棒和锁臂等构成基本单元（图 3-8）。将基本单元相互连接起来并增设梯型架、栏杆等部件，即构成整片脚手架。门式钢管脚手架的组成部件如图 3-9～图 3-11 所示。

（2）门式钢管脚手架的搭设与拆除

① 搭设。门式钢管脚手架的搭设顺序为：铺放垫木（垫板）→拉线放底座→自一端立门架，并随即装剪刀撑→装水平梁架（或脚手板）→装梯子→装通长大横杆→装连墙件→装连接棒→装上一步门架→装锁臂→重复以上步骤，逐层向上安装→装长剪刀撑→装设顶部栏杆。

② 拆除。拆除脚手架时，应自上而下进行，各部件拆除的顺序与安装顺序相反，不允许将拆除的部件从高空抛下，而应将拆下的部件收集分类后，用垂直吊运机具运至地面，集中堆放保管。

2. 悬吊式脚手架

悬吊式脚手架也称吊篮，主要用于建筑外墙的施工和装修。它是将架子（吊篮）的悬

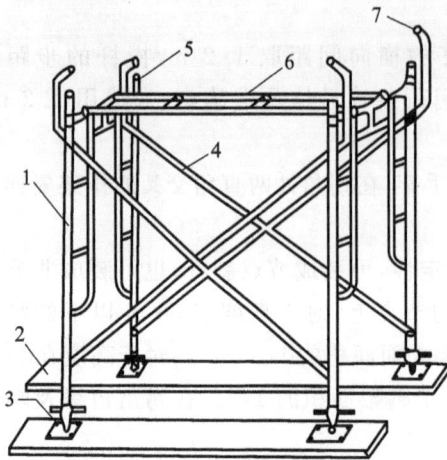

图 3-8　门式钢管脚手架的基本单元

1—门架；2—平板；3—螺旋基脚；4—剪刀撑；
5—连接棒；6—水平梁架；7—锁臂

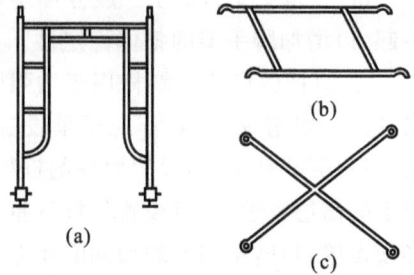

图 3-9　门式钢管脚手架的主要部件

（a）门架；（b）水平梁架；（c）剪刀撑

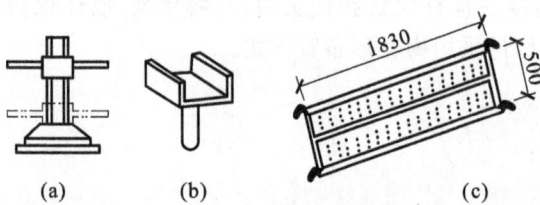

图 3-10　底座、托座、脚手板

（a）底座；（b）托座；（c）脚手板

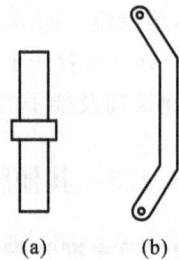

图3-11　连接棒和锁臂

（a）连接棒；（b）锁臂

挂点固定在建筑物顶部悬挑出来的结构上，通过设在每个架子上的简易提升机械和钢丝绳，使吊篮升降，以满足施工要求。其具有节约大量钢管材料、节省劳动力、缩短工期、操作方便灵活、技术经济效益好等优点。吊篮可分为两大类，一类是手动吊篮，利用手扳葫芦进行升降；一类是电动吊篮，利用电动卷扬机进行升降。

（1）手动吊篮的基本组成

手动吊篮由支承设施（建筑物顶部悬挑梁或桁架）、吊篮绳（钢丝绳或钢筋链杆）、安全绳、手扳葫芦（或倒链）和吊架组成（图 3-12）。

（2）支设要求

① 吊篮内侧与建筑物间隙为 0.1～0.2 m，两个吊篮之间的间隙不得大于 0.2 m，吊篮的最大长度不宜超过 8.0 m，宽度为 0.8～1.0 m，高度不宜超过两层。吊篮外侧端部防护栏杆高 1.5 m，每边栏杆间距不大于 0.5 m，挡脚板不低于 0.18 m。吊篮内侧必须于 0.6 m 和 1.2 m 处各设一道防护栏杆，挡脚板不低于 0.18 m。吊篮顶部必须设防护棚，外侧面与两端面用密目式安全网封严。

② 吊篮的立杆（或单元片）纵向间距不得大于 2 m。通常支承脚手板的横向水平杆间距不宜大于 1 m，脚手板必须与横向水平杆绑牢或卡牢，不允许有松动或探头板。

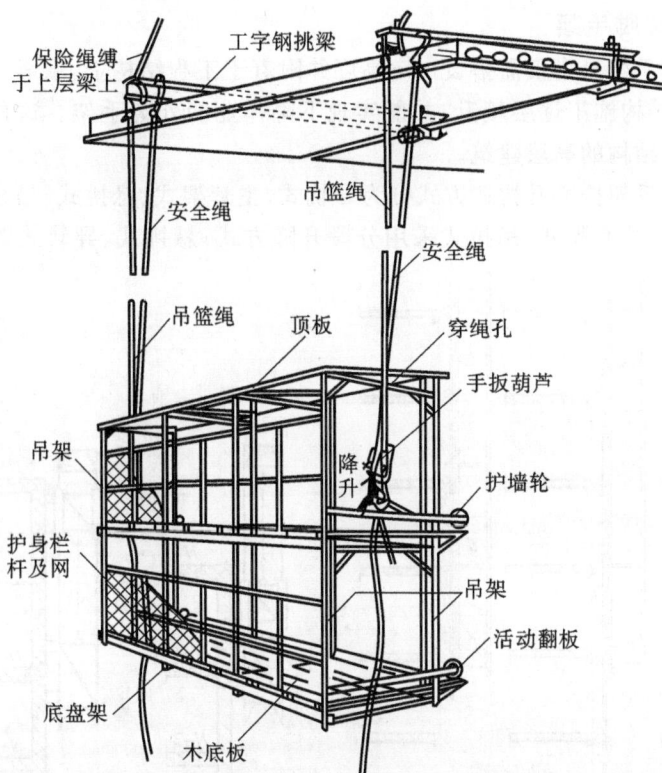

图 3-12　双层作业的手动提升式吊篮示意图

③ 吊篮架体的外侧面和两端面应加设剪刀撑或斜撑杆卡牢。

④ 吊篮内侧两端应装有可伸缩的护墙轮等装置,使吊篮在工作时能靠紧建筑物,以减少架体晃动。同时,超过一层架高的吊篮架要设爬梯,每层架的上、下人孔要有盖板。

⑤ 悬挂吊篮的挑梁,必须按设计规定与建筑结构固定牢靠,挑梁挑出长度应保证悬挂吊篮的钢丝绳(或钢筋链杆)垂直于地面。挑梁之间应用纵向水平杆连接成整体,以保证挑梁结构的稳定性。

⑥ 吊篮绳若用钢筋链杆,其直径不小于 16 mm,每节钢筋链杆长 800 mm,每 5～10 根 钢筋链杆应相互连成一组,使用时用卡环将各组连接至需要的长度。安全绳均采用直径不小于 13 mm 的钢丝绳通长到底布置。

⑦ 挑梁与吊篮吊绳连接端应有防止滑脱的保护装置。

(3) 操作方法

先在地面上用倒链组装好吊篮架体,并在屋顶挑梁上挂好承重钢丝绳和安全绳,再将承重钢丝绳穿过手扳葫芦的导绳孔向吊钩方向穿入、压紧,往复扳动前进手柄即可提升吊篮,往复扳动倒退手柄吊篮即可下落,但不可同时扳动上、下手柄。如果采用钢筋链杆作承重吊杆,则应先把安全绳与钢筋链杆挂在已固定好的屋顶挑梁上,再把倒链挂在钢筋链杆的链环上,下部吊住吊篮,利用倒链升降。因为倒链行程有限,因此在升降过程中要多次人工倒替倒链,如此接力升降。

3. 附着升降脚手架

附着升降脚手架是指仅需搭设一定高度并附着于工程结构上,依靠自身的升降设备和装置,随工程结构施工逐层爬升,并能实现下降作业的外脚手架。这种脚手架适用于现浇钢筋混凝土结构的高层建筑。

附着升降脚手架按爬升构造方式分为导轨式、主套架式、悬挑式、吊拉式(互爬式)等(图 3-13)。其中,主套架式、吊拉式采用分段升降方式;悬挑式、导轨式既可采用分段升

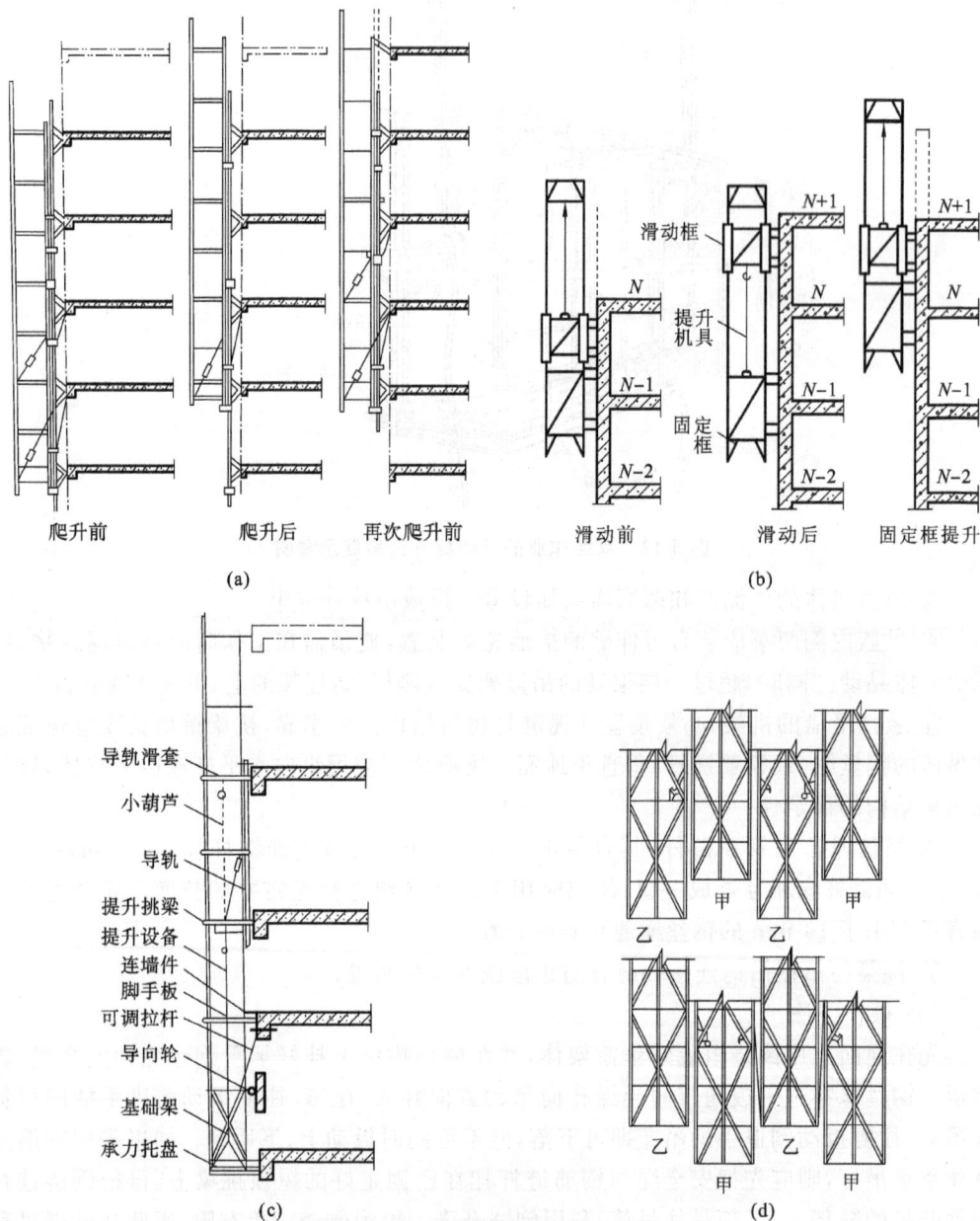

图 3-13 附着升降脚手架示意图
(a) 导轨式;(b) 主套架式;(c) 悬挑式;(d) 吊拉式

降方式,又可采用整体升降方式。无论采用哪一种附着升降脚手架,其技术关键是:与建筑物有牢固的固定措施,升降过程均有可靠的防倾覆措施,设有安全防坠落装置和措施,以及升降过程中的同步控制措施。

附着升降脚手架主要由架体结构、爬升机构、动力及控制设备等组成,如图 3-14 所示。

(1) 架体结构

架体结构常用桁架作为底部的承力装置,桁架两端支承于横向刚架或托架上,横向刚架又通过与其连接的附墙支座固定于建筑物上。架体本身一般采用扣件式钢管搭设,架高不应大于楼层高度的 5 倍,架宽不宜超过 1.2 m,分段单元脚手架长度不应超过 8 m。架体结构的主要构件有立杆、纵横向水平杆、斜杆、剪刀撑、脚手板、梯子、扶手等。脚手架的外侧设密目式安全网进行全封闭,每步架设防护栏杆及挡脚板,底部满铺一层固定脚手板。整个架体的作用是提供操作平台、物料搬运、材料堆放、供操作人员通行和安全防护等。

(2) 爬升机构

爬升机构是实现架体升降、导向、防坠、固定提升设备、连接吊点和架体、通过横向刚架与附墙支座的连接等,它的作用主要是进行可靠的附墙和保证将架体上的恒荷载与施工活荷载安全、迅速、准确地传递到建筑结构上。

(3) 动力及控制设备

提升用的动力设备主要有:手拉葫芦、环链式电动葫芦、液压千斤顶、螺杆升降机、升板机、卷扬机等。目前采用电动葫芦者居多,原因是其使用方便、省力、易控。当动力设备采用电控系统控制时,一般均采用电缆将动力设备与控制柜相连,并用控制柜进行动力设备控制;当动力设备采用液压系统控制时,一般采用液压管路与动力设备和液压控制台相连,再将液压控制台与液压管路相连,并通过液压控制台对动力设备进行控制。总之,动力设备的作用是为架体实现升降提供动力。

(4) 安全装置

① 导向装置。导向装置的作用是保持架体前后、左右对水平方向位移的约束,限定架体只能沿垂直方向运动,并防止架体在升降过程中晃动、倾覆和水平向错动。

② 防坠装置。防坠装置的作用是在动力装置本身的制动装置失效、起重钢丝绳或吊链突然断裂和梯吊梁掉落等情况发生时,能在瞬间准确、迅速锁住架体,防止其下坠发生伤亡事故。

③ 同步提升控制装置。同步提升控制装置的作用是使架体在升降过程中,使各提升点保持在同一水平位置上,以便防止架体本身与附墙支座的附墙固定螺栓产生次应力和超载而发生伤亡事故。

4. 悬挑式脚手架

悬挑式外脚手架是利用建筑结构外边缘向外伸出的悬挑结构来支承外脚手架,将脚手架的荷载全部或部分传递给建筑结构。悬挑式脚手架的关键是悬挑支承结构,它必须有足够的强度、刚度和稳定性,并能将脚手架的荷载传递给建筑结构。

(1) 适用范围

在高层建筑施工中,遇到以下三种情况时,可采用悬挑式外脚手架。

① ±0.000 以下结构工程回填土不能及时回填,而主体结构工程必须立即进行,否

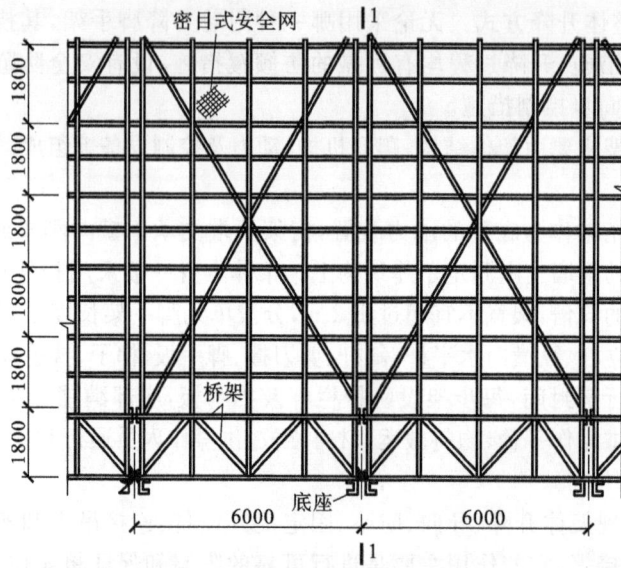

(a)

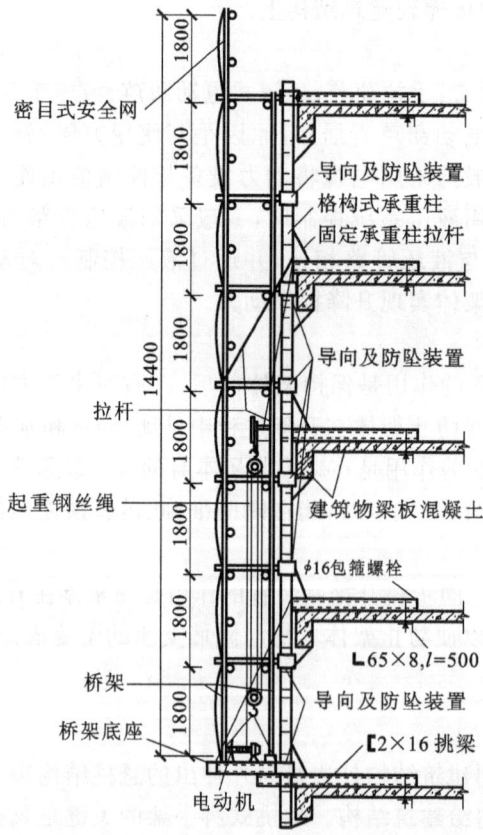

1—1

(b)

图 3-14　附着升降脚手架立面图、剖面图

(a) 立面图；(b) 剖面图

则将影响工期。

② 高层建筑主体结构四周为裙房,脚手架不能直接支承在地面上。

③ 超高层建筑施工,脚手架搭设高度超过了架子的容许搭设高度,因此将整个脚手架按容许搭设高度分成若干段,每段脚手架支承在由建筑结构向外悬挑的结构上。

(2) 悬挑支承结构

悬挑支承结构主要有以下两类。

① 用型钢作梁挑出,端头加钢丝绳(或用钢筋花篮螺栓拉杆)斜拉,组成悬挑支承结构。由于悬出端的支承杆件是斜拉索(或拉杆),又简称斜拉式,如图 3-15(a)、(b)所示。斜拉式悬挑外脚手架悬出端的支承杆件是斜拉索(或拉杆),其承载能力由拉杆的强度决定,因此断面较小,能节省钢材,且自重轻。

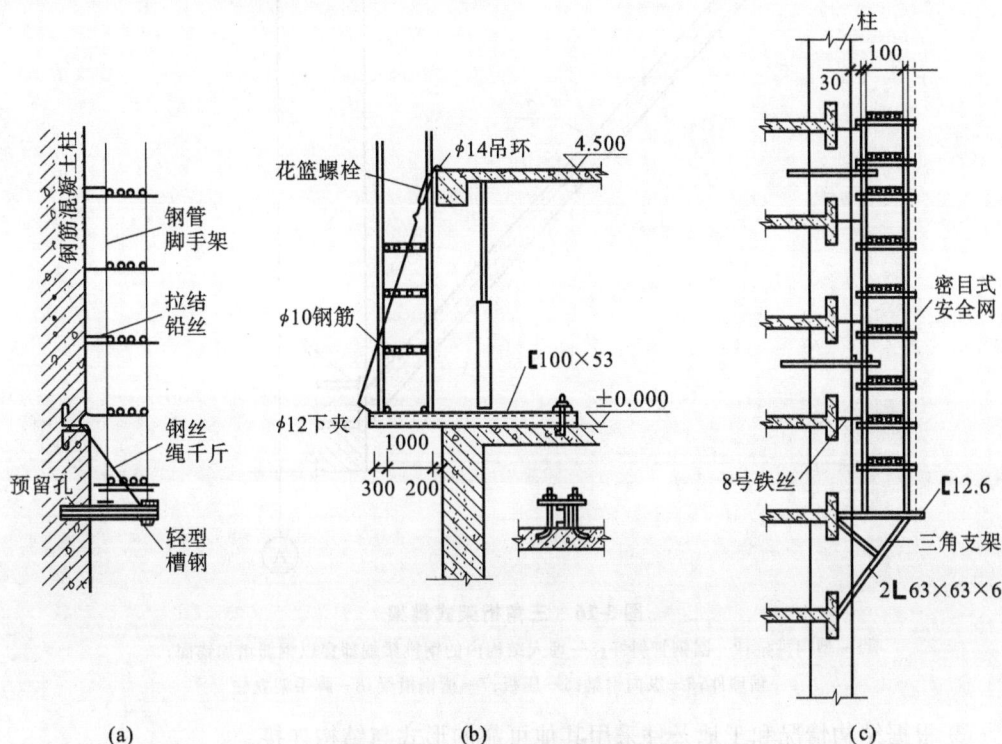

(a)   (b)   (c)

图 3-15　悬挑支承结构的形式

(a),(b) 斜拉式;(c) 下撑式

② 以型钢焊接的三角桁架作为悬挑支承结构,悬出端的支承杆件是三角斜撑压杆,又称为下撑式,如图 3-15(c)所示。下撑式悬挑外脚手架悬出端的支承杆件是斜撑受压杆,其承载能力由压杆稳定性决定,因此断面较大,钢材用量较大。

(3) 构造及搭设要点

① 斜拉式悬挑支承结构可在楼板上预埋钢筋环,外伸钢梁(工字钢、槽钢等)插入钢筋环内固定;或外伸钢梁一端埋置在墙体结构的混凝土内,另一端加钢丝绳斜拉,使钢丝绳固定到预埋在建筑物内的吊环上。

② 下撑式悬挑支承结构可将钢梁一端埋置在墙体结构的混凝土内,另一端利用钢管

或角钢制作的斜杆连接,斜杆下端焊接到混凝土结构中的预埋钢板上,如图 3-16 所示。当结构中钢筋过密,挑梁无法埋入时,可采用预埋件,将挑梁与预埋件焊接。预埋件的锚固筋要采用锚塞焊,并由计算确定。

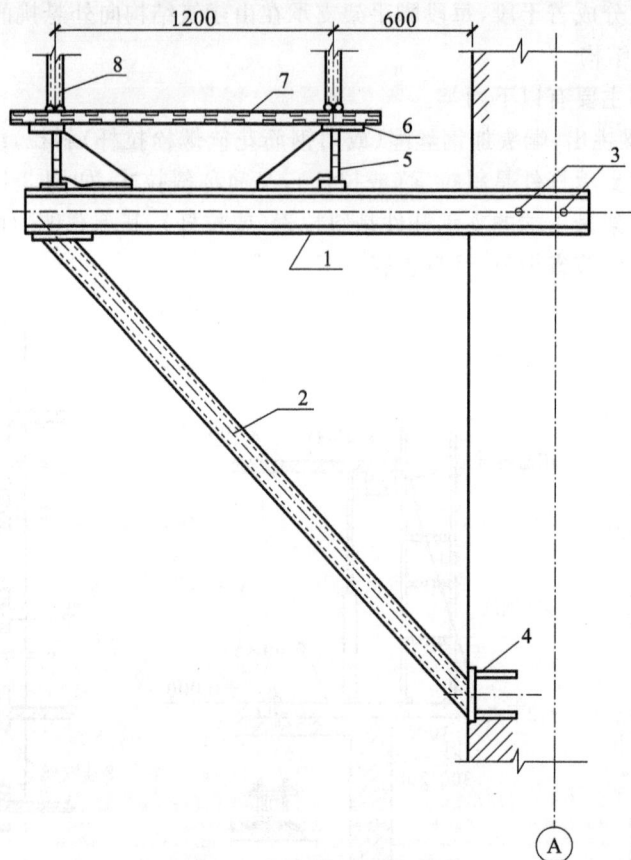

图 3-16　三角桁架式挑架

1—型钢挑架;2—圆钢管斜杆;3—埋入结构内的钢挑梁端部穿以钢筋增加锚固;
4—预埋件;5—纵向钢梁;6—压板;7—槽钢横梁;8—脚手架立柱

③ 根据结构情况和工地条件采用其他可靠的形式与结构连接。

④ 当支承结构的纵向间距与上部脚手架立杆的纵向间距相同时,立杆可直接支承在悬挑支承结构上;当支承结构的纵向间距大于上部脚手架立杆的纵向间距时,则立杆应支承在设置于两个支承结构之间的两根纵向钢梁上。

⑤ 上部脚手架立杆与支承结构应有可靠的定位连接措施,以确保上部架体的稳定性。通常在挑梁或纵向钢梁上焊接长度为 150～200 mm、外径为 40 mm 的短钢管,将立杆套在短钢管上顶紧固定,并同时在立杆下部设置扫地杆。

⑥ 悬挑支承结构以上部分的脚手架搭设方法与一般外脚手架相同,并按要求设置连墙杆。悬挑脚手架的高度(或分段的高度)不得超过 25 m。

悬挑脚手架的外侧立面一般均应采用密目式安全网(或其他围护材料)全封闭围护,以确保架上人员操作安全和避免物件坠落。

⑦ 新设计组装或加工的定型脚手架段，在使用前应进行不低于1.5倍使用施工荷载的静载试验和起吊试验，试验合格（未发现焊缝开裂、结构变形等情况）后方能投入使用。

⑧ 塔式起重机应具有满足整体吊升（降）悬挑脚手架段的起吊能力。

⑨ 必须设置可靠的人员上、下的安全通道（出入口）。

⑩ 使用中应经常检查脚手架段和悬挑支承结构的工作情况。当发现异常时，应及时停止作业，进行检查和处理。

3.2 垂直运输设施

垂直运输设施是指担负垂直运送材料和施工人员上、下的机械设备和设施。在砌筑工程中不仅要运输大量的砖（或砌块）、砂浆，还要运输脚手架、脚手板和各种预制构件；不仅有垂直运输，而且有地面和楼面的水平运输。其中垂直运输是影响砌筑工程施工速度的重要因素。

起重机械图

目前砌筑工程采用的垂直运输设施有井架、龙门架、塔式起重机和建筑施工电梯等，本节重点介绍塔式起重机和建筑施工电梯。

3.2.1 塔式起重机

塔式起重机是起重臂安装在塔身顶部且可作360°回转的起重机。它具有较高的起重高度、工作幅度和起重能力，速度快、生产效率高，且机械运转安全可靠，使用和装拆方便，因此，广泛地用于多层和高层的工业与民用建筑的结构安装。塔式起重机按起重能力可分为轻型塔式起重机（起重量为 0.5～3 t，一般用于 6 层以下的民用建筑施工）、中型塔式起重机（起重量为 3～15 t，适用于一般工业建筑与民用建筑施工）、重型塔式起重机（起重量为 20～40 t，一般用于重工业厂房的施工和高炉等设备的吊装）。

由于塔式起重机具有提升、回转和水平运输的功能，且生产效率高，在吊运长、大、重的物料时有明显的优势，故在条件允许情况下宜优先采用。

塔式起重机的布置应保证其起重高度与起重量满足工程的需求，同时起重臂的工作范围应尽可能地覆盖整个建筑，以使材料运输切实到位。此外，主材料的堆放、搅拌站的出料口等均应尽可能地布置在起重机工作半径以内。

1. 塔式起重机的种类

塔式起重机一般分为固定式、轨道（行走）式、附着式等几种，如图 3-17 所示。

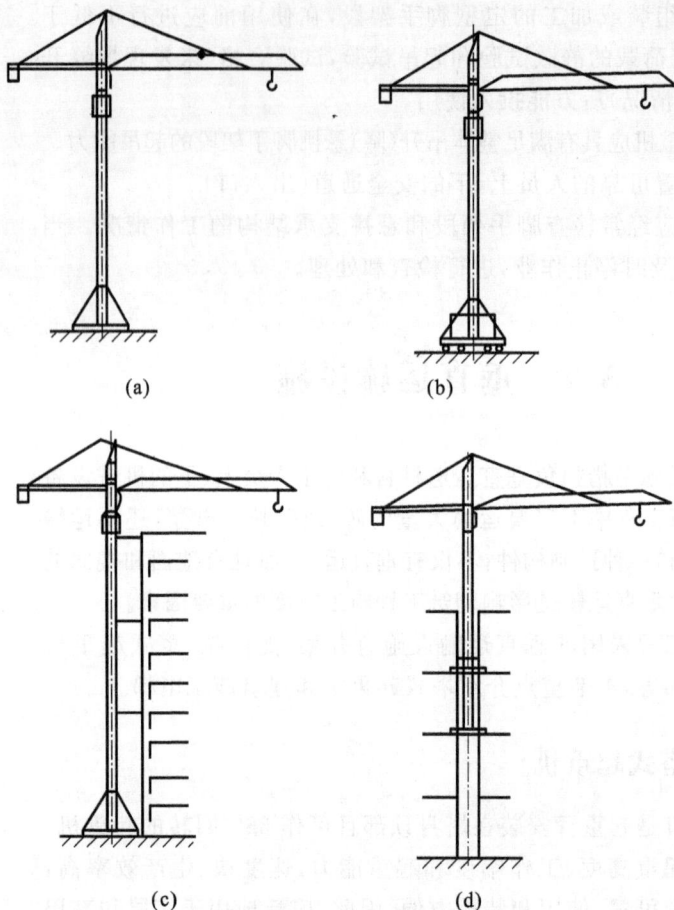

图 3-17 各种类型的塔式起重机
(a) 固定式；(b) 行走式；(c) 附着式；(d) 内爬式

（1）固定式塔式起重机

固定式塔式起重机的底架安装在独立的混凝土基础上，塔身不与建筑物拉结。这种起重机适用于安装大容量的油罐、冷却塔等特殊构筑物。

（2）轨道（行走）式塔式起重机

轨道（行走）式塔式起重机是一种能在轨道上行驶的起重机。它能负荷在直线和弧形轨道上行走，同时完成垂直和水平运输，使用安全，生产效率高，但需要铺设轨道，且装拆和转移不便，台班费用较高。轨道式塔式起重机分为上回转式（塔顶回转）和下回转式（塔身回转）两类。

（3）附着式塔式起重机

附着式塔式起重机是固定在建筑物近旁混凝土基础上的起重机械，为上回转、小车变幅或俯仰变幅起重机械。塔身由标准节组成，相互间用螺栓连接，它可以借助顶升系统随着建筑施工进度而自行向上接高。为了减少塔身的计算高度，规定每隔 20 m 左右将塔身与建筑物用锚固装置联结起来，以保证塔身的刚度和稳定。附着式塔式起重机的一般高度为 70～100 m，特点是适合狭窄工地施工。

① 附着式塔式起重机基础。

附着式塔式起重机底部应设钢筋混凝土基础,其构造做法有整体式和分块式两种。采用整体式混凝土基础时,塔式起重机通过专用塔身基础节和预埋地脚螺栓固定在混凝土基础上,如图 3-18 所示;采用分块式混凝土基础时,塔身结构固定在行走架上,而行走架的四个支座则通过垫板支在四个混凝土基础上,如图 3-19 所示。基础尺寸应根据地基承载力和防止塔吊倾覆的需要确定。

在高层建筑深基础施工阶段,如需在基坑边附近构筑附着式塔式起重机基础时,可采用灌柱桩承台式钢筋混凝土基础。在高层建筑综合体施工阶段,如需在地下室顶板或裙房屋顶楼板上安装附着式塔式起重机时,应对安装塔吊处的楼板结构进行验算和加固,并在楼板下面加设支撑(至少连续两层)以保证安全。

② 附着式塔式起重机的锚固。

图 3-18　整体式混凝土基础

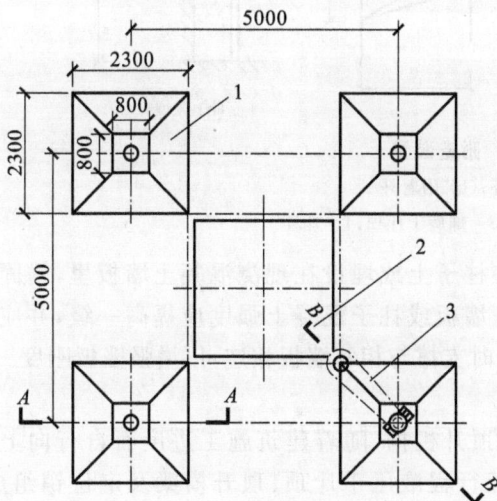

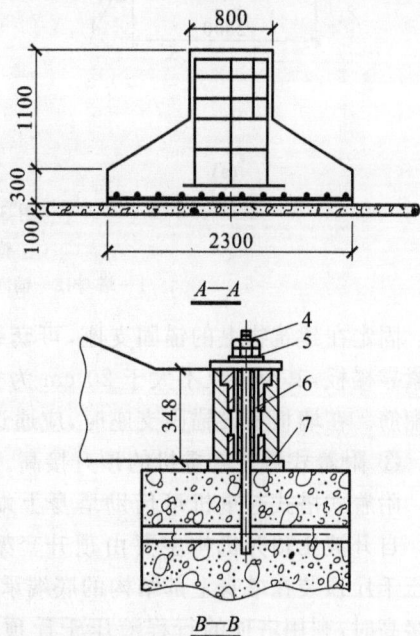

附着式塔式起重机在塔身高度超过限定自由高度时,即应加设附着装置与建筑结构拉结。一般来说,设置 2～3 道锚固即可满足施工需要。第一道锚固装置在距塔式起重

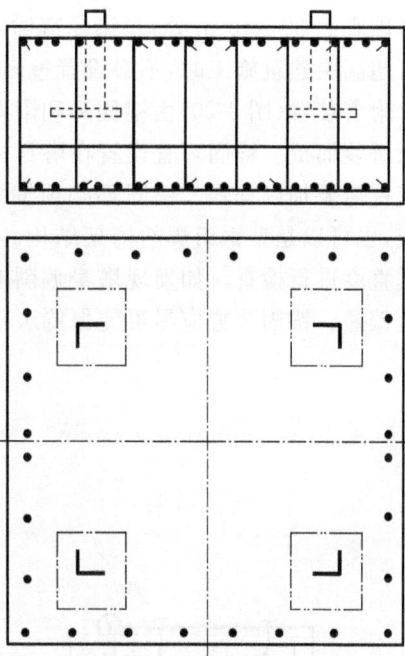

图 3-19　分块式混凝土基础

1—钢筋混凝土基础;2—塔式起重机底座;3—支腿;4—紧固螺母;
5—垫圈;6—钢套;7—钢板调整片(上、下各一)

机基础表面 30~40 m 处,自第一道锚固装置向上,每隔 16~20 m 设一道锚固装置。在进行超高层建筑施工时,不必设置过多的锚固装置,可将下部锚固装置抽换到上部使用。

附着装置(图 3-20)由锚固环和附着杆组成。锚固环由两块钢板或型钢组焊成的"U"形梁拼装而成。锚固环宜设置在塔身标准节对接处或有水平腹杆的断面处,塔身节主弦杆应视需要加以补强。锚固环必须箍紧塔身结构,不得松脱。附着杆由型钢、无缝钢管组成,也可以是型钢组焊的桁架结构。安装和固定附着杆时,必须用经纬仪对塔身结构的垂直度进行检查。如发现塔身偏斜时,可通过调节螺母来调整附着杆的长度,以消除垂直偏差。锚固装置应尽可能保持水平,附着杆件最大倾角不得大于 10°。

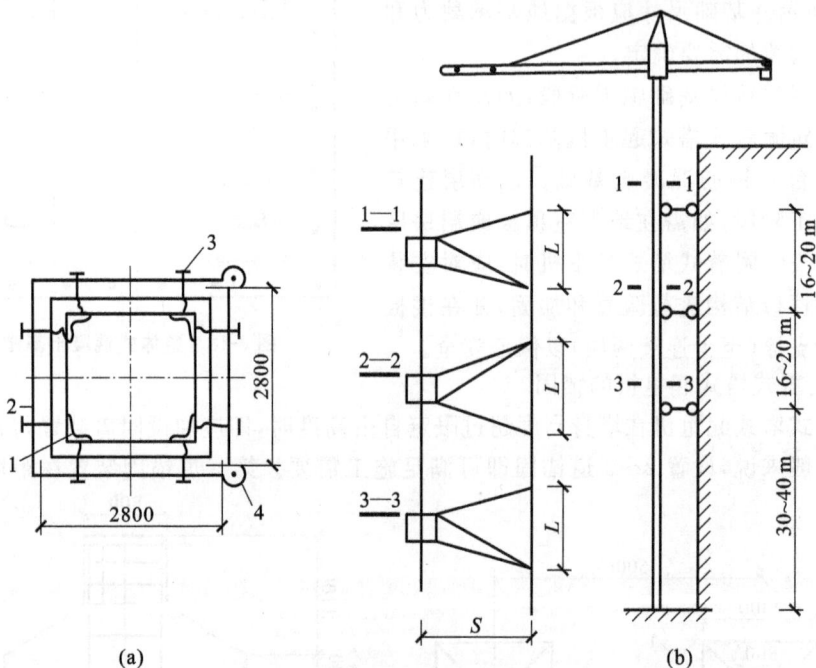

图 3-20　附着装置

(a) 锚固环;(b) 附着杆

1—塔身;2—锚固环;3—螺旋千斤顶;4—耳环

固定在建筑物上的锚固支座,可套装在柱子上或埋设在现浇混凝土墙板里,锚固点应紧靠楼板,其距离以不大于 20 cm 为宜。墙板或柱子混凝土强度应提高一级,并应增加配筋。在墙板上设锚固支座时,应通过临时支撑与相邻墙板相连,以增强墙板刚度。

③ 附着式塔式起重机的顶升接高。

附着式塔式起重机可借助塔身上端的顶升机构,随着建筑施工进度而自行向上接高。自升液压顶升机构主要由顶升套架、长行程液压千斤顶、顶升横梁及定位销组成。液压千斤顶装在塔身上部结构的底端承座上,活塞杆通过顶升横梁支承在塔身顶部。需要接高时,利用塔顶的行程液压千斤顶,将塔顶上部结构(起重臂等)顶高,用定位销固定;千斤顶回油,推入标准节,用螺栓与下面的塔身连成整体,每次可接高 2.5 m。QT4-10 型附着式塔式起重机顶升过程如下。

a. 将标准节吊到摆渡小车上,并将过渡节与塔身标准节的螺栓松开,准备顶升,如

图 3-21(a)所示。

b. 开动液压千斤顶,将塔式起重机上部结构包括顶升套架向上升到超过一个标准节的高度,然后用定位销将套架固定。塔式起重机上部结构的重量通过定位销传递到塔身,如图 3-21(b)所示。

c. 液压千斤顶回缩,形成引进空间,此时将装有标准节的摆渡小车推入引进空间内,如图 3-21(c)所示。

d. 利用液压千斤顶将待接高的标准节稍微提起,退出摆渡小车,然后将其平稳地落在下面的塔身上,并用螺栓加以连接,如图 3-21(d)所示。

e. 用液压千斤顶稍微向上顶起,拔出定位销,下降过渡节,使之与已接高的塔身连成整体,如图 3-21(e)所示。

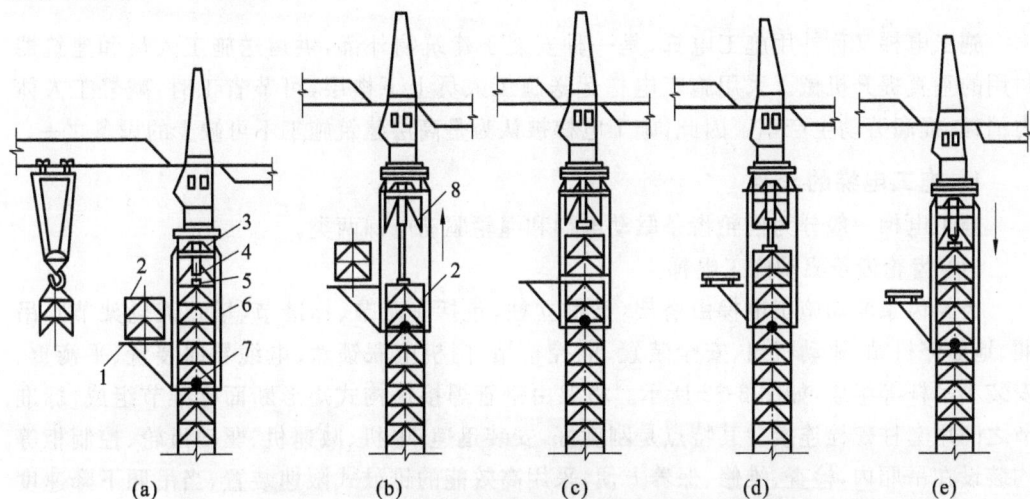

图 3-21　QT4-10 型附着式塔式起重机顶升过程示意图

(a) 准备状态;(b) 顶升塔顶;(c) 推入塔身标准节;(d) 安装塔身标准节;(e) 塔顶与塔身连成整体
1—摆渡小车;2—标准节;3—支承座;4—液压千斤顶;5—顶升横梁;6—顶升套架;7—定位销;8—过渡节

2. 塔式起重机的选用

塔式起重机的选用要综合考虑建筑物的高度,建筑物的结构类型,构件的尺寸和重量,施工进度、施工流水段的划分和工程量,现场的平面布置和周围环境条件等各种因素。同时要兼顾装、拆塔式起重机的场地和建筑结构满足塔架锚固、爬升的要求。

首先,根据施工对象确定所要求的参数,包括幅度(又称回转半径)、起重量、起重力矩和吊钩高度等;然后根据塔式起重机的技术性能,选定塔式起重机的型号。

其次,根据施工进度、施工流水段的划分及工程量和所需吊次、现场的平面布置,确定塔式起重机的配量台数、安装位置及轨道基础的走向等。

根据施工经验,16 层及 16 层以下的高层建筑采用轨道式塔式起重机最为经济;25层以上的高层建筑,宜选用附着式塔式起重机或内爬式塔式起重机。

选用塔式起重机时,应注意以下事项。

① 在确定塔式起重机形式及高度时,应考虑塔身锚固点与建筑物相对应的位置以及塔式起重机平衡臂是否影响臂架正常回转等问题。

② 在多台塔式起重机作业条件下,应处理好相邻塔式起重机塔身高度差,以防止两

塔碰撞,应使彼此工作互不干扰。

③ 在考虑塔式起重机安装的同时,应考虑塔式起重机的顶升、接高、锚固以及完工后的落塔、拆运等事项,如起重臂和平衡臂是否落在建筑物上、辅机停车位置及作业条件、场内运输道路有无阻碍等。

④ 在考虑塔式起重机安装时,应保证顶升套架的安装位置(即塔架引进平台或引进轨道应与臂架同向)及锚固环的安装位置正确无误。

⑤ 应注意外脚手架的支搭形式与挑出建筑物的距离,以免与下回转塔式起重机转台尾部回转时发生矛盾。

3.2.2 施工电梯

施工电梯又称外用施工电梯,是一种安装于建筑物外部,供运送施工人员和建筑器材用的垂直提升机械。采用施工电梯运送施工人员上下楼层,可节省工时,减轻工人体力消耗,提高劳动生产率。因此,施工电梯被认为是高层建筑施工不可缺少的设备之一。

1. 施工电梯的分类

施工电梯一般分为齿轮齿条驱动电梯和绳轮驱动电梯两类。

(1) 齿轮齿条驱动施工电梯

齿轮齿条驱动施工电梯由塔架(又称立柱,包括基础节、标准节、塔顶天轮架节)、吊厢、地面停机站、驱动机组、安全装置、电控柜站、门机电联锁盒、电缆导向装置、平衡重、安装小吊杆等组成,如图3-22所示。塔架由钢管焊接格构式矩形断面标准节组成,标准节之间用套柱螺栓连接。其特点是刚度好,安装迅速;电机、减速机、驱动齿轮、控制柜等均装设在吊厢内,检查、维修、保养方便;采用高效能的锥鼓式限速装置,当吊厢下降速度超过0.65 m/s时,吊厢会自动制动,从而保证不发生坠落事故;可与建筑物拉结,并随建筑物施工进度而自升接高,升运高度可达100~150 m。

齿轮齿条驱动施工电梯按吊厢数量分为单吊厢式和双吊厢式,吊厢尺寸一般为3 m×1.3 m×2.7 m;按承载能力分为两级,一级载重量为1000 kg或乘员11~12人,另一级载重量为2000 kg或乘员24人。

(2) 绳轮驱动施工电梯

绳轮驱动施工电梯是近年来开发的新产品,由三角形断面钢管塔架、底座、单吊厢、卷扬机、绳轮系统及安全装置等组成,如图3-23所示。其特点是结构轻巧,构造简单,用钢量少,造价低,能自升接高。吊厢平面尺寸为2.5 m×1.3 m,可载货1000 kg或乘员8~10人。因此,绳轮驱动施工电梯在高层建筑施工中的应用逐渐扩大。

2. 施工电梯的选择

高层建筑外用施工电梯的机型选择,应根据建筑体型、建筑面积、运输总重、工期要求、造价等确定。从节约施工机械费用出发,对20层以下的高层建筑工程,宜使用绳轮驱动施工电梯;25层(特别是30层)以上的高层建筑应选用齿轮齿条驱动施工电梯。根据施工经验,一台单吊厢式齿轮齿条驱动施工电梯的服务面积为20000~40000 m²,参考此数据可为高层建筑工地配置施工电梯,并尽可能选用双吊厢式电梯。

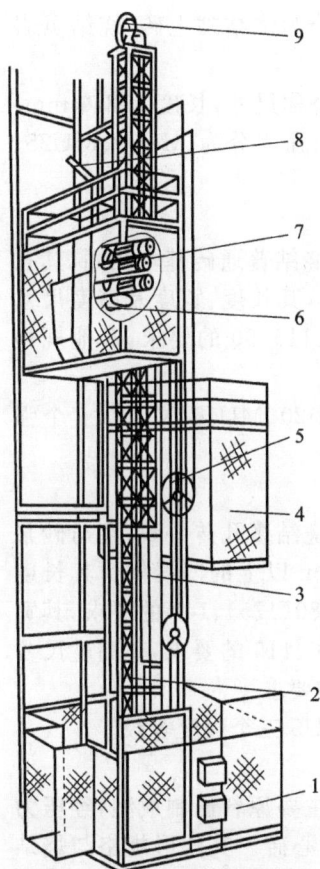

图 3-22　齿轮齿条驱动施工电梯

1—外笼；2—导轨架；3—平衡重；
4—吊厢；5—电缆导向装置；
6—锥鼓限速器；7—传动系统；
8—吊杆；9—天轮

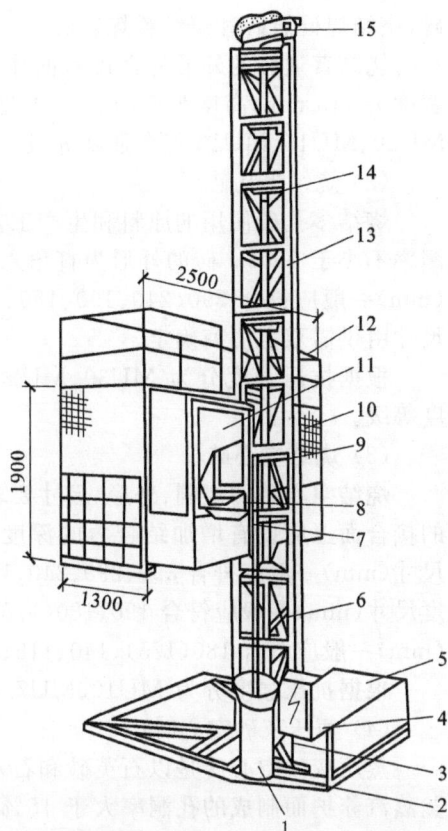

图 3-23　绳轮驱动施工电梯（SFD-1000 型）

1—盛线筒；2—底座；3—减震器；4—电器厢；
5—卷扬机；6—引线器；7—电缆；8—安全机构；
9—限速机构；10—吊厢；11—驾驶室；12—围栏；
13—立柱；14—连接螺栓；15—柱顶

3.3　砌　筑　材　料

3.3.1　砌块材料

1. 砖

砌筑用砖分为实心砖和空心砖两种。普通砖的规格为 240 mm×115 mm×53 mm。根据使用材料和制作方法的不同，砖又分为烧结普通砖、烧结多孔砖、烧结空心砖、蒸压灰砂空心砖、蒸压粉煤灰砖等。

（1）烧结普通砖

烧结普通砖为实心砖，是以黏土、页岩、煤矸石或粉煤灰为主要原

砌筑用砖图

料,经压制、焙烧而成。其按原料不同,可分为烧结黏土砖、烧结页岩砖、烧结煤矸石砖和烧结粉煤灰砖。

烧结普通砖的外形为直角六面体,其公称尺寸:长度为 240 mm、宽度为 115 mm,高度为 53 mm。根据抗压强度分为 MU30、MU25、MU20、MU15、MU10 五个强度等级。

(2)烧结多孔砖

烧结多孔砖使用的原料和生产工艺与烧结普通砖基本相同,其孔洞率不小于 25%。砖的外形为直角六面体,其长度、宽度及高度尺寸(mm)一般应符合 290、240、190、180、140、115、90 的要求,其他规格尺寸由供需双方协商确定。

根据抗压强度分为 MU30、MU25、MU20、MU15、MU10 五个强度等级。

(3)烧结空心砖

烧结空心砖的烧制、外形、尺寸要求与烧结多孔砖一致,在与砂浆的接合面上应设有增加结合力的深度 1 mm 以上的凹线槽。其长度尺寸(mm)一般应符合 390、290、240、190、180(175)、140 的要求,其宽度尺寸(mm)一般应符合 190、180(175)、140、115 的要求,其高度尺寸(mm)一般应符合 180(175)、140、115、90 的要求。

根据抗压强度分为 MU10、MU7.5、MU5 三个强度等级。

(4)蒸压灰砂空心砖

蒸压灰砂空心砖是以石英砂和石灰为主要原料压制成型,经压力釜蒸汽养护而制成的孔洞率大于 15% 的空心砖。其外形规格与烧结普通砖一致,根据抗压强度分为 MU25、MU20、MU15、MU10、MU7.5 五个强度等级。

(5)蒸压粉煤灰砖

蒸压粉煤灰砖是以粉煤灰为主要原料,掺配适量的石灰、石膏或其他碱性激发剂,再加入一定数量的炉渣作为骨料蒸压制成的砖。其外形规格与烧结普通砖一致,根据抗压强度、抗折强度分为 MU20、MU15、MU10、MU7.5 四个强度等级。

2. 石料

砌筑用石料有毛石和料石两类。所选石材应质地坚实,无风化剥落和裂纹。用于清水墙、柱表面的石材,应色泽均匀。石材表面的泥垢、水锈等杂质,砌筑前应清除干净,以利于砂浆和块石黏结。毛石分为乱毛石和平毛石。乱毛石是指形状不规则的石块;平毛石是指形状不规则,但有两个平面大致平行的石块。毛石应呈块状,其中部厚度不宜小于 150 mm。料石按其加工面的平整程度分为细料石、粗料石和毛料石三种。料石的宽度、厚度均不宜小于 200 mm,长度不宜大于厚度的 4 倍。根据抗压强度分为 MU100、MU80、MU60、MU50、MU40、MU30、MU20、MU15、MU10 九个强度等级。

3. 砌块

砌块一般是以混凝土或工业废料为原料制成的实心或空心的块材。

砌块图

它具有自重轻、机械化和工业化程度高、施工速度快、生产工艺和施工方法简单且可大量利用工业废料等优点,因此,用砌块代替普通黏土砖是墙体改革的重要途径。

砌块按形状分为实心砌块和空心砌块两种;按制作原料分为粉煤灰、加气混凝土、混凝土、硅酸盐、石膏砌块等数种;按规格来分有小型砌块、中型砌块和大型砌块。砌块高度为 115~380 mm 的称小型砌块,高度为 380~980 mm 的称中型砌块,高度大于980 mm 的称大型砌块。常用的有普通混凝土小型空心砌块、轻集料混凝土小型空心砌块、蒸压加气混凝土砌块、粉煤灰砌块。

(1) 普通混凝土小型空心砌块

普通混凝土小型空心砌块以水泥、砂、碎石或卵石加水预制而成。其主规格尺寸为 390 mm×190 mm×190 mm,有两个方形孔,空心率不小于 25%。

根据抗压强度分为 MU20、MU15、MU10、MU7.5、MU5、MU3.5 六个强度等级。

(2) 轻集料混凝土小型空心砌块

轻集料混凝土小型空心砌块以水泥、砂、轻集料加水预制而成。其主规格尺寸为390 mm×190 mm×190 mm。按其孔的排数分为单排孔、双排孔、三排孔和四排孔四类。

根据抗压强度分为 MU10、MU7.5、MU5、MU3.5、MU2.5、MU1.5 六个强度等级。

(3) 蒸压加气混凝土砌块

蒸压加气混凝土砌块是以水泥、矿渣、砂、石灰等为主要原料,加入发气剂,经搅拌成型、蒸压养护而成的实心砌块。其主规格尺寸为 600 mm×250 mm×250 mm。

根据抗压强度分为 A10、A7.5、A5、A3.5、A2.5、A2、A1 七个强度等级。

(4) 粉煤灰砌块

粉煤灰砌块是以粉煤灰、石灰、石膏和轻集料为原料,加水搅拌,振动成型,蒸汽养护而成的密实砌块。其主规格尺寸为 880 mm×380 mm×240 mm,880 mm×430 mm×240 mm。砌块端面应加灌浆槽,坐浆面宜设抗剪槽。

根据抗压强度分为 MU13、MU10 两个强度等级。

3.3.2 砌筑砂浆

1. 砂浆的组成及要求

砂浆是由胶结材料、细骨料及水组成的混合物。按照胶结材料的不同,砂浆可分为水泥砂浆(水泥、砂、水)、混合砂浆(水泥、砂、石灰膏、水)、石灰砂浆(石灰膏、砂、水)、石灰黏土砂浆(石灰膏、黏土、砂、水)、黏土砂浆(黏土、水)。石灰砂浆、石灰黏土砂浆、黏土砂浆的强度

砂浆的
组成图

较低,只用于临时设施的砌筑。建筑工程常用的砌筑砂浆为水泥砂浆和混合砂浆,其强度等级宜为 M20、M15、M10、M7.5、M5、M2.5。一般水泥砂浆用于潮湿环境和强度要求较高的砌体,石灰砂浆主要用于砌筑干燥环境以及强度要求不高的砌体,混合砂浆主要用于地面以上强度要求较高的砌体。

砌筑砂浆使用的水泥品种及强度等级,应根据砌体部位和所处环境来选择。水泥在进场使用前,应分批对其强度、安定性进行复验(检验批应以同一生产厂家、同一编号为一批)。

水泥贮存时应保持干燥。当在使用中对水泥质量有怀疑或水泥出厂超过三个月(快硬硅酸盐水泥超过一个月)时,应复查试验,并按其结果使用。不同品种的水泥,不得混合使用。

生石灰熟化成石灰膏时,应用孔径不大于 3 mm×3 mm 的网过滤,熟化时间不得少于 7 d;磨细生石灰粉的熟化时间不得小于 2 d。沉淀池中储存的石灰膏,应采取防止干燥、冻结和污染的措施,脱水硬化后的石灰膏严禁使用。

细骨料宜采用中砂并过筛,不得含有害杂物,其含泥量应满足下列要求:对水泥砂浆和强度等级不小于 M5 的水泥混合砂浆,不应超过 5%;对强度等级小于 M5 的水泥混合砂浆,不应超过 10%。

凡在砂浆中掺入有机塑化剂、早强剂、缓凝剂、防冻剂等,应经试验和试配符合要求后方可使用。拌制砂浆用水,其水质应符合国家现行标准。

2. 砂浆的制备与使用

砌筑砂浆应通过试配确定配合比,各组分材料应采用重量计量。

砌筑砂浆应采用砂浆搅拌机进行拌制。自投料完算起,搅拌时间应符合下列规定:水泥砂浆和混合砂浆不得少于 2 min;掺用外加剂的砂浆不得少于 3 min;掺用有机塑化剂的砂浆,应为 3～5 min。

为便于操作,砌筑砂浆应有较好的和易性,即良好的流动性(稠度)和保水性。和易性好的砂浆能保证砌体灰缝饱满、均匀、密实,并能提高砌体强度。砌筑砂浆的稠度见表3-3。

表 3-3　　　　　　　　　　　　　砌筑砂浆的稠度

砌体种类	砂浆稠度/mm	砌体种类	砂浆稠度/mm
烧结普通砖砌体	70～90	普通混凝土小型空心砌块砌体	50～70
轻集料混凝土小型空心砌块砌体	60～90	加气混凝土小型空心砌块砌体	50～70
烧结多孔砖、空心砖砌体	60～80	石砌体	30～50

掺用外加剂时,应先将外加剂按规定浓度溶于水中,在拌和水时投入外加剂溶液,外加剂不得直接投入拌制的砂浆中。

施工中当采用水泥砂浆代替水泥混合砂浆时,应重新确定砂浆强度等级。

砂浆应随拌随用,水泥砂浆和水泥混合砂浆应分别在 3 h 和 4 h 内使用完毕;当施工期间最高气温超过 30 ℃时,应分别在拌成后 2 h 和 3 h 内使用完毕。对掺用缓凝剂的砂浆,其使用时间可根据具体情况延长。

对所用的砂浆应做强度检验。制作试块的砂浆,应在现场取样,每一楼层或 250 m³ 砌体中的各种强度等级的砂浆,每台搅拌机应至少检查一次,每次至少留一组试块(每组 6 块),其标准养护 28 d 的抗压强度应满足设计要求。

3.4 砖砌体施工

3.4.1 砖砌体施工的基本要求

砌体工程所用的材料应有产品合格证书、产品性能检测报告。块材、水泥、钢筋、外加剂等还应有材料的主要性能的进场复验报告。严禁使用国家明令淘汰的材料。

砖砌体的组砌要求:上下错缝,内外搭接,以保证砌体的整体性;同时组砌要有规律,少砍砖,以提高砌筑效率,节约材料。实心砖墙常用的厚度有半砖、一砖、一砖半、两砖等。依其组砌形式不同,最常见的有:一顺一丁、三顺一丁、梅花丁、全丁式等,如图 3-24 所示。

一顺一丁的砌法是一皮全部顺砖与一皮全部丁砖相互交替砌成,上、下皮间的竖缝相互错开 1/4 砖。砌体中无任何通缝,而且丁砖数量较多,能增强横向拉结力。这种组砌方式的砌筑效率高,墙面整体性好,墙面容易控制平直,多用于一砖厚墙体的砌筑。但当砖的规格参差不齐时,砖的竖缝就难以整齐。

三顺一丁的砌法是三皮全部顺砖与一皮全部丁砖间隔砌成。上、下皮顺砖间的竖缝错开 1/2 砖长,上、下皮顺砖与丁砖间竖缝错开 1/4 砖长。这种砌法由于顺砖较多,砌筑效率较高,但三皮顺砖内部纵向有通缝,整体性较差,一般使用较少,宜用于一砖半以上厚度的墙体的砌筑或挡土墙的砌筑。

梅花丁又称沙包式、十字式。梅花丁的砌法是每皮中丁砖与顺砖相隔,上皮丁砖中坐于下皮顺砖,上、下皮间相互错开 1/4 砖长。这种砌法内外竖缝每皮都能错开,故整体性好,灰缝整齐,而且墙面比较美观,但砌筑效率较低。砌筑清水墙或当砖的规格不一致时,采用这种砌法较好。

全丁砌筑法就是全部用丁砖砌筑,上、下皮竖缝相互错开 1/4 砖长。此法仅用于圆弧形砌体,如水池、烟囱、水塔等。

为了使砖墙的转角处各皮间竖缝相互错开,必须在外角处砌七分头砖(3/4 砖长)。当采用一顺一丁组砌时,七分头的顺面方向依次砌顺砖,丁面方向依次砌丁砖,如图 3-25(a)所示。

砖墙的丁字交接处,应分皮相互砌通,内角相交处竖缝应错开 1/4 砖长,并在横墙端头处加砌七分头砖,如图 3-25(b)所示。

砖墙的十字交接处,应分皮相互砌通,交角处的竖缝应错开 1/4 砖长,如图 3-25(c)所示。

常温下砌砖,普通砖、空心砖的含水率宜为 10%～15%,一般应提前 1 d 浇水润湿,避免砖吸收砂浆中过多的水分而影响黏结力,并可除去砖面上的粉末。但浇水过多会造成砌体走样或滑动。灰砂砖、粉煤灰砖适量浇水,其含水率控制在 5%～8%为宜。

(a)

(b)

(c)

图 3-24 砖墙的组砌形式
(a) 一顺一丁;(b) 三顺一丁;(c) 梅花丁

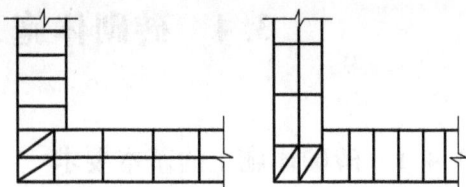

第一皮   第二皮

(a)

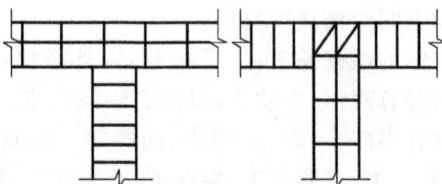

第一皮   第二皮

(b)

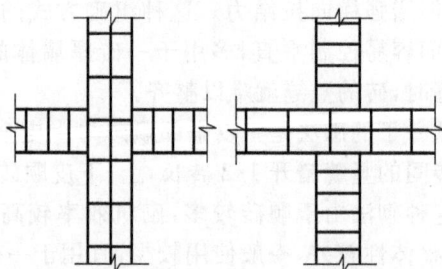

第一皮   第二皮

(c)

图 3-25 砖墙交接处组砌
(a) 一砖墙转角处(一顺一丁);
(b) 一砖墙丁字交接处(一顺一丁);
(c) 一砖墙十字交接处(一顺一丁)

在墙上留置临时施工洞口,其侧边离交接处墙面不应小于 500 mm,洞口净宽度不应超过 1 m。临时施工洞口应做好补砌。

不得在下列墙体或部位设置脚手眼:半砖厚墙,过梁上与过梁成 60°角的三角形范围及过梁净跨度 1/2 的高度范围内,宽度小于 1 m 的窗间墙,墙体门窗洞口两侧 200 mm 和转角处 450 mm 范围内,梁或梁垫下及其左、右 500 mm 范围内。施工脚手眼补砌时,灰缝应填满砂浆,不得用干砖填塞。

设计要求的洞口、管道、沟槽应于砌筑时正确留出或预埋,未经设计同意,不得打凿墙体和在墙体上开凿水平沟槽。宽度超过 300 mm 的洞口,上部应设置过梁。

砖墙每日砌筑高度不得超过 1.8 m。砖墙分段砌筑时,分段位置宜设在变形缝、构造柱或门窗洞口处;相邻工作段的砌筑高度不得超过一个楼层高度,也不宜大于 4 m。尚未施工的楼板或屋面的墙和柱,当可能遇到大风时,其允许自由高度不得超过表 3-4 的规定。如超过表 3-4 中的限值,必须采用临时支撑等有效措施。

表 3-4　　　　　　　　　　墙和柱的允许自由高度　　　　　　　　　　（单位:m）

墙（柱）厚/mm	砌体密度大于 1600 kg/m³			砌体密度为 1300～1600 kg/m³		
	风载/(kN/m²)			风载/(kN/m²)		
	0.3（约7级风）	0.4（约8级风）	0.5（约9级风）	0.3（约7级风）	0.4（约8级风）	0.5（约9级风）
190				1.4	1.1	0.7
240	2.8	2.1	1.4	2.2	1.7	1.1
370	5.2	3.9	2.6	4.2	3.2	2.1
490	8.6	6.5	4.3	7.0	5.2	3.5
620	14.0	10.5	7.0	11.4	8.6	5.7

注:1. 本表适用于施工处相对标高(H)在 10 m 范围内的情况。如 10 m<H≤15 m,15 m<H≤20 m,表中的允许自由高度应分别乘以系数 0.9、0.8;如 H>20 m,应通过抗倾覆验算确定其允许自由高度。

　　2. 当所砌筑的墙有横墙或其他结构与其连接,而且间距小于表列限值的 2 倍时,砌筑高度可不受本表的限制。

3.4.2　施工前的准备

1. 砖的准备

砖要按规定的数量、品种、强度等级及时组织进场,按砖的强度等级、外观、几何尺寸进行验收,并应检查出厂合格证。常温施工时,黏土砖应在砌筑前 1～2 d 浇水润湿,以浸入砖内深度 15～20 mm 为宜。

2. 砂浆准备

主要是做好配制砂浆所用原材料的准备。若采用混合砂浆,则应提前两周将石灰膏淋制好,待使用时再进行拌制。

3. 其他准备

① 检查校核轴线和标高。在允许偏差范围内,砌体的轴线和标高的偏差可在基础顶面或楼板面上予以校正。

② 砌筑前,组织机械进场和进行安装。

③ 准备好脚手架,搭好搅拌棚,安设搅拌机,接水,接电,试车。

④ 制备并安设好皮数杆。

3.4.3　砖砌体的施工工艺

砖砌体的施工工艺为:抄平、放线、摆砖、立皮数杆、盘角及挂线、砌筑、勾缝与清理、楼层轴线的引测、各层标高的控制。

1. 抄平放线(也称抄平弹线)

(1)抄平

砌墙前应在基础防潮层或楼层上定出各层标高,并用水泥砂浆或 C10 细石混凝土找平,使各段墙底标高符合设计要求。

(2)放线

根据龙门板或轴线控制桩上的标志轴线,利用经纬仪和墨线弹出基础或墙体的轴线、边线及门窗洞口位置线。二层以上墙体轴线可以用经纬仪或垂球将轴线引测上去。

基础放线是保证墙体平面位置的关键工序,是体现定位测量精度的主要环节,稍有疏忽就会造成错位。因此,在放线过程中要充分重视以下环节。

① 龙门板在挖槽的过程中易被碰动,因此,在投线前要对控制桩、龙门板进行复查,避免问题的发生。

② 对于偏中基础,要注意偏中的方向。

③ 附墙垛、烟囱、温度缝、洞口等特殊部位要标清楚,防止遗忘。

2. 摆砖

摆砖也称摆底,是在弹好线的基础顶面上按选定的组砌方式先用砖试摆,目的是核对所弹出的墨线在门窗洞口、墙垛等处是否符合砖模数,以便借助灰缝调整,使砖的排列和砖缝宽度均匀合理。摆砖时,山墙摆丁砖,檐墙摆顺砖,即"山丁檐跑"。

3. 立皮数杆

皮数杆一般是用 50 mm×70 mm 的方木做成,上面划有砖的皮数,灰缝厚度,门窗、楼板、圈梁、过梁、屋架等构件的位置及建筑物各种预留洞口和加筋的高度,作为墙体砌筑时竖向尺寸的控制标志。

划皮数杆时应从 ±0.000 开始。从 ±0.000 向下到基础垫层以上为基础部分皮数杆,±0.000 以上为墙身皮数杆。楼房如每层高度相同时划到二层楼地面标高为止,平房划到前后檐口为止。划完后在杆上以每五皮砖为级数,标上砖的皮数,如 5、10、15…,并标明各种构件和洞口的标高位置及其大致图例,如图 3-26 所示。

皮数杆一般设置在墙的转角、内外墙交接处、楼梯间及墙面变化较多的部位;如墙面过长时,应每隔 10～15 m 立一根。立皮数杆时可用水准仪测定标高,使各皮数杆立在同一标高上。在砌筑前,应检查皮数杆上 ±0.000 与抄平桩上的 ±0.000 是否符合,所立部位、数量是否符合,检查合格后方可施工。

4. 盘角及挂线

墙体砌砖时,应根据皮数杆先在转角及交接处砌 3～5 皮砖,并保证其垂直平整,称为盘角。然后再在其间拉准

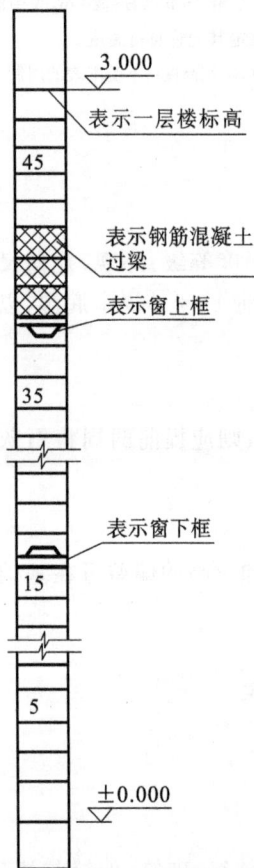

3.000 表示一层楼标高

45

表示钢筋混凝土过梁

表示窗上框

35

表示窗下框

15

5

±0.000

图 3-26　皮数杆

线,依准线逐皮砌筑中间部分。盘角主要是根据皮数杆控制标高,依靠线锤、托线板等使之垂直。中间部分墙身主要依靠准线使灰缝平直,一般"三七"墙以内应单面挂线,"三七"墙以上应双面挂线。

5. 砌筑、勾缝

(1) 砌筑

砖的砌筑宜采用"三一"砌法。"三一"砌法,又叫大铲砌筑法,即一铲灰、一块砖、一挤揉,并随手将挤出的砂浆刮平。这种砌法灰缝容易饱满,黏结力强,能保证砌筑质量。

除"三一"砌法外也可采用铺浆法等。当采用铺浆法砌筑时,铺浆长度不宜超过750 mm;施工期间气温超过 30℃,铺浆长度不宜超过 500 mm。

(2) 勾缝

勾缝是砌清水墙的最后一道工序,可以用砂浆随砌随勾缝,叫作原浆勾缝;也可砌完墙后再用1∶1.5 水泥砂浆或加色砂浆勾缝,称为加浆勾缝。勾缝具有保护墙面和使墙面美观的作用,为了确保勾缝质量,勾缝前应清除墙面黏结的砂浆和杂物,并洒水湿润;在砌完墙后,应划出 10 mm 深的灰槽,灰缝可勾成凹、平、斜或凸形状。勾缝完毕还应清扫墙面。

6. 楼层轴线的引测

为了保证各层墙身轴线的重合和施工方便,在弹墙身线时,应根据龙门板上标注的轴线位置将轴线引测到房屋的外墙基上。二层以上各层墙的轴线,可用经纬仪或垂球引测到楼层上去,同时还需根据图上轴线尺寸用钢尺进行校核。

(1) 首层墙体轴线引测方法

基础砌完后,根据控制桩将主墙体的轴线利用经纬仪引到基础墙身上,如图 3-27 所示,并用墨线弹出墙体轴线,标出轴线号或"中"字形式,即确定了上部砖墙的轴线位置。同时,用水准仪在基础露出自然地坪的墙身上,抄出−0.100 m 或−0.150 m 标高线,并在墙的四周都弹出墨线来,作为以后砌上部墙体时控制标高的依据。

(2) 二层以上墙体轴线引测方法

首层楼板安装完毕、抄平之后,即可进行二层的放线工作。

① 先在各横墙的轴线中,选取在长墙中间部位的某道轴线,如图 3-28 所示,取④轴线作为横墙中的主轴线。根据基础墙①轴线,向④轴线量出尺寸,量准确后在④轴立墙上标出轴线位置。以后每层均以此④轴立线为放线的主轴线。

同样,在山墙上选取纵墙中一条在山墙中部的轴线,如图 3-28 中的ⓒ轴,在ⓒ轴墙根部标出立线,作为以上各层放纵墙线的主轴线。

② 两条轴线选定之后,将经纬仪支架在选定的墙体轴线前,一般离所测高度 10 m 左右,用望远镜照准该轴线,在楼层操作人员的配合下,在楼板边棱上确定该墙体轴线的位置,并做好标记,如图 3-29 所示。依次可在楼层板确定④轴及ⓒ轴的端点位置,确定互相垂直的一对主轴线。

③ 在楼层上定出了互相垂直的一对主轴线之后,其他各道墙的轴线就可以根据图纸的尺寸,以主轴线为基准线,利用钢尺及小线在楼层上进行放线。

如果没有经纬仪,可采用垂球法,如图 3-30 所示。

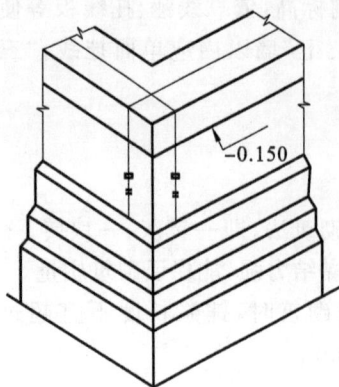

图 3-27　首层墙体轴线

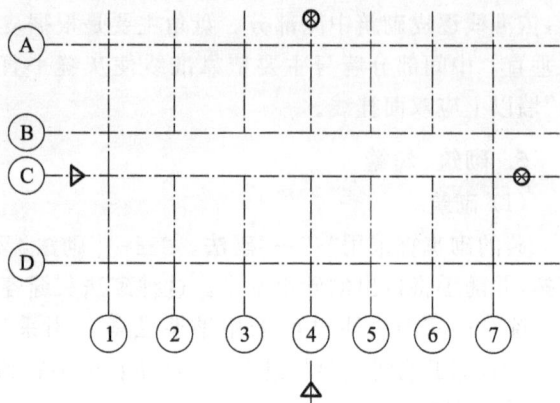

图 3-28　二层以上墙体轴线引测

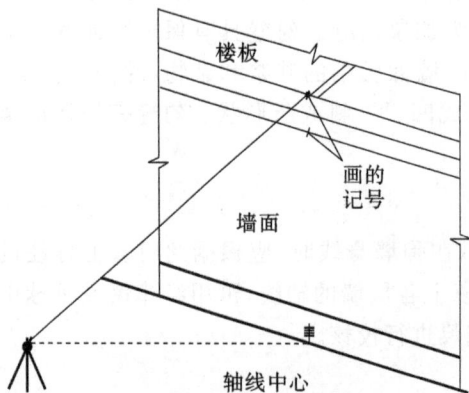

图 3-29　经纬仪测墙体轴线

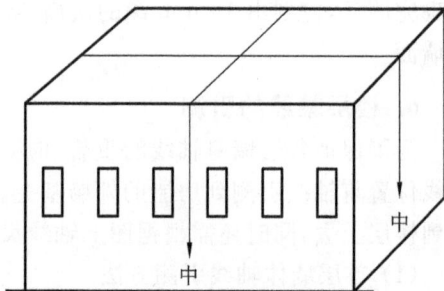

图 3-30　楼层轴线引测(垂球法)

7. 各层标高的控制

　　基础砌完之后,除要把主墙体的轴线由龙门桩或龙门板上引到基础墙上外,还要在基础墙上抄出一条−0.100 m 或−0.150 m 标高的水平线。楼层各层标高除立皮数杆控制外,亦可用在室内弹出的水平线控制。

　　当砖墙砌起一步架高后,应随即用水准仪在墙内进行抄平,并弹出离室内地面高500 mm 的线,在首层即为 0.5 m 标高线(现场叫 50 线),在以上各层即为该层标高加0.5 m 的标高线。这道水平线是用来控制层高及放置门、窗过梁高度的依据,也是室内装饰施工时做地面标高,墙裙、踢脚线、窗台及其他有关装饰标高的依据。

　　当二层墙砌到一步架高后,随即用钢尺在楼梯间处把底层的 0.5 m 标高线引到上层,就得到二层 0.5 m 标高线。如层高为 3.3 m,那么从底层 0.5 m 标高线往上量3.3 m画一铅笔痕,随后用水准仪及标尺从这点抄平,把楼层的全部 0.5 m 标高线弹出。

3.4.4　砖砌体的质量要求

1. 基本要求

　　砖砌体的质量应符合《砌体结构工程施工质量验收规范》(GB 50203—2011)的要求,

做到横平竖直、砂浆饱满、上下错缝、内外搭接、接槎牢固。

(1) 横平竖直

① 横平,即要求每一皮砖必须在同一水平面上,每块砖必须摆平。为此,首先应将基础或楼面抄平,砌筑时严格按皮数杆层层挂准线,每块砖按准线砌平。

② 竖直,即要求砌体表面轮廓垂直平整,且竖向灰缝垂直对齐。在砌筑过程中要随时用线锤和托线板进行检查,做到"三皮一吊、五皮一靠",以保证砌筑质量。

(2) 砂浆饱满

砂浆饱满度对砌体强度影响较大。水平灰缝和竖缝的厚度一般规定为(10 ± 2) mm,要求水平灰缝的砂浆饱满度不得小于 80%,竖向灰缝宜采用挤浆或加浆方法使其砂浆饱满。

(3) 上下错缝、内外搭接

为保证砌体的强度和稳定性,砌体应按一定的组砌形式进行砌筑,错缝及搭接长度一般不小于 60 mm,并避免墙面和内缝中出现连续的竖向通缝。

(4) 接槎牢固

砖墙的转角处和交接处一般应同时砌筑,以保证墙体的整体性和砌体结构的抗震性能。如不能同时砌筑,应按规定留槎并做好接槎处理,通常应将留置的临时间断做成斜槎。实心墙的斜槎长度不应小于墙高度的 2/3,接槎时必须将接槎处的表面清理干净,浇水湿润,填实砂浆并保持灰缝垂直;如临时间断处留斜槎确有困难,非抗震设防及抗震设防烈度为 6 度、7 度地区,除转角处外也可留直槎,但必须做成凸槎,并加设拉结筋。拉结筋的数量为每 120 mm 墙厚放置一根 $\phi6$ 的钢筋,间距沿墙高不得超过 500 mm,埋入长度从墙的留槎处算起,每边均不得小于 500 mm(对抗震设防烈度为 6 度、7 度地区,不得小于 1000 mm),末端应有 90°弯钩,如图 3-31 所示。

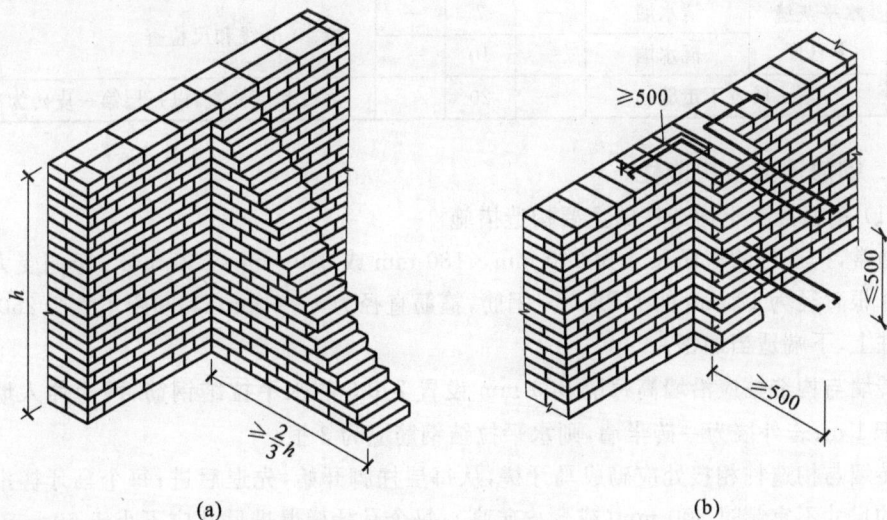

图 3-31 留槎

(a) 斜槎;(b) 直槎

2. 砖砌体的有关规定

① 砂浆的配合比应采用重量比,石灰膏或其他塑化剂的掺量应适量,微沫剂的掺量

(按 100％纯度计)应通过试验确定。

② 限定砂浆的使用时间。水泥砂浆在 3 h 内用完,混合砂浆在 4 h 内用完。如气温超过 30 ℃,使用时间均应减少 1 h。

③ 普通黏土砖在砌筑前应浇水润湿,含水率宜为 10％～15％,灰砂砖和粉煤灰砖可不必润砖。

④ 砖砌体的尺寸和位置允许偏差应符合表 3-5 的规定。

表 3-5　　　　　　　　　　　　　　**砖砌体的尺寸和位置允许偏差**

项次	项目			允许偏差/mm			检验方法
				基础	墙	柱	
1	轴线位置偏移			10	10	10	用经纬仪和尺检查或用其他测量仪器检查
2	基础顶面和楼面标高			±15	±15	±15	用水平仪和尺检查
3	垂直度	每层		—	5	5	用 2 m 托线板检查
		全高	≤10 m	—	10	10	用经纬仪、吊线和尺检查,或用其他测量仪器检查
			>10 m	—	20	20	
4	表面平整度	清水墙、柱		—	5	5	用 2 m 靠尺和楔形塞尺检查
		混水墙、柱		—	8	8	
5	门窗洞口高、宽(后塞口)			—	±5	—	用尺检查
6	水平灰缝厚度(10 皮砖累计)			—	±8	—	与皮数杆比较,用尺检查
7	外墙上下窗口偏移			—	20	—	以底层窗口为准,用经纬仪或吊线检查
8	水平灰缝平直度	清水墙		—	7	—	拉 10 m 线和尺检查
		混水墙		—	10	—	
9	清水墙游丁走缝			—	20	—	吊线和尺检查,以每层第一皮砖为准

3. 钢筋混凝土构造柱

(1) 钢筋混凝土构造柱的主要构造措施

通常,构造柱的截面尺寸为 240 mm×180 mm 或 240 mm×240 mm。竖向受力钢筋采用 4 根直径为 12 mm 的 HPB 300 钢筋,箍筋直径为 4～6 mm,其间距不大于 250 mm,且在柱上、下端适当加密。

砖墙与构造柱应沿墙高每隔 500 mm 设置 2Φ6 的水平拉结钢筋,两边伸入墙内不宜小于 1 m;若外墙为一砖半墙,则水平拉结钢筋应为 3 根。

砖墙与构造柱相接处应砌成马牙槎,从每层柱脚开始,先退后进;每个马牙槎沿高度方向的尺寸不宜超过 300 mm(或 5 皮砖高);每个马牙槎退进尺寸应不小于 60 mm。

构造柱必须与圈梁连接。其根部可与基础圈梁连接,无基础圈梁时,可增设厚度不小于 120 mm 的混凝土底脚,深度从室外地坪以下不应小于 500 mm。

(2) 钢筋混凝土构造柱的施工要点

① 构造柱的施工顺序为:绑扎钢筋→砌砖墙→支模板→浇筑混凝土。必须在该层构

造柱混凝土浇筑完毕后,才能进行上一层的施工。

②　构造柱的竖向受力钢筋伸入基础圈梁或混凝土底脚内的锚固长度,以及绑扎搭接长度,均不应小于 35 倍钢筋直径。接头区段内的箍筋间距不应大于 200 mm。钢筋混凝土保护层厚度一般为 20 mm。

③　砌砖墙时,当马牙槎齿深为 120 mm 时,其上口可采用第一皮先进 60 mm,往上再进 120 mm 的方法,以保证浇筑混凝土时上角密实。

④　构造柱的模板,必须与所在砖墙面严密贴紧,以防漏浆。

⑤　浇筑构造柱的混凝土坍落度一般为 50～70 mm。振捣宜采用插入式振动器分层捣实,应避免振捣棒直接触碰钢筋和砖墙;严禁通过砖墙传振,以免砖墙变形和灰缝开裂。

3.5　砌块砌体施工

用砌块代替普通黏土砖作为墙体材料是墙体改革的重要途径。目前工程中多采用中小型砌块。中型砌块施工,是采用各种吊装机械及夹具将砌块安装在设计位置,一般要按建筑物的平面尺寸及预先设计的砌块排列图逐块按次序吊装、就位、固定。小型砌块施工,与传统的砖砌体砌筑工艺相似,也是手工砌筑,但在形状、构造上有一定的差异。

3.5.1　砌块安装前的准备工作

1. 编制砌块排列图

砌块砌筑前,应根据施工图纸的平面、立面尺寸,并结合砌块的规格,先绘制砌块排列图,如图 3-32 所示。绘制砌块排列图时在立面图上按比例绘出纵横墙,标出楼板、大梁、过梁、楼梯、孔洞等位置,在纵横墙上绘出水平灰缝线,然后以主规格为主、其他型号为辅,按墙体错缝搭砌的原则和竖缝大小进行排列。在墙体上大量使用的主要规格砌

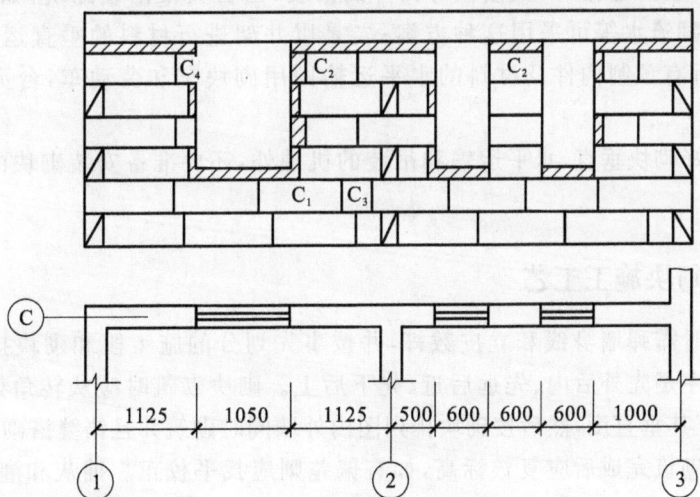

图 3-32　砌块排列图

109

块,称为主规格砌块;与它相搭配使用的砌块,称为副规格砌块。小型砌块施工时,也可不绘制砌块排列图,但必须根据砌块尺寸和灰缝厚度计算皮数和排数,以保证砌体尺寸符合设计要求。

若设计无具体规定,砌块应按下列原则排列。

① 尽量多用主规格砌块或整块砌块,减少非主规格砌块数量。

② 砌块砌体应分皮错缝砌筑,上下皮搭砌长度不应小于 90 mm。当搭砌长度不满足上述要求时,应在水平灰缝内设置不少于 2 根直径、不小于 4 mm 的焊接钢筋网片(横向钢筋的间距不应大于 200 mm,网片每端应伸出该垂直缝的长度不小于 300 mm)。

③ 外墙转角处及纵横交接处,应用砌块相互搭接,如不能相互搭接,则每两皮应设置一道拉结钢筋网片。

④ 水平灰缝一般为 10～20 mm,有配筋的水平灰缝为 20～25 mm。竖缝宽度为 15～20 mm,当竖缝宽度大于 40 mm 时,应用与砌块同强度的细石混凝土填实;当竖缝宽度大于 100 mm 时,应用黏土砖镶砌。

⑤ 当楼层高度不是砌块(包括水平灰缝)的整数倍时,应用黏土砖镶砌。

⑥ 对于空心砌块,上下皮砌块的壁、肋、孔均应垂直对齐,以提高砌体的承载能力。

2. 砌块的堆放

砌块的堆放位置应在施工总平面图上周密安排,应尽量减少二次搬运,使场内运输路线最短,以便于砌筑时起吊。堆放场地应平整夯实,使砌块堆放平稳,并做好排水工作;砌块不宜直接堆放在地面上,应堆在草袋、煤渣垫层或其他垫层上,以免砌块底面玷污。砌块的规格、数量必须配套,不同类型分别堆放。

3. 砌块的吊装方案

砌块墙的施工特点是砌块数量多,吊次也相应较多,但砌块的重量不是很大。砌块安装方案与所选用的机械设备有关,通常采用的吊装方案有两种:一是以塔式起重机进行砌块、砂浆的运输,以及楼板等构件的吊装,由台灵架吊装砌块,如工程量大,组织两栋房屋对翻流水等可采用这种方案;二是以井架进行材料的垂直运输,杠杆车进行楼板吊装,所有预制构件及材料的水平运输则用砌块车和劳动车,台灵架负责砌块的吊装。

除应准备好砌块垂直、水平运输和吊装的机械外,还要准备安装砌块的专用夹具和有关工具。

3.5.2 砌块施工工艺

砌块施工时需弹墙身线和立皮数杆,并按事先划分的施工段和砌块排列图逐皮安装。其安装顺序是先外后内、先远后近、先下后上。砌块砌筑时应从转角处或定位砌块处开始,并校正其垂直度,然后按砌块排列图内外墙同时砌筑并且错缝搭砌。

每个楼层砌筑完成后应复核标高,如有偏差则应找平校正。铺灰和灌浆完成后,吊装上一皮砌块时,不允许碰撞或撬动已安装好的砌块。如相邻砌体不能同时砌筑,应留阶梯形斜槎,不允许留直槎。

砌块施工的主要工序:铺灰、砌块安装就位、校正、灌缝和镶砖等。

① 铺灰。采用稠度良好(50~70 mm)的水泥砂浆,铺 3~5 m 长的水平缝。夏季及寒冷季节应适当缩短,铺灰应均匀平整。

② 砌块安装就位。采用摩擦式夹具,按砌块排列图将所需砌块吊装就位。砌块就位应对准位置徐徐下落,使夹具中心尽可能与墙中心线在同一垂直面上,砌块光面在同一侧,垂直落于砂浆层上,待砌块安放稳妥后,才可松开夹具。

③ 校正。用线锤和托线板检查垂直度,用拉准线的方法检查水平度,用撬棍、楔块调整偏差。

④ 灌缝。采用砂浆灌竖缝,两侧用夹板夹住砌块,超过 30 mm 宽的竖缝采用不低于C20 的细石混凝土灌缝,收水后进行嵌缝,即原浆勾缝。之后,一般不应再撬动砌块,以防破坏砂浆的黏结力。

⑤ 镶砖。当砌块间出现较大竖缝或过梁找平时,应镶砖。采用 MU10 级以上的红砖,最后一皮丁砖镶砌。镶砖工作必须在砌砖校正后即刻进行,镶砖时应注意使砖的竖缝灌密实。

3.5.3　混凝土小砌块砌体施工

混凝土小砌块包括普通混凝土小型空心砌块和轻骨料混凝土小型空心砌块。

施工时所用的小砌块的产品龄期不应小于 28 d。普通混凝土小砌块饱和吸水率低、吸水速度迟缓,一般可不浇水,天气炎热时,可适当洒水湿润。

轻骨料混凝土小砌块的吸水率较大,宜提前浇水湿润。底层室内地面以下或防潮层以下的砌体,应采用强度等级不低于 C20 的混凝土灌实小砌块的孔洞。

小砌块墙体应对孔错缝搭砌,搭接长度不应小于 90 mm。墙体的个别部位不能满足上述要求时,应在灰缝中设置拉结钢筋或钢筋网片,但竖向通缝仍不得超过两皮小砌块。

浇灌芯柱的混凝土,宜选用专用的小砌块灌孔混凝土,当采用普通混凝土时,其坍落度不应小于 90 mm。砌筑砂浆强度大于 1 MPa 时,方可浇灌芯柱混凝土。浇灌时清除孔洞内的砂浆等杂物,并用水冲洗;先注入适量与芯柱混凝土相同的去石水泥砂浆,再浇灌混凝土。

小砌块墙体转角处和纵横交接处应同时砌筑。临时间断处应砌成斜槎,斜槎水平投影长度不应小于高度的 2/3。

小砌块砌体的灰缝应横平竖直,水平灰缝厚度和竖向灰缝宽度宜为 10 mm,但不应大于 12 mm,也不应小于 8 mm。砌体水平灰缝的砂浆饱满度,应按净面积计算不得小于90%;竖向灰缝饱满度不得小于 80%,竖缝凹槽部位应用砌筑砂浆填实;不得出现瞎缝、透明缝。

3.5.4　蒸压加气混凝土砌块砌体施工

加气混凝土砌块可砌成单层墙或双层墙。单层墙是将加气混凝土砌块立砌,墙厚为砌块的宽度。双层墙是将加气混凝土砌块立砌两层,中间夹以空气层,两层砌块间每隔 500 mm 墙高在水平灰缝中放置 $\phi4\sim\phi6$ 的钢筋扒钉,扒钉间距为 600 mm,空气层厚度为 70~80 mm。

承重加气混凝土砌块墙的外墙转角处、墙体交接处,均应沿墙高 1 m 左右,在水平灰缝中放置拉结钢筋,拉结钢筋为 $\phi6$,钢筋伸入墙内不少于 1000 mm。

加气混凝土砌块砌筑前,应根据建筑物的平面、立面图绘制砌块排列图。在墙体转角处设置皮数杆,皮数杆上画出砌块皮数及砌块高度,并拉准线砌筑。

加气混凝土砌块墙的上、下皮砌块的竖向灰缝应相互错开,错开长度宜为 300 mm,并且不小于 150 mm。

加气混凝土砌块墙的灰缝应横平竖直,砂浆饱满,水平灰缝砂浆饱满度不应小于 90%,竖向灰缝砂浆饱满度不应小于 80%。水平灰缝厚度宜为 15 mm,竖向灰缝厚度宜为 20 mm。

加气混凝土砌块墙的转角处,应使纵横墙的砌块相互搭砌,隔皮砌块露端面。加气混凝土砌块墙的 T 形交接处,应使横墙砌块隔皮露端面,并坐中于纵墙砌块,砌块的搭砌如图 3-33 所示。

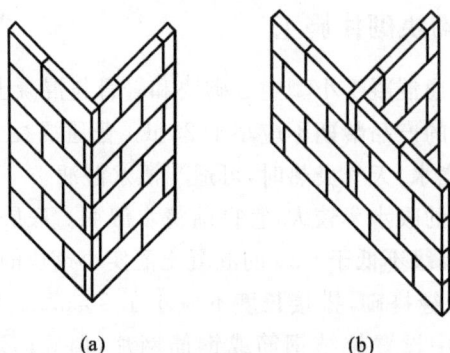

图 3-33　加气混凝土砌块搭砌

(a) 转角处;(b) T 形交接处

3.5.5　粉煤灰砌块砌体施工

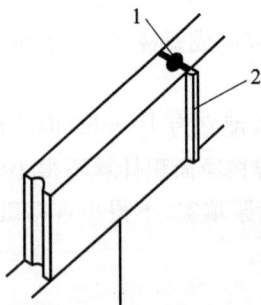

图 3-34　粉煤灰砌块砌筑

1—灌浆;2—泡沫塑料条

粉煤灰砌块墙砌筑前,应按设计图绘制砌块排列图,并在墙体转角处设置皮数杆。粉煤灰砌块的砌筑面应适量浇水。

粉煤灰砌块的砌筑方法可采用"铺灰灌浆法"。先在墙顶上摊铺砂浆,然后将砌块按砌筑位置摆放到砂浆层上,并与前一块砌块靠拢,留出不大于 20 mm 的空隙。待砌完一皮砌块后,在空隙两旁装上夹板或塞上泡沫塑料条,在砌块的灌浆槽内灌砂浆,直至灌满。等到砂浆开始硬化不流淌时,即可卸掉夹板或取出泡沫塑料条。粉煤灰砌块砌筑如图 3-34 所示。

粉煤灰砌块上、下皮的垂直灰缝应相互错开,错开长度应不小于砌块长度的 1/3。其灰缝厚度、砂浆饱满度及转角、交接处的要求同加气混凝土砌块。

粉煤灰砌块墙砌到接近上层楼板底时，因最上一皮不能灌浆，可改用烧结普通砖斜砌挤紧。

砌筑粉煤灰砌块外墙时，不得留脚手眼。每一楼层内的砌块墙应连续砌完，尽量不留接槎。如必须留槎时应留成斜槎，或在门窗洞口侧边间断。

3.5.6　石砌体施工

1. 毛石基础施工

砌筑毛石基础所用毛石应质地坚硬、无裂纹，尺寸为 200～400 mm，强度等级一般为 MU20 以上。所用水泥砂浆为 M2.5～M5 级，稠度为 50～70 mm，灰缝厚度一般为 20～30 mm。不宜采用混合砂浆。

基础砌筑前，应校核毛石基础放线尺寸。

砌筑毛石基础的第一皮石块应坐浆，选较大而平整的石块将大面向下，分皮卧砌，上下错缝，内外搭砌；每皮厚度约 300 mm，搭接不小于 80 mm，不得出现通缝。毛石基础扩大部分，如做成阶梯形，上级阶梯的石块应至少压砌下级阶梯的 1/2，每阶内至少砌两皮，扩大部分每边比墙宽出 100 mm。为增加整体稳定性，应大、中、小毛石搭配使用，并按规定设置拉结石，拉结石长度应超过墙厚的 2/3。毛石砌到室内地坪以下 50 mm，应设置防潮层，一般用 1∶2.5 的水泥砂浆加适量防水剂铺设，厚度为 20 mm。毛石基础每日砌筑高度为 1.2 m。

2. 石墙施工

（1）毛石墙施工

首先应在基础顶面根据设计要求抄平放线、立皮杆、拉准线，然后进行墙体施工。砌筑第一层石块时，应大面向下，其余各层应利用自然形状相互搭接紧密，面石应选择至少具有一面平整的毛石砌筑，较大空隙用碎石填塞。墙体砌筑每层高 300～400 mm，中间隔 1 m 左右应砌与墙同宽的拉结石，上、下层间的拉结石位置应错开。施工时，上、下层应相互错缝，内外搭接，不得采用外面侧立石块、中间填心的砌筑方法。每日砌筑高度不应超过 1.2 m，分段砌筑时所留踏步槎高度不超过一个步架。

（2）料石墙施工

料石墙的砌筑应用铺浆法，竖缝中应填满砂浆并插捣至溢出为止。上、下皮应错缝搭接，转角处或交接处应用石块相互搭砌，如确有困难时，应在每楼层范围内至少设置钢筋网或拉结筋两道。

（3）石墙勾缝

石墙的勾缝形式多采用平缝或凸缝。勾缝前先将灰缝刮深 20～30 mm，墙面喷水湿润，并修整。勾缝宜用 1∶1 水泥砂浆，或用青灰和白灰浆掺加麻刀勾缝。勾缝线条必须均匀一致，深浅相同。

3.6 冬期施工和雨期施工

3.6.1 砌筑工程冬期施工

当室外日平均气温连续 5 d 稳定低于 5 ℃时,砌体工程应采取冬期施工措施。日最低温度低于−20 ℃时,砌体工程不宜施工。

1. 一般规定

① 冬期施工所用材料应符合下列规定。

a. 砖或砌块在砌筑前应清除表面污物、冰雪等,不得使用遭水浸和受冻后表面结冰、污染的砖或砌块。

b. 砌筑砂浆宜采用普通硅酸盐水泥配制,不得使用无水泥拌制的砂浆。

c. 现场拌制砂浆所用砂中不得含有直径大于 10 mm 的冻结块或冰块。

d. 石灰膏、电石渣膏等材料应有保温措施,遭冻结时应融化后方可使用。

e. 砂浆拌和水温不宜超过 80 ℃,砂加热温度不宜超过 40 ℃,且水泥不得与 80 ℃以上热水直接接触;砂浆稠度宜较常温适当增大,且不得二次加水调整砂浆和易性。

② 砌筑间歇期间,宜及时在砌体表面进行保护性覆盖。砌体面层不得留有砂浆。继续砌筑前,应将砌体表面清理干净。

③ 砌体工程宜选用外加剂法进行施工,对绝缘、装饰等有特殊要求的工程,应采用其他方法。

④ 施工日记中应记录大气温度、暖棚内温度、砌筑时砂浆温度、外加剂掺量等有关资料。

⑤ 砂浆试块的留置除应按常温规定要求外,尚应增设一组与砌体同条件养护的试块,用于检验转入常温 28 d 的强度。如有特殊需要,可另外增加相应龄期的同条件试块。

2. 外加剂法

采用外加剂法配制砂浆时,可采用氯盐或亚硝酸盐等外加剂。氯盐应以氯化钠为主,当气温低于−15 ℃时,可与氯化钙复合使用。氯盐掺量可按表 3-6 选用。

表 3-6 氯盐掺量

氯盐及砌体材料种类		日最低气温/℃			
		≥−10	−15～−11	−20～−16	−25～−21
单掺氯化钠/%	砖,砌块	3	5	7	—
	石材	4	7	10	—
复掺/%	氯化钠 砖,砌块	—	—	5	7
	氯化钙	—	—	2	3

注:氯盐以无水盐计,掺量为占拌和水质量百分比。

114

砌筑施工时,砂浆温度不应低于 5 ℃。当设计无要求,月最低气温等于或低于 -15 ℃时,砌体砂浆强度等级应较常温施工提高一级。

氯盐砂浆中复掺引气型外加剂时,应在氯盐砂浆搅拌的后期掺入。采用氯盐砂浆时,应对砌体中配置的钢筋及钢预埋件进行防腐处理。砌体采用氯盐砂浆施工,每日砌筑高度不宜超过 1.2 m,墙体留置的洞口距交接墙处不应小于 500 mm。

下列情况不得采用掺氯盐的砂浆砌筑砌体。

① 对装饰工程有特殊要求的建筑物。

② 使用环境湿度大于 80％的建筑物。

③ 配筋、钢埋件无可靠防腐处理措施的砌体。

④ 接近高压电线的建筑物(如变电所、发电站等)。

⑤ 经常处于地下水位变化范围内,以及在地下未设防水层的结构。

3. 暖棚法

暖棚法适用于地下工程、基础工程以及工期紧迫的砌体结构。暖棚法施工时,暖棚内的最低温度不应低于 5 ℃。砌体在暖棚内的养护时间应根据暖棚内的温度确定,并应符合表 3-7 的规定。

表 3-7　　　　　　　　　　　　　暖棚法施工时的砌体养护时间

暖棚内温度/℃	5	10	15	20
养护时间/d	≥6	≥5	≥4	≥3

3.6.2　砌筑工程雨期施工

① 砌筑用砖在雨期必须集中堆放,不宜浇水。砌墙时要求干、湿砖合理搭配,湿度过大的砖不可上墙。雨期施工每日砌筑高度不宜超过 1.2 m。

② 雨期遇大雨必须停工。砌砖收工时应在砖墙顶盖一层干砖,避免大雨冲刷灰浆。大雨过后受雨冲刷过的新砌墙体应翻砌最上面两皮砖。

③ 稳定性较差的窗间墙、独立砖柱,应加设临时支撑或及时浇筑圈梁,以增加其稳定性。

④ 砌体施工时,内、外墙尽量同时砌筑,并注意转角及丁字墙间的连接要同时跟上。遇台风时,应在与风向相反的方向加设临时支撑,以保证墙体的稳定。

⑤ 雨后继续施工,须复核已完工砌体的垂直度和标高。

◯ 单 元 小 结

本单元主要学习了脚手架工程、垂直运输设施、砖砌体施工、石砌体施工、中小型砌块施工。

学习重点:砖砌体对砌筑材料的要求、组砌工艺及质量要求。

➡ 习　题

3-1　脚手架的基本要求有哪些？

3-2　扣件式钢管脚手架由哪些部件组成？安全要求有哪些？

3-3　脚手架有哪些形式？适用于哪些场合？

3-4　附着式塔式起重机如何锚固？

3-5　如何选用塔式起重机？

3-6　砌筑砂浆使用时应注意哪些问题？

3-7　砖砌体如何组织施工？

3-8　砌块安装前的准备工作有哪些？

3-9　简述砌块施工工艺。

单元 4　混凝土结构工程施工

4.1　模板工程施工

5分钟看完本单元

4.1.1　模板构造

模板与其支撑体系组成模板系统。模板系统是一个临时架设的结构体系,其中模板是新浇混凝土成型的模具,它与混凝土直接接触使混凝土构件具有所要求的形状、尺寸和表面质量;支撑体系是指支撑模板,承受模板、构件及施工中各种荷载的作用,并使模板保持所要求的空间位置的临时结构。

模板应保证混凝土结构和构件浇筑后的各部分形状和尺寸以及相互位置的准确性;具有足够的稳定性、刚度及强度;装拆方便,能够多次周转使用,形式要尽量做到标准化、系列化;接缝应不易漏浆,表面要光洁、平整。

1. 模板的分类

① 按模板材料分。模板按材料不同可分为木模板、竹模板、钢模板、混凝土预制模板、塑料模板、橡胶模板等。

② 按模板受力条件分。模板按受力条件可分为承重模板和侧面模板。承重模板主要承受混凝土重量和施工中的垂直荷载,侧面模板主要承受新浇混凝土的侧压力。侧面模板按其支承受力方式又分为简支模板、悬臂模板和半悬臂模板。

③ 按模板使用特点分。模板按其使用特点可分为固定式、拆移式、移动式和滑动式。固定式用于形状特殊的部位，不能重复使用。后三种模板都能重复使用，或连续使用在形状一致的部位，但其使用方式有所不同。拆移式模板需要拆散移动；移动式模板的车架装有行走轮，可沿专用轨道使模板整体移动；滑动式模板是以千斤顶或卷扬机为动力，可在混凝土连续浇筑的过程中使模板面紧贴混凝土面滑动。

组合模板图

2. 定型组合钢模板

定型组合钢模板系列包括钢模板、连接件、支承件三部分。其中，钢模板包括平面钢模板和拐角钢模板；连接件有 U 形卡、L 形插销、钩头螺栓、紧固螺栓、对拉螺栓等；支承件有圆钢管、薄壁矩形钢管、内卷边槽钢、单管伸缩支撑等。

（1）钢模板

钢模板包括平面模板、阳角模板、阴角模板和连接角模，如图 4-1 所示。单块钢模板由面板、边框和加劲肋焊接而成。面板厚度为 2.3 mm 或 2.5 mm，边框和加劲肋上面按一定距离（如 150 mm）钻孔，可利用 U 形卡和 L 形插销等拼装成大块模板。

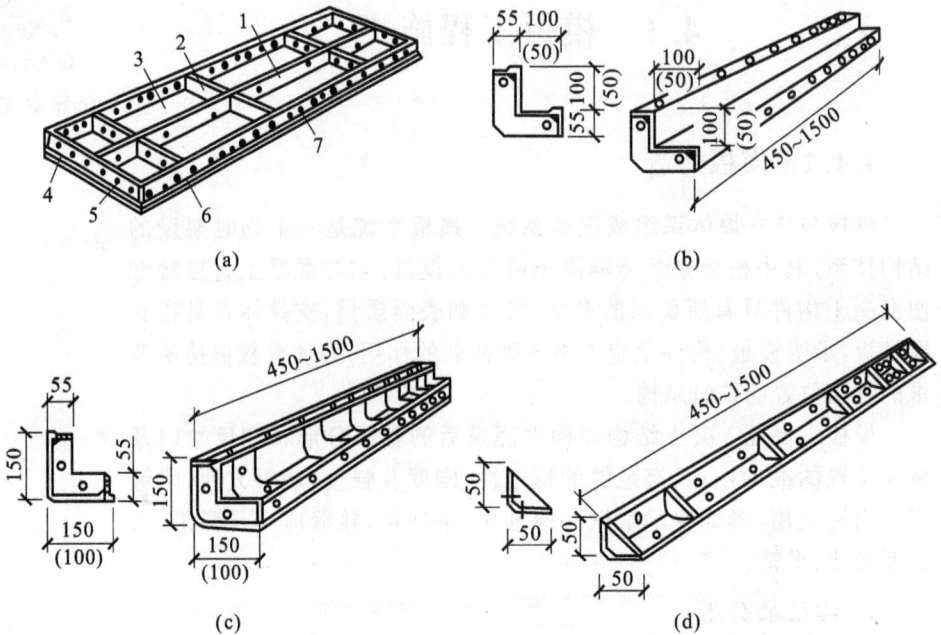

图 4-1　钢模板类型

（a）平面模板；（b）阳角模板；（c）阴角模板；（d）连接角模
1—中纵肋；2—中横肋；3—面板；4—横肋；5—插销孔；6—纵肋；7—U 形卡孔

钢模板的宽度以 50 mm 进级，长度以 150 mm 进级，其规格和型号已做到标准化、系列化。如型号为 P3015 的钢模板，P 表示平面模板，3015 表示宽×长为 300 mm×1500 mm；型号为 Y1015 的钢模板，

Y 表示阳角模板,1015 表示宽×长为 100 mm×1500 mm。如拼装时出现不足模数的空隙时,用镶嵌木条补缺,用钉子或螺栓将木条与板块边框上的孔洞连接。

(2) 连接件

① U 形卡。它用于钢模板之间的连接与锁定,使钢模板拼装密合。U 形卡安装间距一般不大于 300 mm,即每隔一孔卡插一个,安装方向一顺一倒相互交错,如图 4-2(a)所示。

② L 形插销。它插入模板两端边框的插销孔内,用于增强钢模板纵向拼接的刚度和保证接头处板面平整,如图 4-2(b)所示。

③ 钩头螺栓。它用于钢模板与内、外钢楞之间的连接固定,使之成为整体,安装间距一般不大于 600 mm,长度应与采用的钢楞尺寸相适应,如图 4-2(c)所示。

④ 紧固螺栓。它用于紧固钢模板内、外钢楞,增强组合模板的整体刚度,长度与采用的钢楞尺寸相适应,如图 4-2(d)所示。

⑤ 对拉螺栓。它用来保持模板与模板之间的设计厚度并承受混凝土侧压力及水平荷载,使模板不致变形,如图 4-2(e)所示。

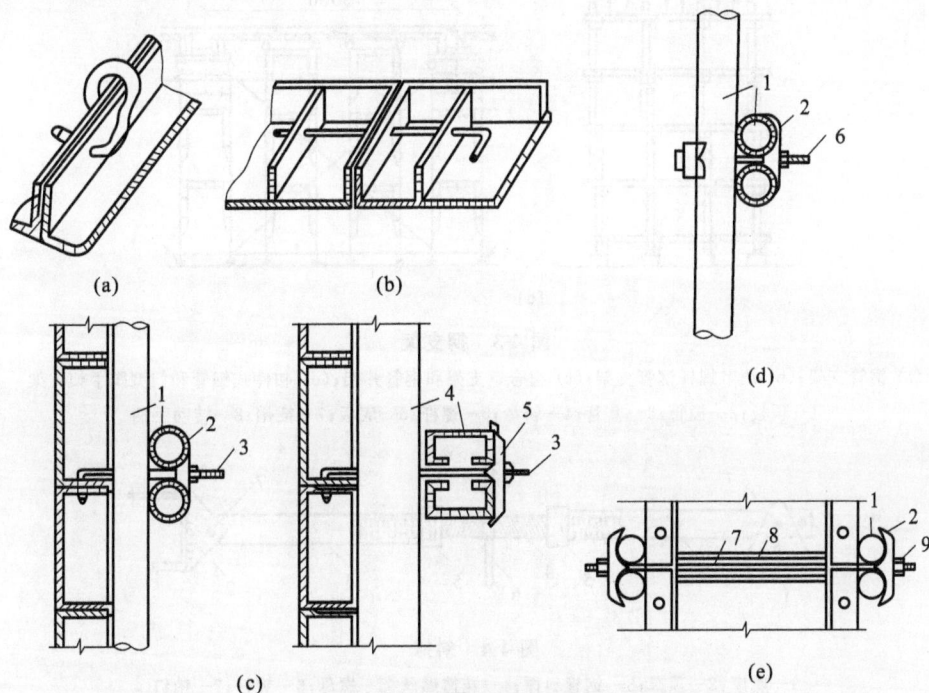

图 4-2 钢模板连接件

(a) U 形卡连接;(b) L 形插销连接;(c) 钩头螺栓连接;(d) 紧固螺栓连接;(e) 对拉螺栓连接

1—圆钢管钢楞;2—"3"形扣件;3—钩头螺栓;4—内卷边槽钢钢楞;

5—蝶形扣件;6—紧固螺栓;7—对拉螺栓;8—塑料套管;9—螺母

⑥ 扣件。它用于将钢模板与钢楞紧固,与其他的配件一起将钢模板拼装成整体。按钢楞的不同形状尺寸,分别采用碟形扣件和"3"形扣件,其规格分为大、小两种。

(3) 支承件

配件的支承件包括钢楞、柱箍、梁卡具、圈梁卡、钢支架、斜撑、组合支柱、钢管脚手支架、平面可调桁架和曲面可变桁架等,如图 4-3~图 4-6 所示。

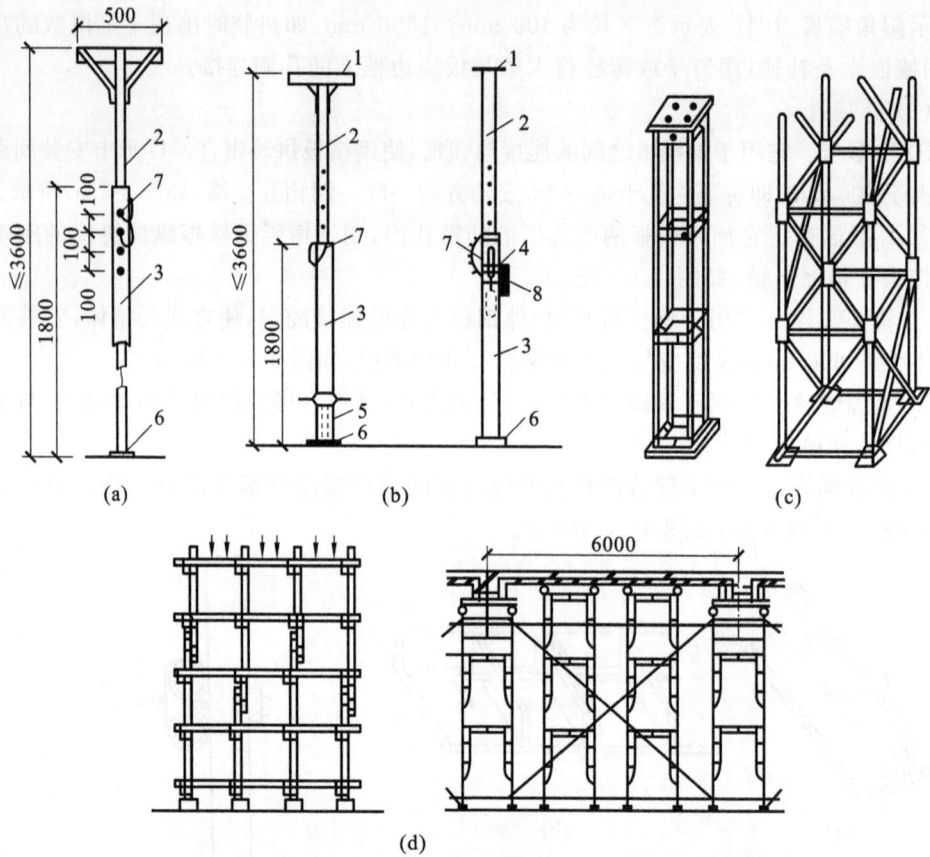

图 4-3　钢支架

（a）钢管支架；（b）调节螺杆钢管支架；（c）组合钢支架和钢管井架；（d）扣件式钢管和门型脚手架支架
1—顶板；2—插管；3—套管；4—转盘；5—螺杆；6—底板；7—插销；8—转动手柄

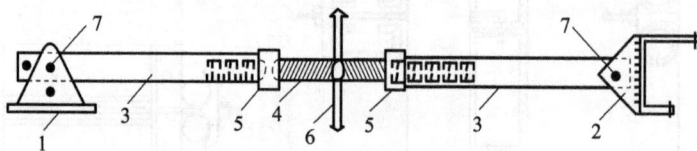

图 4-4　斜撑

1—底座；2—顶撑；3—钢管斜撑；4—花篮螺丝；5—螺母；6—旋杆；7—销钉

3. 木模板

木模板的木材主要为松木和杉木，其含水率不宜过高，以免干裂，材质不宜低于三等材。

木模板的基本元件是拼板，它由板条和拼条（木档）组成，如图 4-7 所示。板条厚度为 25～50 mm，宽度不宜超过 200 mm，以保证在干缩时缝隙均匀，浇水后缝隙要严密且板条不翘曲；但梁底板的板条宽度不受限制，以免漏浆。拼条截面尺寸为 25 mm×35 mm～50 mm×50 mm，拼条间距根据施工荷载大小及板条的厚度而定，一般取 400～500 mm。图 4-8 所示是独立柱基础模板。

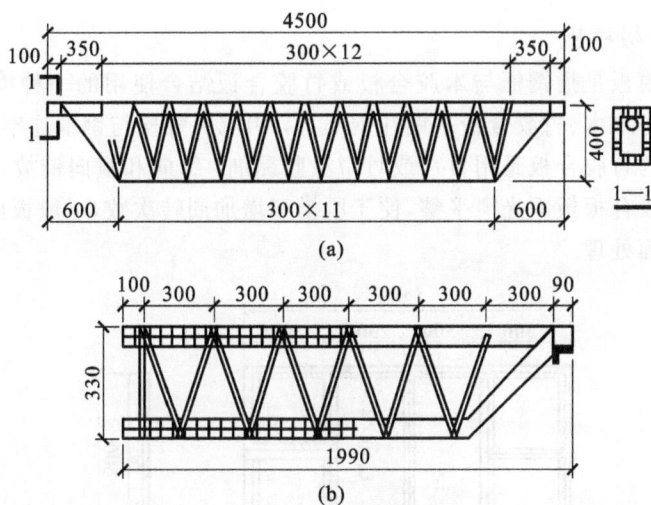

图 4-5　钢桁架

（a）整榀式；（b）组合式

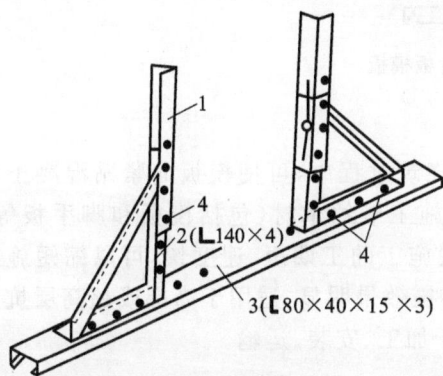

图 4-6　梁卡具

1—调节杆；2—三角架；3—底座；4—螺栓

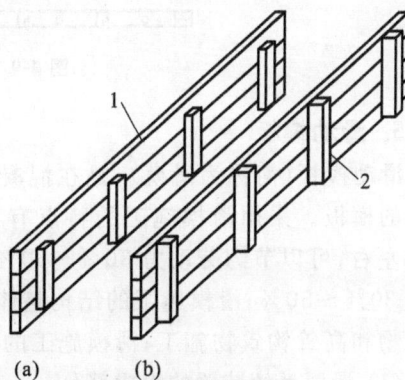

图 4-7　拼板的构造

（a）一般拼板；（b）梁侧板的拼板

1—板条；2—拼条

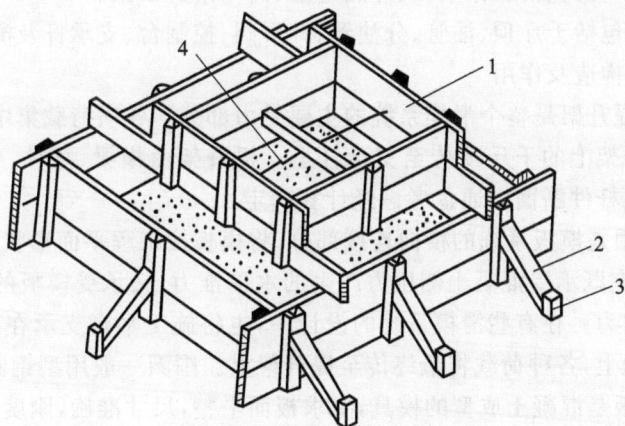

图 4-8　独立柱基础模板

1—侧模；2—斜撑；3—木柱；4—铁丝

4. 钢框胶合板模板

钢框胶合板模板是指钢框与木胶合板或竹胶合板结合使用的一种模板。钢框胶合板模板由钢框和防水木、竹胶合板平铺在钢框上,用沉头螺栓与钢框连牢,构造如图4-9所示。用于面板的竹胶合板是用竹片或竹帘涂胶黏剂,纵向和横向铺放,组坯后热压成型。为使钢框竹胶合板板面光滑平整,便于脱模和增加周转次数,一般板面采用涂料覆面处理或浸胶纸覆面处理。

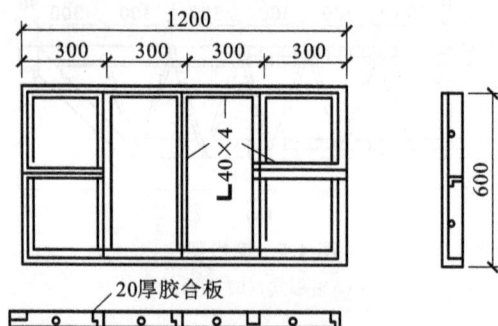

图 4-9 钢框胶合板模板

5. 滑动模板

滑动模板(简称为滑模),是在混凝土连续浇筑过程中,可使模板面紧贴混凝土面滑动的模板。采用滑模施工的特点有:比常规施工节约木材(包括模板和脚手板等)70%左右,可以节约劳动力 30%～50%;比常规施工的工期短、速度快,可以缩短施工周期 30%～50%;滑模施工的结构整体性好,抗震效果明显,适用于高层或超高层抗震建筑物和高耸构筑物施工;滑模施工的设备便于加工、安装、运输。

(1)滑模系统装置的组成部分

滑模系统由模板系统、施工平台系统和提升系统三部分组成,如图4-10所示。

① 模板系统,包括提升架、围圈、模板及加固、连接配件。

② 施工平台系统,包括工作平台、外圈走道、内外吊脚手架。

③ 提升系统,包括千斤顶、油管、分油器、针形阀、控制台、支承杆及测量控制装置。

(2)主要部件构造及作用

① 提升架。提升架是整个滑模系统的主要受力部分。各项荷载集中传至提升架,最后通过装设在提升架上的千斤顶传至支承杆上。提升架由横梁、立柱、牛腿及外挑架组成。各部分尺寸及杆件断面应通盘考虑经计算确定。

② 围圈。围圈是模板系统的横向连接部分,将模板按工程平面形状组合为整体。围圈也是受力部件,它既承受混凝土侧压力产生的水平推力,又承受模板的重量、滑动时产生的摩阻力等竖向力。在有些滑模系统的设计中,也将施工平台支承在围圈上。围圈架设在提升架的牛腿上,各种荷载将最终传至提升架上。围圈一般用型钢制作。

③ 模板。模板是混凝土成型的模具,要求板面平整,尺寸准确,刚度适中。模板高度一般为 90～120 cm,宽度为 50 cm,但根据需要也可加工成小于 50 cm 的异形模板。模板通常用钢材制作,也有用其他材料制作的,如钢木组合模板是用硬质塑料板或玻璃钢等

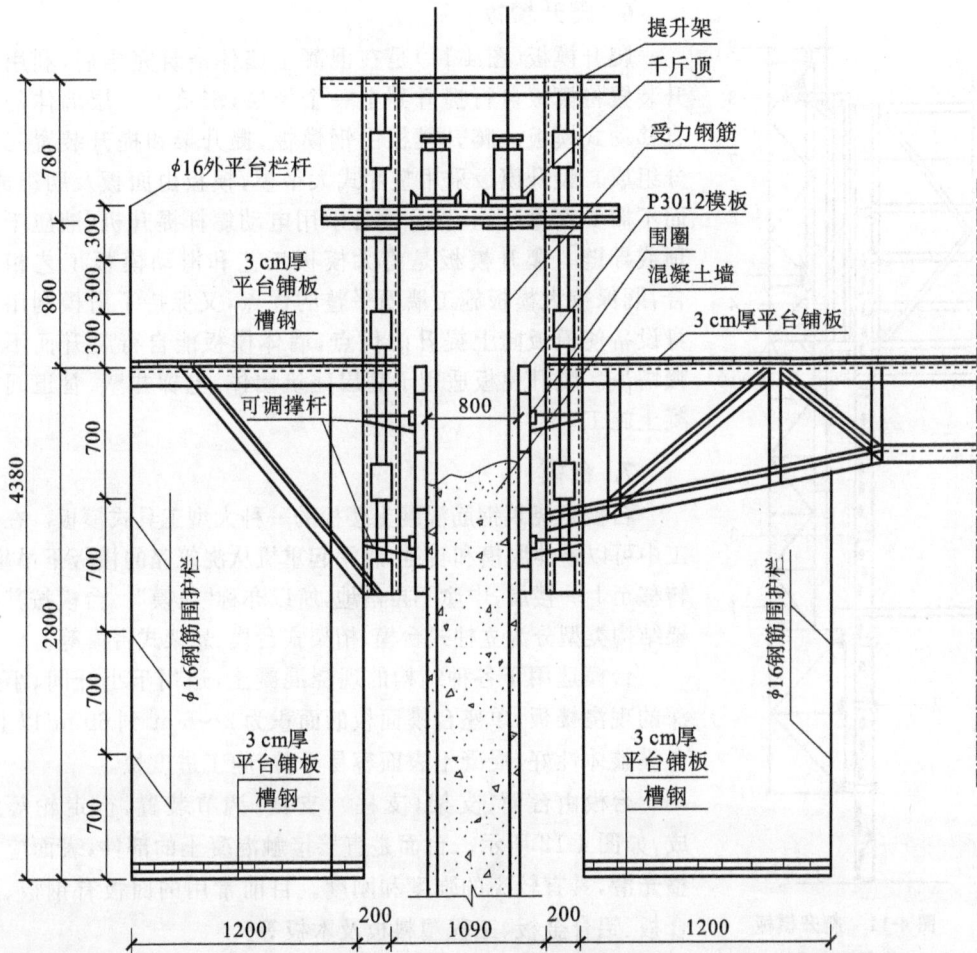

图 4-10　滑模构造示意图

材料做面板的有机材料复合模板。

④ 施工平台与吊脚手架。施工平台是滑模施工中各工种的作业面及材料、工具的存放场所。施工平台应视建筑物的平面形状、开门大小、操作要求及荷载情况设计。施工平台必须有可靠的强度及必要的刚度,确保施工安全,防止平台变形导致模板倾斜。如果跨度较大,在平台下应设置承托桁架。

吊脚手架用于对已滑出的混凝土结构进行处理或修补,要求沿结构内外两侧周围布置。吊脚手架的高度一般为 1.8 m,可以设双层或三层。吊脚手架要有可靠的安全设备及防护设施。

⑤ 提升设备。提升设备由液压千斤顶、液压控制台、油路及支承杆组成。可用直径为 25 mm 的光圆钢筋做支承杆,每根支承杆长度以 4.5～5 m 为宜。支承杆的接头可用螺栓连接(支承杆两头加工成阴阳螺纹)或现场用小坡口焊接连接。若回收重复使用,则需要在提升架横梁下附设支承杆套管。如有条件并经设计部门同意,则该支承杆钢筋可以直接打在混凝土中以代替部分结构配筋,可利用 50%～60%。

6. 爬升模板

爬升模板(图 4-11)是在混凝土墙体浇筑完毕后,利用提升装置将模板自行提升到上一个楼层,浇筑上一层墙体的垂直移动式模板。爬升模板由钢模板、提升架和提升装置三部分组成。爬升模板采用整片式大平模,模板由面板及肋组成,而不需要支撑系统;提升设备采用电动螺杆提升机、液压千斤顶或导链。爬升模板是将大模板工艺和滑动模板工艺相结合,既保持大模板施工墙面平整的优点,又保持了滑模利用自身设备使模板向上提升的优点,墙体模板能自行爬升而不依赖塔吊。爬升模板适用于高层建筑墙体、电梯井壁、管道间混凝土施工。

7. 台模

台模是浇筑钢筋混凝土楼板的一种大型工具式模板。在施工中可以整体脱模和转运,利用起重机从浇筑完的楼板下吊出,转移至上一楼层,中途不再落地,所以亦称"飞模"。台模按其支架结构类型分为立柱式台模、桁架式台模、悬架式台模等。

台模适用于各种结构的现浇混凝土,适用于小开间、小进深的现浇楼板,单座台模面板的面积为 $2 \sim 6 \ m^2$ 到 $60 \ m^2$ 以上。台模整体性好,混凝土表面容易平整、施工进度快。

台模由台面、支架(支柱)、支腿、调节装置、行走轮等组成,如图 4-12 所示。台面是直接接触混凝土的部件,表面应平整光滑,具有较高的强度和刚度。目前常用的面板有钢板、胶合板、铝合金板、工程塑料板及木板等。

8. 预制混凝土薄板

预制混凝土薄板是一种永久性模板。施工时,薄板安装在墙或梁上,下设临时支撑;然后在薄板上浇筑混凝土叠合层,形成叠合楼板,如图 4-13 所示。

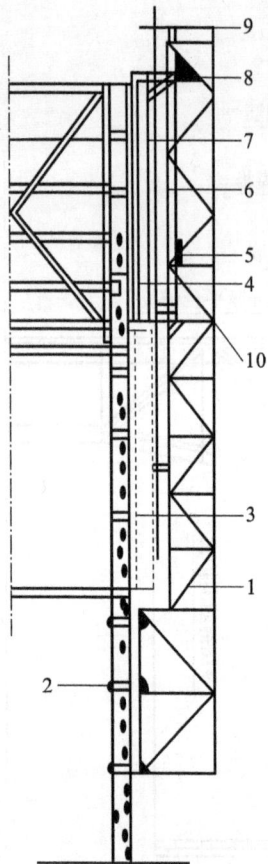

图 4-11　爬升模板

1—爬架;2—螺栓;
3—预留爬架孔;4—爬模;
5—爬架千斤顶;6—爬模千斤顶;
7—爬杆;8—模板挑横梁;
9—爬架挑横梁;10—脱模千斤顶

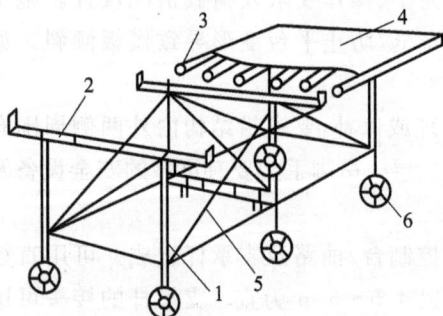

图 4-12　台模

1—支腿;2—可伸缩的横梁;
3—檩条;4—面板;5—斜撑;6—滚轮

图 4-13　预制混凝土叠合楼板

1—预制薄板;2—现浇叠合层;
3—预应力钢丝;4—叠合面

根据配筋的不同,预制混凝土薄板可分为三类:第一类是预应力混凝土薄板,第二类是双钢筋混凝土薄板,第三类是冷轧扭钢筋混凝土薄板。预制混凝土薄板的功能:一是作为底模;二是作为楼板配筋;三是提供光滑平整的底面,可不做抹灰,直接喷浆。这种叠合楼板与预制空心板相比,可节省模板、便于施工、缩短工期、整体性与连续性好、抗震性强并可减少楼板总厚度。

9. 压型钢板模板

在多(高)层钢结构或钢-混凝土结构中,楼层多采用组合楼盖。其中组合楼板结构就是压型钢板与混凝土通过各种不同的剪力连接形式组合在一起形成的,如图 4-14 所示。

压型钢板作为组合楼盖施工中的混凝土模板,其主要优点是:① 薄钢板经压折后,具有良好的结构受力性能,既可部分或全部

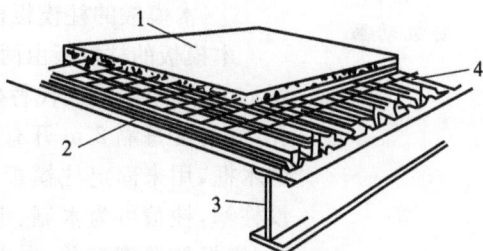

图 4-14　组合楼板
1—混凝土;2—压型钢板;3—钢梁;4—剪力钢筋

起组合楼板中受拉钢筋作用,又可仅作为浇筑混凝土的永久性模板;② 楼层较高又有钢梁时,若采用压型钢板模板,楼板浇筑混凝土可独立进行,不影响钢结构施工,上、下楼层间无制约关系;③ 不需满堂支撑,无支模和拆模的烦琐作业,施工进度显著加快。缺点是压型钢板模板本身的造价高于组合钢模板,消耗钢材较多。

4.1.2　模板施工

1. 一般结构模板的构造与安装

(1)基础模板的构造与安装

基础的特点是高度不大而体积较大,基础模板一般利用地基或基槽(坑)进行支撑。如土质良好,基础的最下一级可不用模板,直接原槽浇筑。安装时,要保证上、下模板不发生相对位移,如为杯形基础,则还要在其中放入杯口模板。图 4-8 所示为独立柱基础模板,图 4-15 所示为独立柱基础组合钢模板。

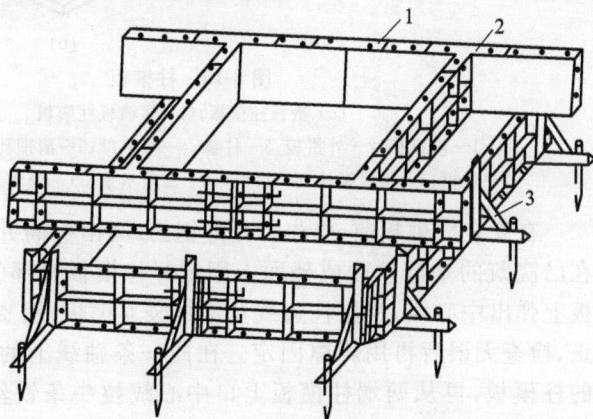

图 4-15　独立柱基础组合钢模板
1—扁钢连接件;2—T 形连接件;3—角钢三角撑

（2）柱模板的构造与安装

柱的特点是断面尺寸不大但比较高。柱模板的构造和安装主要考虑保证垂直度及抵抗新浇混凝土的侧压力，同时，也要便于浇筑混凝土、清理垃圾等。

① 木模板的柱模板构造与安装。

木模板的柱模板由两块内拼板夹在两块外拼板之间组成，如图4-16所示，也可用短横板代替外拼板钉在内拼板上。柱模板底部开有清理孔，沿高度每隔2 m开有浇筑孔。柱底部一般有一钉在底部混凝土上的木框，用来固定柱模板的位置。为承受混凝土的侧压力，拼板外要设柱箍，柱箍可为木制、钢制或钢木制。柱箍间距与混凝土侧压力大小、拼板的厚度有关，由于柱模板底部所受侧压力较大，因此柱模板下部柱箍较密。柱模板顶部根据需要开有与梁模板连接的缺口。

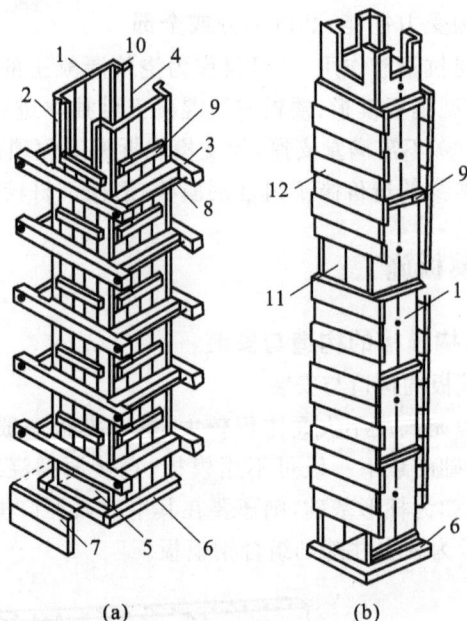

图4-16　柱模板

（a）拼板柱模板；（b）短横板柱模板

1—内拼板；2—外拼板；3—柱箍；4—梁缺口；5—清理孔；6—木框；
7—盖板；8—接紧螺栓；9—拼条；10—三角木条；11—浇筑孔；12—短横板

在安装柱模板前，应先绑扎好钢筋，测出标高并标在钢筋上，同时在已浇筑的基础顶面或楼面上固定好柱模板底部的木框，在内、外拼板上弹出中心线，根据柱边线及木框竖立模板，用支撑临时固定，经校正、检查无误后再用斜撑固定。在同一条轴线上的柱，应先校正两端的柱模板，再从两端柱模板上口中心线拉一条铁丝来校正中间柱模板。柱模板之间用水平撑和剪刀撑相互拉结。

② 组合钢模板的柱模板构造与安装。

组合钢模板也由四块拼板围成，四角由连接角模连接，每块拼板由若干块钢模板组成。

采用组合钢模板的柱模板可在现场拼装,也可在场外预拼装。现场拼装时,先装最下面一圈,然后逐圈而上直至柱顶。钢模板拼装完经垂直度校正后,便可装设柱箍,并用水平及斜向拉杆(斜撑)保持模板的稳定。场外预拼装时,在场外设置一钢模板拼装平台,将柱模板按配置图预拼成四片,然后运至现场安装就位,用连接角模连接成整体,最后装上柱箍。

(3) 梁模板的构造与安装

梁的特点是跨度大而宽度不大,梁底一般是架空的。梁模板的模板,可采用木模板、定型组合钢模板等。

① 木模板的梁模板构造与安装。

木模板的梁模板,一般由底模、侧模、夹木及支架系统组成。混凝土对梁侧模板有侧压力,对梁底模板有垂直压力,因此梁模板及其支架必须能承受这些荷载而不致发生超过规范允许的过大变形。为承受垂直荷载,在梁底模板下,每隔一定间距(800~1200 mm)用顶撑(琵琶撑)顶住。顶撑可以用圆木、方木或钢管制成。顶撑底要加垫一对木楔块调整标高。为使顶撑传下来的集中荷载均匀地传给地面,在顶撑底加铺垫板。多层结构施工中,应使上、下层的顶撑在同一竖向直线上。为承受混凝土侧压力,侧模板底部用夹木固定,上部由斜撑和水平拉条固定。

单梁的侧模板一般拆除较早,因此侧模板应包在底模板的外面。柱的模板也可较早拆除,所以梁的模板不应伸到柱模板的缺口内,同样次梁模板也不应伸到主梁模板的缺口内。

梁模板安装时,下层楼板应达到足够的强度或具有足够的顶撑支撑。安装顺序是:沿梁模板下方楼地面上铺垫板,在柱模缺口处钉衬口档,把底板搁置在衬口档上;接着立靠近柱或墙的顶撑,再将梁等分,立中间部分顶撑,顶撑底部打入木楔,并检查、调整标高;接着把侧模板放上,两头钉于衬口档上,在梁侧模板底外侧钉夹木,再钉斜撑、水平拉条。有主、次梁时,要待主梁模板安装并校正好后才能进行次梁模板的安装。梁模板安装后要再拉中线检查,复核各梁模板的中心线位置是否正确。

② 定型组合钢模板的梁模板构造与安装。

定型组合钢模板的梁模板由三片模板组成,底模板及两侧模板用连接角模连接,梁侧模板顶部则用阴角模板与楼板模板相接。为了抵抗浇筑混凝土时的侧压力,并保持一定的梁宽,两侧模板之间应根据需要设置对拉螺栓。整个模板用支架支承,支架应支设在垫板上,垫板厚 5 mm,长度至少要能支承三个支架。垫板下的地基必须平整、坚实。

组合钢模板的梁模板,一般在钢模板拼装台上按配板图拼成三片,用钢楞加固后运往现场安装。安装底模板前,应先立好支架,调整好支架顶的标高,再将梁底模板安装在支架顶上,最后安装梁侧模板。组合钢模板的梁模板也可以采用整体安装的方法,即在钢模拼装平台上,将三片钢模用钢楞、对拉螺栓等加固稳定后,放入钢筋,运往施工现场用起重机吊装就位。

如梁的跨度等于或大于 4 m,应使梁模板起拱,以防止新浇混凝土的荷载使跨中模板下挠。如设计无规定,木模板起拱高度宜为全跨长度的 3/2000~3/1000,钢模板起拱高度宜为全跨长度的 1/1000~3/1000。

（4）楼板模板的构造与安装

楼板的面积大而厚度比较薄，侧向压力小。楼板模板及其支架系统主要承受钢筋、模板、混凝土的自重及其施工荷载，保证模板不变形。

① 木模板的楼板模板构造与安装。

如图 4-17 所示，木楼板模板的底模板铺设在楞木上，楞木搁置在梁侧模板外的托木上，若楞木面不平，可以加木楔调平。当楞木的跨度较大时，中间应加设立柱，立柱上钉通长杠木。楼板底模板应垂直于楞木方向铺钉。当底模板采用定型模板时，应适当调整楞木间距来配合定型模板的规格。

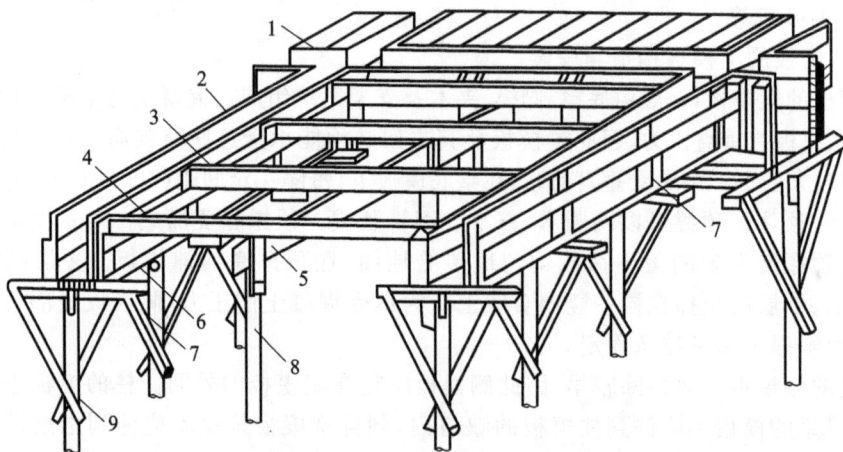

图 4-17　有梁楼板木模板

1—楼板模板；2—梁侧模板；3—楞木；4—托木；5—杠木；6—夹木；7—短撑木；8—立柱；9—顶撑

在主、次梁模板安装完毕后，才可以安装托木、楞木及楼板底模。

② 定型组合钢模板的楼板模板构造与安装。

组合钢模板的楼板模板由平面钢模板拼装而成，其周边用阴角模板与梁或墙模板相连接。楼板模板用钢楞及支架支承，为了减少支架用量，扩大板下施工空间，宜用伸缩式桁架支承，如图 4-18 所示。

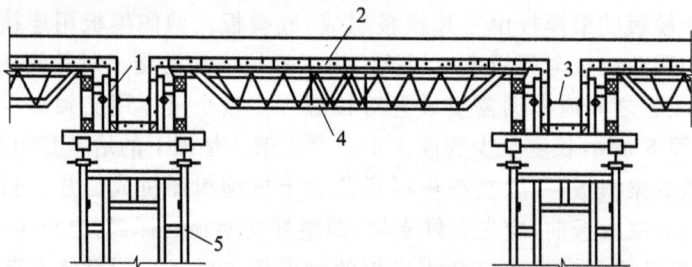

图 4-18　伸缩式桁架支承

1—梁模板；2—楼板模板；3—对拉螺栓；4—伸缩式桁架；5—门型支架

组合钢模板楼板模板的安装：先安装梁模板支承架、钢楞或桁架，再安装楼板模板。楼板模板的安装可以散拼，即按配板图在已安装好的支架上逐块拼装，也可以整体安装。

（5）楼梯模板的构造与安装

楼梯模板的构造与楼板模板相似，不同点是楼梯模板要倾斜支设，且要能形成踏步。

图 4-19 所示是一种楼梯模板（木模板），安装时，在楼梯间的墙上按设计标高画出楼梯段、楼梯踏步及平台梁、平台板的位置。先立平台梁、平台板的模板（同楼板模板的安装），然后在楼梯基础侧板上钉托木，楼梯模板的斜楞钉在基础梁和平台梁侧模板外的托木上。在斜楞上面铺钉楼梯底模板，下面设杠木和斜向顶撑，斜向顶撑间距为 1～1.2 m，用拉杆拉结。再沿楼梯边立外帮板，用外帮板上的横档木、斜撑和固定夹木将外帮板钉固在夹木上。再在靠墙的一面把反三角板立起，反三角板的两端可钉于平台梁和梯基的侧模板上，然后在反三角板与外帮板之间逐块钉上踏步侧板，踏步侧板的一头钉在外帮板的木档上，另一头钉在反三角板上的三角木块（或小木条）侧面上。如果梯段较宽，应在梯段中间再加反三角板，以免发生踏步侧板凸肚现象。为了确保梯板符合要求的厚度，在踏步侧板下面可以垫若干小木块，在浇筑混凝土时随时取出。

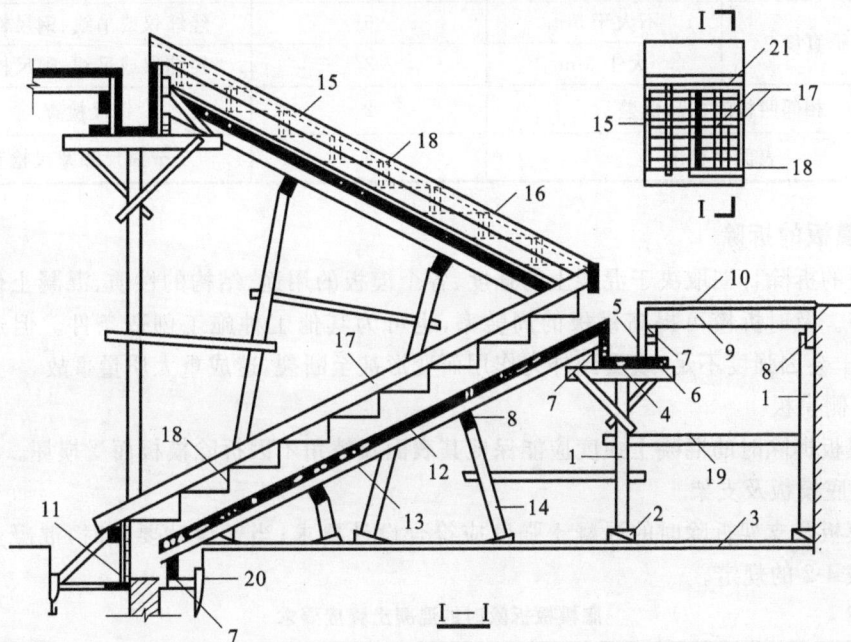

图 4-19　楼梯模板

1—支柱；2—木楔；3—垫板；4—平台梁底板；5—侧板；6—夹木；7—托木；
8—杠木；9—木楞；10—平台底板；11—梯基侧板；12—斜木楞；13—楼梯段底板；14—斜向顶撑；
15—外帮板；16—横档木；17—反三角板；18—踏步侧板；19—拉杆；20—木桩；21—平台梁外侧模板

在楼梯段模板放线时，要注意每层楼梯第一个踏步与最后一个踏步的高度，避免因疏忽楼地面面层厚度的不同而造成高低不同的现象，从而影响使用。

（6）墙模板的构造与安装

一般结构的墙模板由两片模板组成，每片模板由若干块平面模板拼成。这些平面模板可以竖拼也可以横拼，外面用竖（横）钢楞（木模板可用木楞）加固，并用斜撑保持稳定，用对拉螺栓（或钢拉杆）以抵抗混凝土的侧压力和保持两片模板之间的间距（墙厚）。

墙模板的安装,首先沿边线抹水泥砂浆做好安装墙模板的基底处理,然后按配板图由一端向另一端、由下向上逐层拼装。钢模板也可先拼装成整块后再安装。

墙的钢筋可以在模板安装前绑扎,也可以在安装好一边的模板后再绑扎钢筋,最后安装另一边模板。

（7）现浇结构模板安装的允许偏差

现浇结构模板安装的允许偏差应符合表 4-1 的规定。

表 4-1　　　　　现浇结构模板安装的允许偏差及检验方法

项目		允许偏差/mm	检验方法
轴线位置		5	钢尺检查
底模上表面标高		±5	水准仪或拉线、钢尺检查
截面内部尺寸	基础	±10	钢尺检查
	柱、墙、梁	+4,−5	钢尺检查
层高垂直度	不大于 5 m	6	经纬仪或吊线、钢尺检查
	大于 5 m	8	经纬仪或吊线、钢尺检查
相邻两板表面高低差		2	钢尺检查
表面平整度		5	2 m 靠尺和塞尺检查

2. 模板的拆除

模板的拆除日期取决于混凝土的强度、各个模板的用途、结构的性质、混凝土硬化时的气温等。及时拆模可提高模板的周转率,也可为其他工种施工创造条件。但过早拆模,混凝土会因强度不足,或受到外力作用而变形甚至断裂,造成重大质量事故。

（1）侧模板

侧模板拆除时的混凝土强度应能保证其表面及棱角不因拆除模板而受损坏。

（2）底模板及支架

底模板及支架拆除时的混凝土强度应符合设计要求;当无设计要求时,混凝土强度应符合表 4-2 的规定。

表 4-2　　　　　底模板拆除时的混凝土强度要求

构件类型	构件跨度/m	达到设计抗压强度标准值的百分率/%
板	≤2	≥50
	>2,≤8	≥75
	>8	≥100
梁、拱、壳	≤8	≥75
	>8	≥100
悬臂构件	—	≥100

（3）拆模顺序

一般是先支后拆、后支先拆;先拆除侧模板,后拆除底模板。重大复杂模板的拆除,事先应制订拆模方案。对于肋形楼板,首先拆除柱模板,然后拆除楼板底模板、梁侧模板,最后拆除梁底模板。

多层楼板模板支架的拆除,应按下列要求进行:上层楼板正在浇筑混凝土时,下一层楼板的模板支架不得拆除,再下一层楼板模板的支架仅可拆除一部分;跨度大于或等于 4 m 的梁均应保留支架,其间距不得大于 3 m。

(4) 拆模注意事项

模板拆除时,不应对楼层形成冲击荷载。拆模时应尽量避免使混凝土表面或模板受到损坏。拆除的模板和支撑应及时清理、修整,按尺寸和种类分别堆放,以便下次使用。若定型组合钢模板背面油漆脱落,应补刷防锈漆。已拆除模板和支架的结构,应在混凝土达到设计强度指标后,才允许承受全部使用荷载。当承受施工荷载产生的效应比使用荷载更为不利时,必须经过核算,并加设临时支撑。

4.1.3　模板设计

常用定型模板在其适用范围内一般无须进行设计或验算。而对一些特殊结构、新型体系模板或超出适用范围的一般模板,则应进行设计或验算。由于模板系统为一临时性系统,因此对钢模板及其支架的设计,其设计荷载值可乘以系数 0.85 予以折减;对木模板及其支架系统设计,其设计荷载值可乘以系数 0.9 予以折减;对冷弯薄壁型钢不予折减。

作用在模板系统上的荷载分为永久荷载和可变荷载。永久荷载有:模板与支架的自重、新浇混凝土自重及对模板侧面的压力、钢筋自重等。可变荷载有:施工人员及施工设备荷载、振捣混凝土时产生的荷载、倾倒混凝土时产生的荷载。计算模板及其支架时,应根据构件的特点及模板的用途进行荷载组合。各项荷载标准值按下列规定确定。

1. 模板及其支架自重标准值

可根据模板设计图纸或类似工程的实际支模情况计算荷载,对肋形楼板或无梁楼板的荷载可参考表 4-3。

表 4-3　　　　　　　　楼板模板自重标准值　　　　　　　(单位:N/mm²)

模板构件名称	木模板	定型组合钢模板	钢框胶合板模板
平面模板及小楞的自重	300	500	400
楼板模板的自重(其中包括梁模板)	500	750	600
楼板模板及其支架的自重(楼层高度在 4 m 以下)	750	1100	950

2. 新浇混凝土自重标准值

普通混凝土可采用 24 kN/m² 的自重标准值,其他混凝土根据实际湿密度确定。

3. 钢筋自重标准值

钢筋自重根据工程图纸确定。一般梁板结构每立方钢筋混凝土的钢筋重量:楼板为 1.1 kN,梁为 1.5 kN。

4. 施工人员及施工设备荷载标准值

① 计算模板及直接支承模板的小楞时，均布荷载为 2.5 kN/m²，并应另以集中荷载 2.5 kN 再进行验算，比较两者所得弯矩值，取大者。

② 计算直接支承小楞结构构件时，其均布荷载可取 1.5 kN/m²。

③ 计算支架立柱及其他支承结构构件时，均布荷载取 1.0 kN/m²。

对大型浇注设备，如上料平台、混凝土泵等，按实际情况计算；混凝土堆集料高度超过 100 mm 时，按实际高度计算；模板单块宽度小于 150 mm 时，集中荷载可分布在相邻的两块板上。

5. 振捣混凝土时产生的荷载标准值

振捣混凝土时对水平面模板产生的荷载为 2.0 kN/m²，对垂直面模板产生的荷载为 4.0 kN/m²。

6. 新浇混凝土对模板的侧压力标准值

影响新浇混凝土对模板侧压力的因素主要有：混凝土材料种类、温度、浇筑速度、振捣方式、凝结速度等。此外还与混凝土坍落度、构件厚度等有关。

当采用内部振捣器振捣，新浇筑的普通混凝土作用于模板的最大侧压力可按下列公式计算，并取较小值

$$F = 0.22\gamma_c T_0 \beta_1 \beta_2 v^{1/2} \qquad (4\text{-}1)$$

$$F = \gamma_c H \qquad (4\text{-}2)$$

式中　F——新浇混凝土的最大侧压力，kN/m²。

γ_c——混凝土的重力密度，kN/m³。

T_0——新浇混凝土的初凝时间，h，可按实测确定。当缺乏资料时，可采用 $T_0 = 200/(T+15)$ 计算（T 为混凝土的温度）。

v——混凝土的浇筑速度，m/h。

H——混凝土侧压力计算位置处至新浇混凝土顶面的总高度，m。

β_1——外加剂影响修正系数。不掺外加剂时取 1.0，掺具有缓凝作用的外加剂时取 1.2。

β_2——混凝土坍落度影响修正系数。坍落度小于 3 cm 时取 0.85，坍落度为 5~9 cm 时取 1.0，坍落度为 11~15 cm 时取 1.15。

7. 倾倒混凝土时产生的荷载标准值

倾倒混凝土时对垂直面模板产生的水平荷载标准值见表 4-4。

表 4-4　　　　　　　　倾倒混凝土时产生的水平荷载标准值

向模板中供料的方法	水平荷载/(kN/m²)
用溜槽、串筒或导管输出	2
用容量小于 0.2 m³ 的运输器具倾倒	2
用容量为 0.2~0.8 m³ 的运输器具倾倒	4
用容量大于 0.8 m³ 的运输器具倾倒	6

8. 风荷载标准值

对风压较大地区及受风荷载作用易倾倒的模板,尚须考虑风荷载作用下的抗倾倒稳定性。其标准值按下式计算:

$$W_k = 0.8\beta_z\mu_s\mu_z W_0 \qquad\qquad (4\text{-}3)$$

式中　W_k——风荷载标准值,kN/m^2;

　　　β_z——高度 z 处的风振系数;

　　　μ_s——风荷载体型系数;

　　　μ_z——风压高度变化系数;

　　　W_0——基本风压,kN/m^2。

β_z、μ_s、μ_z、W_0 的取值均按《建筑结构荷载规范》(GB 50009—2012)的规定采用。

计算模板及其支架的荷载设计值时,应采用上述各项荷载标准值乘以相应的分项系数求得,荷载分项系数如表 4-5 所示。

表 4-5　　　　　　　　　　荷载分项系数 γ_i

项次	荷载类别	γ_i
1	模板及支架自重	
2	新浇混凝土自重	1.2
3	钢筋自重	
4	施工人员及施工设备荷载	
5	振捣混凝土时产生的荷载	1.4
6	新浇混凝土对模板侧面的压力	1.2
7	倾倒混凝土时产生的荷载	1.4
8	风荷载	1.4

计算模板及支架时,应按表 4-6 进行荷载效应组合。

表 4-6　　　　　　　　　计算模板及支架的荷载效应组合

构件模板组成	参与组合的荷载项	
	计算承载能力	验算刚度
平板和薄壳的模板及其支架	1,2,3,4	1,2,3
梁和拱模板的底板及支架	1,2,3,5	1,2,3
梁、拱、柱(边长不大于 300 mm)、墙(厚不大于 100 mm)的侧面模板	5,6	6
厚大结构、柱(边长大于 300 mm)、墙(厚大于 100 mm)的侧面模板	6,7	6

为了便于计算,模板结构设计计算时可做适当简化,即所有荷载可假定为均匀荷载。单元宽度面板、内楞和外楞、小楞和大楞或桁架均可视为梁,支承跨度等于或多于两跨的可视为连续梁,并视实际情况可分别简化为简支梁、悬臂梁、两跨或三跨连续梁。

当验算模板及其支架的刚度时,其变形值不得超过下列数值。

① 结构表面外露的模板,为模板构件跨度的 1/400。

② 结构表面隐蔽的模板,为模板构件跨度的 1/250。

③ 支架压缩变形值或弹性挠度,为相应结构自由跨度的 1/1000。当验算模板及其支架在风荷载作用下的抗倾倒稳定性时,抗倾倒系数不应小于 1.15。

模板系统的设计包括选型、选材、荷载计算、拟订制作安装和拆除方案、绘制模板图等。

4.2 钢筋工程施工

4.2.1 钢筋的验收与配料

1. 钢筋的验收与贮存

（1）钢筋的验收

钢筋进场应具有出厂证明书或试验报告单,每捆（盘）钢筋应有标牌,同时应按有关标准和规定进行外观检查并分批做力学性能试验。钢筋在使用时,如发现脆断、焊接性能不良或机械性能显著不正常等,则应进行钢筋化学成分检验。

（2）钢筋的贮存

钢筋进场后,必须严格按批分等级、牌号、直径、长度挂牌存放,不得混淆。钢筋应尽量堆入仓库或料棚内。条件不具备时,应选择地势较高、土质坚硬的场地存放。堆放时,钢筋下部应垫高,离地至少 20 cm 高,以防钢筋锈蚀。在堆场周围应挖排水沟,以利泄水。

2. 钢筋的配料计算

钢筋的配料是指识读工程图纸、计算钢筋下料长度和编制配筋表。

（1）钢筋下料长度

① 钢筋长度。施工图（钢筋图）中所指的钢筋长度是指钢筋外缘至外缘之间的长度,即外包尺寸。

② 混凝土保护层厚度。混凝土保护层厚度是指受力钢筋外缘至混凝土表面的距离,其作用是保护钢筋在混凝土中不被锈蚀。混凝土的保护层厚度,一般用水泥砂浆垫块或塑料卡垫在钢筋与模板之间来控制。塑料卡垫有塑料垫块和塑料环圈两种。塑料垫块用于水平构件,塑料环圈用于垂直构件。

③ 钢筋接头增加值。由于钢筋直条的供货长度一般为 6~10 m,而有的钢筋混凝土结构的尺寸很大,需要对钢筋进行接长。钢筋接头增加值见表 4-7~表 4-9。

④ 钢筋弯折量度差。

钢筋弯曲时,在弯曲处的内侧发生收缩,外皮却出现延伸,而中心线则保持原有尺寸。钢筋长度的度量方法是指外包尺寸,因此,钢筋弯曲以后存在一个量度差值,在计算下料长度时必须予以扣除。

表 4-7　　　　　　　　　　　纵向受拉钢筋的最小搭接长度

钢筋类型		混凝土强度等级			
		C15	C20～C25	C30～C35	≥C40
光圆钢筋	HPB 300	45d	35d	30d	25d
带肋钢筋	HRB 400、RRB 400	—	55d	40d	35d

注：1. 两根直径不同的钢筋的搭接长度，以较细钢筋直径计算。d 为钢筋直径。

2. 本表适用于纵向受拉钢筋的绑扎搭接接头面积百分率不大于 25% 的情形。当纵向受拉钢筋搭接接头面积百分率大于 25%，但不大于 50% 时，其最小搭接长度应按表中的数值乘以系数 1.2 取用；当接头面积百分率大于 50% 时，应按表中的数值乘以系数 1.35 取用。

3. 当符合下列条件时，纵向受拉钢筋的最小搭接长度应根据上述要求确定后，按下列规定进行修正。

(1) 当带肋钢筋的直径大于 25 mm 时，其最小搭接长度按相应数值乘以系数 1.1 取用。

(2) 对环氧树脂涂层的带肋钢筋，其最小搭接长度应按相应数值乘以 1.25 使用。

(3) 当在混凝土凝固过程中受力钢筋易受扰动时（如滑模施工），其最小搭接长度应按相应数值乘以系数 1.1 取用。

(4) 对末端采用机械锚固措施的带肋钢筋，其最小搭接长度可按相应数值乘以系数 0.7 取用。

(5) 当带肋钢筋的混凝土保护层厚度大于搭接钢筋直径的 3 倍且配有箍筋时，其最小搭接长度可按相应数值乘以系数 0.8 取用。

(6) 对有抗震设防要求的结构构件，其受力钢筋的最小搭接长度对一、二级抗震等级应按相应数值乘以系数 1.05 采用；对三级抗震等级应按相应数值乘以系数 1.05 采用。在任何情况下，受拉钢筋的搭接长度不应小于 300 mm。

4. 纵向受压钢筋搭接时，其最小搭接长度应根据上述规定确定相应数值后，乘以系数 0.7 取用。在任何情况下，受压钢筋的搭接长度不应小于 200 mm。

表 4-8　　　　　　　　　　钢筋对焊长度损失值　　　　　　　　　（单位：mm）

钢筋直径	<16	16～25	>25
损失值	20	25	30

表 4-9　　　　　　　　　　钢筋搭接焊最小搭接长度

焊接类型	HPB 300 光圆钢筋	HRB 400 带肋钢筋
双面焊	4d	5d
单面焊	8d	10d

注：d 为钢筋直径。

以弯起钢筋弯折 90° 的情况为例，由图 4-20 可知量度差值发生在弯曲部位。其弯折量度差值为：

$$A'C'+B'C'-\overset{\frown}{ACB}=2\left(\frac{D}{2}+d_0\right)-\frac{1}{4}\pi(D+d_0)\qquad(4\text{-}4)$$

弯起钢筋弯折处的弯曲直径 D 不宜小于钢筋直径 d_0 的 5 倍。将 $D=5d_0$ 代入上式，得到 90° 弯折量度差值为 $2.29d_0$。

同理可计算出不同弯折角度时的量度差值。为简便下料计算，可分别取其近似值如下：30° 弯折时，量度差值取 $0.3d_0$；45° 弯折时取 $0.5d_0$；60° 弯折时取 $0.85d_0$；90° 弯折时取

$2d_0$；$135°$弯折时取 $3d_0$。

⑤ 末端弯钩增长值。

弯钩形式最常用的有半圆弯钩、直弯钩和斜弯钩。受力钢筋的弯钩和弯折应符合下列要求。

a. HPB300 钢筋末端应作 $180°$弯钩，其弯弧内直径不应小于钢筋直径的 2.5 倍，弯钩的弯后平直部分长度不应小于钢筋直径的 3 倍。

b. 当设计要求钢筋末端需作 $135°$弯钩时，HRB400 钢筋的弯弧内直径不应小于钢筋直径的 4 倍，弯钩的弯后平直部分长度应符合设计要求。

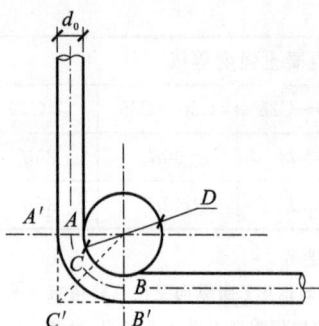

图 4-20　$90°$弯折量度差图

c. 钢筋作不大于 $90°$的弯折时，弯折处的弯弧内直径不应小于钢筋直径的 5 倍。

《混凝土结构工程施工质量验收规范》(GB 50204—2015)规定，HPB300 钢筋末端应作 $180°$弯钩，其弯弧内直径不应小于钢筋直径的 2.5 倍，弯钩的弯后平直部分长度不应小于钢筋直径的 3 倍。

当弯 $180°$时，弯钩部分的中心线(含平直段)长为(图 4-21)：

$$AF = \overset{\frown}{ABC} + CF = \frac{\pi}{2}(D+d_0) + CF \tag{4-5}$$

当 $D = 2.5d_0$，平直段长度 $CF = 3d_0$ 时：

$$AF = \frac{\pi}{2}(2.5d_0 + d_0) + 3d_0 = 8.5d_0 \tag{4-6}$$

因钢筋外包尺寸量至 E 点，所以弯钩增长值为：

$$EF = AF - AE = AF - \left(\frac{D}{2} + d_0\right) = 8.5d_0 - \left(\frac{2.5d_0}{2} + d_0\right) = 6.25d_0 \tag{4-7}$$

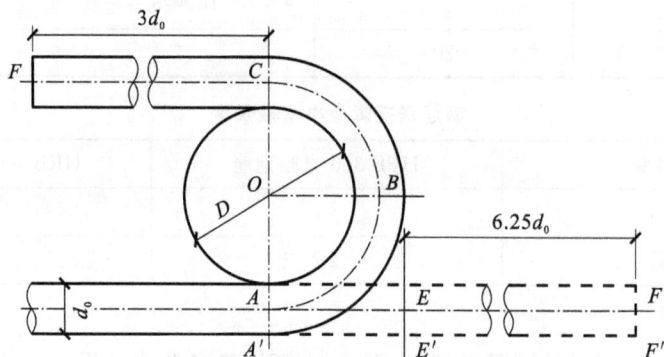

图 4-21　钢筋 $180°$弯钩增长值

⑥ 箍筋下料长度调整值。

箍筋用 HPB300 光圆钢筋或冷拔低碳钢丝制作时，其末端需做弯钩。对有抗震要求和受扭的结构，应做 $135°/135°$弯钩；对无抗震要求的结构，可做 $90°/90°$或 $90°/180°$弯钩。箍筋下料长度可用外包尺寸或内包尺寸两种计算方法。为简化计算，一般将箍筋弯钩加长值和弯折量度差值合并成一项箍筋调整值，见表 4-10。计算时，先按外包或内包尺寸计算出箍筋的周长，再加上箍筋调整值即为箍筋下料长度。

表 4-10   箍筋下料长度调整值

箍筋量度方法	箍筋直径/mm			
	4～5	6	8	10～12
量外包尺寸	40	50	60	70
量内包尺寸	80	100	120	150～170

⑦ 钢筋下料长度的计算。

钢筋下料长度按下列方法计算：

$$直线钢筋下料长度＝构件长度－保护层厚度＋弯钩增长值$$

$$弯起钢筋下料长度＝直段长度＋斜段长度－弯折量度差值＋弯钩增长值$$

$$箍筋下料长度＝直段长度＋弯钩增长值－弯折量度差值$$

（2）钢筋配料

钢筋配料是钢筋加工中的一项重要工作，合理地配料能使钢筋得到最大限度的利用，并使钢筋的安装和绑扎工作简单化。钢筋配料是依据钢筋表合理安排同规格、同品种的下料，使钢筋的出厂规格长度能够得到充分利用，或库存各种规格和长度的钢筋得到充分利用。

① 归整相同规格和材质的钢筋。下料长度计算完毕后，把相同规格和材质的钢筋进行归整和组合，同时根据现有钢筋的长度和能够及时采购到的钢筋的长度进行合理组合加工。

② 合理利用钢筋的接头位置。对有接头的配料，在满足构件中接头的对焊或搭接长度，接头错开的前提下，必须根据钢筋原材料的长度来考虑接头的布置。要充分考虑原材料被截下来的一段长度的合理使用，如果能够使一根钢筋正好分成几段钢筋的下料长度，则是最佳方案。但往往难以做到，所以在配料时，要尽量使被截下的一段能够长一些，这样才不致使余料成为废料，使钢筋能得到充分利用。

③ 钢筋配料应注意的事项。配料计算时，要考虑钢筋的形状和尺寸在满足设计要求的前提下，要有利于加工安装；配料时，要考虑施工需的附加钢筋。如板双层钢筋中保证上层钢筋位置的撑脚、墩墙双层钢筋中固定钢筋间距的撑铁、柱钢筋骨架增加四面斜撑等。

根据钢筋下料长度计算结果和配料选择后，汇总编制钢筋配料单。在钢筋配料单中必须反映出工程部位、构件名称、钢筋编号、钢筋简图及尺寸、钢筋直径、钢号、数量、下料长度、钢筋重量等。列入加工计划的配料单，将每一编号的钢筋制作一块料牌（图 4-22）作为钢筋加工的依据，并在安装中作为区别各工程部位、构件和各种编号钢筋的标志。钢筋配料单和料牌应严格校核，必须准确无误，以免返工浪费。

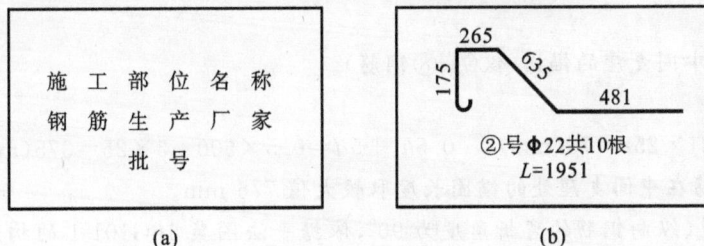

图 4-22 钢筋料牌

（a）正面；（b）反面

【例 4-1】 某教学楼第一层楼的 KL1 共计 5 根,如图 4-23 和图 4-24 所示,梁混凝土保护层厚度为 25 mm,抗震等级为三级,C35 混凝土,柱截面尺寸为 500 mm ×500 mm,请对其进行钢筋下料计算,并填写钢筋下料单。

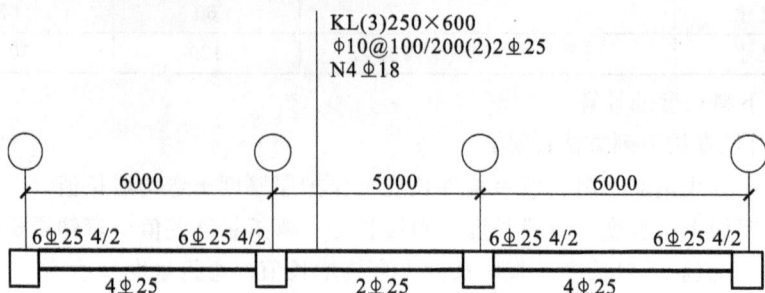

KL(3)250×600
Φ10@100/200(2)2Φ25
N4Φ18

6000   5000   6000

6Φ25 4/2   6Φ25 4/2   6Φ25 4/2   6Φ25 4/2

4Φ25   2Φ25   4Φ25

图 4-23 某教学楼第一层楼的 KL1 配筋图

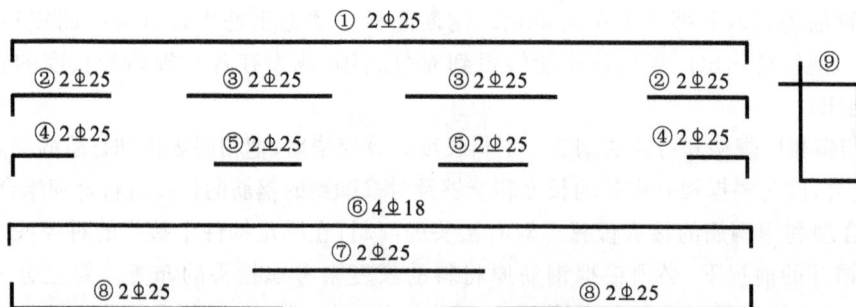

① 2Φ25

② 2Φ25   ③ 2Φ25   ③ 2Φ25   ② 2Φ25   ⑨

④ 2Φ25   ⑤ 2Φ25   ⑤ 2Φ25   ④ 2Φ25

⑥ 4Φ18

⑦ 2Φ25

⑧ 2Φ25   ⑧ 2Φ25

图 4-24 KL1 钢筋布置示意图

(1) 依据平法图集 16G101-1,查得有关计算数据

C35 混凝土,三级抗震,当为普通钢筋($d \leqslant 25$)时,$l_{aE} = 31d$。

① 钢筋在端支座的锚固。

纵筋弯锚或直锚判断:因为支座宽$(500-25)$mm≤锚固长度$[31 \times 18 = 558(mm)]$,所以钢筋在端支座均需弯锚(注:这里考察的是直径 18 mm 的受扭钢筋,直径 25 mm 的钢筋必然也需要弯锚)。弯锚部分长度:

Φ25: $0.4l_{aE} = 0.4 \times 31 \times 25 = 310(mm)$, $15d = 15 \times 25 = 375(mm)$

Φ18: $0.4l_{aE} = 0.4 \times 31 \times 18 = 223(mm)$, $15d = 15 \times 18 = 270(mm)$

注:$0.4l_{aE}$表示钢筋弯锚时进入柱中水平段锚固长度值,$15d$表示在柱中竖直段钢筋的锚固长度值。

② 钢筋在中间支座的锚固(仅⑦、⑧钢筋)。

因为

$$l_{aE} = 31 \times 25 = 775(mm), \quad 0.5h_c + 5d = 0.5 \times 500 + 5 \times 25 = 375(mm)$$

所以,⑦、⑧钢筋在中间支座处的锚固长度取较大值 775 mm。

(2) 量度差(纵向钢筋的弯折角度为 90°,依据平法图集 16G101-1 的构造要求,框架主筋的弯曲半径 $R = 4d$)

Φ25 钢筋量度差: $2.931d = 2.931 \times 25 = 73(mm)$

$\Phi 18$ 钢筋量度差：　　$2.931d = 2.931 \times 18 = 53(\text{mm})$

（3）各编号钢筋下料长度计算

①号钢筋下料长度＝梁全长－左端柱宽－右端柱宽＋$2 \times 0.4 l_{aE} + 2 \times 15d$

　　　　　　　　　－$2 \times$量度差值

　　　　　　＝$(6000 + 5000 + 6000) - 500 - 500 + 2 \times 310 + 2 \times 375 - 2 \times 73$

　　　　　　＝$17224(\text{mm})$

②号钢筋下料长度＝$L_{n1}/3 + 0.4 l_{aE} + 15d -$量度差值

　　　　　　＝$\dfrac{6000 - 500}{3} + 310 + 375 - 73 = 2445(\text{mm})$

③号钢筋下料长度＝$2 \times \dfrac{1}{3} \max\{L_{n1}, L_{n2}\} +$中间柱宽

　　　　　　＝$2 \times \dfrac{6000 - 500}{3} + 500 = 4167(\text{mm})$

式中　　L_{nmax}——支座左、右两跨净跨较大值；

　　　　L_{n1}——支座左跨净跨值说明计算；

　　　　L_{n2}——支座右跨净跨值说明计算。

④号钢筋下料长度＝$L_{n1}/4 + 0.4 l_{aE} + 15d -$量度差值

　　　　　　＝$\dfrac{6000 - 500}{4} + 310 + 375 - 73 = 2060(\text{mm})$

⑤号钢筋下料长度＝$2 \times \dfrac{1}{4} \max\{L_{n1}, L_{n2}\} +$中间柱宽

　　　　　　＝$2 \times \dfrac{6000 - 500}{4} + 500 = 3250(\text{mm})$

⑥号钢筋下料长度＝梁全长－左端柱宽－右端柱宽＋$2 \times 0.4 l_{aE} + 2 \times 15d -$

　　　　　　$2 \times$量度差值

　　　　　　＝$(6000 + 5000 + 6000) - 500 - 500 + 2 \times 223 + 2 \times 270 - 2 \times 53$

　　　　　　＝$16880(\text{mm})$

⑦号钢筋下料长度＝端支座锚固值＋$L_{n2} +$中间支座锚固值

　　　　　　＝$775 + (5000 - 500) + 775 = 6050(\text{mm})$

⑧号钢筋下料长度＝$L_{n1} + 0.4 l_{aE} + 15d +$中间支座锚固值－量度差值

　　　　　　＝$(6000 - 500) + 310 + 375 + 775 - 73 = 6887(\text{mm})$

⑨号钢筋下料长度＝$2 \times$梁高＋$2 \times$梁宽－$8 \times$保护层厚度＋$28.27 \times$箍筋直径

　　　　　　＝$2 \times 600 + 2 \times 250 - 8 \times 25 + 28.27 \times 10 = 1783(\text{mm})$

（4）箍筋数量计算

加密区长度：900 mm［取 1.5h 与 500 mm 的较大值：$1.5 \times 600 = 900(\text{mm}) > 500$ mm］；

每个加密区箍筋数量＝$(900 - 50)/100 + 1 = 10$（个）；

边跨非加密区箍筋数量＝$(6000 - 500 - 900 - 900)/200 - 1 = 18$（个）；

中跨非加密区箍筋数量＝$(5000 - 500 - 900 - 900)/200 - 1 = 13$（个）；

每根梁箍筋总数量＝$10 \times 6 + 18 \times 2 + 13 = 109$（个）。

编制钢筋下料表，如表 4-11 所示。

表 4-11　　　　　　　　　钢筋下料表

构件	钢筋	简图	直径/mm	钢筋级别	下料长度/mm	单位/根	合计/根	质量/kg
KL1梁共5根	①		25	Φ	17224	2	10	490.0
	②		25	Φ	2445	4	20	188.3
	③		25	Φ	4167	4	20	321.0
	④		25	Φ	2060	4	20	158.7
	⑤		25	Φ	3250	4	20	250.3
	⑥		18	Φ	16880	4	20	594.4
	⑦		25	Φ	6050	2	10	233.0
	⑧		25	Φ	6887	8	40	1061.0
	⑨		10	Φ	1783	109	545	599

3. 钢筋代换

钢筋加工时,由于工地现有钢筋的种类、钢号和直径与设计不符,应在不影响使用条件下进行代换。不同种类的钢筋代换,按抗拉设计值相等的原则进行代换;相同种类和级别的钢筋代换,按截面相等的原则进行代换。钢筋代换必须征得工程监理的同意。

4.2.2　钢筋的冷加工

1. 钢筋冷拉

钢筋冷拉是在常温下对钢筋进行强力拉伸,拉应力超过屈服点的某一限值,使钢筋产生塑性变形,以提高强度、节约钢材。

冷拉 HPB300 钢筋用于非预应力钢筋混凝土的受拉钢筋,冷拉 HRB400 及以上钢筋通常用于预应力钢筋,冷拉钢筋一般不用作受压钢筋。

(1)钢筋冷拉原理

如图 4-25 所示,oabcde 为热轧钢筋的拉伸特性曲线(应力-应变图)。

钢筋的冷
加工视频

冷拉时,拉应力超过屈服点 b 达到 c 点,然后卸荷。由于钢筋已产生塑性变形,卸荷过程中应力-应变沿 co_1 降至 o_1 点。如立即重新拉伸,应力-应变图将为 o_1cde,并在 c 点附近出现新的屈服点。这个屈服点明显高于冷拉前的屈服点,这种现象称为"变形硬化"。其原因是冷拉过程中钢筋内部晶面滑移,晶格变化,内部组织发生变化,因而钢筋的强度得以提高。

钢筋冷拉后,屈服强度提高,塑性降低,弹性模量也有所降低。钢筋冷拉后有内应力存在,内应力

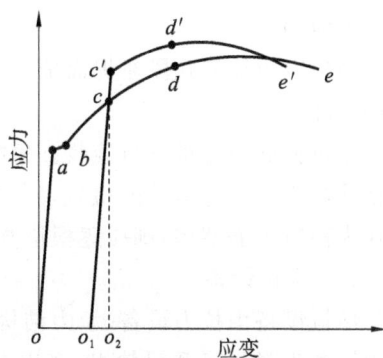

图 4-25　钢筋拉伸曲线

将促使钢筋晶体组织自行调整。这种晶体组织调整的过程称为"时效"。冷拉时效后,钢筋的拉伸特性曲线变为 $o_1c'd'e'$。冷拉 HPB300 钢筋的时效在常温下需 15～20 d 才能完成(称自然时效);但在 100 ℃下,只需 2 h 即可完成(称人工时效)。因而,加速时效可利用蒸汽、电热等手段进行人工时效。冷拉 HRB400、RRB400 钢筋在自然条件下一般达不到时效的效果,宜采用人工时效,一般通电加热至 150～200 ℃,保持 20 min 左右即可。

(2) 冷拉控制

钢筋冷拉控制可以用控制冷拉应力或冷拉率的方法。冷拉应力或冷拉率应符合表 4-12 的规定。冷拉后检查钢筋的冷拉率,如超过表 4-12 中规定的数值,则应进行钢筋力学性能试验。用作预应力混凝土结构的预应力筋,宜采用冷拉应力来控制。钢筋冷拉以冷拉率控制时,其控制值必须由试验确定。对同炉批钢筋,试件不宜少于 4 个,每个试件都按表 4-13 规定的冷拉应力值在万能试验机上测定相应的冷拉率,取平均值作为该炉批钢筋的实际冷拉率。如钢筋强度偏高,平均冷拉率低于 1% 时,仍按 1% 进行冷拉。

表 4-12　　　　　　　　　　　　　冷拉控制应力及最大冷拉率

项次	钢筋级别	钢筋直径/mm	冷拉控制应力/(N/mm²)	最大冷拉率/%
1	HPB300	≤12	300	10
2	HRB400	8～40	500	5
3	RRB400	10～28	700	4

表 4-13　　　　　　　　　　　　测定冷拉率时钢筋的冷拉应力

钢筋级别	钢筋直径/mm	冷拉应力/(N/mm²)
HPB300	≤12	310
HRB400	8～40	530
RRB400	10～28	730

不同炉批的钢筋,不宜用控制冷拉率的方法进行钢筋冷拉。多根连接的钢筋,用控制冷拉应力的方法进行冷拉时,其控制应力和每根的冷拉率均应符合表 4-12 的规定;当用控制冷拉率的方法进行冷拉时,冷拉率可按总长计,但拉后每根钢筋的冷拉率不得超过表 4-12 的规定。钢筋冷拉速度不宜过快,一般以每秒拉长 5 mm 或每秒增加 5 N/mm²

拉应力为宜。

当预应力筋需几段对焊而成时,冷拉应在焊接后进行,以免因焊接而降低冷拉所获得的强度。

冷拉钢筋应分批进行验收。每批应由同级别、同直径的钢筋组成。冷拉钢筋的验收包括外观检查和力学性能检查。外观检查包括钢筋表面不得有裂纹和局部缩颈。若钢筋作为预应力筋使用,则应逐根检查。力学试验方法同热轧钢筋。

(3)冷拉设备

冷拉设备由拉力设备、承力结构、回程装置和测量设备等部分组成,如图 4-26 所示。拉力设备为卷扬机和滑轮组,多用 3~5 t 的慢速卷扬机。承力结构可采用地锚,冷拉力大时可采用钢筋混凝土拉槽。回程装置可用荷重架回程或卷扬机滑轮组回程。测量设备常用液压千斤顶或电子秤。

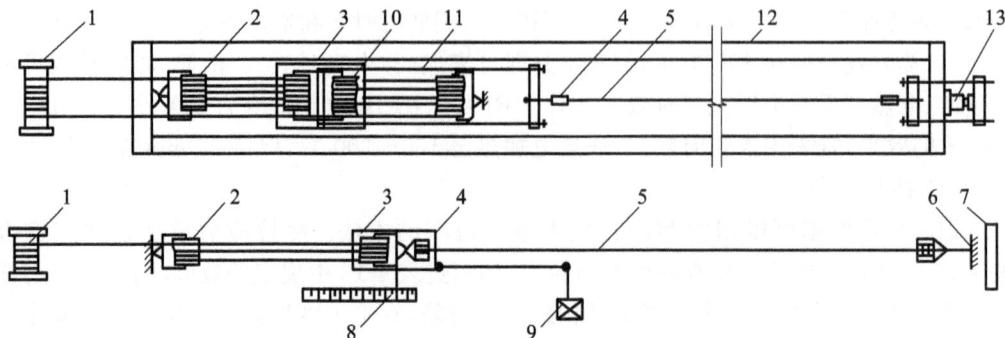

图 4-26　冷拉设备

1—卷扬机;2—滑轮组;3—冷拉小车;4—夹具;5—被冷拉的钢筋;6—地锚;7—防护壁;
8—标尺;9—回程荷重架;10—回程滑轮组;11—传力架;12—冷拉槽;13—液压千斤顶

(4)钢筋冷拉计算

钢筋的冷拉计算包括冷拉力、拉长值、弹性回缩值和冷拉设备选择计算。

冷拉力 N_{con} 计算:冷拉力计算的作用,一是确定按控制应力冷拉时的油压表读数;二是作为选择卷扬机的依据。

冷拉力的计算公式:

$$N_{con} = A_s \sigma_{con} \tag{4-8}$$

式中　A_s——钢筋冷拉前截面面积;

　　　σ_{con}——冷拉时控制应力。

计算拉长值 ΔL:

$$\Delta L = L\delta \tag{4-9}$$

式中　L——冷拉前钢筋的长度;

　　　δ——钢筋的冷拉率。

计算钢筋弹性回缩值 ΔL_1:

$$\Delta L_1 = (L + \Delta L)\delta_1 \tag{4-10}$$

式中　δ_1——钢筋弹性回缩率(一般为 0.3% 左右)。

钢筋冷拉完毕后的实际长度为:

$$L'=L+\Delta L-\Delta L_1 \tag{4-11}$$

冷拉设备计算：冷拉设备主要选择卷扬机，计算确定冷拉时油压表的读数。

$$P=\frac{N_{con}}{F} \tag{4-12}$$

式中　N_{con}——钢筋按控制应力计算求得的冷拉力，N；

　　　F——千斤顶活塞缸面积，mm^2；

　　　P——油压表的读数，N/mm^2。

冷拉用的卷扬机选择，主要取决于引入卷扬机牵引索的拉力（即卷扬机的吨位数）。为了选用小吨位卷扬机，冷拉时一般采用滑轮车组。

2. 钢筋的冷拔

钢筋冷拔是将直径 8 mm 以下的热轧钢筋在常温下强力拉拔使其通过特制的钨合金拔丝模孔（图 4-27），钢筋轴向被拉伸，径向被压缩，使钢筋产生较大的塑性变形，其抗拉强度可提高 50%～90%，塑性降低，硬度提高。

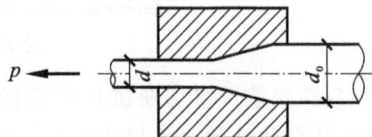

图 4-27　钢筋冷拔示意图

钢筋的冷拔主要用来生产冷拔低碳钢丝。冷拔低碳钢丝分甲、乙两级，甲级钢丝主要用作预应力筋，乙级钢丝用作钢丝网、箍筋和构造筋等。

冷拔低碳钢丝经数次反复冷拔而成。钢筋截面应逐步缩小，否则冷拔次数过少，每次压缩量过大，易使钢丝拔断，钢丝模孔损耗也大。

影响冷拔钢丝质量的主要因素有原材料的质量和冷拔总压缩率。冷拔总压缩率 β 为由盘条钢筋拔至成品钢丝的横截面总缩减率，可按下式计算：

$$\beta=\frac{d_0^2-d^2}{d_0^2}\times100\% \tag{4-13}$$

式中　d_0——原料钢筋直径，mm；

　　　d——成品钢筋直径，mm。

冷拔总压缩率越大，钢丝强度提高越多，其塑性降低也越多，因此必须控制总压缩率，一般前道钢丝与后道钢丝的直径之比为 1∶0.87。

4.2.3　钢筋的加工

1. 钢筋的除锈

由于保管不善或存放时间过久，钢筋会受潮生锈。在生锈初期，钢筋表面呈黄褐色，称水锈或色锈，这种水锈除在焊点附近必须清除外，一般可不处理；但是当钢筋锈蚀进一步发展，钢筋表面已形成一层锈皮，受锤击或碰撞可见其剥落，这种铁锈不能很好地和混凝土黏结，影响钢筋和混凝土的握裹力，并且在混凝土中会继续发展，需要将其清除。

2. 钢筋调直

钢筋在使用前必须经过调直，否则会影响钢筋受力，甚至会使混凝土提前产生裂缝，如未调直直接下料，会影响钢筋的下料长度，并影响后续工序的质量。

钢筋的机械调直可用钢筋调直机、弯筋机、卷扬机等。钢筋调直机用于圆钢筋的调直和切断,并可清除其表面的氧化皮和污迹。目前常用的钢筋调直机有 GT16/4、GT3/8(图 4-28)、GT6/12、GT10/16。此外,还有一种数控钢筋调直切断机,利用光电管进行调直、输送、切断、除锈等功能的自动控制。

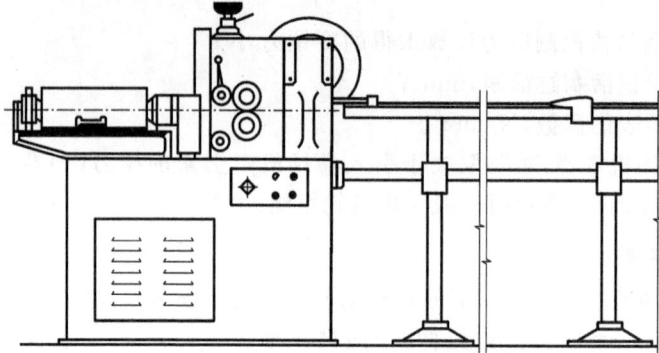

图 4-28　GT3/8 型钢筋调直机

数控钢筋调直切断机是在原有调直机的基础上应用电子控制仪,准确控制钢丝断料长度,并自动计数。该机的工作原理如图 4-29 所示。在该机摩擦轮(周长 100 mm)的同轴上装有一个穿孔光电盘(分为 100 等份),光电盘的一侧装有一只小灯泡,另一侧装有一只光电管。当钢筋通过摩擦轮带动光电盘时,灯泡光线通过每个小孔照射光电管,就被光电管接收而产生脉冲信号(每次信号为钢筋长 1 mm),控制仪长度部位数字上立即示出相应读数。当信号积累到给定数字(即钢丝调直到所指定长度)时,控制仪立即发出指令,使切断装置切断钢丝。与此同时长度部位数字回到零,根数部位数字示出根数,这样连续作业,当根数信号积累至给定数字时,即自动切断电源,停止运转。

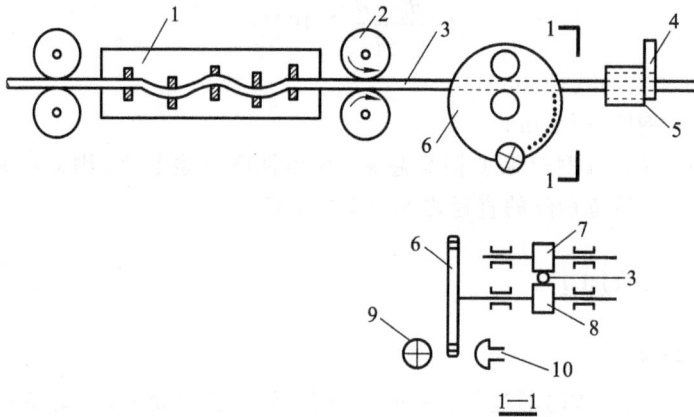

图 4-29　数控钢筋调直切断机工作原理简图

1—调直装置;2—牵引轮;3—钢筋;4—上刀口;5—下刀口;6—光电盘;7—压轮;8—摩擦轮;9—灯泡;10—光电管

数控钢筋调直切断机已在有些构件厂使用,其断料精度高(偏差仅为 1～2 mm),并实现了钢筋调直切断自动化。采用此机时,要求钢筋表面光洁,截面均匀,以免钢筋移动时速度不匀,影响切断长度的精确性。

3. 钢筋切断

钢筋切断有人工剪断、机械切断、氧气切割等三种方法。直径大于 40 mm 的钢筋一般用氧气切割。

钢筋切断机是用来把钢筋原材料或已调直的钢筋切断,其主要类型有机械式、液压式和手持式。机械式钢筋切断机有偏心轴立式、凸轮式和曲柄连杆式等形式,如图 4-30、图 4-31 所示。

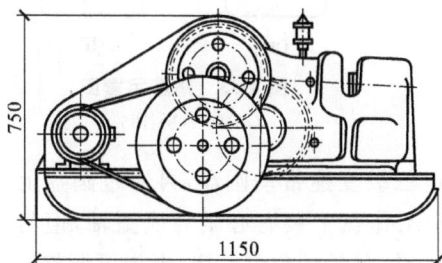

图 4-30　GQ40 型钢筋切断机

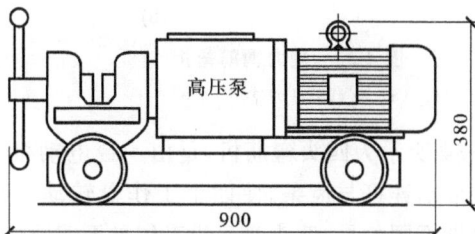

图 4-31　DYQ32B 电动液压钢筋切断机

4. 钢筋弯曲成型

将已切断、配好的钢筋弯曲成所规定的形状、尺寸是钢筋加工的一道主要工序。钢筋弯曲成型要求加工的钢筋形状正确,平面上没有翘曲不平的现象,便于绑扎安装。

钢筋弯曲视频

(1)钢筋弯钩和弯折的有关规定

① 受力钢筋。

a. HPB300 钢筋末端应作 180°弯钩,其弯弧内直径不应小于钢筋直径的 2.5 倍,弯钩的弯后平直部分长度不应小于钢筋直径的 3 倍(图 4-32)。

b. 当设计要求钢筋末端需作 135°弯钩时[图 4-32(b)],HRB400 钢筋的弯弧内直径 D 不应小于钢筋直径的 4 倍,弯钩的弯后平直部分长度应符合设计要求。

c. 钢筋作不大于 90°的弯折时,弯折处的弯弧内直径不应小于钢筋直径的 5 倍。

② 箍筋。除焊接封闭环式箍筋外,箍筋的末端应作弯钩,弯钩形式应符合设计要求;当设计无具体要求时,应符合下列规定。

a. 箍筋弯钩的弯弧内直径除应满足上述要求外,尚应不小于受力钢筋的直径。

b. 箍筋弯钩的弯折角度:对一般结构,不应小于 90°;对有抗震等要求的结构,应为 135°(图 4-33)。

c. 箍筋弯后的平直部分长度:对一般结构,不宜小于箍筋直径的 5 倍;对有抗震等要求的结构,不应小于箍筋直径的 10 倍。

(2)钢筋弯曲设备

钢筋弯曲成型有手工弯曲成型和机械弯曲成型两种方法。钢筋弯曲机有机械钢筋弯曲机、液压钢筋弯曲机和钢筋弯箍机等。机械式钢筋弯曲机按工作原理分为齿轮式及蜗轮蜗杆式钢筋弯曲机两种。

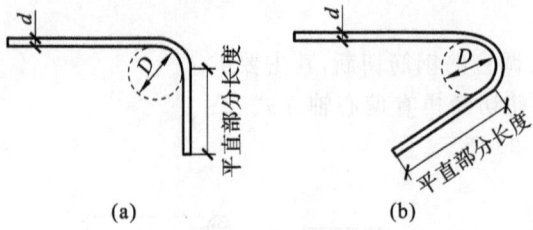

图 4-32 受力钢筋弯折

(a) 90°/90°;(b) 135°/135°

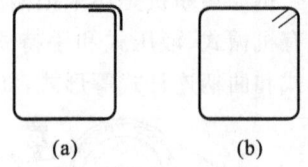

图 4-33 箍筋示意图

(a) 90°;(b) 135°

图 4-34 所示为四头弯筋机,是由一台电动机通过三级变速带动圆盘,再通过圆盘上的偏心铰带动连杆与齿条,使四个工作盘转动。每个工作盘上装有心轴与成型轴,但与钢筋弯曲机不同的是,四头弯筋机工作盘不停地往复运动,且转动角度一定(事先可调整)。四头弯筋机主要技术参数是:电机功率为 3 kW,转速为 960 r/min,工作盘反复动作次数为 31 r/min。该机可弯曲 $\phi4\sim12$ 钢筋,弯曲角度在 0°～180° 范围内变动。该机主要是用来弯制钢箍,其工效比手工操作提高约 7 倍,加工质量稳定,弯折角度偏差小。

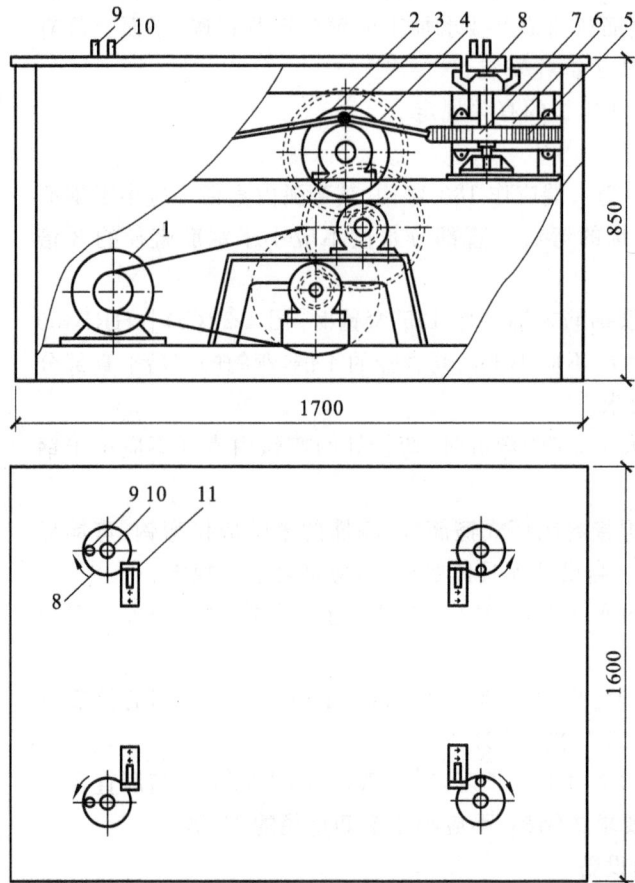

图 4-34 四头弯筋机

1—电动机;2—偏心圆盘;3—偏心铰;4—连杆;5—齿条;6—滑道;
7—正齿轮;8—工作盘;9—成型轴;10—心轴;11—挡铁

（3）弯曲成型工艺

① 画线。钢筋弯曲前，对形状复杂的钢筋（如弯起钢筋），根据钢筋料牌上标明的尺寸，用石笔将各弯曲点位置画出。画线时应注意以下几点。

a. 根据不同的弯曲角度扣除弯曲调整值，其扣法是从相邻两段长度中各扣一半。

b. 钢筋端部带半圆弯钩时，该段长度画线时增加 $0.5d$（d 为钢筋直径）。

c. 画线工作宜从钢筋中线开始向两边进行；两边不对称的钢筋，也可从钢筋一端开始画线，如画到另一端有出入时，应重新调整。

【例 4-2】　某工程有一根 $\phi20$ 的弯起钢筋，其所需的形状和尺寸如图 4-35 所示。画线方法如下：

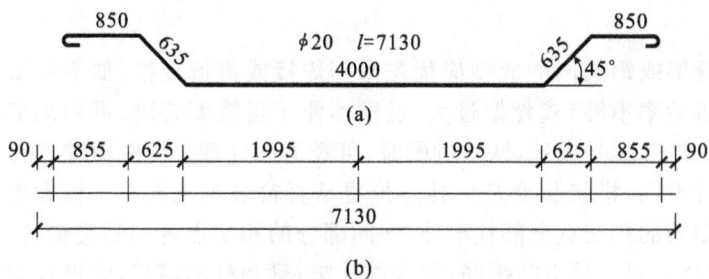

图 4-35　弯起钢筋的画线

(a) 弯起钢筋的形状和尺寸；(b) 钢筋画线

第一步在钢筋中心线上画第一道线；

第二步取中段：$4000/2 - 0.5d/2 = 1995(\text{mm})$，画第二道线；

第三步取斜段：$635 - 2 \times 0.5d/2 = 625(\text{mm})$，画第三道线；

第四步取直段：$850 - 0.5d/2 + 0.5D = 855(\text{mm})$，画第四道线。

上述画线方法仅供参考。第一根钢筋成型后应与设计尺寸校对一遍，完全符合后再成批生产。

② 钢筋弯曲成型。如图 4-36 所示，钢筋在弯曲机上成型时，心轴直径应是钢筋直径的 $2.5 \sim 5.0$ 倍，成型轴宜加偏心轴套，以便满足不同直径的钢筋弯曲需要。弯曲细钢筋时，为了使弯弧一侧的钢筋保持平直，挡铁轴宜做成可变挡架或固定挡架（加铁板调整）。

钢筋弯曲点线和心轴的关系如图 4-37 所示，由于成型轴和心轴在同时转动，就会带动钢筋向前滑移。因此，钢筋弯 $90°$ 时，弯曲点线约与心轴内边缘齐；弯 $180°$ 时，弯曲点线距心轴内边缘为 $(1.0 \sim 1.5)d$（钢筋硬时取大值）。

4.2.4　钢筋的连接

钢筋的连接方式有绑扎连接、机械连接和焊接。

钢筋的
连接视频

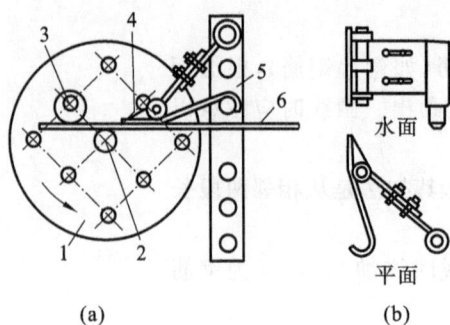

图 4-36　钢筋弯曲成型

（a）工作简图；（b）可变挡架构造

1—工作盘；2—心轴；3—成型轴；

4—可变挡架；5—插座；6—钢筋

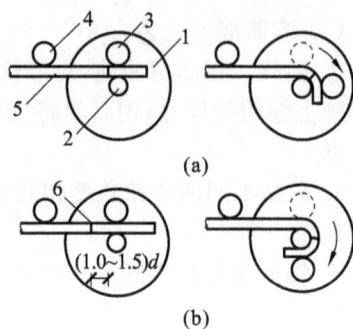

图 4-37　钢筋弯曲点线与心轴的关系

（a）弯 90°；（b）弯 180°

1—工作盘；2—心轴；3—成型轴；

4—固定挡铁；5—钢筋；6—弯曲点线

1. 钢筋绑扎连接

钢筋的接长、钢筋骨架或钢筋网的成型应优先采用焊接或机械连接，如不能采用焊接（如缺乏电焊机或焊机功率不够）或骨架过大、过重不便于运输安装时，可采用绑扎连接。钢筋绑扎一般采用 20～22 号铁丝，铁丝过硬时，可经退火处理。绑扎时应注意钢筋位置是否准确，绑扎是否牢固，搭接长度及绑扎点位置是否符合规范要求。板和墙的钢筋网，除靠近外围两行钢筋的相交点全部扎牢外，中间部分的相交点可相隔交错扎牢，但必须保证受力钢筋不位移。双向受力的钢筋，须全部扎牢；梁和柱的箍筋，除设计有特殊要求时，应与受力钢筋垂直设置。箍筋弯钩叠合处，应沿受力钢筋方向错开设置；柱中的竖向钢筋搭接时，角部钢筋的弯钩应与模板成 45°角（多边形柱为模板内角的平分角，圆形柱应与模板切线垂直）；弯钩与模板的角度最小不得小于 15°。

当受力钢筋采用机械连接接头或焊接接头时，设置在同一构件内的接头宜相互错开。同一构件中相邻纵向受力钢筋的绑扎搭接接头宜相互错开。钢筋搭接处，应在中心和两端用铁丝扎牢。在受拉区域内，HPB300 钢筋绑扎接头的末端应做弯钩。绑扎搭接接头中钢筋的横向净距不应小于钢筋直径，且不应小于 25 mm；钢筋绑扎搭接接头连接区段的长度为 1.3L_i（L_i 为搭接长度），凡搭接接头中点位于该连接区段长度内的搭接接头，均属于同一连接区段。同一连接区段内，纵向钢筋搭接接头面积百分率为该区段内有搭接接头的纵向受力钢筋截面面积与全部纵向受力钢筋截面面积的比值；同一连接区段内，纵向受拉钢筋搭接接头面积百分率应符合规范要求。

钢筋绑扎搭接长度按下列规定确定。

① 纵向受力钢筋绑扎搭接接头面积百分率不大于 25% 时，其最小搭接长度应符合表 4-7 的规定。

② 当纵向受拉钢筋搭接接头面积百分率大于 25%，但不大于 50% 时，其最小搭接长度应按表 4-7 中的数值乘以系数 1.2 取用；当接头面积百分率大于 50% 时，应按表 4-7 中的数值乘以系数 1.35 取用。

③ 纵向受拉钢筋的最小搭接长度根据前述要求确定后，处于下列情况时还应进行修正：带肋钢筋的直径大于 25 mm 时，其最小搭接长度应按相应数值乘以系数 1.1 取用；对环氧树脂涂层的带肋钢筋，其最小搭接长度应按相应数值乘以系数 1.25 取用；当在混凝

土凝固过程中受力钢筋易受扰动时(如滑模施工),其最小搭接长度应按相应数值乘以系数 1.1 取用;对末端采用机械锚固措施的带肋钢筋,其最小搭接长度可按相应数值乘以系数 0.7 取用;当带肋钢筋的混凝土保护层厚度大于搭接钢筋直径的 3 倍且配有箍筋时,其最小搭接长度可按相应数值乘以系数 0.8 取用;对有抗震设防要求的结构构件,其受力钢筋的最小搭接长度对一、二级抗震等级应按相应数值乘以系数 1.15 取用;对三级抗震等级应按相应数值乘以系数 1.05 取用。

④ 纵向受压钢筋搭接时,其最小搭接长度应根据上面的规定确定相应数值后,乘以系数 0.7 取用。

⑤ 在任何情况下,受拉钢筋的搭接长度不应小于 300 mm,受压钢筋的搭接长度不应小于 200 mm。在梁、柱类构件的纵向受力钢筋搭接长度范围内,应按设计要求配置箍筋。

2. 钢筋机械连接

钢筋机械连接有挤压连接、锥螺纹连接和直螺纹连接。

(1) 挤压连接

钢筋挤压连接是把两根待接钢筋的端头先插入一个优质钢套筒内,然后用挤压连接设备沿径向或轴向挤压钢套筒,使之产生塑性变形,依靠变形后的钢套筒与被连接钢筋纵、横肋产生的机械咬合作用实现钢筋的连接。

挤压连接的优点是接头强度高,质量稳定可靠,安全,无明火,且不受气候影响,适应性强,可用于垂直、水平、倾斜、高空、水下等的钢筋连接,还特别适用于不可焊钢筋、进口钢筋的连接,近年来推广应用迅速。挤压连接的主要缺点是设备移动不便,连接速度较慢。挤压连接分径向挤压连接和轴向挤压连接。

① 径向挤压连接。径向挤压连接是采用挤压机和压模,沿套筒直径方向,从套筒中间依次向两端挤压套筒,把插在套筒里的两根钢筋紧固成一体,形成机械接头。它适用于地震区和非地震区的钢筋混凝土结构的钢筋连接施工,如图 4-38 所示。

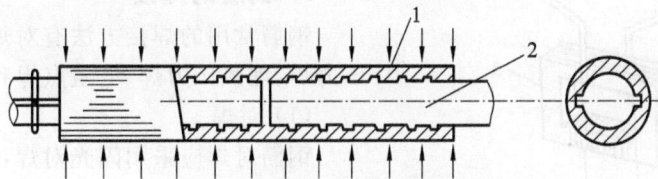

图 4-38　钢筋径向挤压连接原理图
1—钢套筒;2—被连接的钢筋

② 轴向挤压连接。轴向挤压连接是采用挤压和压模,沿钢筋轴线冷挤压金属套筒,把插入金属套筒里的两根待连接热轧钢筋紧固成一体,形成机械接头。它适用于按一、二级抗震设防的地震区和非地震区的钢筋混凝土结构工程的钢筋连接施工。

挤压连接的主要设备有超高压泵、半挤压机、挤压机、压模、手扳葫芦、画线尺、量规等。

(2) 锥螺纹连接

锥螺纹连接是将所连钢筋的对接端头,在钢筋套丝机上加工成与套筒匹配的锥螺纹,然后将带锥形内丝的套筒用扭力扳手按一定力矩值把两根钢筋连接起来,通过钢筋与套筒内丝扣的机械咬合达到连接的目的,如图 4-39 所示。

(3) 直螺纹连接

直螺纹连接是近年来开发的一种新的螺纹连接方式。它先把钢筋端部镦粗,然后再

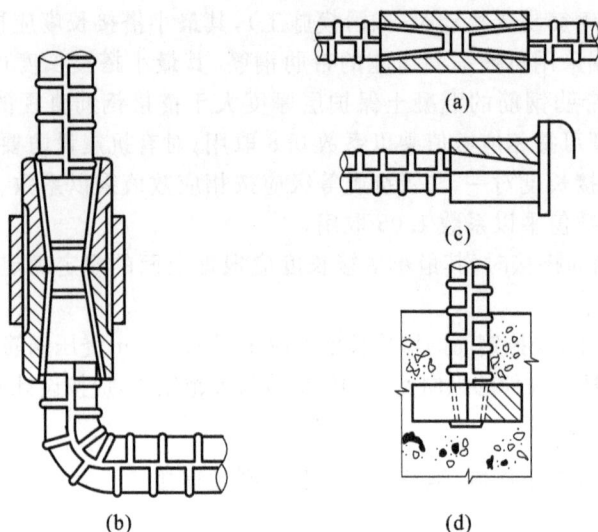

图 4-39　钢筋套管锥螺纹连接

(a) 两根直钢筋连接；(b) 一根直钢筋与一根弯钢筋连接；

(c) 在金属结构上接装钢筋；(d) 在混凝土构件中插接钢筋

切削直螺纹,最后用套筒实行钢筋对接。由于镦粗段钢筋切削后的净截面仍大于钢筋原截面,即螺纹不削弱钢筋截面,从而确保接头强度大于母材强度。直螺纹不存在扭紧力矩对接头性能的影响,从而提高了连接的可靠性,也加快了施工速度。直螺纹接头比套筒挤压接头省钢 70%,比锥螺纹接头省钢 35%,技术经济效果显著。

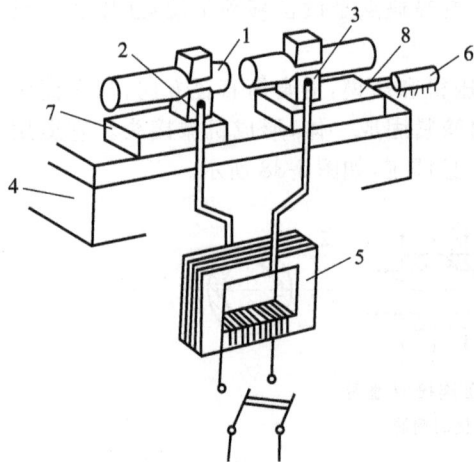

图 4-40　钢筋闪光对焊原理

1—焊接的钢筋；2—固定电极；3—可动电极；

4—机座；5—变压器；6—平动顶压机构；

7—固定支座；8—滑动支座

3. 钢筋的焊接

钢筋常用的焊接方法有对焊、电弧焊、电渣压力焊、埋弧压力焊、电阻点焊和气压焊。

(1) 对焊

钢筋对焊应采用闪光对焊,其具有成本低、质量好、工效高及适用范围广等特点。

钢筋闪光对焊的原理如图 4-40 所示。钢筋夹入对焊机的两电极中,闭合电源,然后使钢筋两端面轻微接触,这时即有电流通过,由于接触轻微,接触面很小,故接触电阻很大,因此接触点很快熔化,形成"金属过梁"。过梁进一步加热,产生金属蒸汽飞溅,形成闪光现象。钢筋加热到一定温度后,进行加压顶锻,使两根钢筋焊接在一起。闪光可防止接口处氧化,又可除去接口中原有的杂质和氧化膜,故可获得较好的焊接效果。

根据所用对焊机功率大小及钢筋品种、直径不同,闪光对焊又分为连续闪光焊、预热闪光焊、闪光-预热-闪光焊等不同工艺。

① 连续闪光焊。闭合电源,然后使钢筋两端面轻微接触,形成闪光。闪光一旦开始,

徐徐移动钢筋,形成连续闪光过程。待钢筋烧化到一定长度后,以适当的压力迅速顶锻,使两根钢筋焊牢。

② 预热闪光焊。预热闪光焊是在连续闪光焊前增加一次预热过程,以扩大焊接热影响区。这种焊接工艺是先闭合电源,然后使两钢筋端面交替地接触和分开,这时钢筋端面的间隙中即发出断续的闪光,形成预热过程。当钢筋烧化到规定的预热量后,随即进行连续闪光和顶锻。

③ 闪光-预热-闪光焊。在预热闪光焊前加一次闪光过程,目的是使不平整的钢筋端面烧化平整,使预热均匀。

(2) 电弧焊

电弧焊是利用电弧焊机使焊条与焊件之间产生高温电弧,熔化焊条和高温电弧范围内的焊件金属,凝固后形成焊缝或焊接接头。

使用电弧焊连接钢筋有三种焊接形式,即帮条焊、搭接焊和坡口焊,如图 4-41 所示。

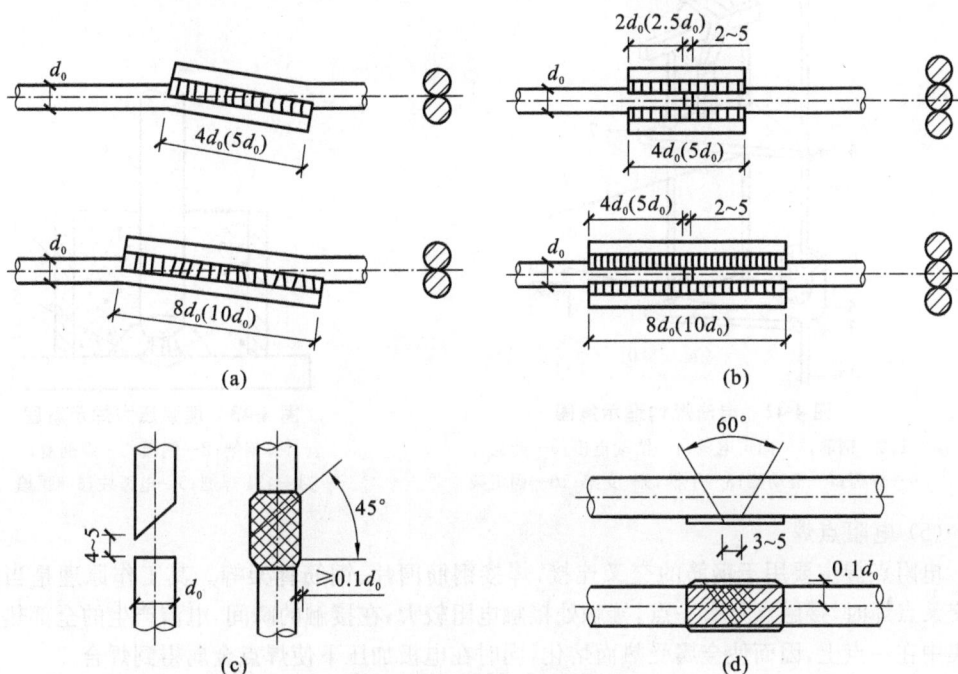

图 4-41　钢筋电弧焊的接头形式
(a) 搭接焊接头;(b) 帮条焊接头;(c) 立焊的坡口焊接头;(d) 平焊的坡口焊接头

帮条焊与搭接焊的焊缝长度应符合图 4-41 中的尺寸要求。图中不带括号的数字用于 HPB300 钢筋,括号内数字用于 HRB400 钢筋。

采用帮条焊时,帮条与被焊钢筋应同级别。当焊件为一级钢筋时,帮条总截面面积不应小于被焊钢筋截面面积的 1.2 倍;对 HRB400 钢筋,则不应小于 1.5 倍。

当采用搭接焊时,钢筋的弯折角度应能使两根钢筋的轴线在同一条直线上。

坡口焊可分为平焊和立焊,坡口焊焊缝短,可节约钢材、提高工效。

(3) 电渣压力焊

电渣压力焊是利用电流通过渣池产生的电阻热将钢筋端部熔化,然后施加压力使钢筋焊接。这种方法比电弧焊容易掌握,工效高且成本低,工作条件也好,多用于现浇钢筋混凝土结构构件竖向钢筋的焊接接长。

钢筋电渣压力焊分手工操作和自动控制两种。采用自动电渣压力焊时,主要设备是自动电渣焊机。电渣焊构造示意图如图4-42所示。施焊前,将钢筋端部120 mm范围内的锈渣除净,并用电极夹紧钢筋,在两根钢筋接头处放入导电剂,并在焊盒内装满焊剂。施焊时,接通电路使导电剂、钢筋端部及焊剂熔化,形成导电的渣池。待熔化量达到一定数值时断电并用力迅速顶锻,挤出焊件四周铁浆,使之饱满、均匀、无裂纹。

(4)埋弧压力焊

埋弧压力焊主要用于钢筋与钢板的丁字接头焊接。其工作原理是利用埋在焊接接头处的焊剂层下的高温电弧,熔化两焊件焊接接头处的金属,然后加压顶锻形成焊件焊合。埋弧压力焊示意图如图4-43所示。这种焊接方法工艺简单,比电弧焊工效高,不用焊条,质量好,具有焊后钢板变形小,焊接点抗拉强度高的特点。

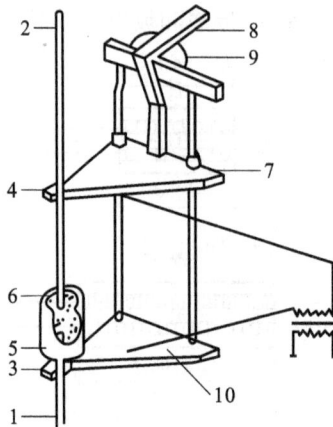

图4-42 电渣焊构造示意图

1,2—钢筋;3—固定电极;4—活动电极;5—药盒;
6—焊药;7—滑动架;8—手柄;9—支架;10—固定架

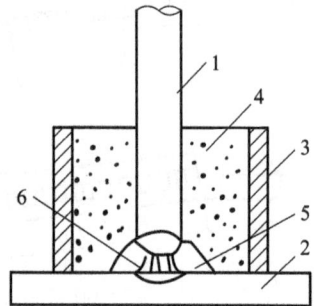

图4-43 埋弧压力焊示意图

1—钢筋;2—钢板;3—焊剂盒;
4—431焊剂;5—电弧柱;6—弧焰

(5)电阻点焊

电阻点焊主要用于钢筋的交叉连接,焊接钢筋网片、钢筋骨架等。其工作原理是当钢筋交叉点焊时,接触点只有一点,接触处接触电阻较大,在接触的瞬间,电流产生的全部热量都集中在一点上,因而使金属受热而熔化,同时在电极加压下使焊点金属得到焊合。

常用的点焊机有单点点焊机、多点点焊机、悬挂式点焊机和手提式点焊机。

电阻点焊的焊点应进行外观检查和强度试验。热轧钢筋的焊点应进行抗剪试验。冷处理钢筋的焊点除进行抗剪试验外,还应进行拉伸试验。

(6)气压焊

钢筋气压焊是利用乙炔、氧气混合气体燃烧的高温火焰,加热焊接钢筋的接合部,不待钢筋熔化便使其在高温下加压接合。钢筋气压焊属于热压焊,压接后的接头可以达到与母材相同甚至更高的强度,而且气压焊设备轻巧,使用灵活,效率高,成本低,适用于HPB300和HRB400热轧钢筋,以及直径相差不大于7 mm的不同直径钢筋及全方位(竖向、水平、斜向)布置的钢筋焊接。

气压焊的设备包括供气装置、加热器、加压器和压接器等,如图4-44所示。

气压焊操作工艺:施焊前,钢筋端头用切割机切齐,压接面应与钢筋轴线垂直,如稍

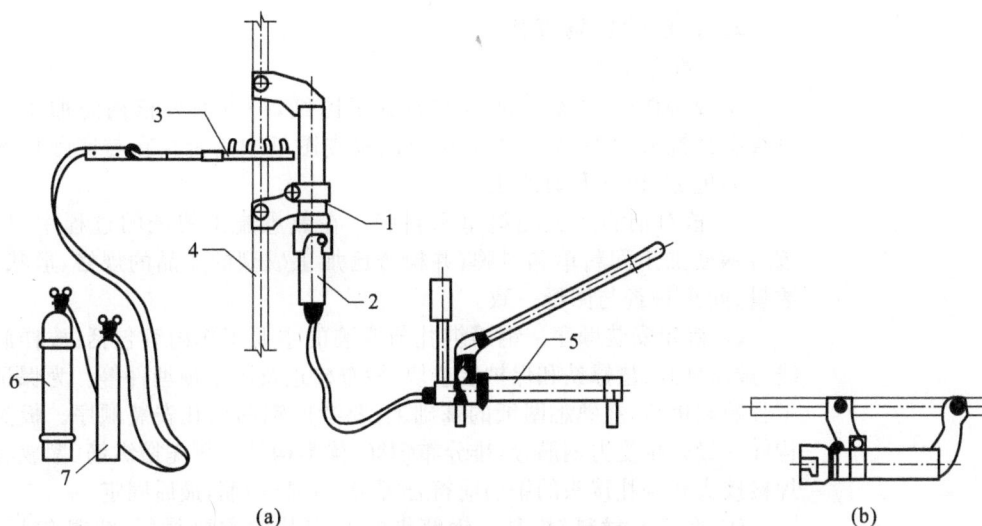

图 4-44 气压焊装置系统图

(a) 竖向焊接；(b) 横向焊接

1—压接器；2—顶头油缸；3—加热器；4—钢筋；5—加压器；6—氧气；7—乙炔

有偏斜，两钢筋间距不得大于 3 mm；钢筋切平后，端头周边用砂轮磨成小八字角，并将端头附近 50～100 mm 范围内钢筋表面的铁锈、油渍和水泥清除干净。施焊时，先将钢筋固定于压接器上，并加以适当的压力使钢筋接触，然后将火钳火口对准钢筋接缝处，加热钢筋端部至 1100～1300 ℃，表面为深红色时，当即加压油泵，对钢筋施以 40 MPa 以上的压力。压接部分的膨鼓直径为钢筋直径的 1.4 倍以上，其形状为平滑的圆球形。待钢筋加热部分火色退消后，即可拆除压接器。

4.2.5 钢筋的绑扎与安装

基面终验清理完毕或施工缝处理完毕养护一定时间，混凝土强度达到 2.5 MPa 后，即进行钢筋的绑扎与安装作业。钢筋的安设方法有两种：一种是将钢筋骨架在加工厂制好，再运到现场安装，叫整装法；另一种是将加工好的散钢筋运到现场，再逐根安装，叫散装法。

1. 钢筋的绑扎接头

(1) 钢筋绑扎要求

① 钢筋的交叉点应用铁丝扎牢。

② 柱、梁的箍筋，除设计有特殊要求外，应与受力钢筋垂直；箍筋弯钩叠合处，应沿受力钢筋方向错开设置。

③ 柱中竖向钢筋搭接时，角部钢筋的弯钩平面与模板面的夹角，矩形柱应为 45°，多边形柱应为模板内角的平分角。

④ 板、次梁与主梁交叉处，板的钢筋在上，次梁的钢筋居中，主梁的钢筋在下；当有圈梁或垫梁时，主梁的钢筋应放在圈梁上。主筋两端的搁置长度应保持均匀一致。

(2) 钢筋绑扎搭接接头

同一构件中相邻纵向受力钢筋的绑扎搭接接头宜相互错开。

2. 钢筋的现场绑扎

（1）准备工作

① 熟悉施工图纸。通过熟悉施工图纸，一方面校核钢筋加工中是否有遗漏或误差；另一方面也可以检查图纸中是否存在与实际情况不符的地方，以便及时改正。

② 核对钢筋加工配料单和料牌。在熟悉施工图纸的过程中，应核对钢筋加工配料单和料牌，并检查已加工成型的成品的规格、形状、数量、间距是否与图纸一致。

③ 确定安装顺序。钢筋绑扎与安装的主要工作内容包括：放样画线、排筋绑扎、垫撑铁和保护层垫块、检查校正及固定预埋件等。为保证工程顺利进行，在熟悉图纸的基础上，要考虑钢筋绑扎安装顺序。板类构件一般先排受力钢筋，后排分布钢筋；梁类构件一般先摆纵筋（摆放有焊接接头和绑扎接头的钢筋应符合规定），再排箍筋，最后固定。

④ 准备好材料、机具。钢筋绑扎与安装的主要材料、机具包括：钢筋钩、吊线垂球、木水平尺、麻线、长钢尺、钢卷尺、扎丝、垫保护层用的砂浆垫块或塑料卡、撬杆、绑扎架等。对于结构较大或形状较复杂的构件，为了固定钢筋还需一些钢筋支架、钢筋支撑。扎丝一般采用18～22号铁丝或镀锌铁丝；扎丝长度一般以钢筋钩拧2～3圈后，铁丝出头长度为20 cm左右为宜。

⑤ 放线。要从中心点开始，向两边量距放点，定出纵向钢筋的位置。水平筋的放线可放在纵向钢筋或模板上。

（2）钢筋的绑扎

钢筋的绑扎应顺直均匀、位置正确。钢筋绑扎的操作方法有一面顺扣法、十字花扣法、反十字扣法、兜扣法、缠扣法、兜扣加缠法、套扣法等，较常用的是一面顺扣法。一面顺扣法的操作步骤是：首先将已切断的扎丝在中间折合成180°弯，然后将扎丝清理整齐。绑扎时，执在左手的扎丝应靠近钢筋绑扎点的底部，右手拿住钢筋钩，食指压在钩前部，用钩尖端钩住扎丝底扣处，并紧靠扎丝开口端，绕扎丝拧转两圈套半，在绑扎时扎丝扣伸出钢筋底部要短，并用钩尖将铁丝扣紧。为使绑扎后的钢筋骨架不变形，每个绑扎点进扎丝扣的方向要求交替变换90°。钢筋加工的形状、尺寸，以及钢筋安置位置应符合设计要求，其偏差应符合规定。

4.3 混凝土工程施工

4.3.1 施工准备

南盘江大桥拱座大体积混凝土施工技术

混凝土施工准备的主要项目有施工缝处理，设置卸料入仓的辅助设备，模板、钢筋的架设，预埋件埋设，施工人员的组织，浇筑设备及其辅助设备的布置，浇筑前的检查验收等。

1. 施工缝处理

如果由于技术或施工组织的原因,不能对混凝土结构一次连续浇筑完毕而必须停歇较长的时间,其停歇时间已超过混凝土的初凝时间,致使混凝土已初凝,当继续浇混凝土时形成了接缝,即为施工缝。

(1) 施工缝的留设位置

施工缝一般宜留在结构受力(剪力)较小且便于施工的部位。柱子的施工缝宜留在基础与柱子交接处的水平面上,或梁的下面,或吊车梁牛腿的下面、吊车梁的上面、无梁楼盖柱帽的下面,如图 4-45 所示;高度大于 1 m 的钢筋混凝土梁的水平施工缝,应留在楼板底面下 20～30 mm 处,当板下有梁托时,留在梁托下部;单向平板的施工缝,可留在平行于短边的任何位置处;对于有主、次梁的楼板结构,宜顺着次梁方向浇筑,施工缝应留在次梁跨度的中间 1/3 范围内,如图 4-46 所示。

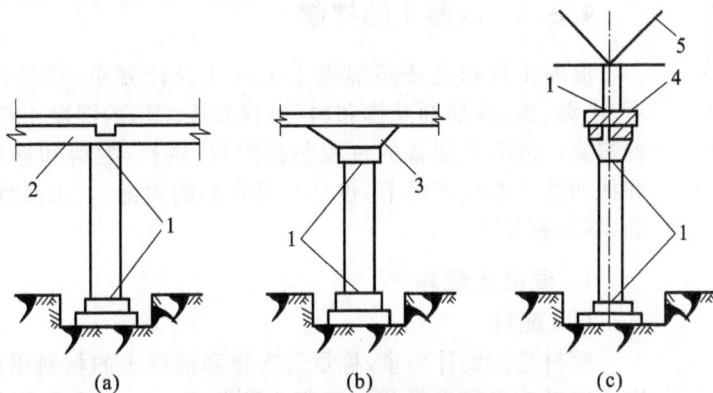

图 4-45　柱子施工缝的位置
(a) 肋形楼板柱;(b) 无梁楼板柱;(c) 吊车梁柱
1—施工缝;2—梁;3—柱帽;4—吊车梁;5—屋架

(2) 施工缝的处理

施工缝处继续浇筑混凝土时,应待混凝土的抗压强度不小于 1.2 MPa 方可进行;施工缝浇筑混凝土之前,应除去施工缝表面的水泥薄膜、松动石子和软弱的混凝土层,处理方法有风砂枪喷毛、高压水冲毛、风镐凿毛或人工凿毛,并将其充分湿润和冲洗干净,不得有积水;浇筑时,施工缝处宜先铺水泥浆(水泥:水=1:0.4)或与混凝土成分相同的水泥砂浆一层,厚度为 30～50 mm,以保证接缝的质量;浇筑过程中,施工缝应细致捣实,使其紧密结合。

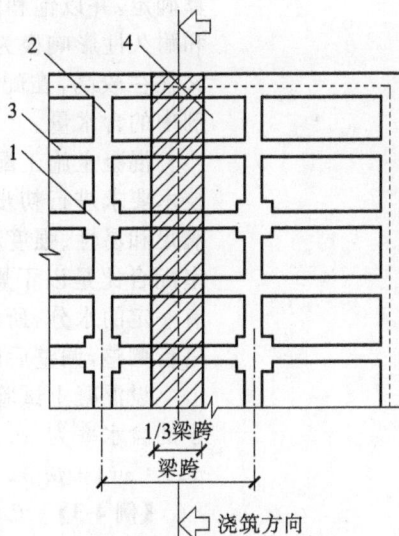

图 4-46　有梁板的施工缝位置
1—柱;2—主梁;3—次梁;4—板

2. 仓面准备

浇筑仓面的准备工作包括机具设备、劳动组合、照明、风水电供应、所需混凝土原材料的准备等,应事先安排就绪。应检查仓面施工的脚手架、工作平台、安全网、安全标识等是否牢固,电源开关、动力线路是否符合安全规定。

仓位的浇筑高程、上升速度、特殊部位的浇筑方法和质量要求等技术问题,须事先进行技术交底。

地基或施工缝处理完毕并养护一定时间,已浇好的混凝土强度达到 2.5 MPa 后,即可在仓面进行放线,安装模板、钢筋和预埋件,架设脚手架等作业。

3. 模板、钢筋及预埋件检查

开仓浇筑前,必须按照设计图纸和施工规范的要求,对仓面安设的模板、钢筋及预埋件进行全面检查验收,签发合格证。

4.3.2 混凝土的拌制

混凝土拌制是按照混凝土配合比设计要求,将各组成材料(砂、石、水泥、水、外加剂及掺和料等)拌和成均匀的混凝土料,以满足浇筑的需要。混凝土制备的过程包括贮料、供料、配料和拌和。其中配料和拌和是主要生产环节,也是质量控制的关键,要求品种无误、配料准确、拌和充分。

混凝土的
搅拌动画

1. 混凝土配料

(1) 配料

配料是按设计要求,称量每次拌和混凝土的材料用量。配料的精度直接影响混凝土质量。混凝土配料要求采用重量配料法,即将砂、石、水泥、掺和料按重量计量,水和外加剂溶液按重量折算成体积计量,称量的允许偏差满足要求。设计配合比中的加水量根据水灰比计算确定,并以饱和面干状态的砂子为标准。由于水灰比对混凝土强度和耐久性影响极为重大,绝不能任意变更;施工采用的砂子,其含水量又往往较高,在配料时采用的加水量,应扣除砂子表面含水量及外加剂中的含水量。

混凝土施工配置强度确定后,根据原材料的性能以及对混凝土的技术要求进行初步计算,得出初步配合比;再经试验室试拌调整,得出满足和易性、强度和耐久性要求的较经济合理的试验室配合比。试验室配合比是以干燥材料为基准的,而工地存放的砂、石骨料往往都含有一定的水分,所以,现场材料的实际称量应按工地砂、石的含水情况进行调整,调整后的配合比称为施工配合比。

设混凝土试验室配合比为水泥∶砂子∶石子 $=1∶x∶y$,测得砂子的含水率为 w_x,石子的含水率为 w_y,则施工配合比应为 $1∶x(1+w_x)∶y(1+w_y)$。

【例 4-3】 已知 C20 混凝土的试验室配合比为 $1∶2.55∶5.12$,水灰比为 0.65,经测定砂的含水率为 3%,石子的含水率为 1%,每 1 m³ 混凝土的水泥用量为 310 kg,则施工配合比为 $1∶2.55×(1+3\%)∶$

$5.12\times(1+1\%)=1:2.63:5.17$（水灰比为 0.65）。

每 1 m³ 混凝土材料用量如下：

水泥：310 kg；

砂子：$310\times2.63=815.3(\text{kg})$；

石子：$310\times5.17=1602.7(\text{kg})$；

水：$310\times0.65-310\times2.55\times3\%-310\times5.12\times1\%=161.91(\text{kg})$。

施工中混凝土往往采用现场搅拌，搅拌机每搅拌一次叫作一盘。所以采用现场搅拌混凝土时，还必须根据工地现有搅拌机的出料容量确定每搅拌一盘混凝土的材料用量。

本例如采用 JZ250 型搅拌机，则出料容量为 0.25 m³，则每盘施工配料如下。

水泥：

$$310\times0.25=77.5(\text{kg})（取一袋半水泥，即 75 kg）$$

砂子：

$$815.3\times\frac{75}{310}=197.25(\text{kg})$$

石子：

$$1602.7\times\frac{75}{310}=387.75(\text{kg})$$

水：

$$161.91\times\frac{75}{310}=39.17(\text{kg})$$

（2）给料

给料是将混凝土各组分从料仓按要求供到称料料斗中。给料设备的工作机构常与称量设备相连，当需要给料时，控制电路开通，进行给料。当计量达到要求时，即断电停止给料。常用的给料设备有皮带给料机、给料闸门、电磁振动给料机、叶轮给料机、螺旋给料机等。

（3）称量

混凝土配料称量的设备，有简易称量（地磅）、电动磅秤、自动配料杠杆秤、电子秤、配水箱及定量水表。

2. 混凝土拌和

混凝土拌和有人工拌和与机械拌和两种方法。用拌和机械拌和混凝土应用较广泛，能提高拌和质量和生产率。拌和机械有自落式和强制式两种，见表 4-14。

表 4-14　　　　　　　　　　　　　　　　**混凝土搅拌机类型**

自落式			强制式			
鼓筒式	双锥式		立轴式			卧轴式（单轴、双轴）
	反转出料	倾翻出料	涡桨式	行星式		
				定盘式	盘转式	

　　自落式搅拌机是通过筒身旋转带动搅拌叶片将物料提高,在重力作用下物料自由坠下,反复进行,互相穿插、翻拌、混合,使混凝土各组分搅拌均匀的。图 4-47 所示为锥形反转出料搅拌机外形,它主要由上料装置、搅拌筒、传动机构、配水系统和电气控制系统等组成。

图 4-47　锥形反转出料搅拌机外形图

　　强制式混凝土搅拌机一般筒身固定,搅拌机片旋转,对物料施加剪切、挤压、翻滚、滑动、混合作用,使混凝土各组分搅拌均匀。单卧轴强制式搅拌机如图 4-48 所示。

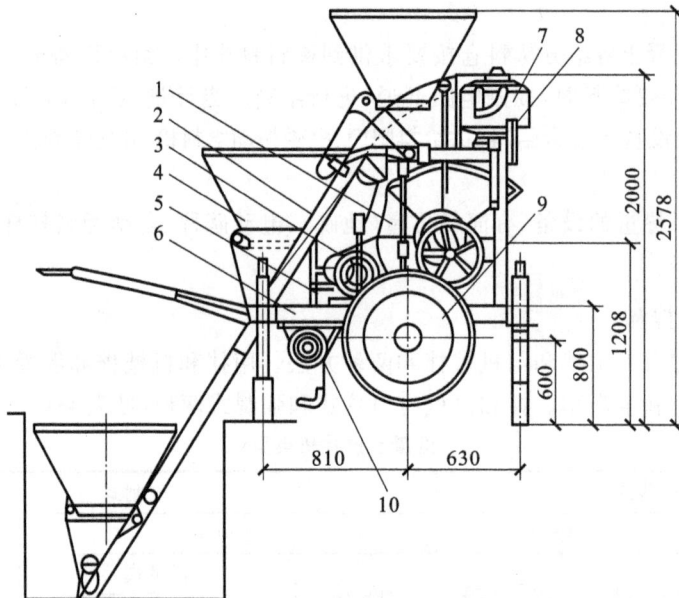

图 4-48　单卧轴强制式搅拌机

1—搅拌装置;2—上料架;3—料斗操纵手柄;4—料斗;5—水泵;6—底盘;
7—水箱;8—供水装置操纵手柄;9—车轮;10—传动装置

　　搅拌机使用前应按照"十字作业法"(清洁、润滑、调整、紧固、防腐)的要求检查离合器、制动器、钢丝绳等各个系统和部位是否机件齐全、机构灵活、运转正常,并按规定位置加注润滑油脂。进行空转检查,检查搅拌机旋转方向是否与机身箭头一致,空车运转是否达到要求值。在确认以上情况正常后,搅拌筒内加清水搅拌 3 min,然后将水放出,才可投料搅拌。

(1) 开盘操作

在完成上述检查工作后,即可进行开盘搅拌,为不改变混凝土设计配合比,补偿黏附在筒壁、叶片上的砂浆,第一盘应减少石子约 30%,或多加水泥、砂各 15%。

(2) 正常运转

确定原材料投入搅拌筒内的先后顺序,应综合考虑能否保证混凝土的搅拌质量、提高混凝土的强度、减少机械的磨损与混凝土的黏罐现象,减少水泥飞扬,降低电耗以及提高生产率等多种因素。按原材料加入搅拌筒内的投料顺序的不同,普通混凝土的搅拌方法可分为一次投料法、二次投料法和水泥裹砂法等。

① 一次投料法是目前最普遍采用的方法。它是将砂、石、水泥和水同时加入搅拌筒中进行搅拌。为了减少水泥的飞扬和黏罐现象,向搅拌机上料斗中投料的顺序宜为先倒砂子(或石子)再倒水泥,然后倒入石子(或砂子),将水泥加在砂、石之间,最后由上料斗将干物料送入搅拌筒内,加水搅拌。

② 二次投料法又分为预拌水泥砂浆法和预拌水泥净浆法。预拌水泥砂浆法是先将水泥、砂和水加入搅拌筒内进行充分搅拌,成为均匀的水泥砂浆后,再加入石子搅拌成均匀的混凝土。国内一般是用强制式搅拌机拌制水泥砂浆 1～1.5 min,然后加入石子搅拌 1～1.5 min。国外对这种工艺还设计了一种双层搅拌机(称为复式搅拌机),其上层搅拌机搅拌水泥砂浆,搅拌均匀后,再送入下层搅拌机与石子一起搅拌成混凝土。

预拌水泥净浆法是先将水泥和水充分搅拌成均匀的水泥净浆后,再加入砂和石搅拌成混凝土。国外曾设计一种搅拌水泥净浆的高速搅拌机,其不仅能将水泥净浆搅拌均匀,而且对水泥还有活化作用。国内外的试验表明,二次投料法搅拌的混凝土与一次投料法相比较,混凝土的强度可提高 15%,在强度相同的情况下,可节约水泥 15%～20%。

③ 水泥裹砂法又称 SEC 法,采用这种方法拌制的混凝土称为 SEC 混凝土或造壳混凝土。该法的搅拌程序是先加一定量的水将砂表面的含水量调到某一规定的数值后(一般为 15%～25%),再加入石子并与湿砂拌匀,然后将全部水泥投入,与砂石共同拌和使水泥在砂石表面形成一层低水灰比的水泥浆壳,最后将剩余的水和外加剂加入,搅拌成混凝土。采用 SEC 法制备的混凝土与一次投料法相比较,强度可提高 20%～30%,混凝土不易产生离析和泌水现象,工作性好。

从原材料全部投入搅拌筒中时起到开始卸料时止所经历的时间称为搅拌时间,为获得混合均匀、强度和工作性都能满足要求的混凝土,所需的最低限度的搅拌时间称为最短搅拌时间,这个时间随搅拌机的类型与容量、骨料的品种、粒径及对混凝土的工作性能要求等因素的不同而异。混凝土搅拌质量直接和搅拌时间有关,搅拌时间应满足表 4-15 的要求。

应经常检查混凝土拌合物的搅拌质量,混凝土拌合物颜色均匀一致,无明显的砂粒、砂团及水泥团,石子完全被砂浆所包裹,说明其搅拌质量较好。

每班作业后应对搅拌机进行全面清洗,并在搅拌筒内放入清水及石子运转 10～

15 min 后放出,再用竹扫帚洗刷外壁。搅拌筒内不得有积水,以免筒壁及叶片生锈,如遇冰冻季节应放尽水箱及水泵中的存水,以防冻裂。

表 4-15　　　　　　　　　　　混凝土搅拌的最短时间　　　　　　　　　　(单位:s)

混凝土坍落度/cm	搅拌机机型	搅拌机容量/L		
		＜250	250~500	＞500
≤3	强制式	60	90	120
	自落式	90	120	150
＞3	强制式	60	60	90
	自落式	90	90	120

注:1. 当掺有外加剂时搅拌时间应适当延长。

　　2. 全轻混凝土宜采用强制式搅拌机,砂轻混凝土可采用自落式搅拌机,搅拌时间均应延长 60~90 s。

　　3. 高强混凝土应采用强制式搅拌机搅拌,搅拌时间应适当延长。

每天工作完毕后,搅拌机料斗应放至最低位置,不准悬于半空。电源必须切断,锁好电闸箱,保证各机构处于空位。

3. 混凝土搅拌站

在混凝土施工工地,通常比较集中地布置骨料堆场、水泥仓库、配料装置、拌和机及运输设备等,组成混凝土拌和站,或采用成套的混凝土工厂(搅拌楼)来制备混凝土。

根据混凝土搅拌站组成部分在竖向布置方式的不同,可分为单阶式和双阶式。在单阶式混凝土搅拌站中,原材料一次提升后经过贮料斗,然后靠自重下落进入称量和搅拌工序。这种工艺流程,原材料从一道工序到下一道工序的时间短、效率高、自动化程度高,搅拌站占地面积小,适用于产量大的固定式大型混凝土搅拌站,如图 4-49 所示。

在双阶式混凝土搅拌站中,原材料经第一次提升后经过贮料斗,下落经称量配料后,再经过第二次提升进入搅拌机,如图 4-50 所示。

4.3.3　混凝土运输

混凝土运输是整个混凝土施工中的一个重要环节,对工程质量和施工进度影响较大。由于混凝土料拌和后不能久存,而且在运输过程中对外界的影响较敏感,运输方法不当或疏忽大意,都会降低混凝土质量,甚至形成废料。

混凝土料在运输过程中应满足:运输设备应不吸水、不漏浆,运输过程中不发生混凝土拌合物分离、严重泌水及过多降低坍落度;同时运输两种以上强度等级的混凝土时,应在运输设备上设置标志,以免混淆;尽量缩短运输时间、减少转运次数。运输时间不得超过表 4-16 的规定。因故停歇过久,混凝土产生初凝时,应作为废料处理。在任何情况下,严禁中途加水后运入仓内;运输道路基本平坦,避免拌合物振动、离析、分层;混凝土运输工具及浇筑地点,必要时应有遮盖或采取保温设施,以避免因日晒、雨淋、受冻而影响混凝土的质量;混凝土拌合物自由下落高度以不大于 2 m 为宜,超过此界限时应采用缓降措施。

混凝土运输分地面水平运输、垂直运输和楼面水平运输三种。地面水平运输时,短距离多用双轮手推车、机动翻斗车;长距离宜用自卸汽车、混凝土搅拌运输车。垂直运输

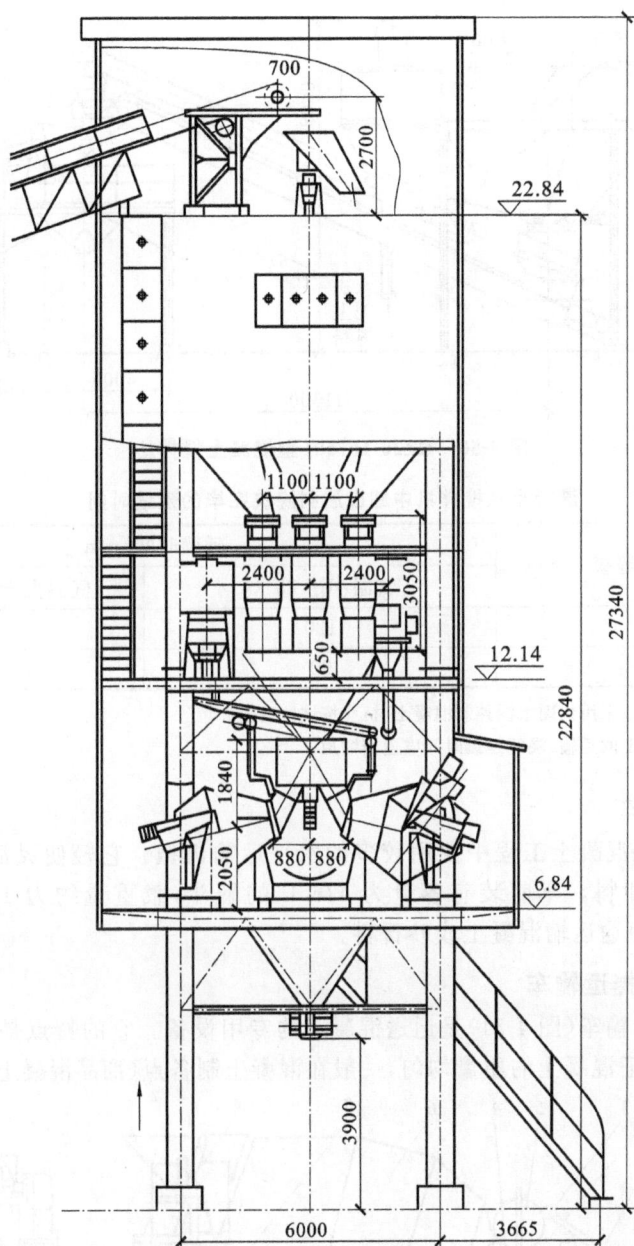

图 4-49　3×1.5 m³ 自落式搅拌楼

可采用各种井架、龙门架和塔式起重机作为垂直运输工具。对于浇筑量大、浇筑速度比较稳定的大型设备基础和高层建筑,宜采用混凝土泵,也可采用自升式塔式起重机或爬升式塔式起重机运输。

1. 人工运输

人工运输混凝土常用手推车、架子车和斗车等。用手推车和架子车时,要求运输道路路面平整,随时清扫干净,防止混凝土在运输过程中受到强烈振动。道路的纵坡,一般要求水平,局部不宜大于 15%,一次爬高不宜超过 2～3 m,运输距离不宜超过 200 m。

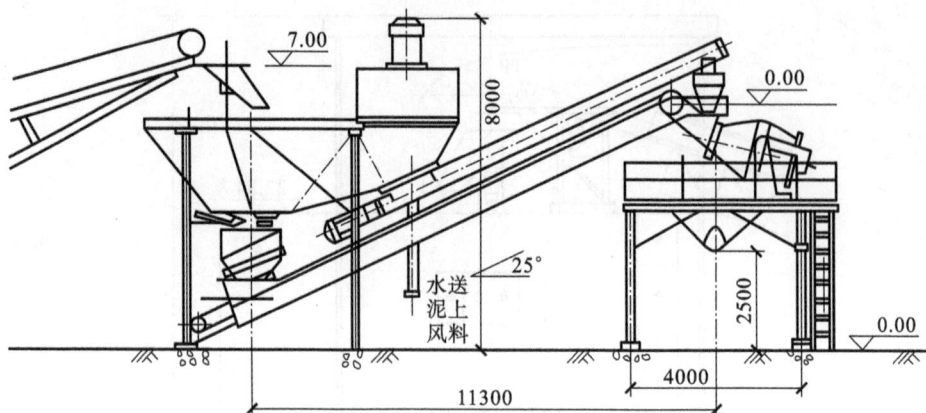

图 4-50　HZ20-1F750I 型混凝土搅拌站

表 4-16　　　　　　　　混凝土从搅拌机中卸出后到浇筑完毕的延续时间

混凝土强度等级	延续时间/min	
	气温小于 25 ℃	气温大于或等于 25 ℃
≤C30	120	90
>C30	90	60

注：1. 掺用外加剂或采用快硬水泥拌制混凝土时，应按试验确定。

　　2. 轻骨料混凝土的运输、浇筑延续时间应适当缩短。

2. 机动翻斗车

机动翻斗车是混凝土工程中使用较多的水平运输机械。它轻便灵活、转弯半径小、速度快且能自动卸料。车前装有容量为 476 L 的翻斗，载重量约为 1 t，最高时速为 20 km/h，适用于短途运输混凝土或砂石料。

3. 混凝土搅拌运输车

混凝土搅拌运输车（图 4-51）是运送混凝土的专用设备。它的特点是在运量大、运距远的情况下，能保证混凝土的质量均匀，一般在混凝土制备点（商品混凝土站）与浇筑点距

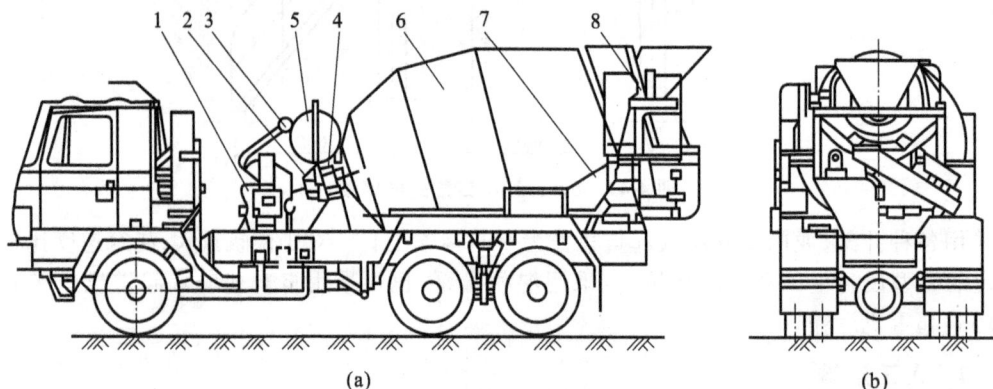

(a)　　　　　　　　　　　　(b)

图 4-51　混凝土搅拌运输车

（a）侧视；（b）后视

1—泵连接组件；2—减速机总成；3—液压系统；4—机架；5—供水系统；6—搅拌筒；7—操纵系统；8—进出料装置

离较远时使用。它的运送方式有两种:一是在 10 km 范围内短距离运送时,只作运输工具使用,即将拌和好的混凝土接送至浇筑点,在运输途中为防止混凝土分离,让搅拌筒只做低速搅动,使混凝土拌合物不致分离、凝结;二是在运距较长时,搅拌、运输两者兼用,即先在混凝土拌和站将干料(砂、石、水泥)按配比装入搅拌鼓筒内,并将水注入配水箱,开始只运送干料,然后在到达距使用点 10~15 min 路程时,启动搅拌筒,并向搅拌筒中注入定量的水,这样在运输途中边运输边搅拌成混凝土拌合物,送至浇筑点卸出。

4. 混凝土辅助运输设备

运输混凝土的辅助设备有吊罐、集料斗、溜槽、串筒等,用于混凝土装料、卸料和转运入仓,对于保证混凝土质量和运输工作顺利进行起着相当大的作用,如图 4-52 所示。

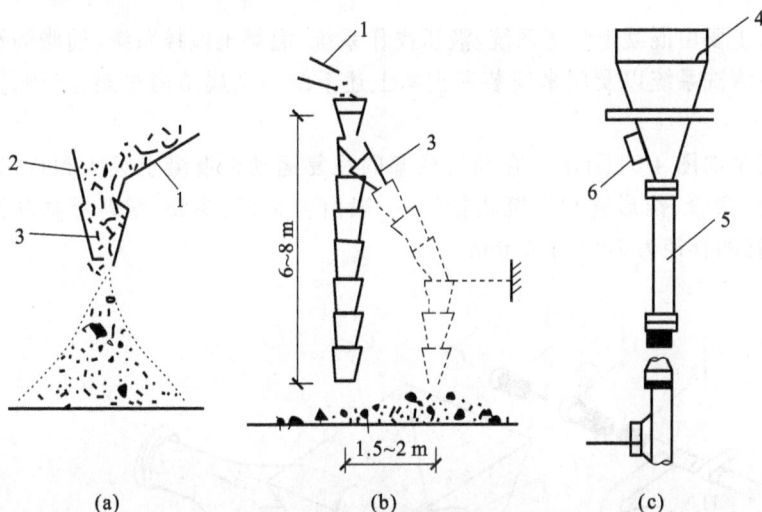

图 4-52 溜槽与串筒

(a) 溜槽;(b) 串筒;(c) 振动串筒

1—溜槽;2—挡板;3—串筒;4—漏斗;5—节管;6—振动器

5. 混凝土泵

泵送混凝土是将混凝土拌合物从搅拌机出口通过管道连续不断地泵送到浇筑仓面的一种施工方法。工程上使用较多的是液压活塞式混凝土泵,它是通过液压缸的压力油推动活塞,再通过活塞杆推动混凝土缸中的工作活塞来压送混凝土。混凝土泵可同时完成水平运输和垂直运输工作。

泵送混凝土的设备主要由混凝土泵、输送管道和布料装置构成。混凝土泵有活塞泵、气压泵和挤压泵三种类型,其中以活塞泵应用较多。活塞泵又根据其构造原理不同分为机械式和液压式两种,常用液压式。混凝土泵分拖式(地泵)和泵车两种形式。图 4-53 所示为 HBT60 拖式

泵送混凝土
施工视频

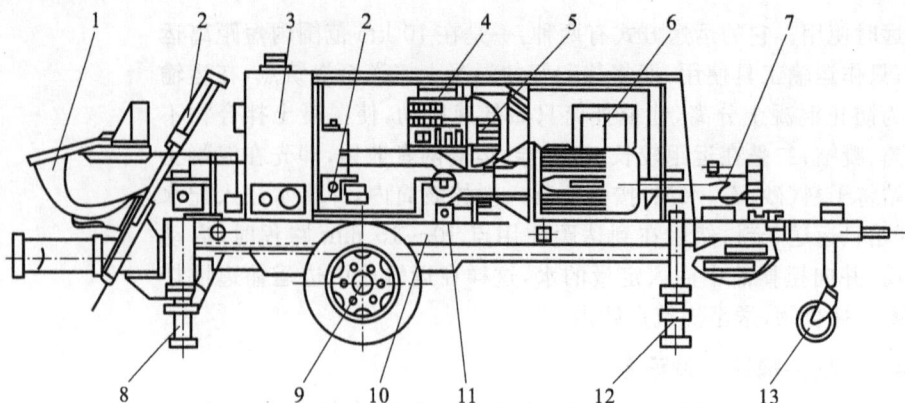

图 4-53 HBT60 拖式混凝土泵

1—料斗；2—集流阀组；3—油箱；4—操作盘；5—冷却器；6—电器柜；7—水泵；

8—后支脚；9—车桥；10—车架；11—排出量手轮；12—前支脚；13—导向轮

混凝土泵示意图。它主要由混凝土泵送系统、液压操作系统、混凝土搅拌系统、油脂润滑系统、冷却系统、水泵清洗系统以及用来安装和支承上述系统的金属结构车架、车桥、支脚和导向轮等组成。

常用的液压活塞泵如图 4-54 所示。它利用活塞的往复运动将混凝土吸入和排出。混凝土输送管有直管、弯管、锥形管和浇筑软管等，一般由合金钢、橡胶、塑料等材料制成，常用混凝土输送管的管径为 100～150 mm。

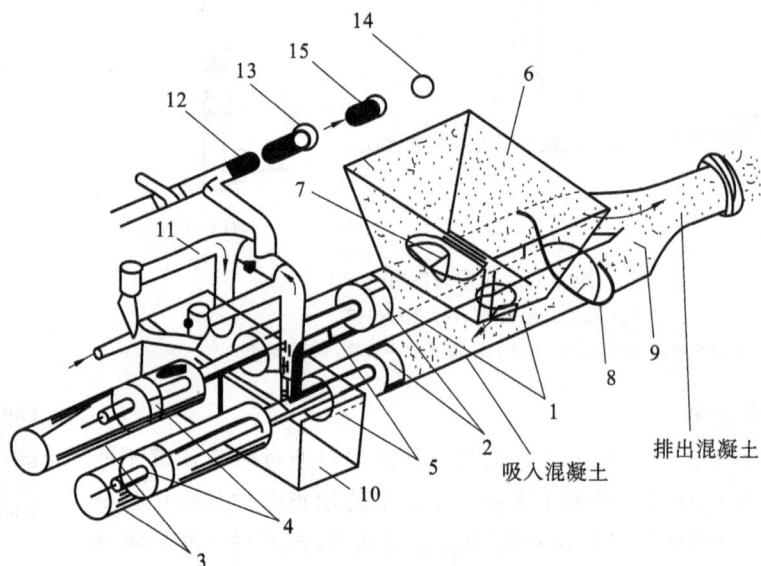

图 4-54 液压活塞式混凝土泵工作原理图

1—混凝土缸；2—混凝土活塞；3—液压缸；4—液压活塞；5—活塞杆；6—受料斗；

7—吸入端水平片阀；8—排出端竖直片阀；9—Y形输送管；10—水箱；11—水洗装置换向阀；

12—水洗用高压软管；13—水洗用法兰；14—海绵球；15—清洗活塞

泵送混凝土对原材料的要求如下。

① 粗骨料。碎石最大粒径与输送管内径之比不宜大于 1∶3，卵石不宜大于 1∶2.5。

② 砂。以天然砂为宜,砂率宜控制在 40%～50%,通过 0.315 mm 筛孔的砂不少于 15%。

③ 水泥。最少水泥用量为 300 kg/m³,坍落度宜为 80～180 mm,混凝土内宜适量掺入外加剂。泵送轻骨料混凝土的原材料选用及配合比应通过试验确定。

泵送混凝土施工中应注意以下问题。

① 输送管的布置宜短、直,尽量减少弯管数,转弯宜缓,管段接头要严密,少用锥形管。

② 混凝土的供料应保证混凝土泵能连续工作,不间断;正确选择骨料级配,严格控制配合比。

③ 泵送前,为减少泵送阻力,应先用适量与混凝土内成分相同的水泥浆或水泥砂浆润滑输送管内壁。

④ 泵送过程中,泵的受料斗内应充满混凝土,防止吸入空气造成阻塞。

⑤ 防止停歇时间过长,若停歇时间超过 45 min,应立即用压力或其他方法冲洗管内残留的混凝土。

⑥ 泵送结束后,要及时清洗泵体和管道。

⑦ 用混凝土泵浇筑的建筑物,要加强养护,防止龟裂。

4.3.4　混凝土浇筑

混凝土成型就是将混凝土拌合料浇筑在符合设计尺寸要求的模板内,加以捣实,使其具有良好的密实性,达到设计强度的要求。混凝土成型过程包括浇筑与捣实,是混凝土工程施工的关键,将直接影响构件的质量和结构的整体性。因此,混凝土经浇筑捣实后应内实外光、尺寸准确、表面平整,钢筋及预埋件位置符合设计要求,新旧混凝土结合良好。

现浇基础
混凝土施工视频

1. 浇筑前的准备工作

① 对模板及其支架进行检查,应确保标高、位置尺寸正确,强度、刚度、稳定性及严密性满足要求;模板中的垃圾、泥土和钢筋上的油污应加以清除;木模板应浇水润湿,但不允许留有积水。

② 对钢筋及预埋件,应请工程监理人员共同检查钢筋的级别、直径、排放位置及保护层厚度是否符合设计和规范要求,并认真做好隐蔽工程验收记录。

③ 准备和检查材料、机具等;注意天气预报,不宜在雨雪天气浇筑混凝土。

④ 做好施工组织工作和技术、安全交底工作。

2. 浇筑工作的一般要求

① 混凝土应在初凝前浇筑,如混凝土在浇筑前有离析现象,须重新拌和后才能浇筑。

② 浇筑时,混凝土的自由倾落高度:对于素混凝土或少筋混凝土,由料斗进行浇筑时,不应超过 2 m;对竖向结构(如柱、墙),浇筑混凝土的高度不应超过 3 m;对于配筋较密或不便捣实的结构,不宜超过 60 cm,否则应采用串筒、溜槽和振动串筒下料,以防产生离析。

③ 浇筑竖向结构混凝土前,底部应先浇入 50~100 mm 厚与混凝土成分相同的水泥砂浆,以避免产生蜂窝麻面现象。

④ 混凝土浇筑时的坍落度应符合设计要求。

⑤ 为了使混凝土振捣密实,混凝土必须分层浇筑。

⑥ 为保证混凝土的整体性,浇筑工作应连续进行。当由于技术或施工组织原因必须间歇时,其间歇时间应尽可能缩短,并应在前层混凝土凝结之前,将次层混凝土浇筑完毕。间歇的最长时间应根据所用水泥品种及混凝土条件确定。

⑦ 正确留置施工缝。施工缝位置应在混凝土浇筑之前确定,并宜留置在结构受剪力较小且便于施工的部位。柱应留水平缝,梁、板、墙应留垂直缝。

⑧ 在混凝土浇筑过程中,应随时注意模板及其支架、钢筋、预埋件及预留孔洞的情况,当出现不正常的变形、位移时,应及时采取措施进行处理,以保证混凝土的施工质量。

⑨ 在混凝土浇筑过程中应及时认真填写施工记录。

3. 整体结构浇筑

为保证结构的整体性和混凝土浇筑工作的连续性,应在下一层混凝土初凝之前将上一层混凝土浇筑完毕。因此,在编制浇筑施工方案时,首先应计算每小时需要浇筑的混凝土的数量 Q,即

$$Q = \frac{V}{t_1 - t_2} \tag{4-14}$$

式中 V——每个浇筑层中混凝土的体积,m³;

t_1——混凝土初凝时间,h;

t_2——运输时间,h。

根据式(4-14)即可计算所需搅拌机、运输工具和振动器的数量,并据此拟订浇筑方案和组织施工。

(1) 框架结构浇筑

框架结构的主要构件有基础、柱、梁、楼板等。其中梁、楼板、柱等构件是沿垂直方向重复出现的,因此,一般按结构层来分层施工。如果平面面积较大,还应分段进行(一般以伸缩缝划分施工段),以便各工序流水作业。混凝土的浇筑顺序是先浇捣柱子,在柱子浇捣完毕后停歇 1~1.5 h,使混凝土达到一定强度后,再浇捣梁和板。

柱宜在梁板模板安装后、钢筋未绑扎前浇筑,以便利用梁板模板作横向支撑和柱浇筑操作平台用;一排柱子的浇筑顺序是从两端同时向中间推进,以防柱模板在横向推力下向一方倾斜;当柱子断面小于 400 mm×400 mm,并有交叉箍筋时,可在柱模侧面每段不超过 2 m 的高度开口,插入斜溜槽分段浇筑;开始浇筑柱时,底部应先填 50~100 mm 厚与混凝土成分相同的水泥砂浆,以免底部产生蜂窝现象;随着柱子浇筑高度的增加,混凝土表面将积聚大量浆水,因此混凝土的水灰比和坍落度亦应随浇筑高度的增加予以递减。

在浇筑与柱连成整体的梁或板时,应在柱浇筑完毕后停歇 1~1.5 h,使其获得初步沉实,排除泌水,而后再继续浇筑梁或板。肋形楼板的梁板应同时浇筑,其顺序是先根据

梁高分层浇筑成阶梯形,当达到板底位置时即与板的混凝土一起浇筑,而且倾倒混凝土的方向应与浇筑方向相反;当梁的高度大于 1 m 时,可先单独浇梁,并在板底以下 20～30 mm 处留设水平施工缝。浇筑无梁楼盖时,在柱帽下 50 mm 处暂停,然后分层浇筑柱帽,下料应对准柱帽中心,待混凝土接近楼板底面时,再连同楼板一起浇筑。

此外,与墙体同时整浇的柱子,两侧浇筑高差不能太大,以防柱子中心移动。楼梯宜自下而上一次浇筑完成,当必须留置施工缝时,其位置应在楼梯长度中间 1/3 范围内。对于钢筋较密集处,可改用细石混凝土,并加强振捣以保证混凝土密实。应采取有效措施保证钢筋保护层厚度及钢筋位置和结构尺寸的准确,注意施工中不要踩倒负弯矩部分的钢筋。

(2) 剪力墙浇筑

剪力墙浇筑除按一般规定进行外,还应注意门窗洞口应在两侧同时下料,浇筑高度差不能太大,以免门窗洞口发生位移或变形;同时应先浇筑窗台下部,后浇筑窗间墙,以防窗台出现蜂窝孔洞。

(3) 大体积混凝土浇筑

大体积混凝土是指厚度大于或等于 1.5 m,长、宽较大,施工时水化热引起混凝土内的最高温度与外界温度之差不低于 25 ℃的混凝土结构,一般多为工业建筑中的设备基础及高层建筑中厚大的桩基承台或基础底板等。其特点是混凝土浇筑面和浇筑量大,整体性要求高,不能留施工缝,浇筑后水泥的水化热量大且聚集在构件内部,形成较大的内外温差,易造成混凝土表面产生收缩裂缝等问题。

为保证混凝土浇筑工作连续进行,不留施工缝,应在下一层混凝土初凝之前将上一层混凝土浇筑完毕。要求混凝土按不小于下述的浇筑量进行浇筑:

$$Q = \frac{FH}{T} \tag{4-15}$$

式中　Q——混凝土最小浇筑量,m³/h;

　　　F——混凝土浇筑区的面积,m²;

　　　H——浇筑层厚度,m;

　　　T——下层混凝土从开始浇筑到初凝所容许的时间间隔,h。

大体积混凝土结构的浇筑方案,一般分为全面分层、分段分层和斜面分层三种,如图 4-55 所示。

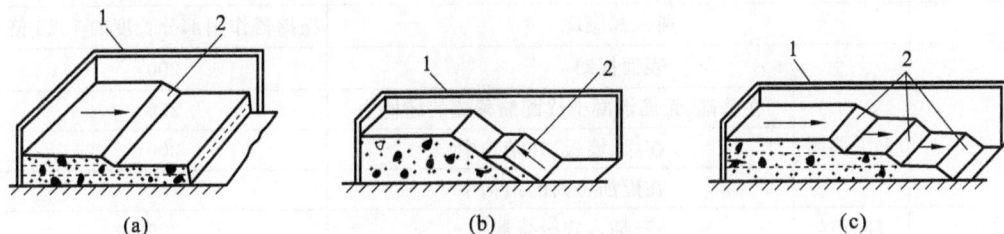

图 4-55　大体积混凝土浇筑方案

(a) 全面分层;(b) 分段分层;(c) 斜面分层

1—模板;2—新浇筑的混凝土

① 全面分层。在整个结构内全面分层浇筑混凝土,要做到第一层全部浇筑完毕,在初凝前再回来浇筑第二层,如此逐层进行,直到浇筑完毕。采用此方案,结构平面尺寸不宜过

大,施工时从短边开始,沿长边进行,必要时亦可从中间向两端或从两端向中间同时进行。

② 分段分层。混凝土从底层开始浇筑,进行一定距离后回来浇筑第二层,如此依次向前浇筑以上各层。每段的长度可根据混凝土浇筑到末端后,下层末端的混凝土还未初凝来确定。分段分层浇筑方案适用于厚度不太大而面积较大或长度较长的结构。

③ 斜面分层。当结构的长度大大超过厚度而混凝土的流动性又较大时,采用分段分层方案浇筑混凝土往往不能形成稳定的分层踏步,这时可采用斜面分层浇筑方案。施工时将混凝土一次浇筑到顶,让混凝土自然地流淌,形成一定的斜面。这时混凝土的振捣工作应从浇筑层下端开始,逐渐上移,以保证混凝土施工质量。这种方案很适合混凝土泵送工艺,可免除混凝土输送管的反复拆装。

(4) 免振捣混凝土

免振捣混凝土又称自密实混凝土,它是通过外加剂(包括高性能减水剂、超塑化剂、稳定剂等)、超细矿物粉体等胶结材料和粗、细骨料的选择与搭配、配合比的精心设计,使混凝土拌合物屈服剪应力减小到适宜范围,同时又具有足够的塑性黏度,使骨料悬浮于水泥浆中,不出现离析和泌水等现象,在基本不用振捣的条件下通过自重实现自由流淌,充分填充模板内及钢筋之间的空间形成密实且均匀的结构。免振捣自密实混凝土的工作性能应达到:坍落度为 $250\sim270$ mm,扩展度为 $550\sim700$ mm,流淌高差不大于 15 mm。有研究表明,不经振捣的自密实混凝土可以在硬化后形成致密、渗透性很低的结构,且干缩率较同强度等级的普通混凝土小。

4. 混凝土浇筑工艺

(1) 铺料

开始浇筑前,要在老混凝土面上先铺一层 $2\sim3$ cm 厚的水泥砂浆(接缝砂浆),以保证新混凝土与基岩或老混凝结合良好。砂浆的水灰比应较混凝土水灰比减少 $0.03\sim0.05$。混凝土的浇筑应按一定厚度、次序、方向分层推进。

铺料厚度应根据拌和能力、运输距离、浇筑速度、气温及振捣器的性能等因素确定。一般情况下,混凝土浇筑层的允许最大厚度不应超过表 4-17 规定的数值,如采用低流态混凝土及大型强力振捣设备时,其浇筑层厚度应根据试验确定。

表 4-17　　　　　　　　　　　混凝土浇筑层厚度

项次	捣实混凝土的方法		浇筑层厚度/mm
1	插入式振捣		振捣器作用部分长度的 1.25 倍
2	表面振动		200
3	人工捣固	在基础、无筋混凝土或配筋稀疏的结构中	250
		在梁、墙板、柱结构中	200
		在配筋密列的结构中	150
4	轻骨料混凝土	插入式振捣器	300
		表面振动(振动时须加荷)	200

(2) 平仓

平仓是把卸入仓内成堆的混凝土摊平到要求的均匀厚度。平仓不好会造成离析,使骨料架空,严重影响混凝土质量。平仓可分为人工平仓和振捣器平仓两种。

① 人工平仓。人工平仓用铁锹,平仓距离不超过 3 m,且只适用于在靠近模板和钢

筋较密的地方,以及设备预埋件等空间狭小的二期混凝土。

② 振捣器平仓。振捣器平仓时应将振捣器斜插入混凝土料堆下部,使混凝土向操作者位置移动,然后一次一次地插向料堆上部,直至混凝土摊平到规定的厚度为止。如将振捣器垂直插入料堆顶部,平仓工效固然较高,但易造成粗骨料沿锥体四周下滑,砂浆则集中在中间形成砂浆窝,影响混凝土匀质性。经过振动摊平的混凝土表面可能已经泛出砂浆,但内部并未完全捣实,切不可将平仓和振捣合二为一,以免影响浇筑质量。

（3）振捣

振捣是振动捣实的简称,它是保证混凝土浇筑质量的关键工序。振捣的目的是尽可能减少混凝土中的空隙,以清除混凝土内部的孔洞,并使混凝土与模板、钢筋及预埋件紧密结合,从而保证混凝土的最大密实度,提高混凝土质量。

当结构钢筋较密,振捣器难以施工,或混凝土内有预埋件、观测设备,周围混凝土振捣力不宜过大时采用人工振捣。人工振捣要求混凝土拌合物坍落度大于 5 cm,铺料层厚度小于 20 cm。人工振捣工具有捣固锤、捣固铲和捣固杆。捣固锤主要用来捣固混凝土的表面;捣固铲用于插边,使砂浆与模板靠紧,防止表面出现麻面;捣固杆用于钢筋稠密的混凝土中,以使钢筋被水泥砂浆包裹,增加混凝土与钢筋之间的握裹力。人工振捣工效低,混凝土质量不易保证。

混凝土振捣主要采用振捣器进行,振捣器产生小振幅、高频率的振动,使混凝土在其振动的作用下,内摩擦力和黏结力大大降低,使干稠的混凝土获得了流动性,在重力的作用下骨料互相滑动而紧密排列,空隙被砂浆填满,空气被排出,从而使混凝土密实,填满模板内部空间且与钢筋紧密结合。

混凝土振捣器分为内部式振捣器、外部式振捣器和表面式振捣器,如图 4-56 所示。

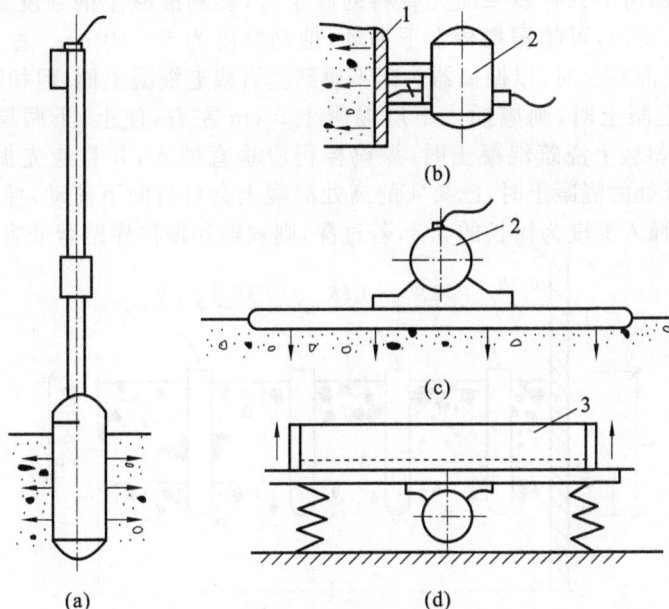

图 4-56 混凝土振捣器
1—模板;2—振捣器;3—振动台
(a) 内部式振捣器;(b) 外部式振捣器;(c) 表面式振捣器;(d) 振动台

① 内部式振捣器。

一般工程均采用电动插入式振捣器。电动插入式振捣器又分为串激式振捣器、软轴振捣器和硬轴振捣器三种。

混凝土振捣在平仓之后立即进行,此时混凝土流动性好,振捣容易,捣实质量好。振捣器的选用,对于素混凝土或钢筋稀疏的部位,宜选用大直径的振捣棒;坍落度小的干硬性混凝土,宜选用高频和振幅较大的振捣器。振捣作业路线保持一致,并按顺序依次进行,以防漏振。振捣棒尽可能垂直地插入混凝土中。如振捣棒较长或把手位置较高,垂直插入感到操作不便时,也可略带倾斜,但与水平面夹角不宜小于 45°,且每次倾斜方向应保持一致,否则对于下部混凝土而言将会发生漏振。振捣时作用轴线应平行,如不平行也会出现漏振点。插入式振捣器操作示意图如图 4-57 所示。

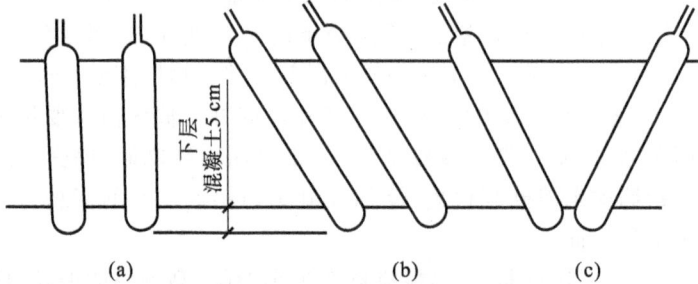

图 4-57 插入式振捣器操作示意图
(a) 直插法;(b) 斜插法;(c) 错误方法

振捣棒应快插、慢拔。插入过慢,上部混凝土先捣实,就会阻止下部混凝土中的空气和多余的水分向上逸出;拔得过快,周围混凝土来不及填铺振捣棒留下的孔洞,将在每一层混凝土的上半部留下只有砂浆而无骨料的砂浆柱,影响混凝土的强度。为使上、下层混凝土振捣密实、均匀,可将振捣棒上下抽动,抽动幅度为 5～10 cm。振捣棒的插入深度,在振捣第一层混凝土时,以振捣器头部不碰到基岩或老混凝土面,但相距不超过 5 cm 为宜;振捣上层混凝土时,则应插入下层混凝土 5 cm 左右,使上、下两层结合良好,如图 4-58所示。在斜坡上浇筑混凝土时,振捣棒仍应垂直插入,并且应先振低处,再振高处,否则在振捣低处的混凝土时,已捣实的高处混凝土会自行向下流动,使密实性受到破坏。软轴振捣棒插入深度为棒长的 3/4,若过深,则软轴和振捣棒结合处容易损坏。

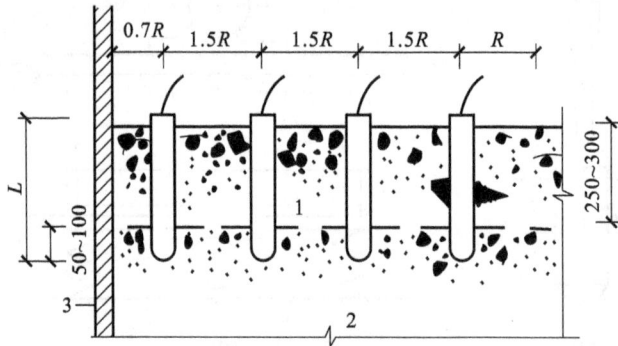

图 4-58 插入式振捣器的插入深度
1—新浇筑的混凝土;2—下层已振捣但尚未初凝的混凝土;3—模板
R—有效作用半径;L—振捣棒长度

　　振捣棒在每一孔位的振捣时间,以混凝土不再显著下沉,水分和气泡不再逸出并开始泛浆为准。振捣时间和混凝土坍落度、石子类型及最大粒径、振捣器的性能等因素有关,一般为 20～30 s。振捣时间过长,不但降低工效,且使砂浆上浮过多,石子集中于下部,混凝土产生离析,严重时整个浇筑层呈"千层饼"状态。

　　振捣器的插入间距控制在振捣器有效作用半径的 1.5 倍以内,实际操作时也可根据振捣后在混凝土表面留下的圆形泛浆区域能否在正方形排列(直线行列移动)的 4 个振捣孔位的中点[图 4-59(a)中的 A、B、C、D 点],或三角形排列(交错行列移动)的 3 个振捣孔位的中点[图 4-59(b)中的 A、B、C、D、E、F 点]相互衔接来判断。在模板边、预埋件周围、布置有钢筋的部位以及两罐(或两车)混凝土卸料的交界处,宜适当减少插入间距,以加强振捣,但不宜小于振捣棒有效作用半径的 1/2,并注意不能触及钢筋、模板及预埋件。为提高工效,振捣棒插入孔位应尽可能呈三角形分布。

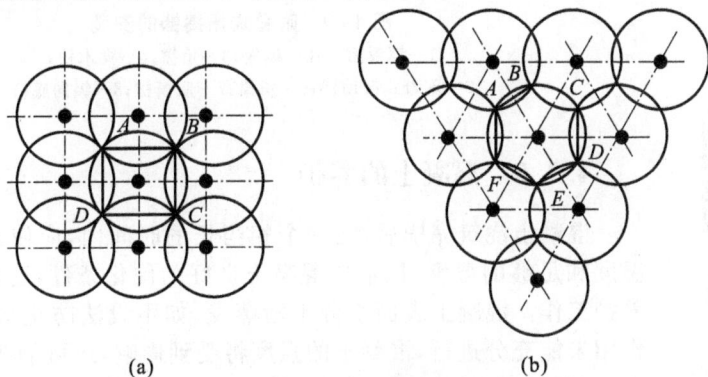

图 4-59　振捣孔位布置图
(a) 正方形分布;(b) 三角形分布

　　② 外部式振捣器。

　　外部式振捣器也称附着式振捣器。其安装时应保证转轴水平或垂直,如图 4-60 所示。在一个模板上安装多台附着式振捣器同时进行作业时,各振捣器频率必须保持一致,相对安装的振捣器的位置应错开。振捣器所装置的构件模板要坚固牢靠,构件的面积应与振捣器的额定振动板面积相适应。

　　③ 表面式振捣器。

　　表面式振捣器有振动板和振动梁两种。使用表面式振捣器时,操作人员应穿绝缘胶鞋、戴绝缘手套,以防触电;表面式振捣器要保持拉绳干燥和绝缘,移动和转向时,应蹬踏平板两端,不得蹬踏电机。操作时可通过倒顺开关控制电机的旋转方向,使振捣器的电机旋转方向正转或反转,从而使振捣器自动地向前或向后移动。沿铺料路线逐行进行振捣,两行之间要搭接 5 cm 左右,以防漏浆。振捣时当混凝土拌合物停止下沉、表面平整,往上返浆且已达到均匀状态并充满模壳时,表明已振实,可转移作业面,时间一般为30 s左右。在转移作业面时,要注意电缆线勿被模板、钢筋露头等挂住,防止拉断或造成触电事故。振捣混凝土时,一般横向和竖向各振捣一遍即可,第一遍主要是密实,第二遍是使表面平整,其中第二遍是在已振捣密实的混凝土面上快速拖行。

　　混凝土振动台是一种强力振动成型机械装置,必须安装在牢固的基础上,地脚螺栓应有足够的强度并拧紧。在振捣作业中,必须安置牢固可靠的模板锁紧夹具,以保证模板和混凝土与台面一起振动。

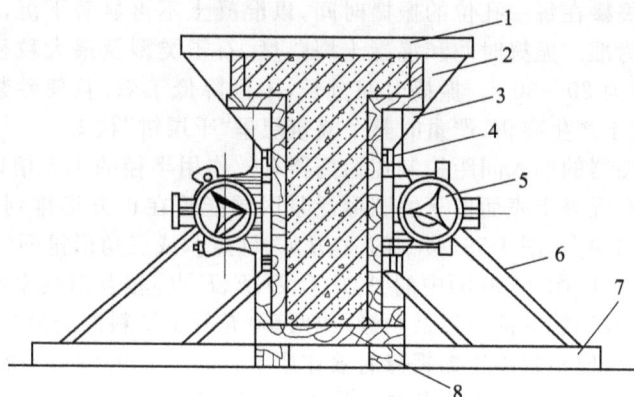

图 4-60　附着式振捣器的安装
1—模板面卡；2—模板；3—角撑；4—夹木枋；
5—附着式振动器；6—斜撑；7—底横枋；8—纵向底枋

4.3.5　混凝土的养护

　　混凝土浇筑完毕后，在一个相当长的时间内，应使其保持适当的温度和足够的湿度，以形成混凝土良好的硬化条件，这就是混凝土的养护工作。混凝土表面水分不断蒸发，如不设法防止水分损失，水化作用未能充分进行，混凝土的强度将受到影响，还可能产生干缩裂缝。因此混凝土养护的目的，一是创造有利条件，使水泥充分水化，加速混凝土的硬化；二是防止混凝土成型后因曝晒、风吹、干燥等自然因素影响，出现不正常的收缩、裂缝等现象。

　　混凝土的养护方法分为自然养护和热养护两类，见表 4-18。养护时间取决于当地气温、水泥品种和结构物的重要性。混凝土必须养护至其强度达到 $1.2\ N/mm^2$ 以上才可在其上行人和架设支架、安装模板，但不得冲击混凝土。

表 4-18　　　　　　　　　　　混凝土的养护

类别	名称	说明
自然养护	洒水（喷雾）养护	在混凝土面不断洒水（喷雾），保持其表面湿润
	覆盖浇水养护	在混凝土面覆盖湿麻袋、草袋、湿砂、锯末等，不断洒水保持其表面湿润
	围水养护	四周围成土埂，将水蓄在混凝土表面
	铺膜养护	在混凝土表面铺上薄膜，阻止水分蒸发
	喷膜养护	在混凝土表面喷上薄膜，阻止水分蒸发
热养护	蒸汽养护	利用热蒸汽对混凝土进行湿热养护
	热水（热油）养护	将水或油加热，将构件搁置在其上养护
	电热养护	对模板加热或微波加热养护
	太阳能养护	利用各种罩、窑、集热箱等封闭装置对构件进行养护

4.4　冬期施工、高温施工、雨期施工

根据当地多年气象资料统计,当室外日平均气温连续 5 d 稳定低于 5 ℃时,应采取冬期施工措施;当室外日平均气温连续 5 d 稳定高于 5 ℃时,可解除冬期施工措施。当混凝土未达到受冻临界强度而气温骤降至 0 ℃以下时,应按冬期施工的要求采取应急防护措施。当日平均气温达到 30 ℃及 30 ℃以上时,应按高温施工要求采取措施。雨季和降雨期间,应按雨期施工要求采取措施。

混凝土冬期施工应按《建筑工程冬期施工规程》(JGJ/T 104—2011)的有关规定进行热工计算。

4.4.1　冬期施工

冬期施工配制混凝土宜选用硅酸盐水泥或普通硅酸盐水泥。采用蒸汽养护时,宜选用矿渣硅酸盐水泥。

用于冬期施工混凝土的粗、细骨料中,不得含有冰、雪冻块及其他易冻裂物质。

冬期施工混凝土用外加剂应符合《混凝土外加剂应用技术规范》(GB 50119—2013)的有关规定。采用非加热养护方法时,混凝土中宜掺入引气剂、引气型减水剂或含有引气组分的外加剂,混凝土含气量宜控制在 3.0%～5.0%。

① 冬期施工混凝土配合比应根据施工期间环境气温、原材料、养护方法、混凝土性能要求等经试验确定,并宜选择较小的水胶比和坍落度。

冬期施工混凝土搅拌前,原材料的预热应符合下列规定。

a. 宜加热拌合水。当仅加热拌合水不能满足热工计算要求时,可加热骨料。拌合水与骨料的加热温度可通过热工计算确定,加热温度不应超过表 4-19 的规定。

表 4-19　　　　　　　　　　拌合水及骨料最高加热温度　　　　　　　　　(单位:℃)

水泥强度等级	拌合水	骨料
42.5 以下	80	60
42.5、42.5R 及以上	60	40

b. 水泥、外加剂、矿物掺和料不得直接加热,应事先贮于暖棚内预热。

② 冬期施工混凝土搅拌应符合下列规定。

a. 液体防冻剂使用前应搅拌均匀,由防冻剂溶液带入的水分应从混凝土拌合水中扣除。

b. 蒸汽法加热骨料时,应加大对骨料含水率测试的频率,并应将由骨料带入的水分从混凝土拌合水中扣除。

c. 混凝土搅拌前应对搅拌机械进行保温或采用蒸汽进行加温,搅拌时间应比常温搅拌时间延长 30～60 s。

d. 混凝土搅拌时应先投入骨料与拌合水,预拌后再投入胶凝材料与外加剂。胶凝材

料、引气剂或含引气组分外加剂不得与 60 ℃以上热水直接接触。

③ 混凝土拌合物的出机温度不宜低于 10 ℃,入模温度不应低于 5 ℃;对预拌混凝土或需远距离输送的混凝土,混凝土拌合物的出机温度可根据运输机具和输送距离经热工计算确定,但不宜低于 15 ℃。大体积混凝土的入模温度根据实际情况可适当降低。

④ 混凝土运输、输送机具及泵管应采取保温措施。当采用泵送工艺浇筑时,应采用水泥浆或水泥砂浆对泵和泵管进行润滑、预热。混凝土运输、输送与浇筑过程中应进行测温,温度应满足热工计算的要求。

⑤ 混凝土浇筑前,应清除地基、模板和钢筋上的冰雪和污垢,并应进行覆盖保温。

⑥ 混凝土分层浇筑时,分层厚度不应小于 400 mm。在被上一层混凝土覆盖前,已浇筑层的温度应满足热工计算要求,且不得低于 2 ℃。

⑦ 采用加热方法养护现浇混凝土时,应考虑加热产生的温度应力对结构的影响,并应合理安排混凝土浇筑顺序与施工缝留置位置。

⑧ 冬期浇筑的混凝土,其受冻临界强度应符合下列规定。

a. 当采用蓄热法、暖棚法、加热法施工时,采用硅酸盐水泥、普通硅酸盐水泥配制的混凝土,不应低于设计混凝土强度等级值的 30%;采用矿渣硅酸盐水泥、粉煤灰硅酸盐水泥、火山灰质硅酸盐水泥、复合硅酸盐水泥配制的混凝土时,不应低于设计混凝土强度等级值的 40%。

b. 当室外最低气温不低于-15 ℃时,采用综合蓄热法、负温养护法施工的混凝土受冻临界强度不应低于 4.0 MPa;当室外最低气温不低于-30 ℃时,采用负温养护法施工的混凝土受冻临界强度不应低于 5.0 MPa。

c. 强度等级等于或高于 C50 的混凝土,不宜低于设计混凝土强度等级值的 30%。

d. 对有抗冻耐久性要求的混凝土,不宜低于设计混凝土强度等级值的 70%。

⑨ 混凝土结构工程冬期施工养护应符合下列规定。

a. 当室外最低气温不低于-15℃时,对地面以下的工程或表面系数不大于 5 m⁻¹的结构,宜采用蓄热法养护,并应对结构易受冻部位加强保温措施。

b. 当采用蓄热法不能满足要求时,对表面系数为 5~15 m⁻¹的结构,可采用综合蓄热法养护。采用综合蓄热法养护时,混凝土中应掺加具有减水、引气性能的早强剂或早强型外加剂。

c. 对不易保温养护,且对强度增长无具体要求的一般混凝土结构,可采用掺防冻剂的负温养护法进行施工。

d. 当蓄热法、综合蓄热法、掺防冻剂的负温养护法等不能满足施工要求时,可采用暖棚法、蒸汽加热法、电加热法等方法,但应采取降低能耗的措施。

⑩ 混凝土浇筑后,对裸露表面应采取防风、保湿、保温措施,对边、棱角及易受冻部位应加强保温。在混凝土养护和越冬期间,不得直接对负温混凝土表面浇水养护。

⑪ 模板和保温层应在混凝土达到要求强度,且混凝土表面温度冷却到 5 ℃后再拆除。对墙、板等薄壁结构构件,宜延长模板拆除时间。当混凝土表面温度与环境温度之差大于 20 ℃时,拆模后的混凝土表面应立即进行保温覆盖。

⑫ 混凝土强度未达到受冻临界强度和设计要求时,应继续进行养护。工程越冬期

间,应编制越冬维护方案并进行保温维护。

⑬ 混凝土工程冬期施工应加强对骨料含水率、防冻剂掺量的检查,以及原材料、入模温度、实体温度和强度的监测;应依据气温的变化,检查防冻剂掺量是否符合配合比与防冻剂说明书的规定,并应根据需要对配合比进行调整。

⑭ 混凝土冬期施工期间,应按国家现行有关标准的规定对混凝土拌合水温度、外加剂溶液温度、骨料温度、混凝土出机温度、浇筑温度、入模温度以及养护期间混凝土内部温度和大气温度进行测量。

冬期施工混凝土强度试件的留置除应符合《混凝土结构工程施工质量验收规范》(GB 50204—2015)的有关规定外,尚应增设与结构同条件的养护试件,养护试件应不少于2组。同条件养护试件应在解冻后进行试验。

4.4.2　高温施工

高温施工时,对露天堆放的粗、细骨料应采取遮阳、防晒等措施。必要时,可对粗骨料进行喷雾降温。

① 高温施工时,混凝土配合比设计除应符合一般规定外,尚应符合下列规定。

a. 应考虑原材料温度、环境温度、混凝土运输方式与时间对混凝土初凝时间、坍落度损失等性能指标的影响,根据环境温度、湿度、风力和采取温控措施的实际情况,对混凝土配合比进行调整。

b. 宜在近似现场运输条件、时间和预计混凝土浇筑作业最高气温的天气条件下,通过混凝土试拌和与试运输的工况试验后,调整并确定适合高温天气条件下施工的混凝土配合比。

c. 宜采用低水泥用量的原则,并可采用粉煤灰取代部分水泥。宜选用水化热较低的水泥。

d. 混凝土坍落度不宜小于 70 mm。

② 混凝土的搅拌应符合下列规定。

a. 应对搅拌站料斗、储水器、皮带运输机、搅拌楼采取遮阳、防晒措施。

b. 对原材料进行直接降温时,宜采用对水、粗骨料进行降温的方法。当对水直接降温时,可采用冷却装置冷却拌和用水,并应对水管及水箱加设遮阳和隔热设施;也可在水中加碎冰作为拌和用水的一部分。混凝土拌和时掺加的固体冰应确保在搅拌结束前融化,且在拌和水中应扣除其重量。

c. 原材料入机温度不宜超过表 4-20 的规定。

d. 混凝土拌合物出机温度不宜大于 30 ℃。

表 4-20　　　　　　　　　　**原材料最高入机温度**

原材料	入机温度/℃
水泥	60
骨料	30
水	25
粉煤灰等掺和料	60

③ 混凝土宜采用白色涂装的混凝土搅拌运输车运输;对混凝土输送管应进行遮阳覆盖,并应洒水降温。

④ 混凝土浇筑入模温度不应高于 35 ℃。

⑤ 混凝土浇筑宜在早间或晚间进行,且宜连续浇筑。当水分蒸发速率大于 $1\,kg/(m^2 \cdot h)$ 时,应在施工作业面采取挡风、遮阳、喷雾等措施。

⑥ 混凝土浇筑前,施工作业面宜采取遮阳措施,并应对模板、钢筋和施工机具采用洒水等降温措施,但浇筑时模板内不得有积水。

⑦ 混凝土浇筑完成后,应及时进行保湿养护。侧模拆除前宜采用带模湿润养护。

4.4.3 雨期施工

① 雨期施工期间,对水泥和掺和料应采取防水和防潮措施,并应对粗、细骨料含水率进行实时监测,及时调整混凝土配合比。

② 应选用具有防雨水冲刷性能的模板脱模剂。

③ 雨期施工期间,对混凝土搅拌、运输设备和浇筑作业面应采取防雨措施,并应加强施工机械检查维修及接地、接零检测工作。

④ 除采用防护措施外,小雨、中雨天气不宜进行混凝土露天浇筑,且不应开始大面积作业面的混凝土露天浇筑;大雨、暴雨天气不应进行混凝土露天浇筑。

⑤ 雨后应检查地基面的沉降,并应对模板及支架进行检查。

⑥ 应采取防止基槽或模板内积水的措施。基槽或模板内和混凝土浇筑分层面出现积水时,应在排水后浇筑混凝土。

⑦ 混凝土浇筑过程中,对因雨水冲刷致使水泥浆流失严重的部位,应采取补救措施后继续施工。

⑧ 在雨天进行钢筋焊接时,应采取挡雨等安全措施。

⑨ 混凝土浇筑完毕后,应及时采取覆盖塑料薄膜等防雨措施。

⑩ 台风来临前,应对尚未浇筑混凝土的模板及支架采取临时加固措施;台风结束后,应检查模板及支架,对于已验收合格的模板及支架应重新办理验收手续。

单元小结

本单元主要学习了模板的种类、构造、安装和发展方向;在钢筋工程中,钢筋的验收与贮存、钢筋的冷拉、钢筋的连接技术以及钢筋的配料、代换和加工安装;在混凝土工程中,混凝土的拌制以及浇筑、养护和质量检查。

习 题

4-1 模板安装的程序是怎样的?模板在安装过程中应注意哪些事项?

4-2 模板拆除时要注意哪些内容?

4-3 钢筋下料长度应考虑哪几部分内容?

4-4 钢筋切断有哪几种方法?

4-5　钢筋弯曲成型有哪几种方法?

4-6　钢筋的连接方式分为几类?

4-7　钢筋的焊接有几种形式?各适用于哪些场合?

4-8　钢筋的冷加工有哪几种形式?

4-9　钢筋的搭接有哪些要求?

4-10　钢筋现场绑扎的基本程序有哪些?

4-11　混凝土工程施工缝的处理要求有哪些?

4-12　混凝土施工缝的处理方法有哪些?

4-13　混凝土浇筑前应对模板、钢筋及预埋件进行哪些检查?

4-14　普通混凝土配料要求有哪些?

4-15　如何通过外观检查混凝土搅拌质量?

4-16　如何使用振捣器平仓?

4-17　如何操作振捣器?

4-18　钢筋配料计算。一钢筋混凝土梁,高 500 mm,宽 250 mm,长 4800 mm,保护层厚度为 25 mm,梁内钢筋的规格及形状见图 4-61。试计算每根钢筋的下料长度。

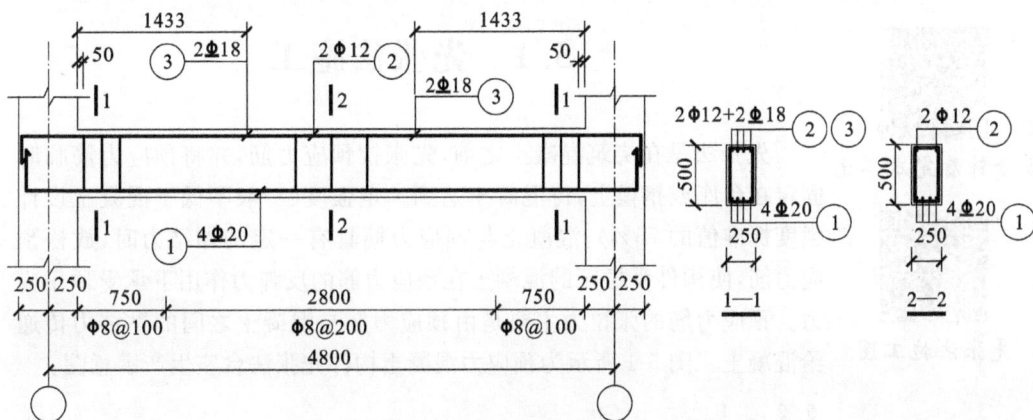

图 4-61　习题 4-18 图

4-19　已知 C20 混凝土的试验室配合比为 $1:2.51:4.25$,水灰比为 0.50,经测定砂的含水率为 2.5%,石子的含水率为 1%,每 1 m³ 混凝土的水泥用量为 320 kg,则施工配合比为多少?工地采用 JZ350 型搅拌机拌和混凝土,出料容量为 0.35 m³,则每搅拌一次的装料数量为多少?

单元 5 预应力混凝土工程施工

【学习目标】
(1) 掌握预应力筋锚具、夹具和连接器的应用,以及先张法和后张法施工工艺。
(2) 能够根据工程特点和使用要求,熟悉锚具、夹具和连接器的性能、选用及进场检验方法。
(3) 掌握预应力筋的制作及无黏结预应力技术。

5.1 先张法施工

5 分钟看完本单元

先张法施工图

  先张法是在浇筑混凝土之前,先张拉预应力筋,并将预应力筋临时固定在台座或钢模上,待混凝土达到一定强度(一般不低于混凝土设计强度标准值的 75%),混凝土与预应力筋具有一定的黏结力时,放松预应力筋,使构件受拉区的混凝土在预应力筋的反弹力作用下承受顶压应力。预应力筋的张拉力主要是由预应力筋与混凝土之间的黏结力传递给混凝土。图 5-1 所示为预应力混凝土构件先张法台座生产示意图。

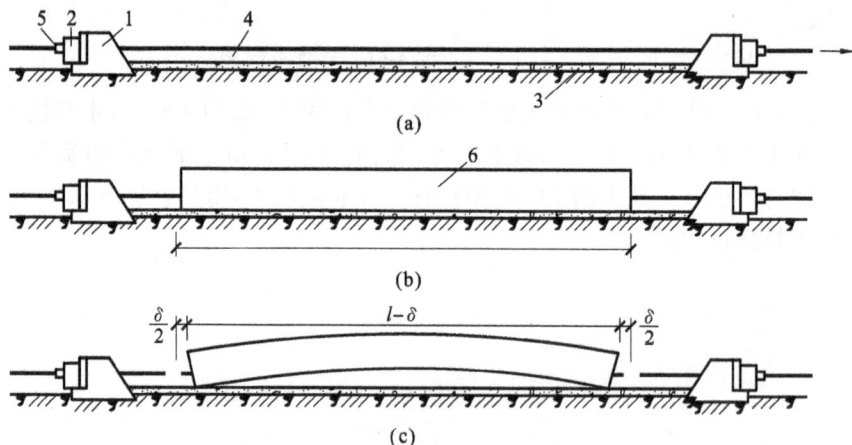

图 5-1 先张法台座生产示意图

(a) 预应力筋张拉;(b) 混凝土灌注与养护;(c) 放松预应力筋

1—台座承力结构;2—横梁;3—台面;4—预应力筋;5—锚固夹具;6—混凝土构件

先张法生产可采用台座法和机组流水法。台座法是构件在台座上生产,即预应力筋的张拉、固定、混凝土浇筑、养护和预应力筋的放松等工序均在台座上进行。机组流水法是利用钢模板作为固定预应力筋的承力架,构件连同模板通过固定的机组,按流水方式完成其生产过程。先张法适用于生产定型的中小型构件,如空心板、屋面板、吊车梁、檩条等。先张法施工中常用的预应力筋有钢丝和钢筋两类。

5.1.1 先张法的施工设备

1. 台座

台座是先张法施工张拉和临时固定预应力筋的支撑结构,它承受预应力筋的全部张拉力,必须具有足够的强度、刚度和稳定性,同时要满足生产工艺要求。台座按构造形式分为墩式台座和槽式台座。

(1) 墩式台座

墩式台座由承力台墩、台面和横梁组成,见图 5-2。目前常用现浇钢筋混凝土制成的由承力台墩与台面共同受力的台座,可以用于永久性的预制厂制作中小型预应力混凝土构件。台座的长度和宽度由场地大小、构件类型和产量而定,一般长度宜为 100~150 m,宽度为 2~3 m,这样既可利用钢丝长的特点,张拉一次可生产多根(块)预应力混凝土构件,又减少了张拉和临时固定的工作,而且可以减少因钢丝滑动或台座横梁变形引起的预应力损失。

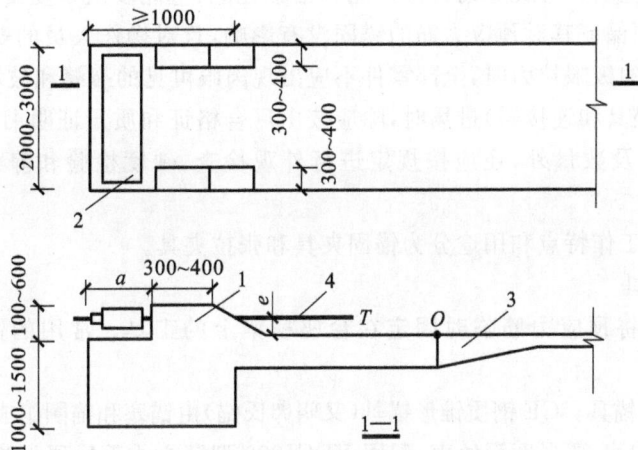

图 5-2 墩式台座
1—承力台墩;2—横梁;3—台面;4—预应力筋

承力台墩是墩式台座的主要受力结构,依靠其自重和土压力平衡张拉力产生的倾覆力矩,依靠土的反力和摩阻力平衡张力产生的水平位移。因此,承力台墩结构造型大,埋设深度深,投资较大。为了改善承力台墩的受力状况,提高台座承受张拉力的能力,可采用与台面共同工作的承力台墩,从而减小台墩自重和埋深。台面是预应力混凝土构件成型的胎模,它是由素土夯实后铺碎砖垫层,再浇筑 50~80 mm 厚的 C15~C20 混凝土面层组成的。台面要求平整、光滑,沿其纵向留设 0.3% 的排水坡度,每隔 10~20 m 设置宽

30~50 mm 的温度缝。横梁是锚固夹具临时固定预应力筋的支点,也是张拉机械张抗预应力筋的支座,常由型钢或钢筋混凝土制作而成。横梁挠度要求小于 2 mm,并不得产生翘曲。

台座稍有变形、滑移或倾角,均会引起较大的应力损失。台座设计时,应进行稳定性和强度验算。稳定性验算包括台座的抗倾覆验算和抗滑移验算。

(2) 槽式台座

槽式台座是由端柱,传力柱和上、下横梁及砖墙组成的,如图 5-3 所示,端柱和传力柱是槽式台座的主要受力结构,采用钢筋混凝土结构。

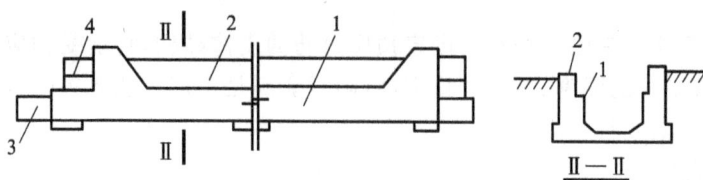

图 5-3 槽式台座
1—传力柱;2—砖墙;3—下横梁;4—上横梁

2. 夹具

夹具是预应力筋进行张拉和临时固定的工具,预应力筋夹具和连接器应具有可靠的锚固性能、足够的承载能力和良好的适用性,构造简单,施工方便,成本低。

预应力夹具应当具有良好的自锚性能和松锚性能,应能多次重复使用。需敲击才能松开的夹具,必须保证其对预应力筋的锚固没有影响,且对操作人员的安全不造成危险。当夹具达到实际的极限拉力时,全部零件不应出现肉眼可见的裂缝和破坏。

夹具(包括锚具和连接器)进场时,除应按出厂合格证和质量证明书核查其锚固性能类别、型号、规格及数量外,还应按规定进行外观检查、硬度检验和静载锚固性能试验验收。

根据夹具的工作特点和用途分为锚固夹具和张拉夹具。

(1) 锚固夹具

锚固夹具是将预应力筋临时固定在台座横梁上的工具。常用的锚固夹具有以下几种。

① 钢质锥形锚具。GE 钢质锥形锚具(又叫弗氏锚)由锚塞和锚圈组成。可锚固标准强度为 1570 MPa 的 $\phi5$ 高强度钢丝束,配用 YDC1000 型穿心式千斤顶张拉、顶压锚固。

② 钢质锥形夹具。钢质锥形夹具主要用来锚固直径为 3~5 mm 的单根钢丝夹具,如图 5-4 所示。

③ 镦头夹具。镦头夹具适用于预应力钢丝固定端的锚固,是将钢丝端部冷镦或热镦形成镦粗头,通过承力板锚固,见图 5-5。

(2) 张拉夹具

张拉夹具是将预应力筋与张拉机械连接起来进行预应力张拉的工具,常用的张拉夹具有月牙形夹具、偏心式夹具和楔形夹具等,如图 5-6 所示。

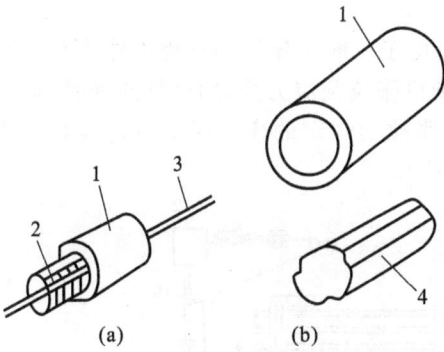

图 5-4　钢质锥形夹具

(a) 圆锥齿板式；(b) 圆锥式

1—套筒；2—齿板；3—钢丝；4—锥塞

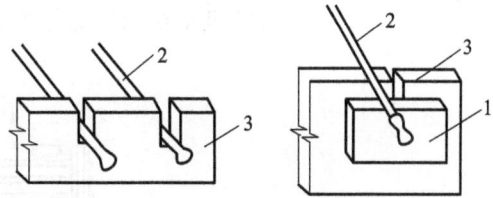

图 5-5　固定端镦头夹具

1—垫片；2—镦头钢丝；3—承力板

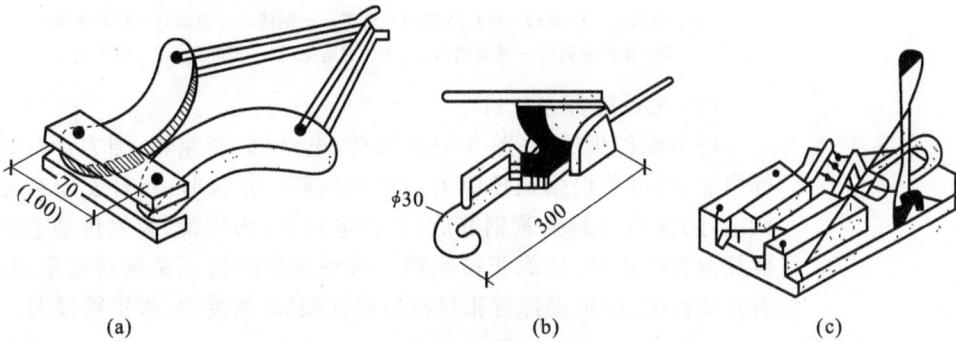

图 5-6　张拉夹具

(a) 月牙形夹具；(b) 偏心式夹具；(c) 楔形夹具

3. 张拉设备

张拉设备要求工作可靠，能准确控制应力，能以稳定的速率加大拉力。在先张法中，常用的张拉设备有油压千斤顶、卷扬机、电动螺杆张拉机等。

(1) 油压千斤顶

油压千斤顶可张拉单根或多根成组的预应力筋。张拉过程可直接从油压表读取张拉力值。成组张拉时，由于拉力较大，一般用油压千斤顶张拉，图 5-7 所示为油压千斤顶成组张拉装置。

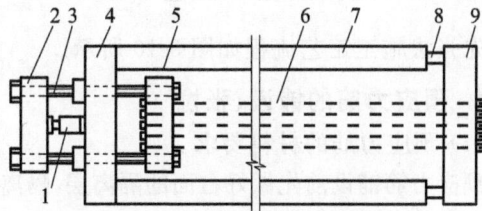

图 5-7　油压千斤顶成组张拉装置

1—油压千斤顶；2,5—拉力架横梁；3—大螺纹杆；4,9—前、后横梁；6—预应力筋；7—台座；8—放张装置

（2）卷扬机

在长线台座上张拉钢筋时，由于一般千斤顶的行程不能满足长台座要求，小直径钢筋可采用卷扬机张拉预应力筋，用杠杆或弹簧测力。弹簧测力时，宜设行程开关，使张拉到规定的应力时能自行停机。用卷扬机张拉预应力筋如图5-8所示。

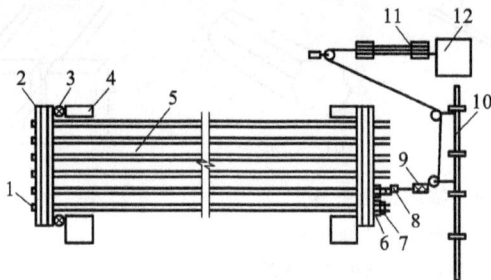

图 5-8　用卷扬机张拉预应力筋

1—镦头；2—横梁；3—放松装置；4—台座；5—钢筋；6—垫块；7—销片夹具；
8—张拉夹具；9—弹簧测力计；10—固定梁；11—滑轮组；12—卷扬机

（3）电动螺杆张拉机

电动螺杆张拉机（图5-9）由螺杆、电动机、变速箱、测力计及顶杆等组成，其可单根张拉预应力钢丝或钢筋。张拉时，顶杆支于台座横梁上，用张拉夹具夹紧钢筋后，开动电动机，由皮带、齿轮传动系统使螺杆做直线运动，从而张拉钢筋。这种张拉的特点是运行稳定，螺杆有自锁性能，故电动螺杆张拉机恒载性能好，速度快，张拉行程大。

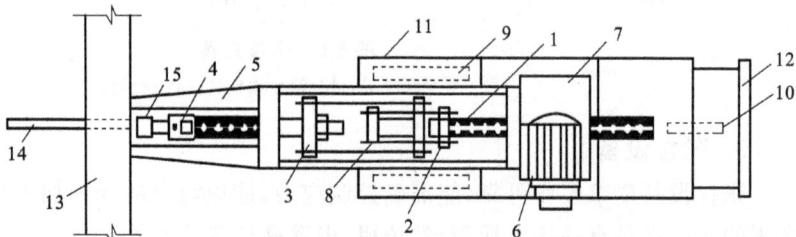

图 5-9　电动螺杆张拉机

1—螺杆；2,3—拉力架；4—张拉夹具；5—顶杆；6—电动机；7—齿轮减速箱；8—测力计；
9,10—车轮；11—底盘；12—手把；13—横梁；14—钢筋；15—锚固夹具

5.1.2　先张法施工工艺

先张法施工工艺流程如图5-10所示。

1. 预应力筋的铺设、张拉

（1）预应力筋的材料要求

预应力筋铺设前先做好台面的隔离层，隔离剂应选用非油质类模板隔离剂。不得使预应力筋受污，以免影响预应力筋与混凝土的黏结。

碳素钢丝因强度高，表面光滑，其与混凝土黏结力较差，必要时可采取表面刻痕和压波措施，以提高钢丝与混凝土的黏结力。

先张法施工动画

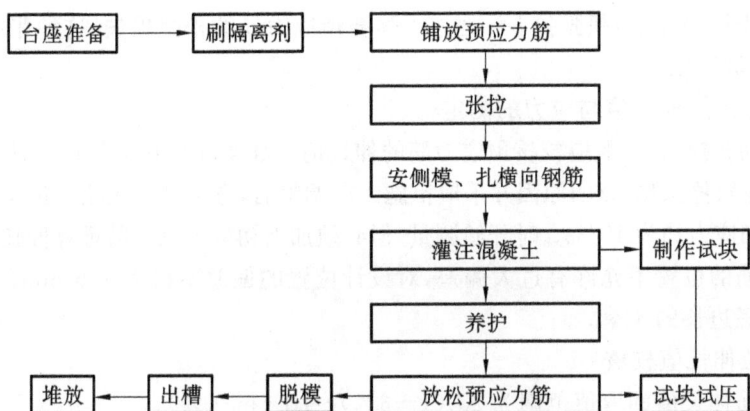

图 5-10　先张法施工工艺流程简图

钢丝接长可借助钢丝拼接器用 20～22 号铁丝密排绑扎。钢丝拼接器如图 5-11 所示。

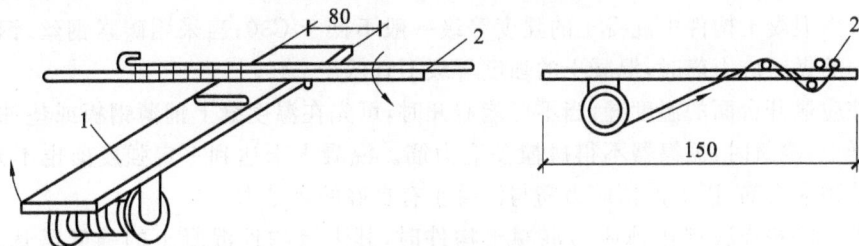

图 5-11　钢丝拼接器
1—拼接器；2—钢丝

（2）预应力筋张拉控制应力的确定

预应力筋的张拉控制应力应符合设计要求。施工如采用超张拉，可比设计要求提高 5%，但其最大张拉控制应力不得超过表 5-1 的规定。

表 5-1　　最大张拉控制应力值（σ_{con}）

钢筋种类	张拉方法	
	先张法	后张法
消除应力钢丝、刻痕钢丝、钢绞线	$0.80f_{ptk}$	$0.80f_{ptk}$
热处理钢筋	$0.75f_{ptk}$	$0.70f_{ptk}$
冷拉钢筋	$0.95f_{pyk}$	$0.90f_{pyk}$

注：f_{ptk} 为预应力筋极限抗拉强度标准值，f_{pyk} 为预应力筋屈服强度标准值。

（3）预应力筋张拉力的计算

预应力筋张拉力 p 按下式计算：

$$p=(1+m)\sigma_{con}A_p \tag{5-1}$$

式中　m——超张拉百分率，%；

σ_{con}——张拉控制应力；

A_p——预应力筋截面面积。

（4）张拉程序

预应力筋的张拉程序可按下列程序之一进行：$0\to103\%\sigma_{con}$ 或 $0\to105\%\sigma_{con}\xrightarrow{\text{持荷 2 min}}\sigma_{con}$。

第一种张拉程序中,超张拉 3% 是为了弥补预应力筋的松弛损失,这种张拉程序施工简便,一般多被采用。

(5) 预应力筋伸长值与应力的测定

预应力筋张拉后,一般应校核预应力筋的伸长值。如实际伸长值与计算伸长值的偏差超过 $\pm6\%$,应暂停张拉,查明原因并采取措施予以调整后,方可继续张拉。预应力筋的实际伸长值宜在初应力约为 $10\%\sigma_{con}$ 时开始测量,但必须加上初应力以下的推算伸长值。

预应力筋的位置不允许有过大偏差,对设计位置的偏差不得大于 5 mm,也不得大于构件截面最短边长的 4%。

(6) 张拉伸长值校核

预应力筋伸长值的取值范围为 $\Delta L(1-6\%) \sim \Delta L(1+6\%)$。

2. 混凝土浇筑与养护

预应力筋张拉完毕后即应浇筑混凝土。混凝土的浇筑应一次完成,不允许留设施工缝。预应力混凝土构件中混凝土的强度等级一般不低于 C30;当采用碳素钢丝、钢绞线、热处理钢筋做预应力筋时,混凝土的强度等级不宜低于 C40。

构件应避开台面的温度缝,当不可能避开时,可先在温度缝上铺薄钢板或垫油毡,然后灌混凝土,浇筑时,振捣器不得碰撞预应力筋。混凝土未达到一定强度前也不允许碰撞和踩动预应力筋,以保证预应力筋与混凝土有良好的黏结力。

采用平卧叠浇法制作预应力混凝土构件时,其下层构件混凝土的强度需达到 $8\sim$ 10 MPa 后,方可浇筑上层构件混凝土并应有隔离措施。

预应力混凝土可采用自然养护和蒸汽湿热养护,但应注意采取正确的养护制度。在台座上用蒸汽养护时,温度升高后,预应力筋膨胀而台座的长度并无变化,因而引起预应力筋应力减小,在这种情况下混凝土逐渐硬结,而在混凝土硬化前预应力筋由于温度升高而引起的应力降低将无法恢复,这就是温差引起的预应力损失。因此,为了减少这种温差应力损失,应保证混凝土在达到一定强度(100 N/mm^2)之前,将温度升高限制在一定范围内(一般不超过 20 ℃),故在台座上采用蒸汽养护时,其最高允许温度应根据设计要求的允许温差(张拉钢筋时的温度与台座温度的差)经计算确定。当混凝土的强度养护至 7.5 MPa(配粗钢筋)或 10 MPa(钢丝、钢绞线配筋)以上时,可不受设计要求的温差限制,按一般构件的蒸汽养护规定进行。这种养护方法又称为二次升温养护法。在采用机组流水法用钢模制作预应力构件、蒸汽养护时,由于钢模和预应力筋同样伸缩,因此不存在因温差而引起的预应力损失,可以采用一般加热养护制度。

3. 预应力筋的放张

(1) 放张方法

配筋不多的中小型构件,钢丝可用砂轮锯或切断机切断等方法放张。配筋多的混凝土构件,钢丝应同时放张。如逐根放张,最后几根钢丝将由于承受过大的拉力而突然断裂,且构件端部容易开裂。

钢丝、钢绞线、热处理钢筋不得用电弧切割,宜用砂轮锯或切断机切断。预应力钢筋数量较多时,可用千斤顶、砂箱、楔块等装置,如图 5-12~图 5-14 所示。

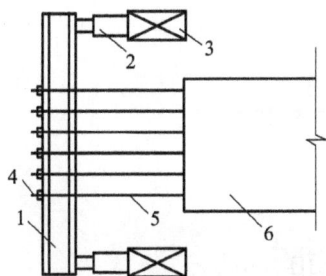

图 5-12 千斤顶放张装置图

1—横梁；2—千斤顶；3—承力架；
4—夹具；5—钢丝；6—构件

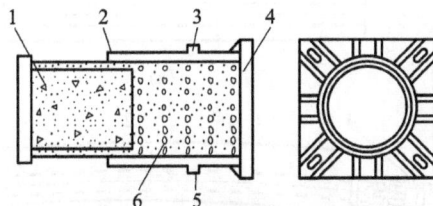

图 5-13 砂箱法放张装置图

1—活塞；2—钢套箱；3—进砂口；
4—钢套箱底板；5—出砂口；6—砂子

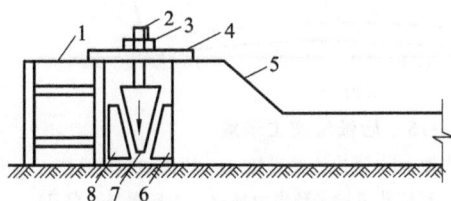

图 5-14 楔块法放张装置图

1—横梁；2—螺杆；3—螺母；4—承力板；5—台座；6、8—钢块；7—钢楔块

（2）放张顺序

预应力筋的放张顺序应满足设计要求，如设计无要求时应满足下列规定。

① 对轴心受预压构件（如压杆、桩等），所有预应力筋应同时放张。

② 对偏心受预压构件（如梁等），先同时放张预压力较小区域的预应力筋，再同时放张预压力较大区域的预应力筋。

③ 如不能按上述规定放张时，应分阶段、对称、相互交错放张，以防止在放张过程中构件发生翘曲、裂纹及预应力筋断裂等现象。

④ 对配筋不多的中小型预应力混凝土构件，钢丝可用剪切、锯割等方法放张，配筋多的预应力混凝土构件，钢丝应同时放张。

⑤ 预应力筋为钢筋时，若数量较少可逐根加热熔断放张，数量较多且张拉力较大时，应同时放张。

5.2 后张法施工

后张法是先制作构件，在放置预应力钢筋的部位预先留有孔道，待构件混凝土强度达到设计规定的数值后，用张拉机具夹持预应力筋将其张拉至设计规定的控制预应力，并借助锚具在构件端部将预应力筋锚固，最后进行孔道灌浆（或不灌浆）。预应力筋的张拉力主要靠构件端部的锚具传递给混凝土，使混凝土产生预压应力。图 5-15 所示为预应力混凝土后张法施工示意图。

后张法施工图

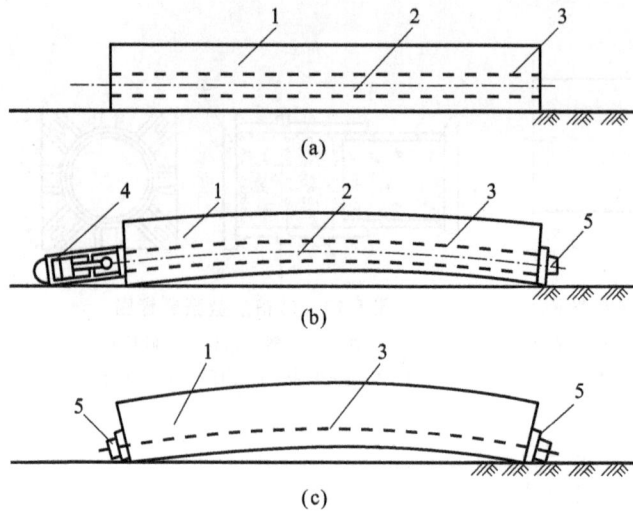

图 5-15　后张法施工示意

(a) 制作钢筋混凝土构件；(b) 预应力筋张拉；(c) 锚固和孔道灌浆

1—钢筋混凝土构件；2—预留孔道；3—预应力筋；4—千斤顶；5—锚具

在后张法施工中，锚具永久性地留在构件上，成为预应力构件的一个组成部分，不能重复使用。因此，在后张法施工中，必须有与不同预应力筋配套的锚具和张拉机具。

5.2.1　后张法的施工设备

1. 对锚具的要求

锚具是预应力筋张拉和永久固定在预应力混凝土构件上的传递预应力的工具，应该锚固可靠，使用方便，有足够的强度、刚度。锚具按锚固性能不同，可分为Ⅰ类锚具和Ⅱ类锚具。Ⅰ类锚具适用于承受动载、静载的预应力混凝土结构；Ⅱ类锚具仅适用于有黏结预应力混凝土结构，且锚具只能处于预应力筋应力变化不大的部位。

锚具的静载锚固性能应由预应力锚具组装件静载试验测定的锚具效率系数 η_a 和达到实测极限拉力时的总应变 ε_{apu} 确定，其值应符合表 5-2 的规定。

表 5-2 锚具效率系数与总应变

锚具类型	锚具效率系数 η_a	实测极限拉力时的总应变 $\varepsilon_{apu}/\%$
Ⅰ	≥0.95	≥2.0
Ⅱ	≥0.90	≥1.7

锚具效率系数 η_a 按下式计算：

$$\eta_a = \frac{F_{apu}}{\eta_p \cdot F_{apu}^c} \tag{5-2}$$

式中　F_{apu}——预应力筋锚具组装件的实测极限拉力，kN；

F_{apu}^c——预应力筋锚具组装件中各根预应力钢材计算极限拉力之和，kN；

η_p——预应力筋的效率系数。

对于重要预应力混凝土结构工程使用的锚具，预应力筋的效率系数 η_p 应按《预应力筋用锚具、夹具和连接器》(GB/T 14370—2015)的规定进行计算。

对于一般预应力混凝土结构工程使用的锚具,当预应力筋为钢丝、钢绞线或热处理钢筋时,预应力筋的效率系数 η_p 取 0.97。

2. 锚具的种类

后张法所用锚具根据其锚固原理和构造形式不同,分为螺杆锚具、夹片锚具、锥销式锚具和镦头锚具;在预应力筋张拉过程中,根据锚具所在位置与作用不同,又可分为张拉端锚具和固定端锚具;预应力筋的种类有热处理钢筋束、消除应力钢丝束或钢绞线束。因此,按锚具锚固钢筋或钢丝的数量,可分为钢绞线束锚具和钢筋束锚具、钢丝锚具及单根粗钢筋锚具。

(1) 钢绞线束锚具、钢筋束锚具

钢绞线束和钢筋束目前使用的锚具有 JM 型、XM 型、QM 型、KT-Z 型和镦头锚具等。

① JM 型锚具。JM 型锚具由锚环与夹片组成,用于锚固 3～6 根直径为 12 mm 的光圆或变形钢筋束和 5～6 根直径为 12 mm 的钢绞线束。它可以作为张拉端或固定端锚具,也可作重复使用的工具锚。图 5-16 所示为 JM12 型锚具,其夹片呈扇形,靠两侧的半

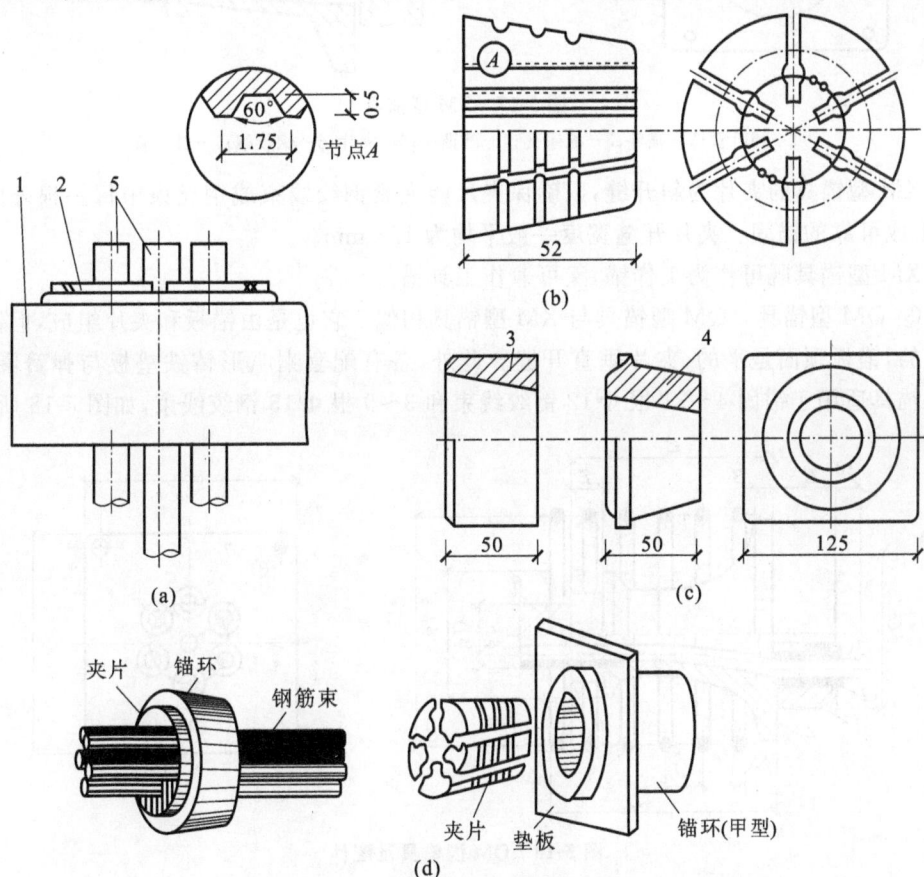

图 5-16　JM12 型锚具

(a) 锚具;(b) 夹片;(c) 锚环;(d) 结构示意图

1—锚环;2—夹片;3—圆锚环;4—方锚环;5—预应力钢丝束

圆槽锚固预应力钢筋。为增加夹片与预应力筋之间的摩擦力,在半圆槽内刻有截面为梯形的齿痕,夹片背面的坡度与锚环一致。锚环分为甲型和乙型两种,甲型锚环是一个具有锥形内孔的圆柱体,外形比较简单,使用时直接放置在构件端部的垫板上;乙型锚环在圆柱体外部增添正方形肋板,使用时锚环预埋在构件端部,不另设垫板。锚环和夹片均用 45 号钢制造,甲型锚环和夹片必须经过热处理,乙型锚环可不必进行热处理。

② XM 型锚具。XM 型锚(图 5-17)具属于新型大吨位群锚体系锚具,由锚环和夹片组成,对钢绞线束和钢丝束能形成可靠的锚固。三个夹片一组夹持一根预应力筋形成一个锚固单元。由一个锚固单元组成的锚具称单孔锚具,由两个或两个以上的锚固单元组成的锚具称多孔锚具。

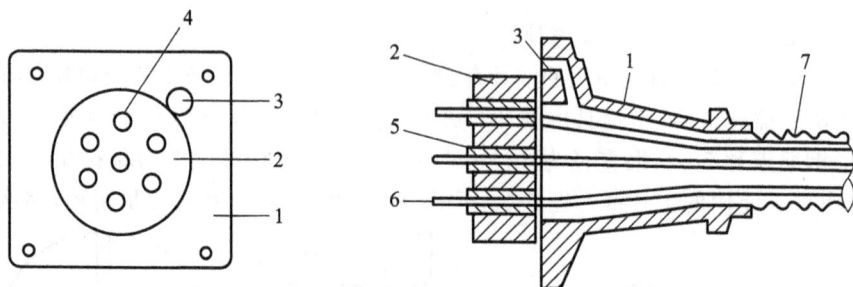

图 5-17　XM 型锚具

1—喇叭管;2—锚环;3—灌浆孔;4—圆锥孔;5—夹片;6—钢绞线;7—波纹管

XM 型锚具的夹片为斜开缝,以确保夹片能夹紧钢绞线束或钢丝束中每一根外围钢丝,形成可靠的锚固。夹片开缝宽度一般平均为 1.5 mm。

XM 型锚具既可作为工作锚,又可兼作工具锚。

③ QM 型锚具。QM 型锚具与 XM 型锚具相似。它也是由锚板和夹片组成,但锚孔是直的,锚板顶面是平的,夹片垂直开缝。此外,备有配套喇叭形铸铁垫板与弹簧圈等。这种锚具适用于锚固 4～31 根 Φ12 钢绞线束和 3～9 根 Φ15 钢绞线束,如图 5-18 所示。

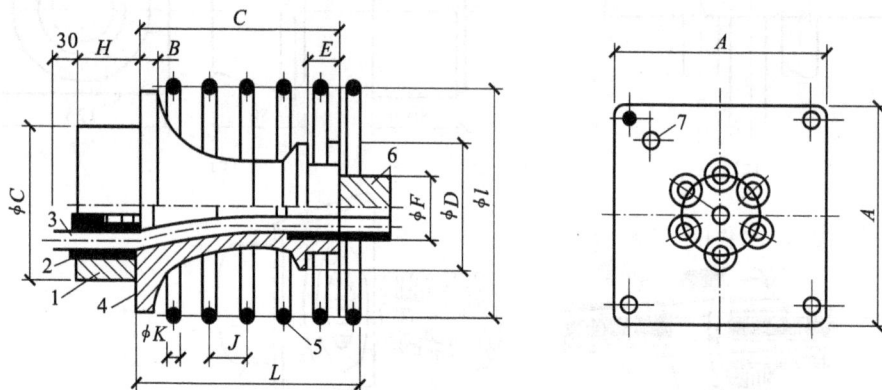

图 5-18　QM 型锚具及配件

1—锚板;2—夹片;3—钢绞线;4—喇叭形铸铁垫板;5—弹簧圈;6—预留孔道用的波纹管;7—灌浆孔

④ KT-Z 型锚具。KT-Z 型锚具由锚环和锚塞组成,如图 5-19 所示,分为 A 型和 B 型两种。当预应力筋的最大张拉力超过 450 kN 时采用 A 型,不超过 450 kN 时采用 B

型。KT-Z 型锚具适用于锚固 3～6 根直径为 12 mm 的钢筋束或钢绞线束。该锚具为半埋式,使用时先将锚环小头嵌入承压钢板中,并用断续焊缝焊牢,然后共同预埋在构件端部。预应力筋的锚固需借千斤顶将锚塞顶入锚环,其顶压力为预应力筋张拉力的 50％～60％。使用 KT-Z 型锚具时,预应力筋在锚环小口处形成弯折,因而会产生摩擦损失。预应力筋的损失值为:钢筋束约 4‰σ_{con},钢绞线束约 2‰σ_{con}。

⑤ 镦头锚具。镦头锚具用于固定端,如图 5-20 所示,它由锚固板和带镦头的预应力筋组成。

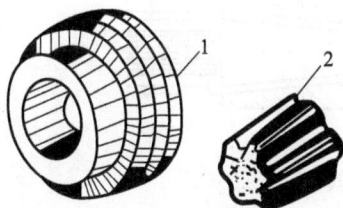

图 5-19　KT-Z 型锚具

1—锚环;2—锚塞

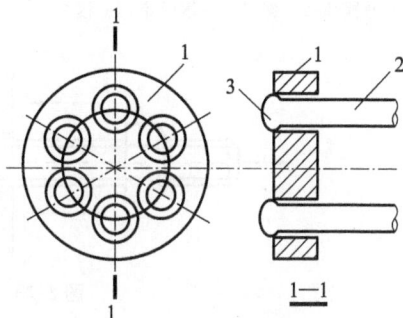

图 5-20　固定端用镦头锚具

1—锚固板;2—预应力筋;3—镦头

(2) 钢丝束锚具

目前国内常用的钢丝束所用锚具有钢丝束镦头锚具、钢质锥形锚具、锥形螺杆锚具、XM 型锚具和 QM 型锚具。

① 钢丝束镦头锚具。钢丝束镦头锚具(如图 5-21)用于锚固 12～54 根 Φ^s5 碳素钢丝束,分 DM5A 型和 DM5B 型两种。DM5A 型用于张拉端,由锚环和螺母组成,DM5B 型用于固定端,仅有一块锚板。

锚环的内、外壁均有丝扣,内丝扣用于连接张拉螺杆,外丝扣用于拧紧螺母锚固钢丝束。锚环和锚板四周钻孔,以固定镦头的钢丝。孔数和间距由钢丝根数确定。钢丝可用液压冷镦器进行镦头。钢丝束一端可在制束时将头镦好,另一端则待穿束后镦头,但构件孔道端部要设置扩孔。

张拉时,张拉螺丝杆一端与锚环内丝扣连接,另一端与拉杆式千斤顶的拉头连接,当张拉到控制应力时,锚环被拉出,则拧紧锚环外丝扣上的螺母加以锚固。

② 钢质锥形锚具。钢质锥形锚具由锚环和锚塞组成,如图 5-22 所示,用于锚固以锥锚式双作用千斤顶张拉的钢丝束。钢丝分布在锚环锥孔内侧,由锚塞塞紧锚固。锚环内孔的锥度应与锚塞的锥度一致。锚塞上刻有细齿槽,以夹紧钢丝,防止滑移。

钢质锥形锚具的缺点是当钢丝直径误差较大时,易产生单根滑丝现象,且很难补救。如用加大顶锚力的办法来防止滑丝,又易使钢丝被咬伤。此外,钢丝锚固时呈辐射状态,弯折处受力较大,在国外已很少被采用。

③ 锥形螺杆锚具。锥形螺杆锚具适用于锚固 14～28 根 Φ5 组成的钢丝束,由锥形螺杆、套筒、螺母、垫板组成,如图 5-23 所示。

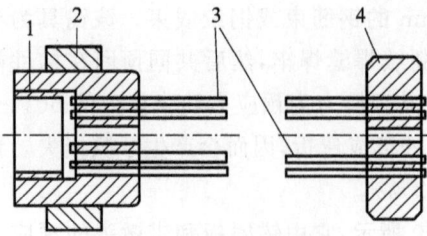

图 5-21 钢丝束镦头锚具

1—A 型锚环;2—螺母;3—钢丝束;4—锚板

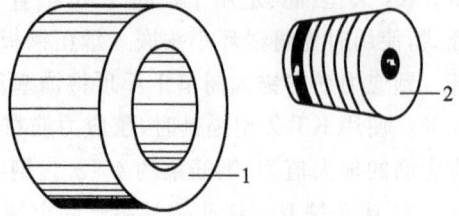

图 5-22 钢质锥形锚具

1—锚环;2—锚塞

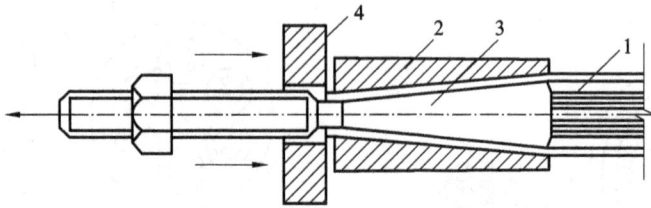

图 5-23 锥形螺杆锚具

1—钢丝;2—套筒;3—锥形螺杆;4—垫板

(3) 单根粗钢筋锚具

① 螺丝端杆锚具。螺丝端杆锚具由螺丝端杆、垫板和螺母组成,适用于锚固直径不大于 36 mm 的热处理钢筋,如图 5-24(a)所示。

螺丝端杆可用同类的热处理钢筋或热处理 45 号钢制作。制作时,先粗加工至接近设计尺寸,再进行热处理,然后精加工至设计尺寸。热处理后不能有裂纹和伤痕。螺丝端杆锚具与预应力筋对焊,用张拉设备张拉螺丝端杆,然后用螺母锚固。

② 帮条锚具。它由一块方形衬板与三根帮条组成,如图 5-24(b)所示。衬板采用普通低碳钢板,帮条采用与预应力筋同类型的钢筋。帮条锚具一般用在单根粗钢筋作预应力筋的固定端。

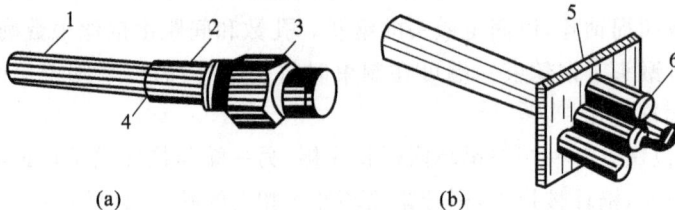

(a)   (b)

图 5-24 单根粗钢筋锚具

(a) 螺丝端杆锚具;(b) 帮条锚具

1—钢筋;2—螺丝端杆;3—螺母;4—焊接接头;5—衬板;6—帮条

3. 张拉设备

后张法张拉设备主要有千斤顶和高压油泵。千斤顶又分为拉杆式千斤顶、锥锚式千斤顶、穿心式千斤顶。

(1) 拉杆式千斤顶(YL 型)

拉杆式千斤顶主要用于张拉带有螺丝端杆锚具的粗钢筋、锥形螺杆锚具钢丝束及镦

190

头锚具钢丝束。

拉杆式千斤顶的构造如图 5-25 所示,由主缸、主缸活塞、副缸、副缸活塞、连接器、顶杆和拉杆等组成。张拉预应力筋时,首先使连接器与预应力筋的螺丝端杆连接,并使顶杆支承在构件端部的预埋钢板上。当高压油泵将油液从主缸油嘴送入主缸时,推动主缸活塞向左移动,带动拉杆和连接在拉杆末端的螺丝端杆,预应力筋即被拉伸,当达到张拉力后,拧紧预应力筋端部的螺母,使预应力筋锚固在构件端部。锚固完毕后,改用副缸油嘴进油,推动副缸活塞和拉杆向右移动,回到开始张拉时的位置,与此同时,主缸的高压油也回到油泵中。目前工地上常用的为 600 kN 拉杆式千斤顶。

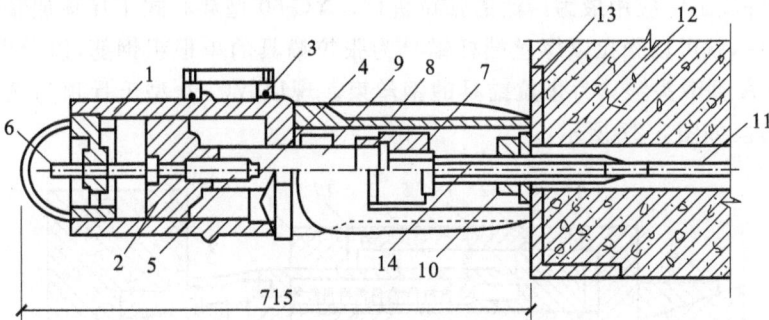

图 5-25 拉杆式千斤顶构造示意图

1—主缸;2—主缸活塞;3—主缸油嘴;4—副缸;5—副缸活塞;6—副缸油嘴;7—连接器;8—顶杆;
9—拉杆;10—螺帽;11—预应力筋;12—混凝土构件;13—预埋钢板;14—螺丝端杆

（2）锥锚式千斤顶（YZ 型）

锥锚式千斤顶主要适用于张拉 KT-Z 型锚具锚固的钢筋束或钢绞线束和使用锥形锚具的预应力钢丝束。其张拉油缸用以张拉预应力筋,顶压油缸用以顶压锥塞,因此又称双作用千斤顶。YZ85 型锥锚式千斤顶如图 5-26 所示。

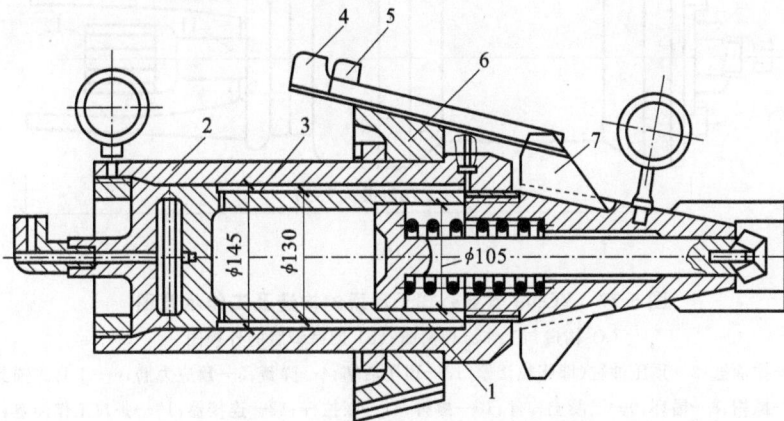

图 5-26 YZ85 型锥锚式千斤顶示意图

1—副缸;2—主缸;3—退楔缸;4—楔块（退出时位置）;5—楔块（张拉时位置）;6—锥形卡环;7—退楔翼片

锥锚式双作用千斤顶的主缸及主缸活塞用于张拉预应力筋,主缸前端缸体上有卡环和销片,用以锚固预应力筋,主缸活塞为一中空筒状活塞,中空部分设有拉力弹簧。副缸和副缸活塞用于顶压锚塞,将预应力筋锚固在构件的端部,设有复位弹簧。

锥锚式双作用千斤顶张拉力为 300 kN 和 600 kN,最大张拉力为 850 N,张拉行程为 250 mm,顶压行程为 60 mm。

(3)穿心式千斤顶(YC-60 型)

穿心式千斤顶(YC 型)适用性很强,适用于张拉各种形式的预应力筋,如张拉采用 JM12 型、QM 型、XM 型的预应力钢丝束、钢筋束和钢绞线束。配置撑脚和拉杆等附件后,又可作为拉杆式千斤顶使用。根据张拉力和构造的不同,有 YC-60、YC20D、YCD120、YCD200 型千斤顶和无顶压机构的 YCQ 型千斤顶。YC-60 型是目前我国预应力混凝土构件施工中应用最为广泛的张拉机械。YC-60 型穿心式千斤顶加装撑脚、张拉杆和连接器后,就可以张拉以螺丝端杆锚具为张拉锚具的单根粗钢筋,以及以锥形螺杆锚具和 DM5A 型镦头锚具为张拉锚具的钢丝束。现以 YC-60 型千斤顶为例,说明其构造及工作原理,如图 5-27 所示。

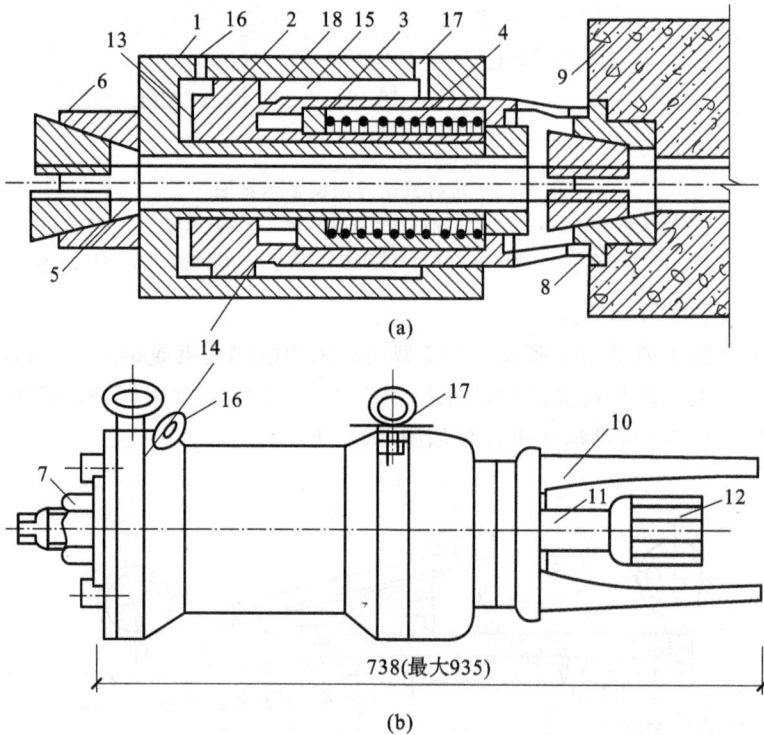

图 5-27 YC-60 型穿心式千斤顶的构造及工作示意图
(a)构造与工作原理简图;(b)加撑脚后的外貌图
1—张拉油缸;2—顶压油缸(即张拉活塞);3—顶压活塞;4—弹簧;5—预应力筋;6—工具式锚具;
7—螺帽;8—锚环;9—混凝土构件;10—撑脚;11—张拉杆;12—连接器;13—张拉工作油室;
14—顶压工作油室;15—张拉回程油室;16—张拉缸油嘴;17—顶压缸油嘴;18—油孔

YC-60 型穿心式千斤顶,沿千斤顶的轴线有一直通的穿心孔道,供穿过预应力筋。YC-60 型穿心式千斤顶既能张拉预应力筋,又能顶压锚具锚固预应力筋,故又称为穿心式双作用千斤顶。YC 60 型穿心式千斤顶张拉力为 600 kN,张拉行程为 150 mm。

192

5.2.2　预应力筋的制作

1. 钢筋束及钢绞线束制作

为了保证构件孔道穿入筋和张拉时不发生扭结,应对预应力筋进行编束。编束时把预应力筋理顺后,用 18～22 号铁丝,每隔 1 m 左右绑扎一道,形成束状。

钢绞线下料宜用砂轮切割机切割,不得采用电弧切割。

钢绞线编束宜用 20 号铁丝绑扎,间距 2～3 m。编束时应先将钢绞线理顺,并尽量使各根钢绞线松紧一致。如钢绞线单根穿入孔道,则不编束。

钢绞线下料长度:采用夹片锚具,用穿心式千斤顶在构件上张拉时,钢绞线的下料长度 L 按图 5-28 计算。

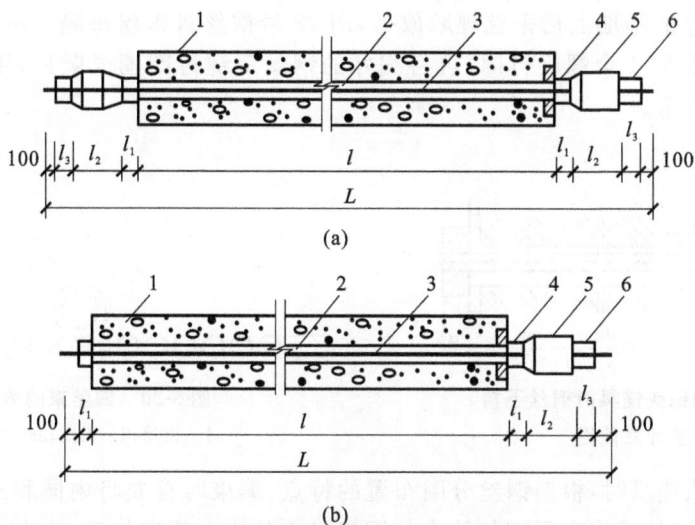

图 5-28　钢绞线束下料长度计算简图

(a) 两端张拉;(b) 一端张拉

1—混凝土构件;2—孔道;3—钢绞线;4—夹片式工作锚;5—穿心式千斤顶;6—夹片式工具锚

(1) 两端张拉

$$L = l + 2(l_1 + l_2 + l_3 + 100) \tag{5-3}$$

(2) 一端张拉

$$L = l + 2(l_1 + 100) + l_2 + l_3 \tag{5-4}$$

式中　l——构件的孔道长度;

　　　l_1——夹片式工作锚厚度;

　　　l_2——穿心式千斤顶长度;

　　　l_3——夹片式工具锚厚度。

2. 钢丝束制作

钢丝束制作随锚具的不同而异,一般包括调直、下料、编束和安装锚具等工序。

当采用镦头锚具时,一端张拉,应考虑钢丝束张拉锚固后螺母位于锚环中部,钢丝下

料长度 L 可按图 5-29 用下式计算：

$$L=L_0+2a+2b-0.5(H-H_1)-\Delta L-C \qquad (5\text{-}5)$$

式中　L_0——孔道长度；

　　　　a——锚板厚度；

　　　　b——钢丝镦头团量，取钢丝直径的 2 倍；

　　　　H——锚环高度；

　　　　H_1——螺母高度；

　　　　ΔL——张拉时钢丝伸长值；

　　　　C——混凝土弹性压缩（很小时可忽略不计）。

为了保证钢丝不发生扭结，必须进行编束。编束前应对钢丝直径进行测量，直径相对误差不得超过 0.1 mm，以保证成束钢丝与锚具可靠连接。采用锥形螺杆锚具时，编束工作在平整的场地上把钢丝理顺放平，用 22 号铁丝将钢丝每隔 1 m 编成帘子状，然后每隔 1 m 放置 1 个螺旋衬圈，再将编好的钢丝帘绕衬圈围成圆束，用铁丝绑扎牢固，如图 5-30 所示。

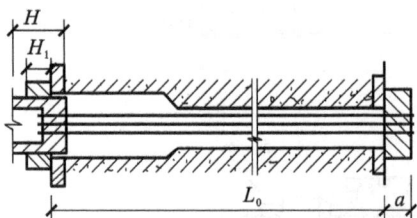

图 5-29　用镦头锚具时钢丝下料
长度计算简图

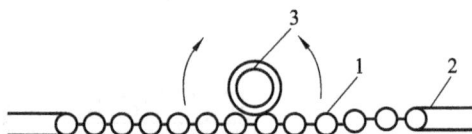

图 5-30　钢丝束的编束
1—钢丝；2—铅丝；3—衬圈

当采用镦头锚具时，根据钢丝分圈布置的特点，编束时首先将内圈和外圈钢丝分别用铁丝顺序编扎，然后将内圈钢丝放在外圈钢丝内扎牢。编束好后，先在一端安装锚环并完成镦头工作，另一端钢丝的镦头待钢丝束穿过孔道安装上锚板后再进行。

3. 单根预应力筋制作

单根粗预应力筋一般用热处理钢筋，其制作包括配料、对焊、冷拉等工序。为保证质量，宜采用控制应力的方法进行冷拉；钢筋配料时应根据钢筋的品种测定冷拉率，如果在一批钢筋中冷拉率变化较大，则应尽可能把冷拉率相近的钢筋对焊在一起进行冷拉，以保证钢筋冷拉力的均匀性。

钢筋对焊接长在钢筋冷拉前进行。钢筋的下料长度由计算确定。

当构件两端均采用螺丝端杆锚具时，预应力筋下料长度（图 5-31）为：

$$L=\frac{l_1+2(l_2-l_3)}{1+\gamma-\delta}+n\Delta \qquad (5\text{-}6)$$

式中　L——预应力筋的下料长度，mm；

　　　　l_1——构件的孔道长度，mm；

　　　　l_2——螺丝端杆锚具处露在构件孔道的长度，一般取 120～150 mm；

　　　　l_3——螺丝端杆锚具长度，mm；

γ——预应力筋的冷拉率,由试验确定;

δ——预应力筋的冷拉弹性回缩率,一般为 $0.4\% \sim 0.6\%$;

n——对焊接头数量;

Δ——每个对焊接头的压缩量(可取 1 倍预应力筋直径),mm。

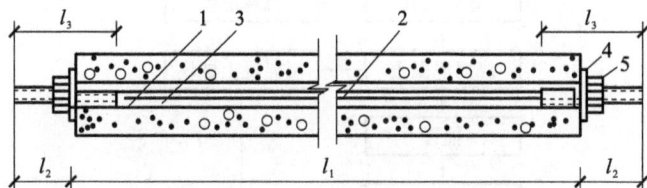

图 5-31 单根预应力筋下料长度计算图
1—螺丝端杆;2—预应力钢筋;3—对焊接头;4—垫板;5—螺母

当一端采用螺丝端杆锚具,另一端采用帮条锚具或镦头锚具时,预应力筋下料长度为:

$$L = \frac{l + l_2 + l_3 - l_1}{1 + \gamma - \delta} + n\Delta \qquad (5\text{-}7)$$

式中　l——构件的孔道长度,mm。

l_1——螺丝端杆长度,一般为 320 mm。

l_2——螺丝端杆伸出构件外的长度,一般为 $120 \sim 150$ mm 或按下式计算:张拉端 $l_2 = 2H + h + 5$ mm;锚固端 $l_2 = H + h + 10$ mm,其中

H——螺母高度。

h——垫板厚度。

l_3——帮条或镦头锚具所需钢筋长度。

γ——预应力筋的冷拉率,由试验确定。

δ——预应力筋的冷拉回弹率,一般为 $0.4\% \sim 0.6\%$。

n——对焊接头数量。

Δ——每个对焊接头的压缩量,取 1 倍钢筋直径,mm。

5.2.3 后张法施工工艺

后张法施工工艺与预应力施工有关的主要是孔道留设、预应力筋张拉和孔道灌浆三部分,图 5-32 所示为预应力后张法施工工艺流程图。

1. 孔道留设

孔道留设是后张法预应力混凝土构件制作中的关键工序之一,也是施工过程检验验收的重要环节,主要为穿预应力钢筋(束)及张拉锚固后灌浆用。

孔道留设的方法有钢管抽芯法、胶管抽芯法和预埋管法(主要采用金属波纹管)等。预应力的孔道形式一般有直线、曲线和折线三种。钢管抽芯法只用于直线孔道的成型,胶管抽芯法、橡胶抽拔棒法和预埋管法则可适用于直线、曲线和折线的孔道。

后张法简支梁
的预制视频

```
                    ┌──────────────┐
                    │   安装底模    │
                    └──────┬───────┘
                           ↓
              ┌──────────────────────┐
              │ 安装钢筋骨架、支侧模  │
              └──────────┬───────────┘
                         ↓
                  ┌──────────┐        ┌──────────┐
                  │ 埋管制孔  │───────→│ 机具准备  │
                  └────┬─────┘        └──────────┘
                       ↓
                  ┌──────────┐        ┌──────────────┐
                  │ 浇捣混凝土 │──────→│ 制混凝土试块  │
                  └────┬─────┘        └──────┬───────┘
                       ↓                     │
                  ┌──────────┐               │
                  │   抽管    │               │
                  └────┬─────┘               │
                       ↓                     │
                  ┌──────────┐               │
                  │ 养护、拆模 │               │
                  └────┬─────┘               │
   ┌──────────┐       ↓                      │
   │ 锚具制作  │──→┌──────────┐              │
   └──────────┘   │  清理孔道  │              │
                  └────┬─────┘               │
   ┌────────────┐     ↓                      │
   │ 预应力筋制作 │──→┌──────────┐           │
   └────────────┘   │   穿筋    │            │
                    └────┬─────┘             │
   ┌────────────┐       ↓                    │
   │ 校验张拉机具 │──→┌──────────┐   ┌──────────────┐
   └────────────┘   │张拉预应力筋│←──│  压混凝土试块  │←┘
                    └────┬─────┘   └──────────────┘
   ┌────────────┐       ↓
   │ 灌浆机具准备 │──→┌──────────┐   ┌──────────────┐
   └────────────┘   │  孔道灌浆  │──→│ 制作水泥浆试块  │
                    └────┬─────┘   └──────────────┘
                         ↓
                  ┌──────────┐   ┌──────────────┐
                  │ 起吊运输  │←──│  压水泥浆试块  │
                  └──────────┘   └──────────────┘
```

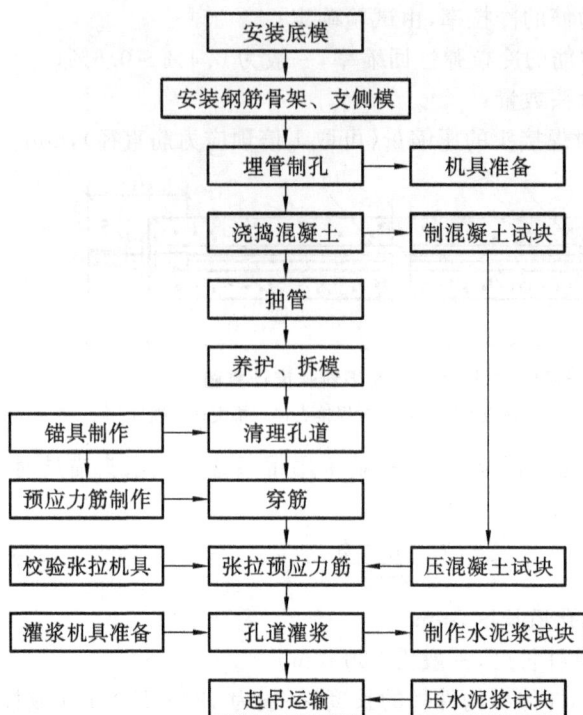

图 5-32　预应力后张法施工工艺

（1）钢管抽芯法

钢管抽芯法适用于留设直线孔道。钢管抽芯法是预先将钢管敷设在模板的孔道位置上，在混凝土浇筑和养护过程中，每隔一定时间要慢慢转动钢管一次，以防止混凝土与钢管黏结。待混凝土初凝后、终凝前抽出钢管即在构件中形成孔道。为保证预留孔道质量，施工中应注意以下几点。

① 选用的钢管要平直，表面光滑，安放位置准确。钢管不直，在转动及拔管时易将混凝土管壁挤裂。钢管预埋前应除锈、刷油，以便抽管。钢管的位置固定一般用钢筋井字架，井字架间距一般为 1～2 m。在灌筑混凝土时，应防止振动器直接接触钢管，避免产生位移。

② 钢管每根长度最好不超过 15 m，以便旋转和抽管。钢管两端应各伸出构件 500 mm 左右。较长构件可用两根钢管接长，两根钢管接头处可用 0.5 mm 厚铁皮做成的套管连接，如图 5-33 所示。套管内表面要与钢管外表面紧密结合，以防漏浆堵塞孔道。

③ 恰当、准确地掌握抽管时间。抽管时间与水泥品种、气温和养护条件有关。抽管宜在混凝土初凝后、终凝前进行，以用手指按压混凝土表面不显指纹时为宜。常温下抽管时间在混凝土浇筑后 3～6 h。抽管时间过早，会造成坍孔事故；抽管时间太晚，混凝土与钢管黏结牢固，抽管困难，甚至抽不出来。钢管抽芯法应当派人在混凝土浇筑过程中及浇筑后每隔一定时间慢慢转动钢管，防止其与混凝土黏住。

④ 抽管顺序和方法。抽管顺序宜先上后下。抽管方法可分为人工抽管或卷扬机抽管，抽管时必须速度均匀，边抽边转，并与孔道保持在一条直线上。抽管后，应及时检查孔道情况，并做好孔道清理工作，以免增加以后穿筋的困难程度。

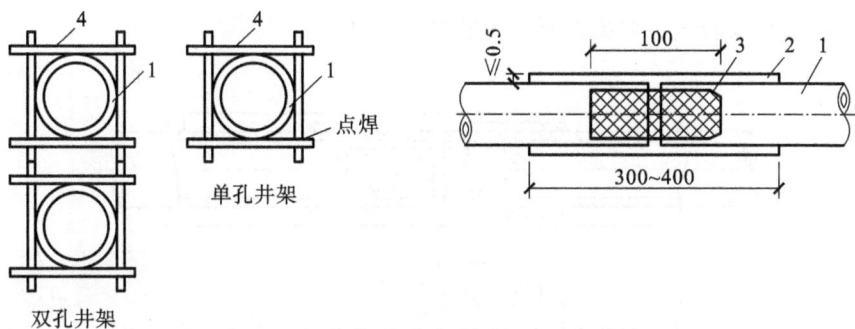

图 5-33　钢管连接方法
1—钢管；2—白铁皮套管；3—硬木塞；4—井字架

⑤ 灌浆孔和排气孔的留设。留设预留孔道的同时，为方便构件孔道灌浆，应按照设计规定，每个构件与孔道垂直的方向应留设若干个灌浆孔和排气孔。一般在构件两端和中间每隔 12 m 左右留设一个直径 20 mm 的灌浆孔，可用木塞或白铁皮管成孔。在构件两端各留一个排气孔。

（2）胶管抽芯法

胶管抽芯法所用的胶管有 5～7 层的夹布胶管和供预应力混凝土专用的钢丝网橡皮管两种。前者必须在管内充气或充水后才能使用。后者质硬，且有一定弹性，预留孔道时与钢管的使用方法一样。将胶管预先敷设在模板中的孔道位置上，胶管直线段间隔不大于 1.0 m，曲线段间隔不大于 0.5 m，用钢筋井字架固定，并与钢筋骨架绑扎牢。下面介绍常用的夹布胶管留设孔道的方法。

采用夹布胶管预留孔道时，混凝土浇筑前夹布胶管内充入压缩空气或压力水，工作压力为 500～800 kPa，此时胶管直径可增大约 3 mm。待混凝土初凝后，放出压缩空气或压力水，使管径缩小并与混凝土脱离开，抽出夹布胶管，便可形成孔道。为了保证留设孔道质量，使用时应注意以下几个问题。

① 胶管铺设后，应注意不要让钢筋等硬物刺穿胶管，胶管应当有良好的密封性，勿使其漏水、漏气。夹布胶管内充入压缩空气或压力水前，胶管两端应有密封装置（图 5-34）。密封的方法是将胶管一端外表面削去 1～3 层胶皮及帆布，然后将外表面带有粗丝扣的钢管（钢管一端用铁板密封焊牢）插入胶管端头孔内，再用 20 号铅丝与胶管外表面密缠牢固。铅丝头用锡焊牢。胶管另一端接上阀门，其方法与密封端基本相同。

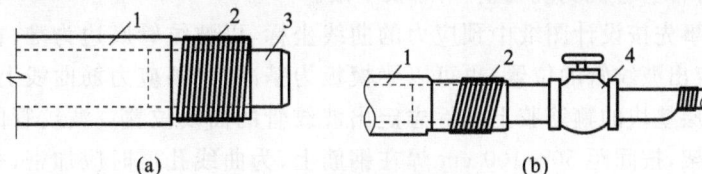

图 5-34　胶管密封装置
（a）胶管封头；（b）胶管与阀门连接
1—胶管；2—铅丝密缠；3—钢管堵头；4—阀门

② 图 5-35 所示为胶管接头方法。图中 1 mm 厚钢管用无缝钢管制成，其内径等于或略小于胶管外径，以便打入硬木塞后起到密封作用。铁皮套管与胶管外径相等或稍大

(0.5 mm 左右),以防止在振捣混凝土时胶管受振外移。

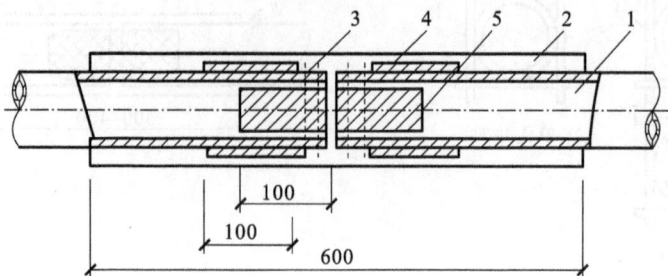

图 5-35　胶管接头

1—胶管;2—白铁皮套管;3—钉子;4—1 mm 厚钢管;5—硬木塞

③ 抽管时间和顺序。抽管时间比钢管略迟。一般可参照气温和浇筑后的小时数的乘积达 200 ℃·h 左右。胶管抽芯法预留孔道,混凝土浇筑后不需要旋转胶管,抽管顺序一般为先上后下、先曲后直。

采用钢丝网胶管预留孔道时,预留孔道的方法和钢管相同。由于钢丝网胶管质地坚硬,并具有一定的弹性,抽管时在拉力作用下管径缩小和混凝土脱离开,即可将钢丝网胶管抽出。

胶管抽芯法的灌浆孔和排气孔的留设方法同钢管抽芯法。

(3) 预埋金属波纹管法

预埋金属波纹管法就是利用与孔道直径相同的金属波纹管埋入混凝土构件中,无须抽出,波纹管一般是由薄钢带(厚 0.3 mm)经压波后卷成黑铁皮管、薄钢管或镀锌双波纹金属软管。其具有重量轻、刚度好、弯折方便、连接简单、摩阻系数小等优点,预埋管法因省去抽管工序,且孔道留设的位置、形状也易保证,与混凝土黏结良好,可做成各种形状的孔道,故目前应用较为普遍,是现代后张预应力筋孔道成型用的理想材料。

金属波纹管每根长 4~6 m,也可根据需要现场制作,长度不限。波纹管在 1 kN 径向力作用下不变形,使用前应做灌水试验,检查有无渗漏现象。波纹管外形按照每两个相邻的折叠咬口之间凸出部(波纹)的数量,分为单波纹和双波纹,如图 5-36 所示。

波纹管内径为 40~100 mm,每 5 mm 递增。单波波纹管高度为 2.5 mm,双波波纹管高度为 3.5 mm。波纹管长度可根据运输要求或孔道长度进行卷制。波纹管用量大时,生产厂家可带卷管机到现场生产,管长不限。

安装前应事先按设计图纸中预应力的曲线坐标,以波纹管底边为准,在一侧侧模上弹出曲线来,定出波纹管的位置;也可以梁模板为基准,按预应力筋曲线上各点坐标,在垫好底筋保护层垫块的箍筋胶上做标志定出波纹管的曲线位置。波纹管的固定可用钢筋支架或井字架,按间距 50~100 cm 焊在钢筋上,为曲线孔道时应加密,并用铁丝绑扎牢,以防止浇筑混凝土时管子上浮(先穿入预应力筋的情况稍好),造成质量事故。

灌浆孔与波纹管的连接见图 5-37。其做法是在波纹管上开洞,其上覆盖海绵垫片与带嘴的塑料弧形压板,并用铁丝扎牢,再用增强塑料管插在嘴上,并将其引出梁顶面 400~500 mm。在构件两端及管中应设置灌浆孔,其间距不宜大于 12 m(预埋波纹管时灌浆孔间距不宜大于 30 m)。曲线孔道的曲线波峰位置宜设置泌水管。

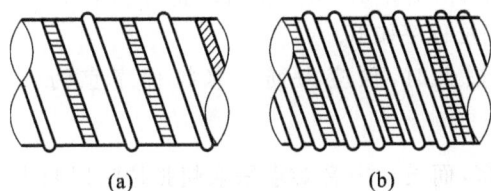

图 5-36　波纹管外形

（a）单波纹；（b）双波纹

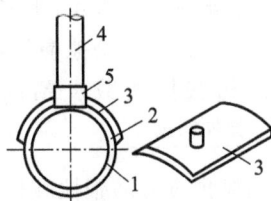

图 5-37　灌浆孔与波纹管的连接

1—波纹管；2—海绵垫片；3—塑料弧形压板；

4—增强塑料管；5—铁丝绑扎

2. 预应力筋张拉

用后张法张拉预应力筋时，混凝土强度应符合设计要求，如设计无规定，则不应低于设计强度等级的 75%。张拉程序减少预应力损失，保持预应力的均衡，减少偏心。

（1）穿筋

成束的预应力筋将一头对齐，按顺序编号套在穿束器上，如图 5-38 所示。

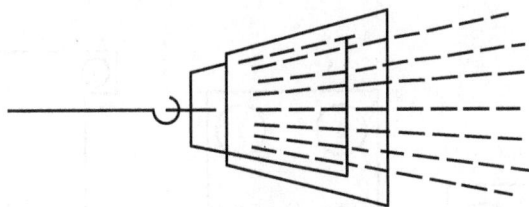

图 5-38　穿束器

预应力筋穿束根据穿束与浇筑混凝土之间的先后关系，可分为先穿束和后穿束两种。

① 先穿束法。该法穿束省力，但穿束占用工期，束的自重引起的波纹管摆动会增大摩擦损失，束端保护不当易生锈。按穿束与预埋波纹管之间的配合方式，又可分为以下三种情况：

a. 先穿束后装管，即将预应力筋先穿入钢筋骨架内，然后将螺旋管逐节从两端套入并连接；

b. 先装管后穿束，即将螺旋管先安装就位，然后将预应力筋穿入；

c. 二者组装后放入，即在梁外侧的脚手架上将预应力筋与套管组装后，从钢筋骨架顶部放入就位，箍筋应先做成开口箍，再封闭。

② 后穿束法。该法可在混凝土养护期内进行，不占工期，便于用通孔器或高压水通孔，穿束后即行张拉，易于防锈，但穿束较为费力。

（2）张拉控制应力及张拉程序

张拉控制应力越高，建立的预应力值就越大，构件抗裂性就越好。但是张拉控制应力过高，构件使用过程经常处于高应力状态，构件出现裂缝的荷载与破坏荷载很接近，往往构件破坏前没有明显预兆，而且当控制应力过高，构件混凝土预压应力过大会导致混凝土的徐变应力损失增加。因此，控制应力应符合设计规定。在施工中预应力筋需要超张拉时，可比设计要求提高 3%～5%，但其最大张拉控制应力不得超过表 5-1 的规定。

预应力筋的张拉程序,主要根据构件类型、张锚体系、松弛损失取值等因素来确定。为了减少预应力筋的松弛损失,预应力筋的张拉程序如下。

① 用超张拉法减少预应力筋的松弛损失时,预应力筋的张拉程序宜为:$0 \rightarrow 105\%\sigma_{con} \xrightarrow{\text{持荷 2 min}} \sigma_{con}$。

② 如果预应力筋张拉吨位不大,根数很多,而设计中又要求采取超张拉法以减少应力松弛损失时,其张拉程序可为:$0 \rightarrow 103\%\sigma_{con}$。

以上各种张拉操作程序均可分级加载。对曲线预应力束,一般以 $0.2\sigma_{con} \sim 0.25\sigma_{con}$ 为量伸长起点,分 3 级加载($0.2\sigma_{con}$,$0.6\sigma_{con}$ 及 $1.0\sigma_{con}$)或 4 级加载($0.25\sigma_{con}$,$0.5\sigma_{con}$,$0.75\sigma_{con}$ 及 $1.0\sigma_{con}$),每级加载均应量测张拉伸长值。

当预应力筋长度较大,千斤顶张拉行程不够时,应采取分级张拉、分级锚固。第二级初始油压为第一级最终油压。预应力筋张拉到规定油压后,持荷复验伸长值,合格后进行锚固。

(3)张拉顺序

张拉顺序应符合设计要求。图 5-39 所示为预应力混凝土屋架下弦杆与吊车梁的预应力筋张拉顺序。

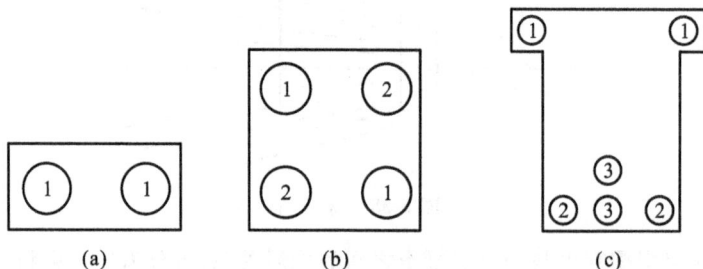

图 5-39 预应力筋的张拉顺序

(a),(b) 屋架下弦杆的预应力筋张拉顺序;(c) 吊车梁的预应力筋张拉顺序

① 对配有多根预应力筋的预应力混凝土构件,由于不可能同时一次张拉完预应力筋,应分批、对称地进行张拉。对称张拉是为了避免张拉时构件截面呈现过大的偏心受压状态。分批张拉时,由于后批张拉的作用力,使混凝土再次产生弹性压缩导致先批预应力筋应力下降。此应力损失可按式(5-8)计算后加到先批预应力筋的张拉应力中去。分批张拉的损失也可以采取对先批预应力筋逐根复位补足的办法处理。

$$\Delta\sigma = [E_s(\sigma_{con} - \sigma_1)A_p]/E_c A_n \tag{5-8}$$

式中　$\Delta\sigma$——先批张拉钢筋应增加的应力,kN;

　　　E_s——预应力筋弹性模量,kN/mm^2;

　　　σ_{con}——张拉控制应力,kN;

　　　σ_1——后批张拉预应力筋的第一批预应力损失(包括锚具变形后和摩擦损失),kN/mm^2;

　　　E_c——混凝土弹性模量,kN/mm^2;

　　　A_p——后批张拉的预应力筋截面面积,mm^2;

　　　A_n——构件混凝土净截面面积(包括构造钢筋折算面积),mm^2。

② 对平卧叠浇的预应力混凝土构件,上层构件的重量产生的水平摩阻力会阻止下层构件在预应力筋张拉时混凝土弹性压缩的自由变形,待上层构件起吊后,由于摩阻力影响消失会增加混凝土弹性压缩的变形,从而引起预应力损失。该损失值随构件形式、隔离剂和张拉方式而不同,其变化差异较大。目前尚未掌握其变化规律,为便于施工,在工程实践中可采取逐层加大超张拉的办法来弥补该预应力损失,但是底层的预应力混凝土构件的预应力筋的张拉力不得超过顶层的预应力筋的张拉力,具体规定如下:预应力筋为钢丝、钢绞线、热处理钢筋时,张拉力应小于 5%,其最大超张拉力应小于抗拉强度的 75%;预应力筋为冷拉热轧钢筋时,张拉力应小于 9%,其最大超张拉力应小于标准强度的 95%。

【例 5-1】 某屋架下弦截面尺寸为 240 mm×220 mm,有 4 根预应力筋;预应力筋采用 HRB335 钢筋,直径为 25 mm,张拉控制应力 $\sigma_{con} = 0.85 f_{pyk} = 0.85 \times 500$ N/mm² = 425 N/mm²。采用 0→103%σ_{con} 张拉程序,沿对角线分两批对称张拉,屋架下弦杆构造配筋为 4Φ10,孔道直径为 $D = 48$ mm,试计算第一批预应力筋张拉应力增加值 $\Delta\sigma$。

【解】 采用两台 YL60 千斤顶,考虑到第二批张拉对第一批预应力筋的影响,则第一批预应力筋张拉应力应增加 $\Delta\sigma$。

$$\Delta\sigma = [E_s(\sigma_{con} - \sigma_1)A_p]/E_c A_n$$

其中,$E_s = 180000$ N/mm²,$E_c = 32500$ N/mm²,$\sigma_{con} = 425$ N/mm²,$\sigma_1 = 28$ N/mm²(计算略去),$A_p = 491 \times 2 = 982 (\text{mm}^2)$,

$$A_n = 240 \times 220 - 4 \times \pi \times \frac{48^2}{4} + 4 \times 78.5 \times \frac{200000}{32500} = 47498 (\text{mm}^2)$$

代入计算公式得:

$$\Delta\sigma = \frac{180000 \times (425 - 28) \times 982}{32500 \times 47498} = 45.4 (\text{N/mm}^2)$$

则第一批预应力筋张拉应力为:

$$(425 + 45.4) \times 1.03 = 485 (\text{N/mm}^2) > 0.9 f_{pyk} = 450 (\text{N/mm}^2)$$

上述计算结果表明,分批张拉的影响若补加到先批预应力筋张拉应力中,将使张拉应力过大,超过了规范规定,故应采取重复张拉补足的办法。

【例 5-2】 案例 5-1 中,若 $\Delta\sigma = 12$ N/mm²,试计算第一批、第二批预应力筋的张拉力及油压表读数。

【解】 当采用超张拉 $\Delta\sigma$ 时,钢筋的应力为:

$$1.03 \times (425 + 12) = 450 (\text{N/mm}^2) = 0.9 f_{pyk}$$

故第一批筋可超张拉 $\Delta\sigma$。

第一批筋的张拉力为:

$$N = 1.03 \times (425 + 12) \times 491 = 221 (\text{kN})$$

油压表读数:

$$P = \frac{221000}{16200} = 13.64 (\text{N/mm}^2)(\text{活塞面积 } 16200 \text{ mm}^2)$$

第二批筋的张拉力为:

$$N = 1.03 \times 425 \times 491 = 214.9 (\text{kN})$$

油压表读数为：

$$P = \frac{214900}{16200} = 13.3 (\text{N/mm}^2)$$

为了使逐层加大的张拉力符合实际情况，最好在正式张拉前对某叠层第一、二层构件的张拉压缩量进行实测，然后按下式计算各层应增加的张拉力。

$$\Delta N = (n-1)\frac{\Delta_1 - \Delta_2}{L} E_s A_p \tag{5-9}$$

式中　ΔN——层间摩阻力，N；

　　　n——构件所在层数（自上而下计）；

　　　Δ_1——第一层构件张拉压缩值，mm；

　　　Δ_2——第二层构件张拉压缩值，mm；

　　　L——构件长度，mm；

　　　E_s——预应力筋弹性模量，N/mm²；

　　　A_p——预应力筋截面面积，mm²。

【例 5-3】　案例 5-2 中的预应力屋架下弦孔道长度为 23800 mm，4 榀屋架叠加生产，经实测第一榀屋架压缩变形值为 12 mm，第二榀屋架压缩变形值为 11 mm，计算层间摩阻力 ΔN。

【解】　层间摩阻力 ΔN 为：

$$\Delta N = (n-1)\frac{\Delta_1 - \Delta_2}{L} E_s A_p = (2-1) \times \frac{12-11}{23800} \times 180000 \times 982 = 7427(\text{N})$$

则第二榀屋架张拉应力为：

$$\sigma_{con} + \frac{7427}{982} = 0.85 \times 500 + 7.6 = 433(\text{N/mm}^2)$$

第三榀屋架张拉应力为：

$$433 + 7.6 = 440.6(\text{N/mm}^2)$$

第四榀屋架张拉应力为：

$$440.6 + 7.6 = 448.2(\text{N/mm}^2)$$

上面各榀屋架预应力的张拉力都满足不超过 $0.90 f_{pyk}$（450 N/mm²）的要求。

（5）张拉方法和张拉端设置的要求

为了减少预应力筋与预留孔壁摩擦引起的预应力损失，对于抽芯成形孔道，曲线预应力筋和长度大于 24 m 的直线预应力筋，应在两端张拉；对长度等于或小于 24 m 的直线预应力筋，可在一端张拉；预埋波纹管孔道，对于曲线预应力筋和长度大于 30 m 的直线预应力筋，宜在两端张拉；对于长度等于或小于 30 m 的直线预应力筋，可在一端张拉。当同一截面中有多根一端张拉的预应力筋时，张、拉端宜分别设在构件的两端，以免构件受力不均匀。安装张拉设备时，对于直线预应力筋，应使张拉力的作用线与孔道中心线重合；对于曲线预应力筋，应使张拉力的作用线与孔道中心线末端的切线方向重合。

（6）预应力值的校核和伸长值的测定

为了了解预应力值建立的可靠性，需对预应力筋的应力及损失进行检验和测定，以便使张拉时补足和调整拹应力值。检验应力损失最简便的办法是，在预应力筋张拉 24 h

后孔道灌浆前重拉一次,测读前后两次应力值之差,即为钢筋预应力损失(并非应力损失全部,但已完成很大部分)。预应力筋张拉锚固后,实际预应力值与工程设计规定检验值的相对允许偏差为±5%。

在测定预应力筋伸长值时,须先建立 $10\%\sigma_{con}$ 的初应力,预应力筋的伸长值也应从建立初应力后开始测量,但须加上初应力的推算伸长值,推算伸长值可根据预应力弹性变形呈直线变化的规律求得。例如,某筋应力自 $0.2\sigma_{con}$ 增至 $0.3\sigma_{con}$ 时,其变形为 4 mm,即应力每增加 $0.1\sigma_{con}$,变形增加 4 mm,故该筋初应力 $10\%\sigma_{con}$ 时的伸长值为 4 mm。对后张法尚应扣除混凝土构件在张拉过程中的弹性压缩值。预应力筋在张拉时,通过伸长值的校核,可以综合反映张拉应力是否满足要求,孔道摩阻损失是否偏大,以及预应力筋是否有异常现象等。如实际伸长值与计算伸长值的偏差超过±6%,应暂停张拉,分析原因后采取措施。

3. 孔道灌浆

孔道灌浆是后张法预应力工艺的重要环节,预应力筋张拉完毕后,立即进行孔道灌浆的目的是为了防止钢筋锈蚀,增加结构的整体性和耐久性,提高结构的抗裂性和承载能力。

灌浆用的水泥浆应有足够强度和黏结力,且应有较好的流动性、较小的干缩性和泌水性,水泥强度等级一般应不低于 42.5,水灰比控制在 0.4~0.45,搅拌后 3 h 泌水率宜控制在 2%,最大不得超过 3%,水泥浆的稠度控制在 14~18 s。对孔隙较大的孔道,可采用砂浆灌浆。

为了增加孔道灌浆的密实性,减少水泥浆收缩,可掺 0.05%~0.1%的脱脂铝粉或其他类型的膨胀剂。在水泥浆或砂浆内可以掺入对预应力筋无腐蚀作用的外加剂,如掺入占水泥重量 0.25%的木质素磺酸钙,或掺入占水泥重量 0.05%的铝粉。不掺外加剂时,可用二次灌浆法。

灌浆前,用压力水冲洗和湿润孔道,用电动或手动灰浆泵进行灌浆。灌浆工作应连续进行,不得中断,并应防止空气压入孔道而影响灌浆质量。灌浆压力宜控制在 0.3~0.5 MPa,灌浆顺序应先下后上,以免上层孔道漏浆时把下层孔道堵塞。孔道末端应设置排气孔,灌浆时待排气孔溢出浓浆后,才能将排气孔堵住继续加压到 0.5~0.6 MPa,并稳定两分钟,关闭控制闸,保持孔道内压力。每条孔道应一次灌成,中途不应停顿,否则需将已压的水泥浆冲洗干净,从头开始灌浆。

灌浆后,切割外露部分预应力钢绞线(留 30~50 mm)并将其分散,锚具应采用混凝土封头保护。封头混凝土尺寸应大于预埋钢板,厚度不小于 100 mm,封头内应配钢筋网片,细石混凝土强度等级为 C30~C40。

孔道灌浆后,当灰浆强度达到 15 N/mm² 时,方能移动构件;灰浆强度达到 100%设计强度时,才允许吊装。

5.3 无黏结预应力混凝土施工

在后张法预应力混凝土构件中,预应力筋分为有黏结和无黏结两种。有黏结的预应力是后张法的常规做法,张拉后通过灌浆使预应力筋与混凝土黏结。无黏结预应力是近几年发展起来的新技术,其做法是在预应力筋表面覆裹一层涂塑层或刷涂油脂并包塑料带(管)后,如同普通钢筋一样先铺设在支好的模板内,再浇筑混凝土,待混凝土达到规定的强度后,用张拉机具进行张拉,当张拉达到设计的应力后,两端再用特制的锚具锚固。预应力筋张拉力完全靠构件两端的锚具传递给构件。无黏结预应力混凝土施工属于后张法施工。

这种预应力工艺的优点是借助两端的锚具传递预应力,无须留孔灌浆,施工简便,利于提高结构的整体刚度,增加使用功能,减少材料用量,摩擦损失小,预应力筋易弯成多跨曲线形状等,但对锚具锚固能力要求较高。无黏结预应力适用于大柱网整体现浇楼盖结构,尤其在双向连续平板和密肋楼板中使用最为合理、经济。目前无黏结预应力混凝土平板结构的跨度,单向板可达 9~10 m,双向板为 9 m×9 m,密肋板为 12 m,现浇梁跨度可达 27 m。

5.3.1 无黏结预应力筋的制作

1. 无黏结预应力筋的组成及要求

无黏结预应力筋主要由无黏结筋、涂料层、外包层 3 部分组成,如图 5-40 所示。

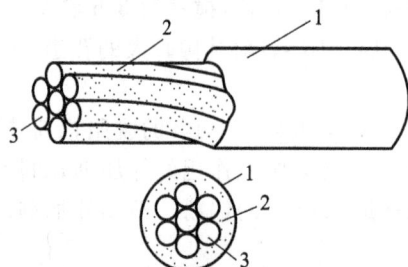

图 5-40　无黏结预应力筋
1—塑料外包层;2—防腐润滑脂;
3—钢绞线(或碳素钢丝束)

(1) 无黏结筋

无黏结筋宜采用柔性较好的预应力筋制作,选用 7Φ^s4 或 7Φ^s5 钢绞线。无黏结预应力筋所用钢材主要有消除应力钢丝和钢绞线。钢丝和钢绞线不得有死弯,有死弯时必须切断;每根钢丝必须通长,严禁有接点。预应力筋的下料长度计算应考虑构件长度、千斤顶长度、镦头的预留量、弹性回弹值、张拉伸长值、钢材品种和施工方法等因素。具体计算方法与有黏结预应力筋的计算方法基本相同。

预应力筋下料时,宜采用砂轮锯或切断机切断,不得采用电弧切割。钢丝束的钢丝下料采用等长下料。钢绞线下料时,应在切口两侧用 20 号或 22 号钢丝预先绑扎牢固,以免切割后松散。

(2) 涂料层

无黏结筋的涂料层常采用防腐油脂或防腐沥青制作。涂料层的作用是使无黏结筋与混凝土隔离,减少张拉时的摩擦损失,防止预应力筋腐蚀等。因此,涂料应有较好的化学稳定性和韧性,要求涂料性能满足在 -20~70 ℃ 温度范围内不流淌、无开裂、不变脆,能较好地黏附在钢筋上并有一定韧性;使用期内化学稳定性高;润滑性能好,摩擦阻力小;不透水、不吸湿,防腐性能好。

(3) 外包层

无黏结筋的外包层主要由高压聚乙烯塑料带或塑料管制作。外包层的作用是使无黏结筋在运输、储存、铺设和浇筑混凝土等过程中不会发生不可修复的破坏,因此要求外包层应满足在 -20~70 ℃温度范围内低温不脆化,高温化学稳定性好;必须具有足够的韧性,抗破损性强;对周围材料无侵蚀作用;防水性强。塑料使用前必须烘干或晒干,避免在成型过程中由于气泡引起塑料表面开裂。

制作单根无黏结筋时,宜优先选用防腐油脂之间有一定的间隙,使预应力筋能在塑料套管中任意滑动,其塑料外包层应用塑料注塑机注塑成型,防腐油脂应填充饱满,外包层应松紧适度。成束无黏结预应力筋可用防腐沥青或防腐油脂做涂料层。当使用防腐沥青时,应用密缠塑料带做外包层,塑料带各圈之间的搭接宽度不应小于带宽的 1/2,缠绕层数不小于四层。要求防腐油脂涂料层无黏结筋的张拉摩擦系数不应大于 0.12,防腐沥青涂料层无黏结筋的张拉摩擦系数不应大于 0.25。

2. 无黏结预应力筋的锚具

无黏结预应力筋的锚具性能应符合 I 类锚具的规定。我国主要采用高强钢丝和钢绞线作为无黏结预应力筋,高强钢丝主要用镦头锚具,钢绞线可采用 XM、QM 锚具。

3. 无黏结预应力筋的制作工艺

一般采用挤压涂层工艺和涂包成型工艺两种。

(1) 挤压涂层工艺

挤压涂层工艺主要是无黏结筋通过涂油装置涂油。涂油无黏结筋通过塑料挤压机涂刷聚乙烯或聚丙烯塑料薄膜,再经冷却筒模制成塑料套管。这种挤压涂层工艺的特点是效率高、质量好、设备性能稳定,与电线、电缆包裹塑料套管的工艺相似,适用于大规模生产的单根钢绞线和 7 根钢丝束。挤压涂层工艺流水线示意图如图 5-41 所示。

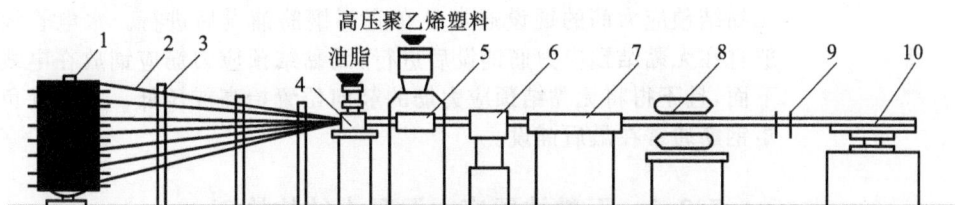

图 5-41　挤压涂层工艺流水线示意图

1—放线盘;2—钢丝;3—梳子板;4—给油装置;5—塑料挤压机机头;
6—风冷装置;7—水冷装置;8—牵引机;9—定位支架;10—收线盘

(2) 涂包成型工艺

涂包成型工艺是无黏结筋经过涂料槽涂刷涂料后,再通过归束滚轮成束并进行补充涂刷,涂料厚度一般为 2 mm,可以手工操作完成内涂刷防腐沥青或防腐油脂,外包塑料布。涂好涂料的无黏结筋随即通过绕布转筒自动地交叉缠绕两层塑料布,当达到需要的长度后进行切割,成为一根完整的无黏结预应力筋,也可以在缠纸机上连续作业,完成编束、涂油、镦头、缠塑料布和切断等工序。缠纸机的工作示意图如图 5-42 所示。这种涂包成型工艺的特点是质量好,适应性较强。

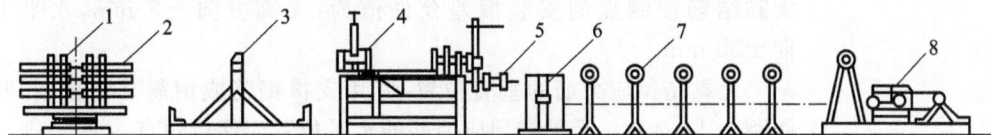

图 5-42　无黏结预应力筋缠纸工艺流程图

1—放线盘;2—盘圆钢丝;3—梳子板;4—油枪;5—塑料布卷;6—切断机;7—滚道台;8—牵引装置

无黏结预应力筋制作时,钢丝放在放线盘上,穿过梳子板汇成钢丝束,通过油枪均匀涂油后穿入锚环用冷镦机冷镦锚头,带有锚环的成束钢丝用牵引机向前牵引,同时开动装有塑料条的缠纸转盘,钢丝束一边前进一边进行缠绕塑料布条工作。当钢丝束达到需要长度后,进行切割,成为一段完整的无黏结预应力筋。

无黏结预应力筋施工动画

5.3.2 无黏结预应力筋的布置

在单向连续梁板中,无黏结预应力筋如同普通钢筋一样铺设在设计位置上。在双向配筋的连续平板中,无黏结预应力筋一般需要配置成两个方向的悬垂曲线,两个方向的无黏结预应力筋互相穿插,施工操作较为困难,因此必须事先编出无黏结预应力筋的铺设顺序。其方法是将各向无黏结预应力筋各搭接点的标高标出,对各搭接点相应的两个标高分别进行比较,若一个方向某一无黏结预应力筋的各点标高均低于与其相交的各筋相应点标高,则此筋可先放置。按此规律编出全部无黏结预应力筋的铺设顺序。即先铺设标高低的无黏结预应力筋,再铺设标高较高的无黏结预应力筋,并应尽量避免两个方向的无黏结预应力筋相互穿插编结。

无黏结预应力筋应严格按设计要求的曲线形状就位固定牢固。无黏结预应力筋的铺设通常是在底部钢筋铺设后进行。水电管线一般宜在无黏结预应力筋铺设后进行,无黏结预应力筋应铺放在电线管下面,且不得将无黏结预应力筋的竖向位置抬高或压低。支座处负弯矩钢筋通常在最后铺设。

5.3.3 无黏结预应力混凝土结构施工

无黏结预应力筋在施工中的主要问题是无黏结预应力筋的铺设、张拉和端部锚头处理。无黏结预应力筋在使用前应逐根检查外包层的完好程度,对有轻微破损者,可包塑料带补好,对破损严重者应予以报废。

1. 无黏结预应力筋的铺设

无黏结预应力筋,一般用7根Φ5高强度钢丝组成,或钢丝束,或拧成钢绞线,通过专用设备涂包防锈油脂,再套上塑料套管。

制作工艺:编束放盘→涂上涂料层→覆裹塑料套→冷却→调直→成型。

无黏结预应力筋应严格按设计要求的曲线形状就位并固定牢靠。无黏结筋控制点的安装偏差允许值为:矢高方向±5 mm,水平方向±30 mm。

无黏结预应力筋的垂直位置,宜用支撑钢筋或钢筋马镫控制,其间距为1~2 m。无黏结预应力筋的水平位置应保持顺直。

在双向连续平板中,各无黏结预应力筋曲线高度的控制点用钢筋马镫垫好并扎牢。在支座部位,无黏结预应力筋可直接绑扎在梁或墙的顶部钢筋上;在跨中部位,无黏结预应力筋可直接绑扎在板的底部钢筋上。

2. 无黏结预应力筋的张拉

由于无黏结预应力筋一般为曲线配筋,当预应力筋的长度小于 25 m,宜采用一端张拉;若长度大于 25 m 时,宜两端张拉;长度超过 50 m,宜采取分段张拉。预应力筋张拉长度应按设计要求进行控制。

无黏结预应力筋的张拉程序宜采用 $0 \to 103\% \sigma_{con}$,以减少无黏结预应力筋的松弛应力损失。

无黏结预应力筋的张拉顺序应与预应力筋的铺设顺序一致,先铺设的先张拉,后铺设的后张拉。

预应力平板结构中,预应力筋往往很长,如何减小其摩阻损失值是一个重要的问题。影响摩阻损失值的主要因素是润滑介质、外包层和预应力筋截面形式。其中润滑介质和外包层的摩阻损失值对一定的预应力束而言是个定值,相对稳定。而截面形式则影响较大,不同截面形式的离散性不同,但如能保证截面形状在全长内一致,则其摩阻损失值就能在很小范围内波动。否则,因局部阻塞就可能导致其损失值无法测定。摩阻损失值可用标准测力计或传感器等测力装置进行测定。施工时,为降低摩阻损失值,宜采用多次重复张拉工艺。成束无黏结预应力筋正式张拉前,一般宜先用千斤顶往复抽动 1~2 次以降低张拉摩擦损失。无黏结预应力筋的张拉过程中,当有个别钢丝发生滑脱或断裂时,可相应降低张拉力,但滑脱或断裂的数量不应超过结构同一截面无黏结预应力筋总量的 2%。

3. 无黏结预应力筋的端部锚头处理

(1) 张拉端部处理

无黏结预应力筋端部处理取决于无黏结预应力筋和锚具的种类。

锚具的位置通常在混凝土的端面缩进一定的距离,前面做成一个凹槽,待预应力筋张拉锚固后,将外伸在锚具外的钢绞线切割到规定的长度,即要求露出夹片锚具外长度不小于 30 mm,然后在槽内壁涂以环氧树脂类黏结剂,以加强新老材料间的黏结,再用后浇膨胀混凝土或低收缩防水砂浆或环氧砂浆密封。

在对凹槽填砂浆或混凝土前,应预先对无黏结筋端部和锚具夹持部分进行防潮、防腐封闭处理。

无黏结预应力筋采用钢丝束镦头锚具时,其张拉端头处理如图 5-43 所示。其中塑料套筒供钢丝束张拉时锚环从混凝土中拉出来用,软塑料管是用来保护无黏结钢丝末端因穿锚筒内产生空隙,必须用油枪通过锚环的注油孔向套筒内注满防腐油脂,灌油后将外露锚具封闭好,避免长期与大气接触造成锈蚀。

采用无黏结钢绞线夹片锚具时,张拉端头构造简单,无须另加设施。张拉端头钢绞线预留长度不小于 150 mm,多余的割掉,然后在锚具及承压板表面涂防水涂料,再进行封闭。应特别重视无黏结预应力筋端部锚头的防腐处理。采用 XM 型夹片式锚具的钢绞线,张拉端头构造简单,无须另加设施,锚固区可以用后浇的钢筋混凝土圈梁封闭,端头钢绞线预留长度不小于 150 mm,将多余部分切断并将锚具外伸的钢绞线散开打弯,埋在圈梁混凝土内加强锚固。夹片式锚具张拉端处理如图 5-44 所示。

(2) 固定端处理

无黏结筋的固定端可设置在构件内。当采用无黏结钢丝束时,固定端可采用扩大

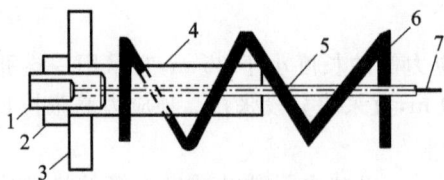

图 5-43　镦头锚固系统张拉端头处理

1—锚环；2—螺母；3—承压板；4—塑料套筒；
5—软塑料管；6—螺旋筋；7—无黏结预应力筋

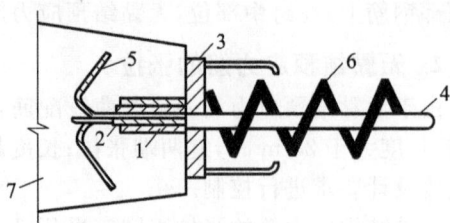

图 5-44　夹片式锚具张拉端处理

1—锚环；2—夹片；3—埋件（承压板）；4—无黏结预应力筋；
5—散开打弯的钢绞线；6—螺旋筋；7—后浇混凝土

的镦头锚板，并用螺旋筋加强，如图 5-45（a）所示。施工中如端头无黏结构配筋时，需要配置构造钢筋，使固定端板与混凝土之间有可靠锚固性能。当采用无黏结钢绞线时，锚固端可采用压花成型，使固定端板与混凝土之间有可靠锚固性能，埋置在设计部位，如图 5-45（b）所示。这种做法的关键是张拉前锚固端的混凝土强度等级必须达到设计强度（不小于 C30），才能形成可靠的黏强式锚头。

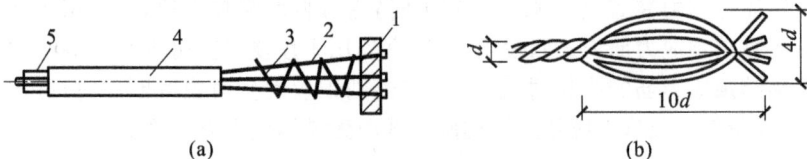

(a)　　　　　　　　　　　　(b)

图 5-45　无黏结筋固定端详图

（a）无黏结钢丝束固定端；（b）无黏结钢绞线固定端

1—锚板；2—钢丝；3—螺旋筋；4—软塑料管；5—无黏结钢丝束

➲ 单元小结

本单元对预应力混凝土的概念和分类、预应力筋的种类、预应力混凝土施工方法作了较详细的阐述，包括预应力锚具、夹具和连接器的性能、选用及进场检验方法，张拉设备的性能，先张法与后张法的施工工艺，预应力筋的制作等。

➲ 习　题

5-1　试述先张法预应力混凝土构件的生产流程。

5-2　先张法预应力混凝土构件生产的张拉控制应力和张拉程序有哪些要求？

5-3　先张法预应力筋如何铺设？

5-4　先张法预应力筋如何放张？

5-5　后张法预应力混凝土构件生产的张拉控制应力和张拉程序有哪些要求？

5-6　如何计算后张法预应力筋的下料长度？

5-7　如何留设后张法预应力施工孔道？

5-8　试述无黏结预应力混凝土施工方法。

5-9　预应力吊车梁，孔道尺寸为 6 m，采用 6 根 $\phi 6$ 热处理钢筋束，用 YC-60 型千斤顶张拉，一端张拉，张拉程序为 $0 \rightarrow 103\% \sigma_{con}$，张拉控制应力为 $0.70 f_{pyk}$（$f_{pyk} = 1400$ N/mm²），试计算钢筋的下料长度和最大张拉力。

单元 6 钢结构工程施工

6.1 钢结构加工机具使用

5分钟看完本单元

6.1.1 测量、画线工具

① 钢卷尺。常用的有长度为 1 m、2 m 的小钢卷尺，长度为 5 m、10 m、15 m、20 m、30 m 的大钢卷尺。用钢尺能量到的正确度误差为 0.5 mm。

② 直角尺。直角尺用于测量两个平面是否垂直和画较短的垂直线。

③ 卡钳。卡钳有内卡钳、外卡钳两种，如图 6-1 所示。内卡钳用于测量孔内径或槽道大小，外卡钳用于量零件的厚度和圆柱形零件的外径等。内、外卡钳均属间接量具，需用尺确定数值，因此在使用卡钳时应注意铆钉的紧固，不能松动，以免造成测量错误。

④ 划针。划针一般由中碳钢锻制而成，用于较精确零件的画线，如图 6-2 所示。

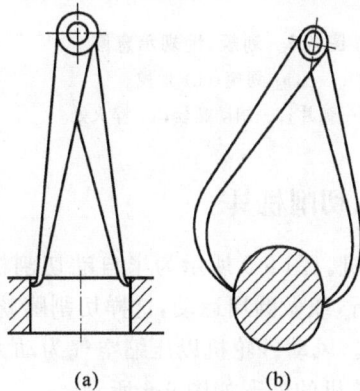

图 6-1 卡钳
(a) 内卡钳；(b) 外卡钳

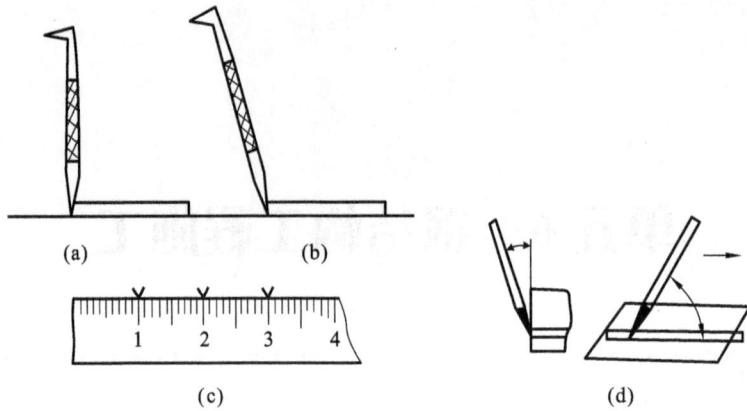

图 6-2　划针示意图

(a) 不正确；(b) 正确；(c) 正确用尺画线方向；(d) 画线时应倾斜角度

⑤ 划规及地规。划规是划圆弧和圆的工具，如图 6-3（a）所示。制造划规时为保证规尖的硬度，应将规尖进行淬火处理。地规由两个地规体和一条规杆组成，用于划较大圆弧，如图 6-3（b）所示。

⑥ 样冲。样冲多用高碳钢制成，其尖端磨成 60°角，并需淬火。样冲是用来在零件上冲打标记的工具，如图 6-4 所示。

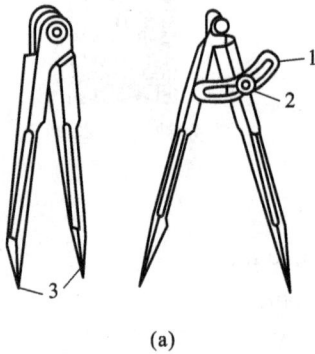

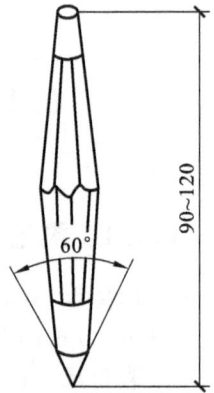

图 6-3　划规、地规示意图

（a）划规；（b）地规

1—弧片；2—制动螺栓；3—淬火处

图 6-4　样冲

6.1.2　切割、切削机具

① 半自动切割机。图 6-5 所示为半自动切割机的一种，它由可调速的电动机拖动，沿着轨道可直线运行，或做圆周运动，这样切割嘴就可以割出直线或圆弧。

② 风动砂轮机。风动砂轮机以压缩空气为动力，携带方便，使用安全可靠，因而得到广泛应用。风动砂轮机的外形如图 6-6 所示。

③ 电动砂轮机。电动砂轮机由罩壳、砂轮、长端盖、电动机、开关和手把组成，如图 6-7 所示。

④ 风铲。风铲属风动冲击工具,其具有结构简单、效率高、体积小、重量轻等特点,如图 6-8 所示。

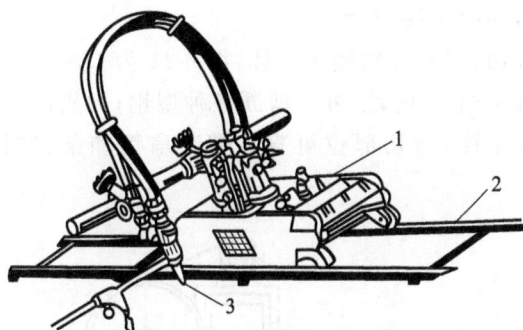

图 6-5　半自动切割机

1—气割小车;2—轨道;3—切割嘴

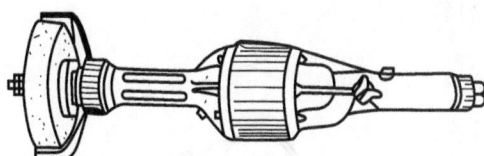

图 6-6　风动砂轮机

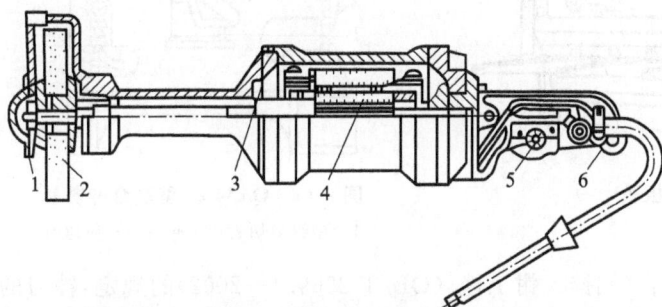

图 6-7　手提式电动砂轮机

1—罩壳;2—砂轮;3—长端盖;4—电动机;5—开关;6—手把

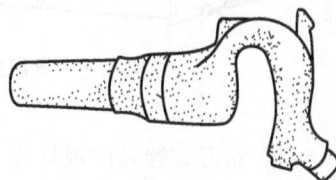

图 6-8　风铲

⑤ 砂轮锯。如图 6-9 所示,砂轮锯由切割动力头、可转夹钳、中心调整机构及底座等部分组成。

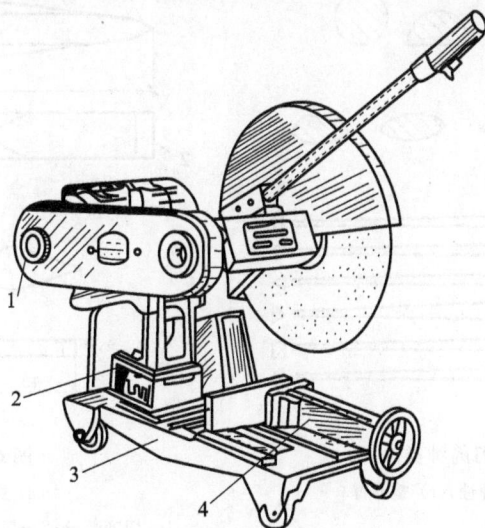

图 6-9　砂轮锯

1—切割动力头;2—中心调整机构;3—底座;4—可转夹钳

⑥ 龙门剪板机。龙门剪板机是板材剪切中应用较广的剪板机,其具有剪切速度快、精度高、使用方便等特点。为防止剪切时钢板移动,床面有压料及栅料装置;为控制剪料的尺寸,前后设有可调节的定位挡板等装置,如图 6-10 所示。

⑦ 联合冲剪机。联合冲剪机集冲压、剪切、剪断等功能于一体,图 6-11 为 QA34-25 型联合冲剪机的外形示意图。型钢剪切头配合相应模具,可以剪断各种型钢;冲头部位配合相应模具,可以完成冲孔、落料等冲压工序;剪切部位可直接剪断扁钢和条状板材料。

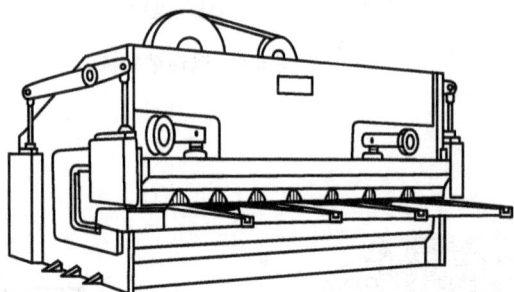

图 6-10　龙门剪板机

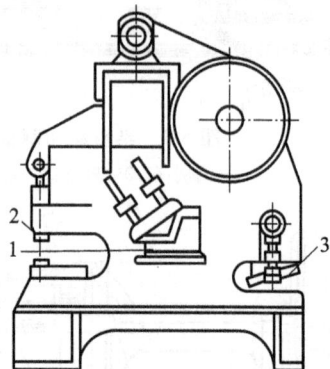

图 6-11　QA34-25 型联合冲剪机

1—型钢剪切头;2—冲头;3—剪切刃

⑧ 锉刀。锉刀的规格应符合《钢锉　钳工锉》(QB/T 2569.1—2002)的规定,锉刀的种类如图 6-12 所示。

⑨ 凿子。凿子主要用来凿削毛坯件表面多余的金属、毛刺、分割材料,切坡口及不便于机械加工的场合,如图 6-13 所示。

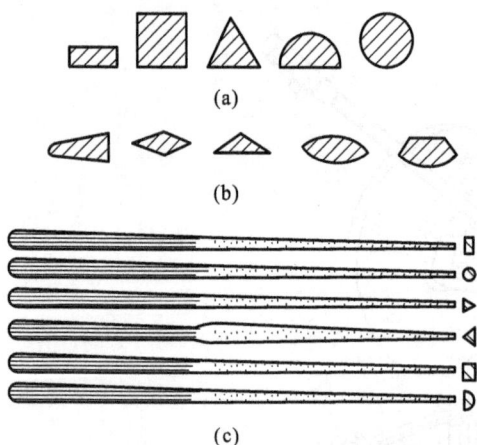

图 6-12　锉刀的种类

(a)普通锉;(b)特种锉;(c)整形锉

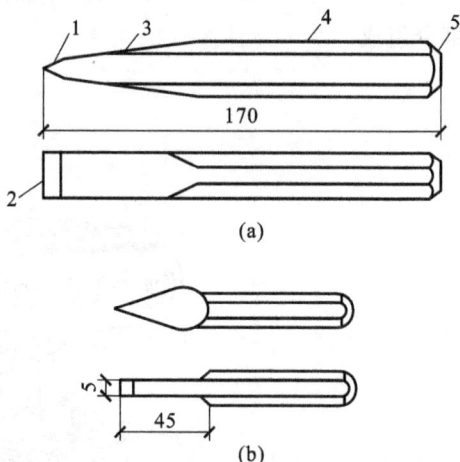

图 6-13　凿子

(a)扁凿;(b)狭凿

1—切削部分;2—切削刀;3—斜面;4—柄;5—头

⑩ 型锤。常见型锤的形状如图 6-14 所示。

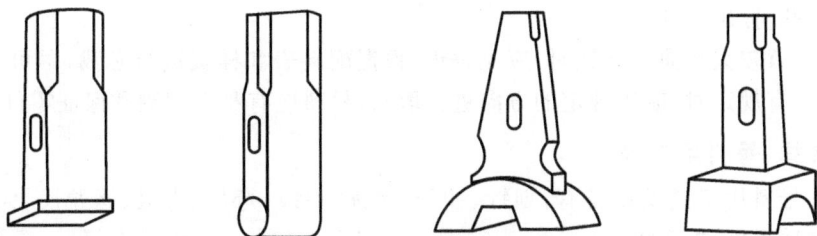

图 6-14 几种常见型锤

6.1.3 其他机具

其他机具主要包括钢尺、游标卡尺、手锯、锤、自动气体切割机、等离子切割机、铣边机、矫正机、数据冲床、冲剪机等。

6.2 钢结构的制作工艺

6.2.1 放样和号料

放样是钢结构制作工艺中的第一道工序,只有放样尺寸准确,才能避免以后各道加工工序的积累误差,才能保证整个工程的质量。

1. 放样的工作内容

放样的工作内容包括:核对图纸的安装尺寸和孔距,以 1∶1 的大样放出节点,核对各部分的尺寸,制作样板和样杆作为下料、弯制、铣、刨、制孔等加工的依据。

放样时以 1∶1 的比例在放样台上利用几何作图方法弹出大样。放样经检查无误后,用铁皮或塑料板制作样板,用木杆、钢皮或扁铁制作样杆。样板、样杆上应注明工号、图号、零件号、数量及加工边、坡口部位、弯折线和弯折方向、孔径和滚圆半径等,然后用样板、样杆进行号料,如图 6-15 所示。样板、样杆应妥善保存,直至工程结束以后。

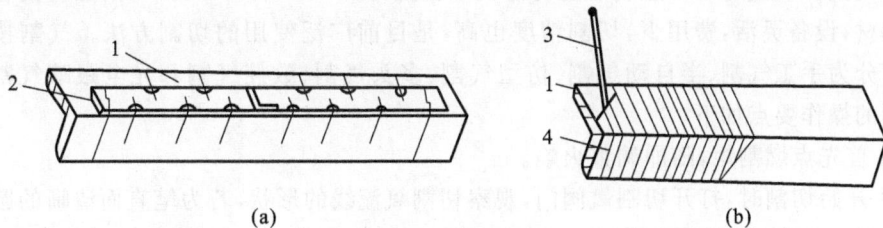

图 6-15 样板号料

(a) 样杆号孔;(b) 样板号料

1—角钢;2—样杆;3—划针;4—样板

2. 号料的工作内容

号料的工作内容包括:检查核对材料,在材料上划出切割、铣、刨、弯曲、钻孔等加工位置,打冲孔,标出零件编号等。

钢材如有较大弯曲等问题时,应先矫正,根据配料表和样板进行套裁,尽可能节约材料。当工艺有规定时,应按规定的方向进行取料,号料应有利于切割和保证零件质量。

3. 放样、号料用工具

放样、号料用工具及设备有:划针、冲子、手锤、粉线、弯尺、直尺、钢卷尺、大钢卷尺、剪子、小型剪板机、折弯机。

用作计量长度的钢盘尺必须经授权的计量单位计量,且附有偏差卡片,使用时按偏差卡片的记录数值核对其误差数。

结构制作、安装、验收及土建施工用的量具,必须用同一标准进行鉴定,且应具有相同的精度要求。

4. 放样、号料应注意的问题

① 放样时,铣、刨的工作要考虑加工余量,焊接构件要按工艺要求放出焊接收缩量,高层钢结构的框架柱尚应预留弹性压缩量。

② 号料时要根据切割方法留出适当的切割余量。

③ 如果图纸要求桁架起拱,放样时上、下弦应同时起拱,起拱后垂直杆的方向仍然垂直于水平线,而不与下弧杆垂直。

④ 放样、号料的允许偏差应满足要求。

6.2.2 切割

钢材下料切割方法有剪切、冲切、锯切、气割等。施工中具体采用哪种方法应根据具体要求和实际条件选用。切割后钢材不得有分层,断面上不得有裂纹,应清除切口处的毛刺或溶渣和飞溅物。气割和机械切割的允许偏差应符合规定。

1. 气割

氧割或气割是用氧气与燃料燃烧时产生的高温来熔化钢材,并借喷射压力将溶渣吹去,形成割缝达到切割金属的目的。但对于熔点高于火焰温度或难以氧化的材料,则不宜采用气割。氧气与各种燃料燃烧时的火焰温度为 2000～3200 ℃。气割能切割各种厚度的钢材,设备灵活,费用少,切割精度也高,是目前广泛使用的切割方法。气割按切割设备可分为手工气割、半自动气割、仿型气割、多头气割、数控气割和光电跟踪气割。手工气割的操作要点如下。

① 首先点燃割炬,随即调整火焰。

② 开始切割时,打开切割氧阀门,观察切割氧流线的形状,若为笔直而清晰的圆柱体并有适当的长度,即可正常切割。

③ 发现嘴头产生鸣爆并发生回火现象,可能是因为嘴头过热或堵住或乙炔供应不及时,此时需马上处理。

④ 临近终点时,嘴头应向前进的反方向倾斜,以利于钢板的下部提前割透,使收尾时割缝整齐。

⑤ 切割结束时应迅速关闭切割氧气阀门,并将割炬抬起,再关闭乙炔阀门,最后关闭

预热氧阀门。

2. 机械切割

① 带锯机床。带锯机床适用于切断型钢及型钢构件,其效率及切割精度高。

② 砂轮锯。砂轮锯适用于切割薄壁型钢及小型钢管,其切口光滑、生刺较薄易清除,但噪声大、粉尘多。

③ 无齿锯。无齿锯是依靠高速摩擦使工件熔化形成切口,其适用于精度要求低的构件。其切割速度快、噪声大。

④ 剪板机、型钢冲剪机。此法适用于薄钢板、压型钢板等,其具有切割速度快、切口整齐、效率高等特点,剪刀必须锋利,剪切时调整刀片间隙。

3. 等离子切割

等离子切割适用于不锈钢、铝、铜及合金等,在一些尖端技术上应用广泛。其具有切割温度高、冲刷力大、切割边质量好、变形小、可以切割任何高熔点金属等特点。

6.2.3　矫正和弯曲成型

1. 矫正

在钢结构制作过程中,由于原材料变形、切割变形、焊接变形、运输变形等经常影响构件的制作及安装,矫正就是形成新的变形去抵消已经发生的变形。型钢的矫正分为机械矫正、手工矫正、火焰矫正等。

型钢机械矫正是在矫正机上进行的,在使用时要根据矫正机的技术性能和实际使用情况进行选择。手工矫正多数用在小规格的各种型钢上,依靠锤击力进行矫正。火焰矫正是在构件局部用火焰加热,利用金属热胀冷缩的物理性能,冷却时产生很大的冷缩应力来矫正变形。

型钢矫正前首先要确定弯曲点的位置,这是矫正工作不可缺少的步骤。目测法是现在常用的找弯方法,确定型钢的弯曲点时应注意型钢自重下沉产生的弯曲影响准确性,对于较长的型钢要将其放在水平面上,用拉线法测量。型钢矫正后的允许偏差见表6-1。

表 6-1　　　　钢材矫正后的允许偏差

项次	偏差名称	示意图	允许偏差
1	钢板、扁钢的局部挠曲矢高 f		在 1 m 范围内,$\delta>14$,$f\leqslant1.0$;$\delta\leqslant14$,$f\leqslant1.5$
2	角钢、工字钢、槽钢的挠曲矢高 f		长度的 1/1000,但不大于 5 mm
3	角钢肢的垂直度 Δ		$\Delta\leqslant b/100$,但双肢铆接连接时角钢的角度不得大于 90°

项次	偏差名称		示意图	允许偏差
4	翼缘对腹板的垂直度	槽钢		$\Delta \leqslant b/80$
		工字钢、H 型钢		$\Delta \leqslant b/100$，且不大于 2.0

2. 弯曲成型

型钢冷弯曲的工艺方法有滚圆机滚弯、压力机压弯，还有顶弯、拉弯等，先按型材的截面形状、材质规格及弯曲半径制作相应的胎模，经试弯符合要求方准加工。钢结构零件、部件在冷矫正和冷弯曲时，最小弯曲率半径和最大弯曲矢高应符合验收规范要求。

① 钢板卷曲。钢板卷曲是通过旋转辊轴对板料进行连接三点弯曲形成的。当制件曲率半径较大时，可在常温状态下卷曲；如制件曲率半径较小或钢板较厚，需对钢板加热后进行。钢板卷曲按其卷曲类型可分为单曲率卷制和双曲率卷制。单曲率卷制包括对圆柱面、圆锥面和任意柱面的卷制，如图 6-16 所示，操作简便，较常用。双曲率卷制可实现球面、双曲面的卷制，制作工艺较复杂。钢板卷曲工艺包括预弯、对中和卷曲三个过程。

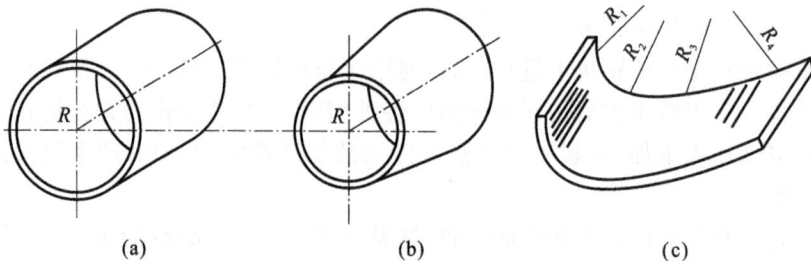

图 6-16 单曲率制钢板的卷曲

(a) 圆柱面卷曲；(b) 圆锥面卷曲；(c) 任意柱面卷曲

② 型材弯曲。其包括型钢的弯曲和钢管的弯曲。

6.2.4 边缘加工

在钢结构制造中，经过剪切或气割过的钢板边缘，其内部结构会发生硬化和变形。为了保证桥梁或重型吊车梁等重型构件的质量，需要对边缘进行加工，其刨切量不应小于 2.0 mm。此外，为了保证焊缝质量，考虑到装配的准确性，要将钢板边缘刨成或铲成坡口，往往还要将边缘刨直或镜平。

一般需要做边缘加工的部位包括：吊车梁翼缘板、支座支撑面等具有工艺性要求的加工面；设计图纸中有技术要求的焊接坡口；尺寸精度要求严格的加劲板、隔板、腹板及有孔眼的节点板等。常用的边缘加工方法有铲边、刨边、铣边和电气刨边四种。

对加工质量要求不高并且工作量不大的采用铲边，有手工铲边和机械铲边。刨边使用的是刨边机,由刨刀来切削板材的边缘。铣边比刨边机械工作效率高、能耗少、质量优。电气刨边有碳弧气刨、半自动与自动气割机、坡口机等方法。

6.2.5　制孔

高强度螺栓的采用,使孔加工在钢结构制造中占有很大比重,在精度上的要求也越来越高。

1. 制孔的质量

① 精制螺栓孔。精制螺栓孔(A、B 级螺栓孔——Ⅰ类孔)的直径应与螺栓公称直径相等,孔应具有 H12 的精度,孔壁表面粗糙度 $Ra \leqslant 12.5\ \mu m$。其孔径允许偏差应符合规定。

② 普通螺栓孔。普通螺栓孔(C 级螺栓孔——Ⅱ类孔)包括高强度螺栓(大六角头螺栓、扭剪型螺栓等)、普通螺钉、半圆头铆钉等的孔。其孔径应比螺栓杆、钉杆的公称直径大 1.0~3.0 mm,孔壁粗糙度 $Ra \leqslant 25\ \mu m$。孔的允许偏差应符合要求。

③ 孔距。螺栓孔孔距的允许偏差应符合规定。如果超过偏差,应采用与母材材质相匹配的焊条补焊后重新制孔。

2. 制孔的方法

制孔通常有钻孔和冲孔两种方法。钻孔是钢结构制作中普遍采用的方法。冲孔是靠冲孔设备的冲裁力产生的孔,孔壁质量最差,在钢结构制作中已较少采用。

钻孔有人工钻孔和机床钻孔。前者多用于钻直径较小、料较薄的孔;后者施钻方便快捷,精度高,钻孔前先选钻头,再根据钻孔的位置和尺寸情况选择相应钻孔设备。

除了钻孔之外,还有扩孔、惚孔、铰孔等。扩孔是将已有孔眼扩大到需要的直径,惚孔是将已钻好的孔上表面加工成一定形状的孔,铰孔是将已经粗加工的孔进行精加工以提高孔的光洁度和精度。

6.2.6　组装

组装亦称装配、组拼,是把加工好的零件按照施工图的要求拼装成单个构件。钢构件的大小应根据运输道路、现场条件、运输和安装单位的机械设备能力与结构受力的允许条件等来确定。

1. 一般要求

① 钢构件组装应在平台上进行,平台应测平。用于装配的组装架及胎模要牢固地固定在平台上。

② 组装工作开始前要编制组装顺序表,组拼时严格按照顺序表所规定的顺序进行组拼。

③ 组装时,要根据零件加工编号,严格检验核对其材质、外形尺寸,毛刺飞边要清除干净,对称零件要注意方向,避免错装。

④ 对于尺寸较大、形状较复杂的构件,应先分成几个部分组装成简单组件,再逐渐拼

成整个构件,并注意先组装内部组件,再组装外部组件。

⑤ 组装好的构件或结构单元,应按图纸的规定对其进行编号,并标注构件的重量、重心位置、定位中心线、标高基准线等。构件的编号位置要在明显易查处,大构件要在三个面上都编号。

2. 焊接连接的构件组装

① 根据图纸尺寸,在平台上画出构件的位置线,焊上组装架及胎模夹具。组装架离平台面不小于 50 mm,并用卡兰、左右螺旋丝杠或梯形螺纹作为夹紧调整零件的工具。

② 每个构件的主要零件位置调整好并检查合格后,把全部零件组装上并进行点焊,使其定型。在零件定位前,要留出焊缝收缩量及变形量。高层建筑钢结构的柱子,两端除增加焊接收缩量的长度之外,还必须增加构件安装后荷载压缩变形量,并留好构件端头和支承点铣平的加工余量。

③ 为了减少焊接变形,应该选择合理的焊接顺序,如对称法、分段逆向焊接法、跳焊法等。在保证焊缝质量的前提下,采用适量的电流,快速施焊,以减小热影响区和温度差,减小焊接变形和焊接应力。

6.2.7 表面处理

1. 高强度螺栓摩擦面的处理

采用高强度螺栓连接时,应对构件摩擦面进行加工处理。摩擦面处理后的抗滑移系数必须符合设计文件的要求。

摩擦面的处理方法一般有喷砂、酸洗、砂轮打磨等,其中喷砂处理过的摩擦面的抗滑移系数值较高,离散率较小。处理好的摩擦面严禁有飞边、毛刺、焊疤和污损等,不得涂油漆,在运输过程中防止摩擦面损伤。

构件出厂前应按批做试件检验抗滑移系数,试件的处理方法应与构件相同,检验的最小数值应符合设计要求,并附三组试件供安装时复验抗滑移系数。

2. 构件成品的防腐涂装

钢结构构件在加工验收合格后,应进行防腐涂料涂装。但构件焊缝连接处、高强度螺栓摩擦面处不能进行防腐涂装,应在现场安装完后,再补刷防腐涂料。

6.2.8 构件成品验收

钢结构构件制作完成后,应根据《钢结构工程施工质量验收规范》(GB 50205—2001)及其他相关规范、规程的规定进行成品验收。钢结构构件加工制作质量验收可按相应钢结构制作工程或钢结构安装工程检验批的划分原则划分为一个或若干个检验批进行。

构件出厂时,应提交产品质量证明(构件合格证)和下列技术文件。

① 钢结构施工详图,设计更改文件,制作过程中的技术协商文件。

② 钢材、焊接材料及高强度螺栓的质量证明书及必要的实验报告。

③ 钢零件及钢部件加工质量检验记录。

④ 高强度螺栓连接质量检验记录,包括构件摩擦面处抗滑移系数的试验报告。

⑤ 焊接质量检验记录。

⑥ 构件组装质量检验记录。

6.3　钢结构连接施工工艺

6.3.1　焊接施工

1. 焊接方法选择

焊接是钢结构最主要的连接方法之一。在钢结构制作和安装领域中,广泛使用的是电弧焊。在电弧焊中又以药皮焊、手工焊、自动埋弧焊、半自动焊与 CO_2 气体保护焊为主。在某些特殊场合,则必须使用电渣焊。焊接的类型、特点和适用范围见表 6-2。

焊接连接视频

焊缝缺陷图

表 6-2　　　　　　　　　　　　钢结构焊接方法选择

焊接的类型		特点	适用范围
手工焊	交流焊机	利用焊条与焊件之间产生的电弧热焊接,设备简单,操作灵活,可进行各种位置的焊接,是建筑工地应用最广泛的焊接方法	焊接普通钢结构
	直流焊机	焊接技术与交流焊机相同,成本比交流焊机高,但焊接时电弧稳定	焊接要求较高的钢结构
电弧焊	埋弧自动焊	利用埋在焊剂层下的电弧热焊接,效率高,质量好,操作技术要求低,劳动条件好,是大型构件制作中应用最广的高效焊接方法	焊接长度较大的对接、贴角焊缝,一般是有规律的直焊缝
	半自动焊	与埋弧自动焊基本相同,操作灵活,但使用不够方便	焊接较短的或弯曲的对接、贴角焊缝
	CO_2 气体保护焊	用 CO_2 或惰性气体保护的实芯焊丝或药芯焊接,设备简单,操作简便,焊接效率高,质量好	用于构件长焊缝的自动焊
电渣焊		利用电流通过液态熔渣所产生的电阻热焊接,能焊大厚度焊缝	用于箱型梁及柱隔板与面板全焊透连接

2. 焊接工艺要点

① 焊接工艺设计。确定焊接方式、焊接参数及焊条、焊丝、焊剂的规格、型号等。

② 焊条烘烤。焊条和粉芯焊丝使用前必须按质量要求进行烘焙,低氢型焊条经过烘焙后,应放在保温箱内随用随取。

③ 定位点焊。在拼接、组装时要确定焊接结构零件的准确位置，要先进行定位点焊。定位点焊的长度、厚度应由计算确定。电流要比正式焊接提高 10%～15%，定位点焊的位置应尽量避开构件的端部、边角等应力集中的地方。

④ 焊前预热。预热可降低热影响区冷却速度，防止焊接延迟裂纹的产生。预热区在焊缝两侧，每侧宽度均应大于焊件厚度的 1.5 倍以上，且不应小于 100 mm。

⑤ 焊接顺序确定。一般从焊件的中心开始向四周扩展；先焊收缩量大的焊缝，后焊收缩量小的焊缝；尽量对称施焊；焊缝相交时，先焊纵向焊缝，待冷却至常温后，再焊横向焊缝；钢板较厚时分层施焊。

⑥ 焊后热处理。焊后热处理主要是对焊缝进行脱氢处理，以防止冷裂纹的产生。焊后热处理应在焊后立即进行，保温时间应根据板厚按每 25 mm 板厚 1 h 确定。可采用散发式火焰枪进行预热及后热。

6.3.2 高强度螺栓连接施工

螺栓连接视频

高强度螺栓连接也是钢结构的主要连接方法之一。其特点是施工方便，可拆可换，传力均匀，接头刚性好，承载能力大，疲劳强度高，螺母不易松动，结构安全可靠。高强度螺栓从外形上可分为大六角头高强度螺栓（即扭矩形高强度螺栓）和扭剪型高强度螺栓两种。高强度螺栓和与其配套的螺母、垫圈总称为高强度螺栓连接副。

1. 一般要求

① 在使用高强度螺栓前，应按有关规定对高强度螺栓的各项性能进行检验。运输过程中应轻装轻卸，防止损坏。当包装破损、螺栓有污染等异常现象时，应用煤油清洗，并按高强度螺栓验收规程进行复验，经复验扭矩系数合格后方能使用。

② 工地应将高强度螺栓储存在干燥、通风、防雨、防潮的仓库内，并不得沾染脏物。

③ 安装时，应按当天需用量领取，当天没有用完的螺栓，必须装回容器内妥善保管，不得乱扔、乱放。

④ 安装高强度螺栓时，接头摩擦面上不允许有毛刺、铁屑、油污、焊接飞溅物，摩擦面应干燥，没有结露、积霜、积雪，且不得在雨天进行安装。

⑤ 使用定扭矩扳子紧固高强度螺栓时，每天上班前应对定扭矩扳子进行校核，合格后方能使用。

2. 安装工艺

① 一个接头上的高强度螺栓连接，应从螺栓群中部开始安装，向四周扩展，逐个拧紧。扭矩型高强度螺栓的初拧、复拧、终拧，每完成一次应涂上相应的颜色或做标记，以防漏拧。

② 接头如有高强度螺栓连接又有焊接连接时,宜按"先栓后焊"的方式施工,即先终拧完高强度螺栓再焊接焊缝。

③ 高强度螺栓应自由穿入螺栓孔内,当板层发生错孔时,允许用铰刀扩孔。扩孔时,铁屑不得掉入板层间。扩孔数量不得超过一个接头螺栓的 1/3,扩孔后的孔径不应大于 $1.2d$(d 为螺栓直径)。严禁使用气割进行高强度螺栓孔的扩孔。

④ 一个接头的多个高强度螺栓穿入方向应一致。垫圈有倒角的一侧应朝向螺栓头和螺母,螺母有圆台的一面应朝向垫圈,螺母和垫圈不应装反。

⑤ 高强度螺栓连接副在终拧以后,螺栓丝露应扣外 2～3 扣,其中允许有 10% 的螺栓丝扣外露 1 扣或 4 扣。

3. 紧固方法

(1) 大六角头高强度螺栓连接副紧固

大六角头高强度螺栓连接副一般采用扭矩法和转角法紧固。

① 扭矩法。使用可直接显示扭矩值的专用扳手,分初拧和终拧两次拧紧。初拧扭矩为终拧扭矩的 60%～80%,其目的是通过初拧,使接头各层钢板充分密贴,终拧扭矩把螺栓拧紧。

② 转角法。其是根据构件紧密接触后,螺母的旋转角度与螺栓的预拉力成正比的关系确定的一种方法。操作时分初拧和终拧两次施拧。初拧可用短扳手将螺母拧至使构件靠拢,并做标记。终拧用长扳手将螺母从标记位置拧至规定的终拧位置。转动角度的大小在施工前由试验确定。

(2) 扭剪型高强度螺栓紧固

扭剪型高强度螺栓有一特制尾部,采用带有两个套筒的专用电动扳手紧固。紧固时用专用扳手的两个套筒分别套住螺母和螺栓尾部的梅花头,接通电源后,两个套筒反向旋转,拧断尾部后即达相应的扭矩值。一般用定扭矩扳手初拧,用专用电动扳手终拧。

6.4　钢结构涂装施工

钢结构在常温下安装、使用时,易受大气中水分、氧和其他污染物的作用而被腐蚀。钢结构的腐蚀不仅造成经济损失,还直接影响结构安全。另外,钢材由于其导热快、比热小,虽是一种不燃烧材料,但极不耐火。未加防火处理的钢结构构件在火灾温度作用下温度上升很快,自身温度达 540 ℃以上只需十几分钟,此时钢材的力学性能(如屈服点、抗拉强度、弹性模量及载荷能力等)将急剧下降;达到 600 ℃时,强度则几乎为零,钢构件不可避免地扭曲变形,最终导致整个结构的垮塌、毁坏。

因此,根据钢结构所处的环境及工作性能采取相应的防腐与防火措施,是钢结构设计与施工的重要内容。目前国内外主要采用涂料涂装的方法进行钢结构的防腐与防火。

6.4.1　钢结构防腐涂装工程

1. 钢材表面除锈等级与除锈方法

钢结构构件制作完毕,经质量检验合格后应进行防腐涂料涂装。涂装前钢材表面应进行除锈处理,以提高底漆的附着力,保证涂层质量。除锈处理后,钢材表面不应有焊渣、焊疤、灰尘、油污、水和毛刺等。

《涂覆涂料前钢材表面处理 表面清洁度的目视评定 第1部分:未涂覆过的钢材表面和全面清除原有涂层后的钢材表面的锈蚀等级和处理等级》(GB/T 8923.1—2011)将除锈等级分成喷射和抛射除锈(Sa)、手工和动力工具除锈(St)、火焰除锈(Fl)三种类型。

《钢结构工程施工质量验收规范》(GB 50205—2001)规定,钢材表面的除锈方法和除锈等级应与设计文件采用的涂料相适应。当设计无要求时,钢材表面除锈等级应符合表 6-3 的规定。

表 6-3 各种底漆或防锈漆要求最低的除锈等级

涂料品种	除锈等级
油性酚醛、醇酸等底漆或防锈漆	St2
高氯化聚乙烯、氯化橡胶、氯磺化聚乙烯、环氧树脂、聚氨酯等底漆或防锈漆	Sa2
无机富锌、有机硅、过氧乙烯等底漆	$Sa2\frac{1}{2}$

目前,国内各大、中型钢结构加工企业一般都具备喷、抛射除锈的能力,所以应将喷、抛射除锈作为首选的除锈方法,而手工和动力工具除锈仅作为喷射除锈的补充手段。随着科学技术的不断发展,不少喷、抛射除锈设备已采用微机控制,具有较高的自动化水平,并配有除尘器以消除粉尘污染。

2. 钢结构防腐涂料

钢结构防腐涂料是一种含油或不含油的胶体溶液,涂敷在钢材表面结成一层薄膜,使钢材与外界腐蚀介质隔绝。涂料分底漆和面漆两种。

底漆是直接涂在钢材表面上的漆,含粉料多,基料少,成膜粗糙,与钢材表面黏结力强,与面漆结合性好。

面漆是涂在底漆上的漆,含粉料少,基料多,成膜后有光泽,主要功能是保护下层底漆。面漆对大气和湿气有高度的不渗透性,并能抵抗由腐蚀介质、阳光紫外线所引起的风化分解。

钢结构的防腐涂层可由几层不同的涂料组合而成。涂料的层数和总厚度是根据使用条件来确定的,一般室内钢结构要求涂层总厚度为 125 μm,即底漆和面漆各两道。高层建筑钢结构一般处在室内环境中,而且要喷涂防火涂层,所以通常只刷两道防锈底漆。

3. 防腐涂装方法

钢结构防腐涂装常用的施工方法有刷涂法和喷涂法两种。

(1)刷涂法

刷涂法的应用较广泛,适宜于油性基料刷涂。因为油性基料虽干燥得慢,但渗透性大,流平性好,不论面积大小,刷起来都会平滑、流畅。一些形状复杂的构件,使用刷涂法也比较方便。

（2）喷涂法

喷涂法施工工效高，适合大面积施工，对于快干和挥发性强的涂料尤为适合。喷涂的漆膜较薄，为了达到设计要求的厚度，有时需要增加喷涂次数。喷涂施工比刷涂施工涂料损耗大，一般要增加 20% 左右。

6.4.2　钢结构防火涂装工程

钢结构防火涂料能够起到防火作用，主要有三个方面的原因：一是涂层对钢材起屏蔽作用，隔离了火焰，使钢构件不至于直接暴露在火焰或高温之中；二是涂层吸热后，部分物质分解出水蒸气或其他不燃气体，起到消耗热量、降低火焰温度和燃烧速度、稀释氧气的作用；三是涂层本身多孔轻质或受热膨胀后形成炭化泡沫层，热导率均在 0.233 W/(m·K) 以下，阻止了热量迅速向钢材传递，推迟了钢材受热升温到极限温度的时间，从而提高了钢结构的耐火极限。

钢结构防火
措施图

1. 厚涂型防火涂料涂装

（1）施工方法与机具

厚涂型防火涂料一般采用喷涂施工。机具可为压送式喷涂机或挤压泵，配能自动调压的 0.6～0.9 m³/min 的空压机，喷枪口径为 6～12 mm，空气压力为 0.4～0.6 MPa。局部修补可采用抹灰刀等工具手工抹涂。

（2）涂料的搅拌与配置

① 由工厂制造好的单组分湿涂料，现场应采用便携式搅拌器搅拌均匀。

② 由工厂提供的干粉料，现场加水或用其他稀释剂调配，应按涂料说明书规定配比混合搅拌，边配边用。

③ 由工厂提供的双组分涂料，按配制涂料说明规定的配比混合搅拌，边配边用。特别是化学固化干燥的涂料，配制的涂料必须在规定的时间内用完。

④ 搅拌和调配涂料，使稠度适宜，即能在输送管道中畅通流动，喷涂后不会流淌和下坠。

（3）施工操作

① 喷涂应分 2～5 次完成，第一次喷涂以基本盖住钢材表面为宜，以后每次喷涂厚度为 5～10 mm，一般以 7 mm 左右为宜。通常情况下，每天喷涂一遍即可。

② 喷涂时，应注意移动速度，不能在同一位置久留，以免造成涂料堆积流淌；配料及往挤压泵加料应连续进行，不得停顿。

③ 施工过程中，应采用测厚针检测涂层厚度，直到符合设计规定的厚度方可停止喷涂。

④ 喷涂后的涂层要适当维修,对明显的乳突,应采用抹灰刀等工具将其剔除,以确保涂层表面均匀。

2. 薄涂型防火涂料涂装

(1)施工方法与机具

① 喷涂底层、主涂层涂料,宜采用重力(或喷斗)式喷枪,配能自动调压的 0.6～0.9 m³/min 的空压机。喷嘴直径为 4～6 mm,空气压力为 0.4～0.6 MPa。

② 面层装饰涂料,一般采用喷涂施工,也可以采用刷涂或滚涂的方法。喷涂时,应将喷涂底层的喷嘴直径换为 1～2 mm,空气压力调为 0.4 MPa。

③ 局部修补或小面积施工,可采用抹灰刀等工具手工抹涂。

(2)施工操作

① 底层及主涂层一般应喷 2～3 遍,每遍间隔 4～24 h,待前遍基本干燥后再喷后一遍。头遍喷涂盖住基底面 70%即可,二、三遍喷涂每遍厚度以不超过 2.5 mm 为宜。施工过程中应采用测厚针检测涂层厚度,确保各部位涂层达到设计规定的厚度。

② 面层涂料一般涂饰 1～2 遍。若头遍从左至右喷涂,二遍则应从右至左喷涂,以确保全部覆盖住下部主涂层。

➲ 单 元 小 结

本单元介绍了钢结构的制作工艺、钢结构连接施工工艺、钢结构涂装工艺等内容。熟悉钢结构的制作及安装常用的机具、构件制作加工工艺、安装及涂装工艺,以保证钢结构施工的顺利进行。

➲ 习 题

6-1 钢结构加工机具有哪些?

6-2 什么叫放样、画线? 零件加工主要有哪些工序?

6-3 钢构件组装的一般要求是什么?

6-4 钢结构焊接的类型主要有哪些? 简述钢结构焊接的工艺要点。

6-5 高强度螺栓主要有哪几种类型? 简述高强度螺栓连接的安装工艺和紧固方法。

6-6 钢材表面除锈等级分为哪几种类型? 防腐涂装主要采用哪几种施工方法?

6-7 钢结构防火涂料按涂层的厚度分为哪几类? 主要施工方法是什么?

单元 7 结构工程安装

【学习目标】
(1) 通过学习,能根据工程特点合理选择结构安装施工机械和索具。
(2) 熟悉单层工业厂房结构安装的准备工作。
(3) 能按照工程的实际情况选择单层工业厂房构件的吊装工艺。
(4) 能按照工程的实际情况编写单层工业厂房结构吊装方案。
(5) 熟悉常见轻型钢结构安装工程施工方案。
(6) 熟悉常见钢网架结构安装工程施工方案。

7.1 起重机械的使用

5分钟看完本单元

7.1.1 桅杆式起重机

桅杆式起重机按其构造不同,可分为独脚拔杆、人字拔杆、悬臂拔杆和牵缆式桅杆起重机等。

1. 独脚拔杆

独脚拔杆由拔杆、起重滑车组、卷扬机、缆风绳和锚碇等组成,如图 7-1(a)所示。其按制作材料的不同可分为木独脚拔杆、钢管独脚拔杆和格构式独脚拔杆。

木独脚拔杆起重高度一般为 8~15 m,起重量在 10 t(100 kN)以内;钢管独脚拔杆起重高度在 30 m 以内,起重量可达 30 t(300 kN);格构式独脚拔杆起重高度可达 70~80 m,起重量可达 100 t(1000 kN)。

2. 人字拔杆

人字拔杆一般由两根圆木或两根钢管用钢丝绳绑扎或铁件铰接而成,如图 7-1(b)所示。其优点是侧向稳定性比独脚拔杆好,所用缆风绳数量少,但构件起吊后活动范围小。人字拔杆底部设有拉杆或拉绳以平衡水平推力,两杆夹角一般为 30°左右。人字拔杆起重时拔杆向前倾斜,在后面有两根缆风绳。为保证起重时拔杆底部的稳固,在一根拔杆底部装一导向滑轮,起重索通过它连到卷扬机上,再用另一根钢丝绳连接到锚碇上。

225

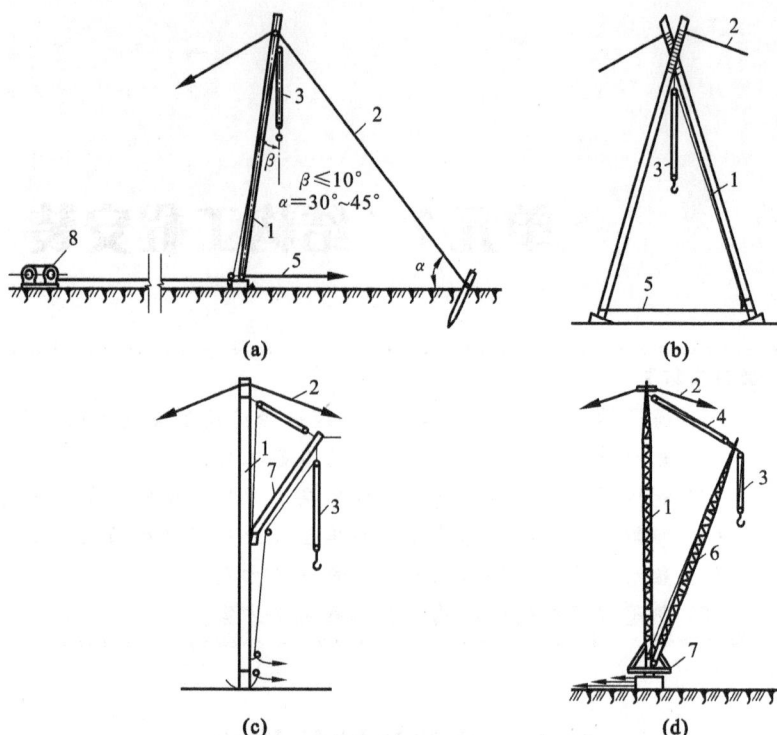

图 7-1 桅杆式起重机

（a）独脚拔杆；（b）人字拔杆；（c）悬臂拔杆；（d）牵缆式桅杆起重机
1—拔杆；2—缆风绳；3—起重滑轮组；4—变幅滑轮组；
5—拉索；6—起重臂；7—回转盘；8—卷扬机

顶壳吊装动画

人字拔杆上部两杆的绑扎点离杆顶至少 600 mm，并用 8 字结捆牢。起重滑车组和缆风绳均应固定在交叉点处。拔杆的前倾度，每高 1 m 不得超过 10 mm，两杆下端要用钢丝绳或钢杆拉住，长度为主杆长度的 1/3～1/2。缆风绳的数量根据起重量和起重高度决定，直立的人字拔杆，前后各一根；向前倾斜的，可在后面用两根（左、右各一根），必要时前面再增加一根；吊重较大时，可在后面设置滑车组缆风绳。

吊装过程中严禁调整拔杆的前倾度或挪动拔杆，以免发生事故。

3. 悬臂拔杆

在独脚拔杆的中部或 2/3 高度处装上一根起重杆，即形成悬臂拔杆。悬臂起重杆可以回转和起伏，可以固定在某一部位，也可以根据需要沿杆升降，如图 7-1(c)所示。

4. 牵缆式桅杆起重机

在独脚拔杆下端装上一根可以回转和起伏的起重臂，即形成牵缆式桅杆起重机，如图 7-1(d)所示。

7.1.2 自行式起重机

自行式起重机是指自带动力并依靠自身的运行机构沿有轨或无轨

通道运移的臂架型起重机,有汽车起重机、轮胎起重机和履带式起重机三种。自行式起重机分上、下两大部分:上部为起重作业部分,称为上车;下部为支承底盘,称为下车。

1. 汽车起重机

汽车起重机(图 7-2)的起重作业部分安装在汽车底盘上,一般利用汽车原有的发动机作动力,大型汽车起重机常采用两台发动机,分别驱动各个工作机构和行走机构。汽车起重机大多有两个司机室,分别操纵上车和下车,并装有外伸支腿,以提高其工作时的稳定性。汽车起重机的行驶速度在 50 km/h 以上,它可迅速转移到较远的作业场地,但一般不能吊重行驶,行驶性能必须符合公路法则的要求。

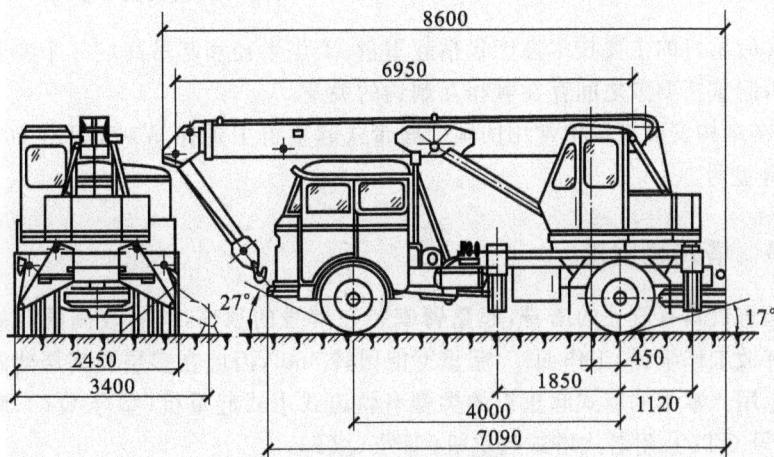

图 7-2　汽车起重机

2. 轮胎起重机

轮胎起重机(图 7-3)的起重作业部分安装在特别的轮胎底盘上,一般只有一台发动机和一个司机室,有外伸支腿。其特点是:当起重量小于额定起重量时,可在平坦地面上吊重行驶,并可回转 360°作业。轮胎起重机的行驶速度一般在 30 km/h 以下,适合在比较固定的场所作业。桁架式臂架的轮胎起重机,最大额定起重量达 500 t。

3. 履带式起重机

履带式起重机是行走装置为履带式的臂架起重机。最初,履带起重机是在单斗挖掘机上装设起重机臂架而形成的,后来逐渐发展成为独立的机种。它的特点是:① 履带的接地压强低,可在松软、泥泞和崎岖不平的场地行走。② 稳定性好,不需装设外伸支腿,一般情况下可短距离吊重行走。有的履带式起重机可利用底架下方的液压伸缩装置扩大起重作业时两侧履带的间距。③ 行走速度低,一般为 1~4 km/h;行走时履带可能会损坏地面,因此转移作业场地时必须用平板车装运。

履带式起重机由动力装置、工作机构以及动臂、转台、底盘等组成,如图 7-4 所示。

图 7-3　轮胎起重机 　　　图 7-4　履带式起重机

履带式起重机的主要技术性能包括起重量、工作半径和起吊高度 3 个参数,常称"起重三要素",起重三要素之间存在着相互制约的关系。

目前,在结构安装工程中常用的国产履带式起重机主要有 W1-50、W1-100、W1-200、西北 78D 等型号。

7.1.3　塔式起重机

塔式起重机具有直立的塔身,起重臂安装在塔身的顶部,具有较高的有效起升高度和较大的有效工作半径,工作面广,起重臂能回转 360°,因此在多层及高层建筑施工中得到广泛的应用。常用的塔式起重机的类型有轨道式塔式起重机(型号 QT)、爬升式塔式起重机(型号 QTP)、附着式塔式起重机(型号 QTF)。

1. 轨道式塔式起重机

轨道式塔式起重机是一种能在轨道上行驶的起重机,又称自行式塔式起重机(图 7-5)。这种起重机可负荷行驶,有的只能在直线轨道上行驶,有的可沿"L"形或"U"形轨道行驶。常用的轨道式塔式起重机有 QT1-2 型塔式起重机、QT1-6 型塔式起重机和 QT-60/80 型塔式起重机。

2. 爬升式塔式起重机

高层装配式结构施工,若采用一般轨道式塔式起重机,则其起重高度已不能满足构件的吊装要求,需采用自升式塔式起重机。

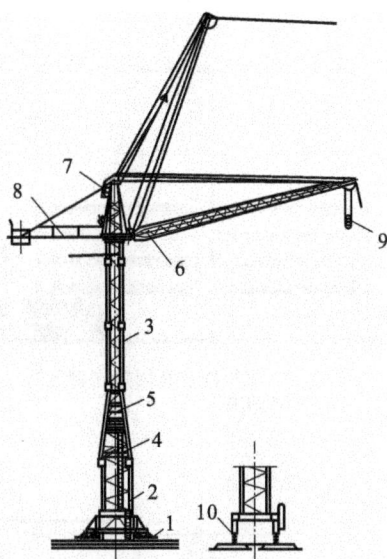

图 7-5　轨道式塔式起重机
1—从动台车;2—下节塔身;3—上节塔身;4—卷扬机构;5—操纵室;
6—吊臂;7—塔顶;8—平衡臂;9—吊钩;10—驱动台车

　　爬升式塔式起重机是自升式塔式起重机的一种,爬升式塔式起重机又称内爬式塔式起重机,通常安装在建筑物的电梯井或特设的开间内,也可安装在筒形结构内,依靠爬升机构随着结构的升高而升高。一般是每建造 3~8 m,起重机就爬升一次,塔身自身高度只有 20 m 左右,起重高度随施工高度而定。爬升机构有液压式和机械式两种。液压爬升机构由爬升梯架、液压缸、爬升横梁和支腿等组成。爬升式塔式起重机的优点是起重机以建筑物作支承,塔身短,起重高度大,而且不占建筑物外围空间;缺点是司机作业时往往不能看到起吊全过程,需靠信号指挥,施工结束后拆卸复杂,一般需设辅助起重机拆卸。其适用于现场狭窄的高层建筑结构安装,爬升过程如图 7-6 所示。

　　爬升作业中应严格遵守以下规定:① 爬升框架必须固定牢靠;② 锚固的楼层必须安全稳固;③ 爬升前应通过走动小车使起重机上部处于平衡状态;④ 转动起重臂,使起重臂和平衡臂的中轴线垂直于液压油缸的爬升扁担梁;⑤ 塔身结构的主弦杆与爬升框架上的导向触块应保持 3 mm 的间隙;⑥ 禁止在爬升中启动回转机构;⑦ 顶紧导向触块,保证塔架稳固;⑧ 爬升完后,应收回活塞杆制止爪,通过枕头梁使塔机上部的荷载全部传给底部的爬升框架,并通过支座底脚螺栓把爬升杠架固定于楼层结构;⑨ 风力超过 4 级时,禁止进行爬升作业。

3. 附着式塔式起重机

　　附着式塔式起重机(图 7-7)也是一种自升式塔式起重机。它是固定在建筑物近旁混凝土基础上的起重机械,它可借助顶升系统随着建筑施工进度而自行向上接高。为了减小塔身的计算长度,规定每隔 20 m 左右将塔身与建筑物用锚固装置连接起来。这种塔式起重机宜用于高层建筑施工。附着式塔式起重机顶升过程如图 7-8 所示。

　　① 将标准节吊到摆渡小车上,并将过渡节与塔身标准节的螺栓松开,准备顶升。

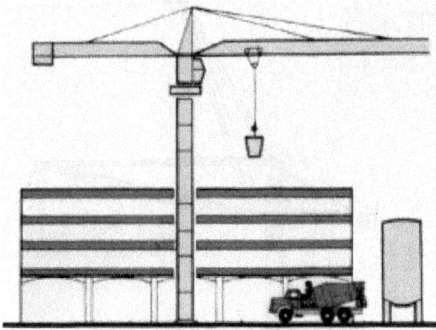

塔机固定在固定支脚上
开始施工

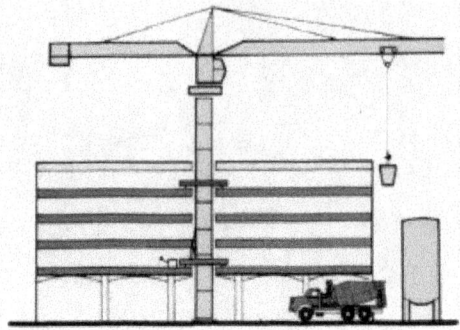

① 围绕塔身进行建筑;
② 就位顶升框架和液压设备

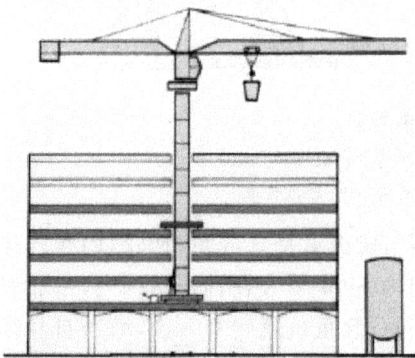

① 靠养护好的楼板支承用框架进行爬升;
② 进行上部楼层施工

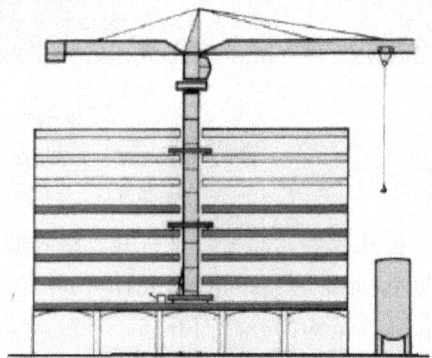

① 安装第三个爬升框架;
② 塔机爬升

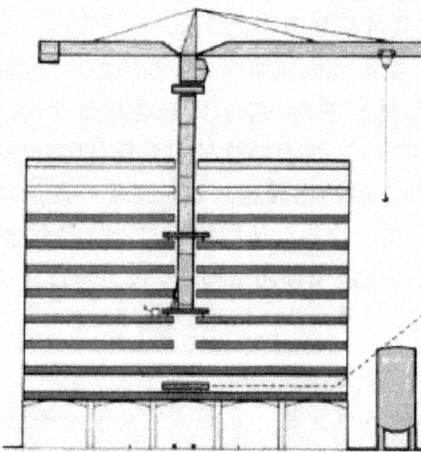

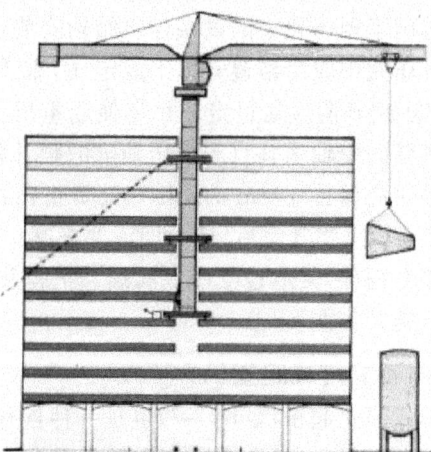

重复顶升操作,直到达到建筑物需要的高度为止

图 7-6　爬升式塔式起重机爬升过程

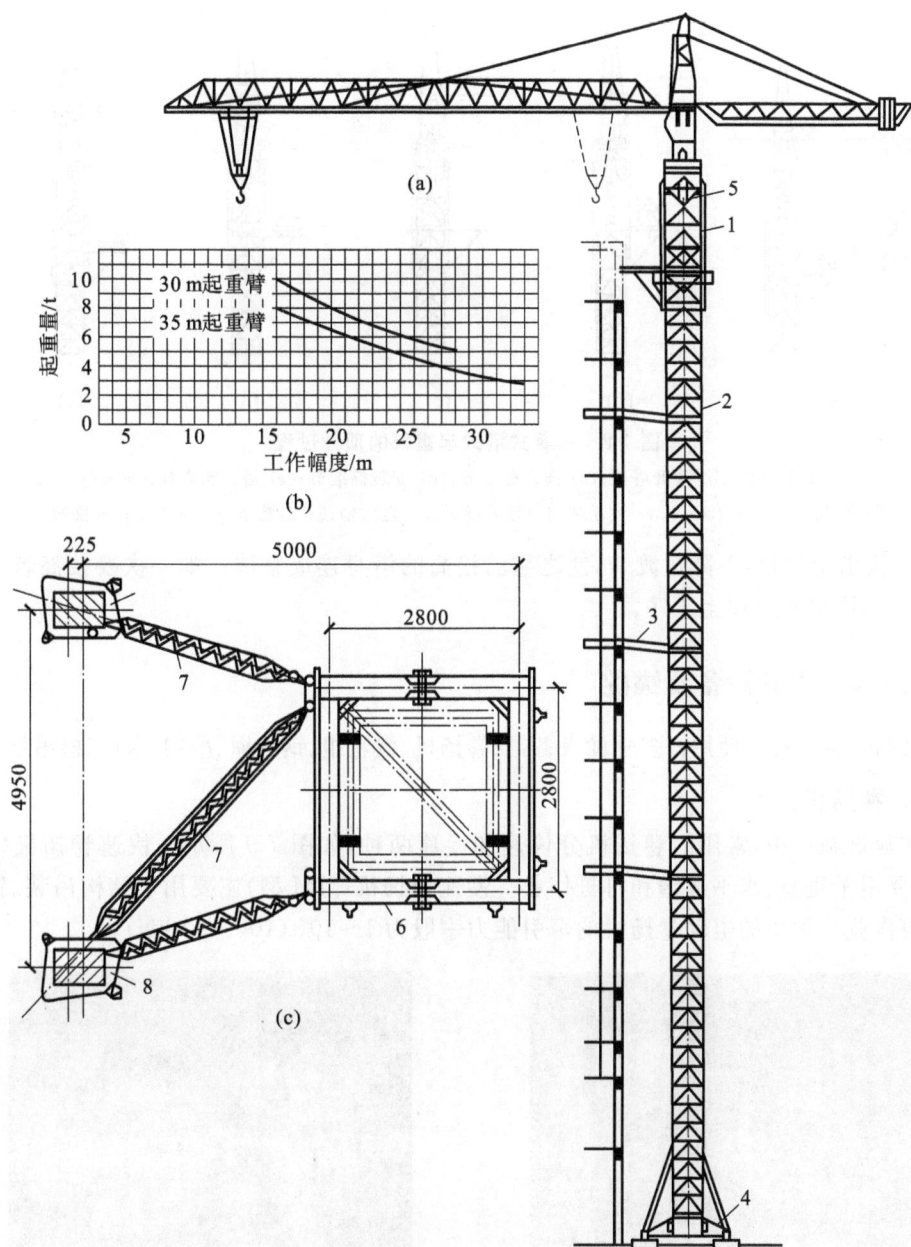

图 7-7　附着式塔式起重机

（a）立视图；（b）俯视图；（c）工作性能参数表

1—顶升套架；2—塔身；3—锚固装置；4—建筑物；5—液压千斤顶；6—塔身套箍；7—撑杆；8—柱套箍

② 开动液压千斤顶，将塔吊上部结构（包括顶升套架）向上顶升到超过一个标准节的高度，然后用定位销将套架固定，于是塔吊上部结构的重量就通过定位销传递到塔身。

③ 液压千斤顶回缩，形成引进空间，此时将装有标准节的摆渡小车开到引进空间内。

④ 利用液压千斤顶稍微提起标准节，退出摆渡小车，然后将标准节平稳地落在下面的塔身上，并用螺栓加固连接。

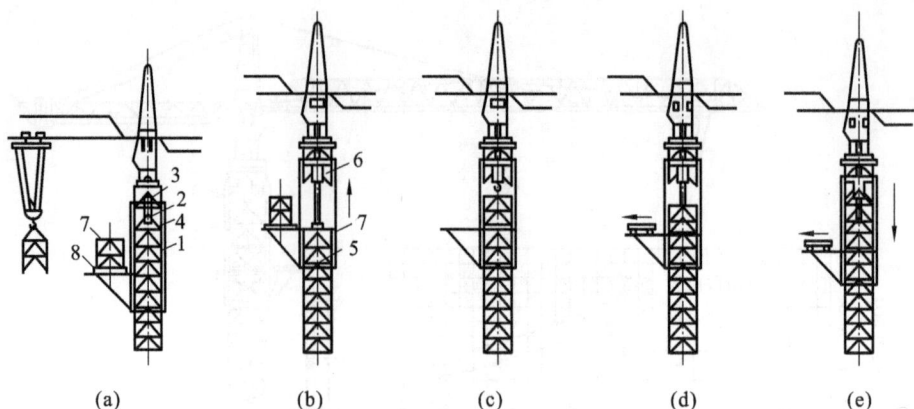

图 7-8　附着式塔式起重机的顶升过程

(a) 准备状态；(b) 顶升塔顶；(c) 推入标准节；(d) 安装标准节；(e) 塔顶和塔身连成整体

1—顶升套架；2—液压千斤顶；3—支承架；4—顶升横梁；5—定位销；6—过渡节；7—标准节；8—摆渡小车

⑤ 拔出定位销，下降过渡节，使之与已接高的塔身连成整体。如一次要接高若干塔身标准节，则可重复以上工序。

7.1.4　索具设备及锚碇

结构安装工程要使用许多辅助设备，如卷扬机、滑轮组、钢丝绳、吊钩、卡环、横吊梁等。

1. 卷扬机

在建筑施工中，常用的卷扬机分快速和慢速两种，如图 7-9 所示。快速卷扬机（JJK型）主要用于垂直、水平运输和打桩作业。慢速卷扬机（JJM 型）主要用于结构吊装、钢筋冷拉等作业。常用的电动卷扬机的牵引能力一般为 1～10 t(10～100 kN)。

图 7-9　卷扬机

2. 滑轮组及钢丝绳

（1）滑轮组

滑轮组是由一定数量的定滑轮和动滑轮组成，具有省力和改变力的方向的功能，是起重机的重要组成部分。

（2）钢丝绳

钢丝绳是先由若干根钢丝绕成股，再由若干股绕绳芯捻成绳。钢丝绳是吊装工作中的常用绳索,它具有强度高、韧性好、耐磨性好等优点。同时,磨损后外表产生毛刺,容易发现,便于预防事故的发生。

在结构吊装中,常用的钢丝绳由六股钢丝和一股绳芯(一般为麻芯)捻成。每股又由多根直径为 0.4~4.0 mm,强度为 1400 MPa、1550 MPa、1700 MPa、1850 MPa、2000 MPa 的高强钢丝捻成。

3. 吊具及锚碇

吊具有吊钩、钢丝夹头、吊索(图 7-10)、卡环(图 7-11)、横吊梁等,是吊装时的重要辅助工具。

吊索主要用来绑扎构件以便起吊,可分为环状吊索[又称万能用索,图 7-10(a)]和开式吊索[又称轻便吊索或 8 被头吊索,图 7-10(b)]两种。吊索是用钢丝绳制成的,因此,钢丝绳的允许拉力即为吊索的允许拉力。

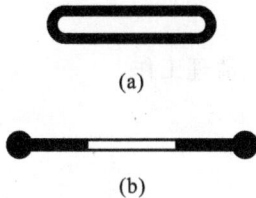

图 7-10　吊索
(a) 环状吊索;(b) 开式吊索

图 7-11　卡环

为了提高机械的利用程度,必须缩小吊索与水平面的夹角,因此而加大的轴向压力,由一金属支杆来代替构件承受,这一金属支杆就是所谓的横吊梁,又称铁扁担,如图 7-12 所示。横吊梁的作用:一是减小吊索高度,二是减小吊索对构件的横向压力。横吊梁常用形式有钢板横吊梁和钢管横吊梁。柱吊装采用直吊法时,用钢板横吊梁,使柱保持垂直;吊屋架时,用钢管横吊梁,可减小索具高度。

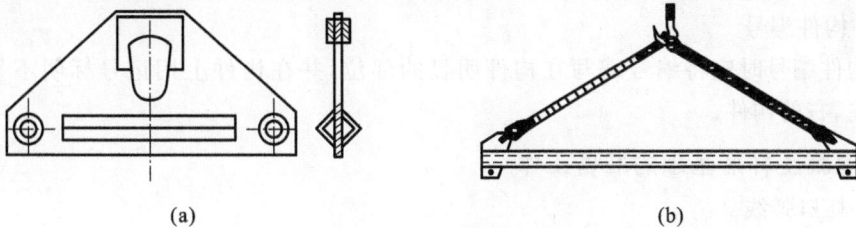

图 7-12　横吊梁
(a) 钢板横吊梁;(b) 钢管横吊梁

7.2　单层工业厂房安装

单层工业厂房多采用装配式钢筋混凝土结构,主要承重结构除基础在施工现场就地灌注外,其他构件(如柱、吊车梁、屋架、天窗架、屋面板等)多采用钢筋混凝土预制构件。其中,尺寸大、构件重的大型构件一般在施工现场就地预制,中、小型构件多集中在预制厂制作,后运到现场吊装。结构安装工程是单层工业厂房施工中的主导工程,其施工过程是将各种预制构件按设计要求采用合理的施工方法在现场进行安装。

7.2.1 构件安装前的准备工作

为保证单层工业厂房结构安装时的施工质量和进度,在吊装前应做好准备工作。吊装前的准备工作包括:清理及平整场地,铺设道路,敷设水电管线,准备吊具、索具,构件的运输、就位、堆放、拼装与加固、检查、弹线、编号和基础的准备等。

1. 构件的检查与清理

① 检查构件的型号与数量。

② 检查构件截面尺寸。

③ 检查构件外观质量(变形、缺陷、损伤等)。

④ 检查构件的混凝土强度。

⑤ 检查预埋件、预留孔的位置及质量等,并做相应清理工作。

2. 构件的弹线与编号

(1) 构件的弹线

① 柱子。

在柱身三面弹出中心线(可弹两个小面、一个大面),对工字形柱除在矩形截面部分弹出中心线外,为便于观察及避免视差,还需要在翼缘部分弹一条与中心线平行的线。

② 屋架。

应在屋架上弦顶面上弹出几何中心线,并将中心线延至屋架两端下部,再从跨中央向两端分别弹出天窗架、屋面板的安装定位线。

③ 吊车梁。

在吊车梁的两端及顶面弹出安装中心线。

(2) 构件编号

对构件编号时应将编号编写在构件明显的部位,并在构件上用记号标明不易辨别上、下、左、右的构件。

3. 混凝土杯形基础的准备工作

(1) 杯口弹线

先检查杯口的尺寸,在基础顶面弹出十字交叉的安装中心线,画上红三角。中心线对定位轴线的允许偏差为±10 mm。

(2) 杯底抄平

浇筑基础时,杯底标高一般比设计标高低50 mm。具体操作:在杯口内抄上平线,一般此线比杯口设计标高低10 cm(如杯口设计标高为-0.5 m,则杯口内侧抄平线标高为-0.6 m),这条平线就是作为杯底抄平的依据,也是吊装柱子时控制柱底部标高的依据。抄平必须准确,认真操作。

4. 构件运输与堆放

（1）构件运输

一些质量不大但数量较多的定型构件，如屋面板、连系梁、轻型吊车梁等，宜在预制厂预制，用汽车将构件运至施工现场。起吊运输时，必须保证构件的强度符合要求，吊点位置符合设计规定；构件支垫的位置要正确，数量要适当，每一构件的支垫数量一般不超过两个支承处，且上、下层支垫应在同一垂线上。

（2）构件堆放

构件应按平面布置图所示位置堆放，避免二次搬运。构件堆放应符合下列规定。

① 堆放构件的场地应平整、坚实，并具有排水设施，堆放构件时应使构件与地面之间有一定空隙。

② 应根据构件的刚度及受力情况，确定构件平放或立放，并应保持其稳定。

③ 重叠堆放的构件，吊环应向上，标志应向外。其堆垛高度应根据构件与垫木的承载能力及堆垛的稳定性确定，各层垫木的位置应在一条垂直线上。

7.2.2　构件的吊装工艺

装配式单层工业厂房的结构安装构件有柱、吊车梁、基础梁、连系梁、屋架、天窗架、屋面板及支撑等。构件的吊装工艺包括绑扎、吊升、对位、临时固定、校正、最后固定等工序。对于现场制作的构件，则需要翻身、扶直，按吊装要求排放后再进行吊装。

绑扎构件的工具主要有吊索、卡环和横吊梁等。为了使构件在空中容易脱钩，应尽量选用活络卡环。

斜梁与柱的
连接动画

1. 柱的吊装

单层工业厂房钢筋混凝土柱一般均为现场预制，其截面形式有矩形、工字形、双肢形等。当混凝土的强度达到标准值的 75% 以上时方可吊装。

（1）柱的绑扎

柱的绑扎方法、绑扎位置和绑扎点数应根据柱的形状、断面、长度、配筋情况和起重机性能等确定。按柱起吊后柱身是否垂直，绑扎可分为直吊绑扎法和斜吊绑扎法。按绑扎点的个数又可分为一点绑扎起吊和两点绑扎起吊。其中一点绑扎斜吊法如图 7-13（a）所示，一点绑扎直吊法如图 7-13（b）所示，两点绑扎斜吊法如图 7-14（a）所示，两点绑扎直吊法如图 7-14（b）所示。

（2）柱的吊升

柱的吊装方法按柱在吊升过程中柱身运动的特点，分为单机吊装

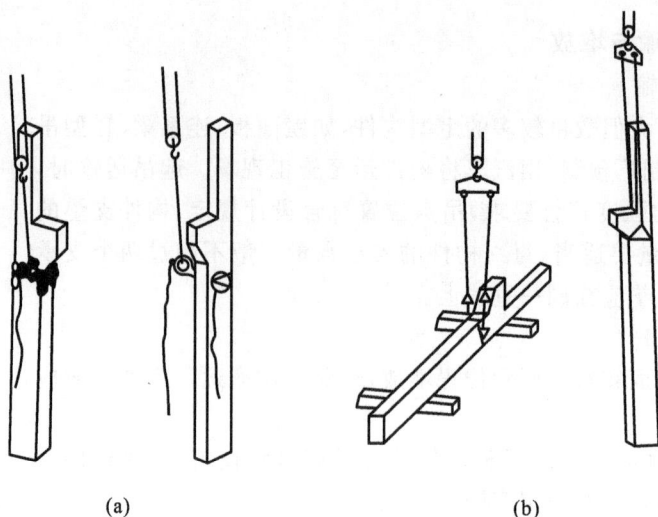

图 7-13　一点绑扎起吊

(a) 一点绑扎斜吊法；(b) 一点绑扎直吊法

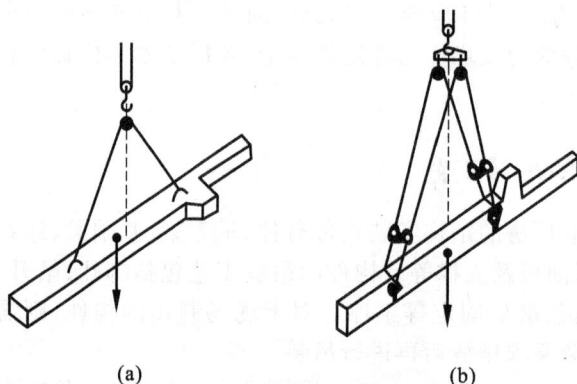

图 7-14　两点绑扎起吊

(a) 两点绑扎斜吊法；(b) 两点绑扎直吊法

旋转法和单机吊装滑行法。

① 单机吊装旋转法。

起重机一边升钩，一边旋转，柱子绕柱脚旋转，而逐渐吊起的方法称为旋转法。旋转法一般适用于中小型柱的吊装，如图 7-15 所示。

用旋转法吊装柱的特点是：柱受到的振动小，生产效率高，但对起重机的机动性要求较高，柱布置时占地面积较大。

② 单机吊装滑行法。

采用滑行法吊装柱时，柱的平面布置要做到：绑扎点、基础杯口中心两点同弧，在以起重半径 R 为半径的圆弧上，绑扎点靠近基础杯口。这样，在柱起吊时，起重臂不动，起重钩上升，柱顶上升，柱脚沿地面向基础滑行，直至柱竖直。然后，起重臂旋转，将柱吊至柱基础杯口上方，插入杯口，如图 7-16 所示。

滑行法吊装柱的特点是：在滑行过程中，柱受振动，但对起重机的机动性要求较低（起重机只升钩，起重臂不旋转），当采用独脚拔杆、人字拔杆吊装柱时，常采用此法。为

236

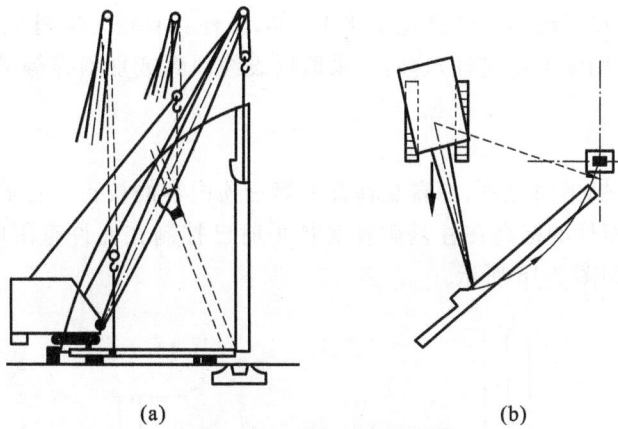

图 7-15　旋转法吊装过程图

（a）旋转过程；（b）平面布置

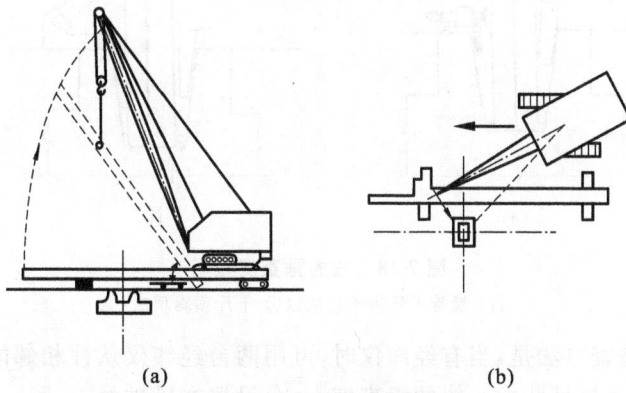

图 7-16　滑行法吊装过程

（a）滑行过程；（b）平面布置

了减小滑行阻力,可在柱脚下面设置托木滚筒。

滑行法适用于长柱或场地受限时柱的吊升,一般采用斜吊绑扎法。

（3）柱的对位与临时固定

柱的对位是将柱子插入杯口并对准安装准线的一道工序。临时固定是用楔子等将已对位的柱进行临时性固定的一道工序。

柱脚插入杯口后,使柱身大致垂直,当柱脚距杯底 20～50 mm 时,停止下降,进行对位。用 8 只楔块从柱的四边放入杯口,并用撬棍拨动柱脚,使柱的吊装准线对准杯口上的吊装准线。对位后将 8 只楔块略打紧,放松吊钩,让柱靠自重沉至杯底。然后检查吊装准线的对准情况,若符合要求,立即将楔块打紧,临时固定,起重机脱钩,如图 7-17所示。

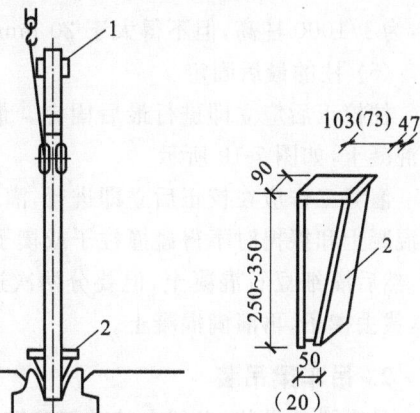

图 7-17　柱的对位与临时固定

1—安装缆风绳或挂操作台的夹箍；2—钢楔

当柱基础的杯口深度与柱长之比小于1∶20,或柱具有较大牛腿时,仅靠柱脚处的楔块将不能保证临时固定的稳定性,这时应采取增设缆风绳或加斜撑等措施来加强柱临时固定的稳定性。

(4) 柱的校正

柱吊装以后要做平面位置、标高及垂直度等三项内容的校正。柱的平面位置在柱的对位时已校正好,而柱的标高在柱基础杯底抄平时已控制在允许范围内,故柱吊装后主要是校正垂直度,如图 7-18 所示。

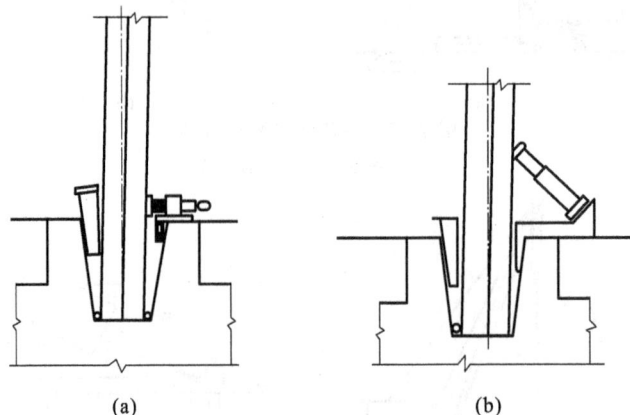

(a)   (b)

图 7-18 柱的垂直度校正
(a) 螺旋千斤顶平顶法;(b) 千斤顶斜顶法

柱垂直度的检查方法是:当有经纬仪时,可用两台经纬仪从柱相邻的两边(视线基本与柱面垂直)去检查柱吊装中心线的垂直度,一台设置在横轴线上,另一台的位置与纵轴线夹角不大于150°。竖向转动望远镜,从根部向上观察,使柱子的吊装准线始终夹在十字丝双线中,这时柱子即为垂直。

当没有经纬仪时,也可用线锤检查。柱竖向(垂直)偏差的允许值是:当柱高为 5 m 时,为 5 mm;当柱高大于 5 m 时,为 10 mm;当柱高大于 10 m 或为大于 10 m 的多节柱时,为 1/1000 柱高,但不得大于 20 mm。如偏差超过上述规定,则应校正柱的垂直度。

(5) 柱的最后固定

柱校正后应立即进行最后固定。最后固定的方法是在柱脚与杯口的孔隙中浇筑细石混凝土,如图 7-19 所示。

灌缝工作应在校正后立即进行,灌缝时,应将柱底杂物清理干净,并要洒水湿润。在灌混凝土和振捣时不得碰撞柱子或楔子。灌混凝土之前,应先灌一层稀砂浆使其填满空隙,然后灌细豆石混凝土,但要分两次进行,第一次灌至楔子底,待混凝土强度达到 25% 后,拔去楔子,再灌满混凝土。

2. 吊车梁吊装

吊车梁的吊装,必须在基础杯口第二次浇筑的细石混凝土强度达到设计强度等级的 75% 以上时才能进行。

由于吊车梁的高度及长度小,一般采用平吊法。平吊法就是吊装时的状态与使用时的工作状态一致。

（1）绑扎、起吊、就位、临时固定

吊车梁吊起后应基本保持水平。因此，其绑扎点应对称地设在梁的两侧，吊钩应对准梁的重心，如图 7-20 所示。在梁的两端应绑扎溜绳以控制梁的转动，避免悬空时碰撞柱子。

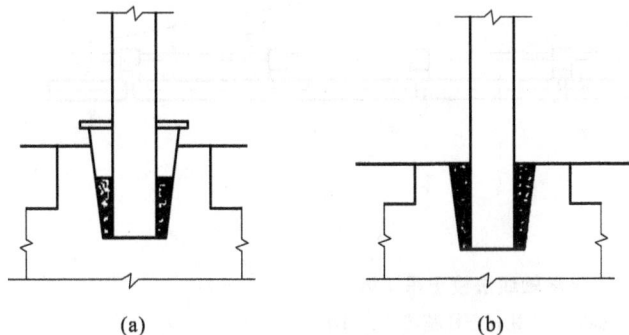

图 7-19 柱的最后固定
（a）第一次浇筑细石混凝土；（b）第二次浇筑细石混凝土

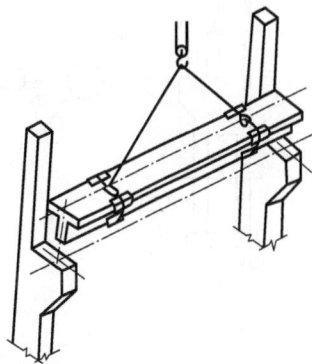

图 7-20 吊车梁的吊装

（2）校正和最后固定

吊车梁的校正应在屋盖结构校正和固定后进行。校正的主要内容为垂直度、平面位置和标高三个方面。吊车梁的标高主要取决于柱子牛腿的标高，这在杯底抄平时已进行调整，如仍有误差，可在安装轨道时进行调整。吊车梁的垂直度一般可用靠尺或线锤进行测量。

吊车梁平面位置的校正主要包括纵轴线的直线度和两吊车梁之间的跨距。吊车梁直线度的校正方法有通线法、平移轴线法、边吊边校法等。

① 通线法。

根据柱的定位轴线，在车间两端地面定出吊车梁定位轴线的位置，打下木桩，并设置经纬仪。用经纬仪先将车间两端的四根吊车梁位置校正准确，并检查两列吊车梁之间的跨距是否符合要求。然后在四根已校正的吊车梁端部设置支架（或垫块），垫高 200 mm，并根据吊车梁的定位轴线拉钢丝通线，然后根据通线用撬棍逐根拨正吊车梁，如图 7-21 所示。

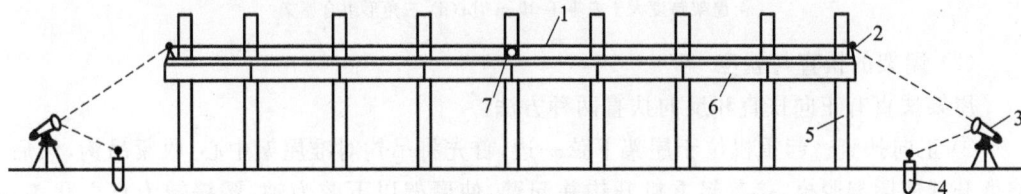

图 7-21 通线法校正吊车梁
1—通线；2—支架；3—经纬仪；4—木桩；5—柱；6—吊车梁；7—圆钢

② 平移轴线法。

首先在柱列边设置经纬仪，而后逐根将杯口上柱的吊装中心线投影到吊车梁顶面处的柱身上，并做出标志。若柱安装中心线到定位轴线的距离为 a，则标志距吊车梁定位轴线应为$(\lambda-a)$(λ 为柱定位轴线到吊车梁定位轴线之间的距离,一般取 750 mm)。可据此来逐根拨正吊车梁的吊装中心线,并检查两列吊车梁之间的跨距 L_K 是否满足要求,如图 7-22 所示。

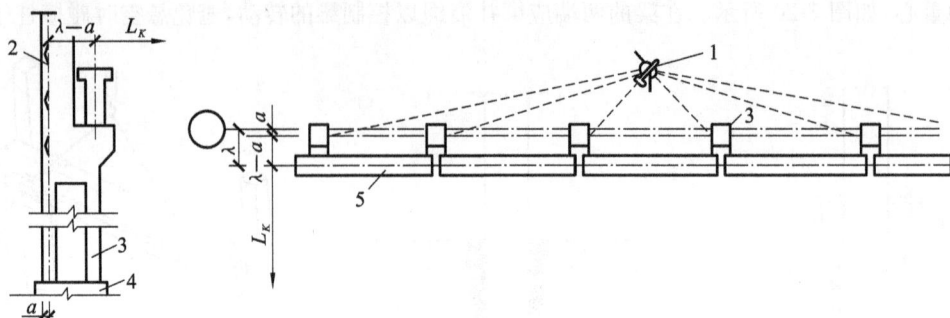

图 7-22　平移轴线法校正吊车梁

1—经纬仪;2—标志;3—柱;4—柱基础;5—吊车梁

③ 边吊边校法。

对于较重的吊车梁,由于脱钩后校正比较困难,因此一般采用边吊边校法。

3. 屋架的吊装

单层工业厂房的钢筋混凝土屋架一般在施工现场平卧叠浇预制,然后通过绑扎、扶直、就位、吊升、对位与临时固定、校正与最后固定等施工顺序把屋架安装到设计位置处。

（1）屋架绑扎

屋架的绑扎如图 7-23 所示,横吊梁的形状如图 7-12(b)所示。

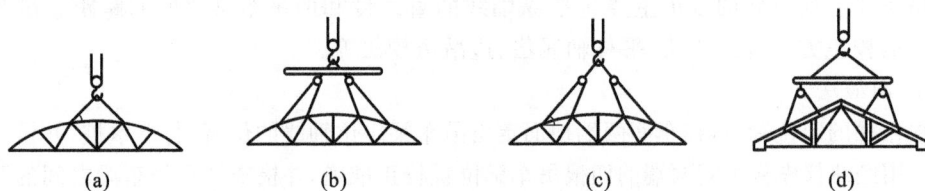

(a)　　　　　　　(b)　　　　　　　(c)　　　　　　　(d)

图 7-23　屋架的绑扎

(a) 屋架跨度小于或等于 18 m 时;(b) 屋架跨度大于 18 m 时;
(c) 屋架跨度大于或等于 30 m 时;(d) 三角形组合屋架

（2）屋架的扶直与就位

屋架扶直有正向扶直和反向扶直两种方法。

① 正向扶直。起重机位于屋架下弦一边,首先将吊钩对准屋架中心,收紧吊钩,然后略微升臂使屋架脱模,接着起重机升钩并起臂,使屋架以下弦为轴,缓缓转为直立状态,如图 7-24(a)所示。

② 反向扶直。起重机位于屋架上弦一边,首先将吊钩对准屋架中心,收紧吊钩,接着起重机升钩并降臂,使屋架以下弦为轴缓缓转为直立状态,如图 7-24(b)所示。

正向扶直与反向扶直最主要的不同点是在扶直过程中,一为升臂,一为降臂。升臂比降臂易于操作且较安全,故应尽可能采用正向扶直。

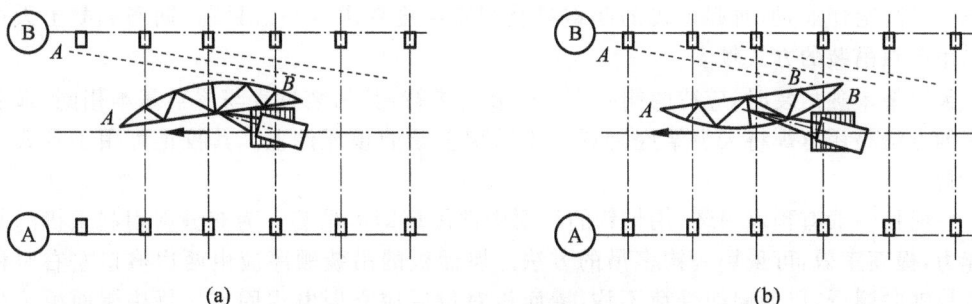

图 7-24 屋架的扶直

(a) 正向扶直；(b) 反向扶直

（3）屋架的吊升、对位与临时固定

屋架吊升是先将屋架吊离地面约 300 mm，并将屋架转运至吊装位置下方，然后起钩，将屋架提升超过柱顶约 300 mm 时，利用屋架端头的溜绳将屋架调整对准柱头，并缓缓降至柱头，用撬棍配合进行对位。

屋架对位应以建筑物的定位轴线为准。因此，在屋架吊装前，应当用经纬仪或其他工具在柱顶放出建筑物的定位轴线。如柱顶截面中线与定位轴线偏差过大，则可逐间调整纠正。屋架对位后，立即进行临时固定。临时固定稳妥后，起重机才可摘钩离去。

第一榀屋架的临时固定必须十分可靠，因为这时它只是单片结构，而且第二榀屋架的临时固定还要以第一榀屋架作支撑。第一榀屋架的临时固定方法通常是用 4 根缆风绳从两边将屋架拉牢，也可将屋架与抗风柱连接作为临时固定。

第二榀屋架的临时固定，是用工具式支撑撑牢在第一榀屋架上，以后各榀屋架的临时固定也都是用工具式支撑撑牢在前一榀屋架上。

（4）屋架的校正与最后固定

屋架的校正主要是垂直度的校正，所用工具是经纬仪。屋架垂直度的检查与校正方法是在屋架上弦安装三个卡尺，一个安装在屋架上弦中点附近，另两个安装在屋架两端。自屋架几何中线向外量出一定距离（一般可取 500 mm），在卡尺上做出标志，然后在距屋架中线同样距离（500 mm）处设置经纬仪，观测三个卡尺上的标志是否在同一垂面上（图 7-25）。用经纬仪检查屋架竖向偏差，虽然减少了高空作业，但经纬仪设置比较麻烦，所以工地上仍广泛采用垂球检查屋架竖向偏差。

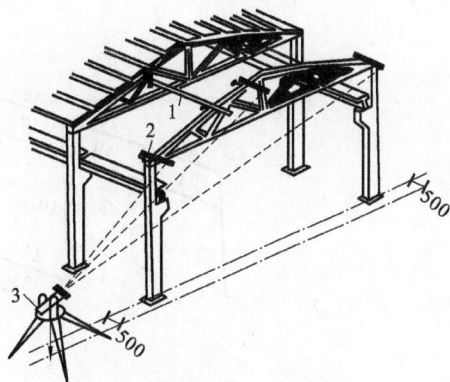

图 7-25 屋架的临时固定与校正

1—工具式支撑；2—卡尺；3—经纬仪

屋架校正垂直后，立即用电焊固定。焊接时，先焊屋架两端成对角线的两侧边，再焊另外两边，避免两端同侧施焊而影响屋架的垂直度。

4. 天窗架及屋面板的吊装

天窗架可以单独吊装，也可以先在地面上与屋架拼装成整体后再同时吊装。后者虽然减少了高空作业,但对起重机的起重量及起重高度要求较高。目前,钢筋混凝土天窗架采用单独吊装的方式较多。

天窗架单独吊装时,应待两侧屋面板安装后进行,其吊装过程与屋架基本相同,最后固定的方法是用电焊将天窗架底脚焊牢于屋架上弦的预埋件上。其校正可用工具式支撑进行。

屋面板一般有预埋吊环,用带钩的吊索构件吊环即可吊装。为充分利用起重机的起重能力,提高工效,可采用一钩多吊的方法。屋面板的吊装顺序应由两边檐口左右对称地逐块铺向屋脊,以免屋架受荷不均,屋面板对位后应立即电焊固定。每块屋面板至少有 3 点与屋架或天窗架焊牢,必须保证焊缝的尺寸和质量。根据屋面板平面的尺寸大小,吊环的数目一般为 4～6 个。

7.2.3 结构吊装方案

单层工业厂房结构吊装方案主要解决结构吊装方法、选择起重机、确定起重机的开行路线和平面布置等内容,应根据厂房结构形式,构件的尺寸、重量、安装高度,工程量和工期的要求来确定,同时应充分利用现有的起重设备。

1. 结构吊装方法

单层工业厂房的结构吊装方法有分件吊装法和综合吊装法。

(1) 分件吊装法

分件吊装法又称大流水法。分件吊装法是在厂房结构吊装时,起重机每开行一次仅吊装一种或两种构件。例如,第一次开行吊装柱,并进行校正和最后固定,第二次开行吊装吊车梁、连系梁及柱间支撑,第三次开行时以节间为单位吊装屋架、天窗架及屋面板等,如图 7-26 所示。

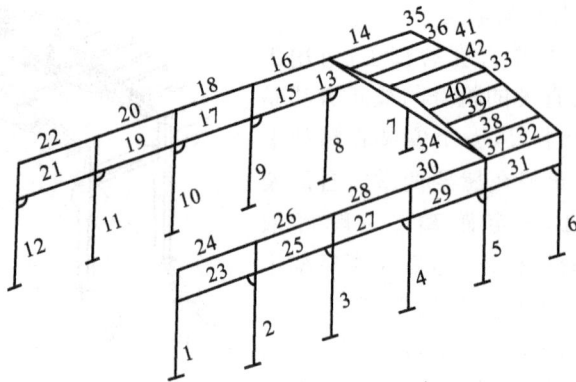

图 7-26 分件吊装时构件的安装顺序

1～12—柱;13～32—单数为吊车梁,双数为连系梁;33,34—屋架;35～42—屋面板

(2) 综合吊装法

综合吊装法是在厂房结构安装过程中,起重机一次开行,以节间为单位安装所有的结构构件。这种吊装方法具有起重机开行路线短,停机次数少的优点。但是由于综合吊装法要同时吊装各种类型的构件,起重机的性能不能充分发挥;索具更换频繁,影响生产率的提高;构件校正要配合构件吊装工作进行,校正时间短,给校正工作带来困难;构件

的供应及平面布置也比较复杂。因此,在一般情况下,不宜采用这种吊装方法,只有在轻型车间(结构构件重量相差不大)结构吊装时,或采用移动困难的起重机(如桅杆式起重机)吊装时才采用综合吊装法。

2. 起重机的选择

起重机的选择包括起重机类型、型号、臂长及起重机数量的确定,其是结构安装工程的重要问题,它关系到构件的吊装方法,起重机的开行路线和停机位置、构件的平面布置等问题。

(1)起重机类型的选择

起重机的选择主要包括起重机的类型和型号的选择。一般中小型厂房多选择履带式起重机或自行式起重机;当厂房的高度和跨度较大时,可选择塔式起重机吊装屋盖结构;在缺乏自行式起重机或受到地形的限制,以及自行式起重机难以到达作业地点时,可选择桅杆式起重机。

(2)起重机型号及臂长的选择

起重机类型确定之后,要根据构件的重量、尺寸和安装高度确定起重机型号,使所选起重机的起重量、起重高度、起重半径3个工作参数满足结构吊装的要求。一台起重机一般都有几种不同长度的起重臂,在厂房结构吊装过程中,如各构件的起重量、起重高度相差较大,可选用同一型号的起重机,以不同的臂长进行吊装,充分发挥起重机的性能。

(3)起重机的开行路线

吊装屋架、屋面板等屋面构件时,起重机宜跨中开行;吊装柱子时,则视跨度大小、构件尺寸、质量及起重机性能,可沿跨中开行或跨边开行。

3. 构件的平面布置和吊装前的堆放

构件的平面布置与吊装方法、起重机性能、构件制作方法有关。在选定起重机型号、确定施工方案后,可根据施工现场实际情况制订平面布置方案。

构件的平面布置可分为预制阶段的构件平面布置和吊装阶段的构件平面布置,两者之间有密切关系,应同时考虑。

(1)预制阶段的构件平面布置

① 柱的布置。

柱重量较大,不易搬动,故柱的现场预制位置即为吊装阶段的就位位置。柱可按吊装阶段的排放要求进行布置,有斜向布置和纵向布置两种方式。

② 屋架的布置。

屋架一般安排在跨内平卧叠浇预制,每叠3~4榀。屋架的布置形式有正面斜向布置、正反斜向布置及正反纵向布置3种,如图7-27所示。其中应优先考虑正面斜向布置方式,因为它便于屋架的扶直排放。

③ 吊车梁的布置。

当吊车梁安排在现场预制时,可靠近柱基顺纵向轴线或略作倾斜布置,也可插在柱子的空当中预制。如具备运输条件,也可另行在场外集中布置预制。

(2)吊装阶段构件的排放布置及运输排放

由于柱在预制阶段已按吊装阶段的就位要求进行布置,当柱的混凝土强度达到设计要求等级后,即可先行吊装,以便空出场地布置其他构件。所以,吊装阶段的就位布置是

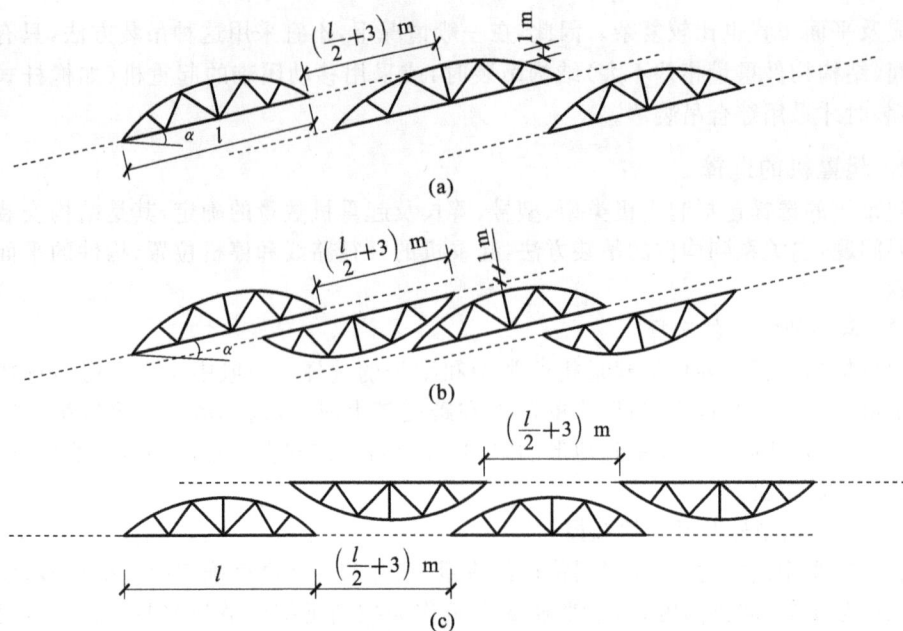

图 7-27 屋架预制时的布置形式
(a) 正面斜向布置；(b) 正反斜向布置；(c) 正反纵向布置

指柱已吊装完毕后，屋架的扶直排放，吊车梁、连系梁及屋面板的运输排放等。

① 屋架的扶直排放。

屋架扶直后应立即吊放到预先设计好的地面位置上，准备起吊。屋架按排放的位置不同，可分为同侧排放和异侧排放。同侧排放时，屋架的预制位置与排放位置均在起重机开行路线的同一侧。异侧排放时，需将屋架由预制的一边转至起重机开行路线的另一边排放。

② 吊车梁、连系梁及屋面板的排放。

单层工业厂房除了柱和屋架一般在施工现场制作外，其他构件（如吊车梁、连系梁、屋面板等）均在预制厂制作，然后运到现场按施工组织设计所规定的位置就位或集中堆放。梁式构件的叠放不宜超过 2 层，大型屋面板叠放不宜超过 8 层。

吊车梁、连系梁的排放位置，一般在其吊装位置的柱列附近，跨内、跨外均可。当条件许可时，也可不就位排放，而直接从运输车上吊至设计位置，称为"随吊随运"。屋面板的排放位置要根据起重机吊装屋面板时所选用的起重半径确定，靠柱边堆放，跨内、跨外均可。当在跨内排放时，应向后退 3～4 个节间开始排放；如在跨外排放，应向后退 1～2 个节间开始排放。

7.3 钢结构安装

7.3.1 钢结构安装基础知识

钢结构安装前应进行图纸会审，对施工的场地条件、钢构件核查等相关作业条件进行准备布置,以便于钢结构安装工作的顺利开展。

钢结构安装施工中除了起重设备外,还需采用校正构件安装偏差的千斤顶、用于垂直水平运输的卷扬机、用于固定缆风绳的地锚、用于起吊轻型构件的倒链等索具设备。

1. 钢结构工程安装方法选择

钢结构工程安装方法有分件安装法、节间安装法和综合安装法。

(1) 分件安装法

分件安装法是指起重机在节间内每开行一次仅安装一种或两种构件。如起重机第一次开行中先吊装全部柱子,并进行校正和最后固定,然后依次吊装地梁、柱间支撑、墙梁、吊车梁、托架(托梁)、屋架、天窗架、屋面支撑和墙板等构件,直至整个建筑物吊装完成。有时屋面板的吊装也可在屋面上单独用桅杆或层面小吊车进行。

分件安装法的优点是起重机在每次开行中仅吊装一类构件,吊装内容单一,准备工作简单,校正方便,吊装效率高;有充分时间进行校正;构件可分类在现场顺序预制、排放,场外构件可按先后顺序组织供应;构件预制、吊装、运输、排放条件好,易于布置;可选用起重量较小的起重机械,可利用改变起重臂杆长度的方法分别满足各类构件吊装起重量和起升高度的要求。缺点是起重机开行频繁,机械台班费用增加;起重机开行路线长;起重臂长度改变需一定的时间;不能按节间吊装,不能为后续工程及早提供工作面,阻碍了工序的穿插;相对的吊装工期较长;屋面板吊装有时需要辅助机械设备。

分件安装法适用于一般中、小型厂房的吊装。

(2) 节间安装法

节间安装法是指起重机在厂房内一次开行中,分节间依次吊装所有类型构件,即先吊装一个节间柱子,并立即加以校正和最后固定,接着吊装地梁、柱间支撑、墙梁(连续梁)、吊车梁、走道板、柱头系统、托架(托梁)、屋架、天窗架、屋面支撑系统、屋面板和墙板等构件。一个(或几个)节间的全部构件吊装完毕后,起重机行进至下一个(或几个)节间,再进行下一个(或几个)节间全部构件吊装,直至吊装完成。

节间安装法的优点是起重机开行路线短,起重机停机点少,停机一次可以完成一个(或几个)节间全部构件安装工作,可为后期工程及早提供工作面,可组织交叉平行流水作业,缩短工期;能及时发现并纠正构件制作和吊装误差;吊装完一节间,校正固定一节间,结构整体稳定性好,有利于保证工程质量。缺点是需用起重量大的起重机同时吊各类构件,不能充分发挥起重机效率,无法组织单一构件连续作业;各类构件需交叉配合,场地构件堆放拥挤,吊具、索具更换频繁,准备工作复杂;校正工作零碎、困难;柱子固定时间较长,难以组织连续作业,吊装时间延长,吊装效率降低;操作面窄,易发生安全事故。

节间安装法适用于采用回转式桅杆进行吊装,或有特殊要求的结构(如门式框架),或在由于某种原因局部特殊施工(如急需施工地下设施)时采用。

(3) 综合安装法

综合安装法是将全部或一个区段的柱头以下部分的构件用分件安装法吊装,即柱子吊装完毕并校正固定,再按顺序吊装地梁、柱间支撑、吊车梁、走道板、墙梁、托架(托梁),接着按节间综合吊装屋架、天窗架、屋面支撑系统和屋面板等屋面结构构件。整个吊装过程可按三次流水进行,根据结构特性有时也可采用两次流水,即先吊装柱子,然后分节间吊装其他构件。吊装时通常采用两台起重机,一台起重量大的起重机用来吊装柱子、吊车梁、托架和屋面结构系统等,另一台用来吊装柱间支撑、走道板、地梁、墙梁等构件并承担构件卸车和就位排放工作。

综合安装法结合了分件安装法和节间安装法的优点,能最大限度地发挥起重机的能力和效率,缩短工期,是广泛采用的一种安装方法。

2. 钢结构工程安装工艺顺序及流水段划分

吊装顺序是先吊装竖向构件,后吊装平面构件。竖向构件吊装顺序为:柱—连系梁—柱间支撑—吊车梁—托架等;单种构件吊装流水作业,既保证体系纵列形成排架,稳定性好,又能提高生产效率;平面构件吊装顺序主要以形成空间结构稳定体系为原则,其工艺流程如图 7-28 所示。

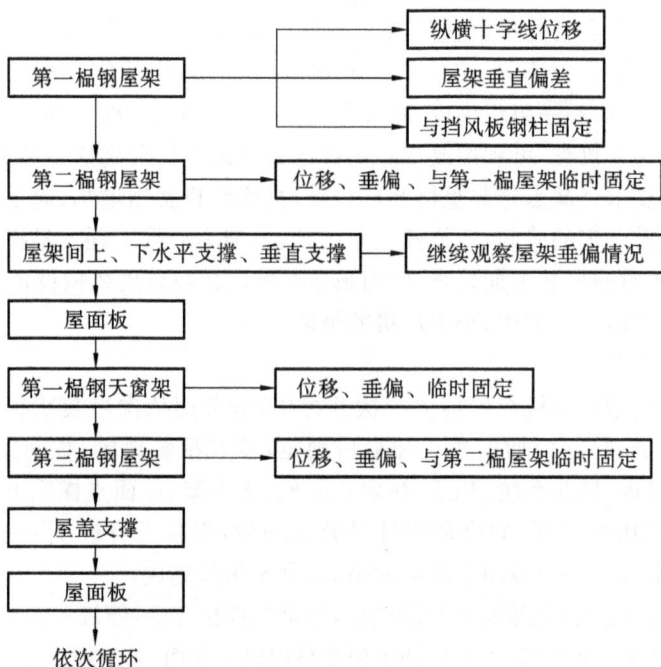

图 7-28 平面构件吊装顺序工艺流程图

平面流水段的划分应考虑钢结构在安装过程中的对称性和稳定性,立面流水段以一节钢柱为单元。每个单元以主梁或钢支撑安装成框架为原则,其次是其他构件的安装。可以采用由一端向另一端进行的吊装顺序,既有利于安装期间结构的稳定,又有利于设备安装单位的进场施工。

3. 钢构件的运输和堆放

① 钢构件的运输可采用公路、铁路或海路运输。运输构件时,应根据构件的长度、重量、断面形状、运输形式的要求选择合理的运输方式。

② 大型或重型构件的运输宜编制运输方案。

③ 构件的运输顺序应满足构件吊装进度计划要求。

④ 钢构件的包装应满足构件不失散、不变形和装运稳定、牢固的要求。

⑤ 构件装卸时,应按设计吊点起吊,并应有防止构件损伤的措施。

⑥ 钢构件中转堆放场,应根据构件尺寸、外形、重量、运输与装卸机械、场地条件,绘制平面布置图,并尽量减少搬运次数。

⑦ 构件堆放场地应平整、坚实、排水良好。

⑧ 构件应按种类、型号、安装顺序分区堆放。

⑨ 构件堆放应确保不变形、不损坏、有足够稳定性。

⑩ 构件叠放时,其支点应在同一直线上,叠放层数不宜过高。

7.3.2 轻型钢结构的安装

轻型钢结构主要用在不承受大荷载的承重建筑。轻型钢结构是采用轻型 H 型钢(焊接或轧制,变截面或等截面)作门形钢架支承,C 型、Z 型冷弯薄壁型钢作檩条和墙梁,压型钢板或轻质夹芯板作屋面、墙面围护结构,用高强螺栓、普通螺栓及自攻螺丝等连接件和密封材料组装起来的低层和多层预制装配式钢结构房屋体系。

1. 钢柱安装

(1)首节钢柱的安装与校正

安装前,应对建筑物的定位轴线、首节柱的安装位置、基础的标高和基础混凝土强度进行复检,合格后才能进行安装。

钢柱的吊点一般采用焊接吊耳、吊索绑扎或专用吊具等。钢柱的吊点位置及吊点数应根据钢柱形状、断面、长度、起重机性能等具体情况确定。

钢柱安装前应设置标高观测点和中心线标志,同一工程的观测点和标志设置位置应一致。标高观测点的设置以牛腿(肩梁)支承面为基准,设在柱的便于观测处。无牛腿(肩梁)柱,应以柱顶端与屋面梁连接的最上一个安装孔中心为基准。

钢柱安装方法有旋转吊装法和滑行吊装法两种。单层轻钢结构钢柱宜采用旋转法吊升。

① 柱顶标高调整。根据钢柱实际长度、柱底平整度,利用柱子底板下地脚螺栓上的调整螺母调整柱底标高,以精确控制柱顶标高(图 7-29)。

② 纵横十字线对正。首节钢柱在起重机吊钩不脱钩的情况下,利用制作时在钢柱上划出的中心线与基础顶面十字线对正就位。

③ 垂直度调整。用两台呈 90°的经纬仪投点,采用缆风法校正。在校正过程中不断调整柱底板下螺母,校毕将柱底板上面的两个螺母拧上,缆风绳松开,使柱身呈自由状态,再用经纬仪复核。如有小偏差,微调下螺母,无误后将上螺母拧紧。柱底板与基础面间预留的空隙,用无收缩砂浆以捻浆法垫实。

(2)上节钢柱的安装与校正

上节钢柱安装时,利用柱身中心线就位,为使上、下柱不出现错口,尽量做到上、下柱定位轴线重合。上节钢柱就位后,按照先调整标高,再调整位移,最后调整垂直度的顺序校正。

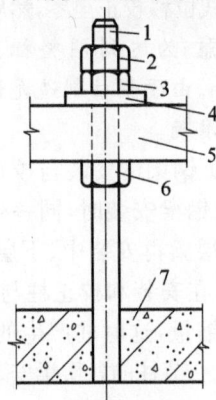

图 7-29 采用调整螺母控制标高

1—地脚螺栓;2—止退螺母;
3—紧固螺母;4—螺母垫圈;
5—柱子底板;6—调整螺母;
7—钢筋混凝土基础

校正时,可采用缆风校正法或无缆风校正法。目前多采用无缆风校正法(图 7-30),即利用塔吊、钢楔、垫板、撬棍以及千斤顶等工具,在钢柱呈自由状态下进行校正。此法施工简单,校正速度快,易于吊装就位和确保安装精度。为适应无缆风校正法,应特别注意钢柱节点临时连接耳板的构造。上、下耳板的间隙宜为 15~20 mm,以便于插入钢楔。

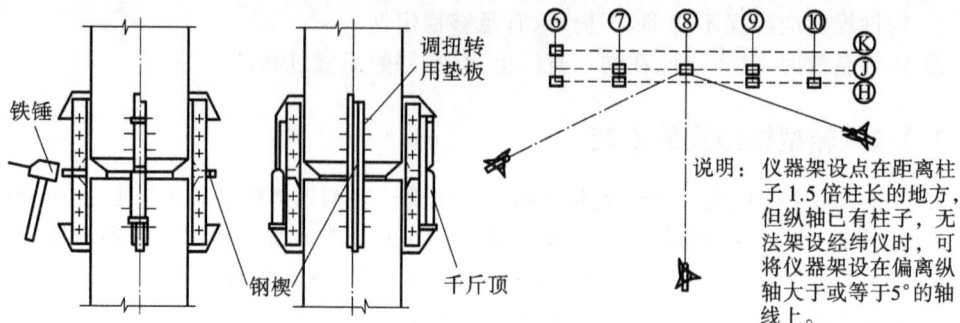

图 7-30 无缆风校正法示意图

① 标高调整。钢柱一般采用相对标高安装,设计标高复核的方法。钢柱吊装就位后,合上连接板,穿入大六角高强度螺栓,但不夹紧,通过吊钩起落与撬棍拨动调节上、下柱之间的间隙。量取上柱柱根标高线与下柱柱头标高线之间的距离,符合要求后在上、下耳板间隙中打入钢楔限制钢柱下落。正常情况下,标高偏差调整至零。若钢柱制造误差超过 5 mm,则应分次调整。

② 位移调整。钢柱定位轴线应从地面控制轴线直接引上,不得从下层柱的轴线引上。钢柱轴线偏移时,可在上柱和下柱耳板的不同侧面夹入一定厚度的垫板加以调整,然后微微夹紧柱头临时接头的连接板。钢柱的位移每次只能调整 3 mm,若偏差过大只能分次调整。起重机至此可松开钩。校正位移时应注意防止钢柱扭转。

③ 垂直度调整。用两台经纬仪在相互垂直的位置投点,进行垂直度观测。调整时,在钢柱偏斜方向的同侧锤击钢楔或微微顶升千斤顶,在保证单节柱垂直度符合要求的前提下,将柱顶偏轴线位移校正至零,然后拧紧上、下柱临时接头的大六角高强度螺栓至额定扭矩。

注意:为达到调整标高和垂直度的目的,临时接头上的螺栓孔应比螺栓直径大 4.0 mm。由于钢柱制造允许误差一般为 -1~5 mm,螺栓孔扩大后能有足够的余量将钢柱校正准确。

(3)钢梁的安装与校正

① 钢梁安装时,同一列柱,应先从中间跨开始对称地向两端扩展;同一跨钢梁,应先安装上层梁再安装中、下层梁。

② 在安装和校正柱与柱之间的主梁时,可先把柱子撑开,跟踪测量、校正,预留接头焊接收缩量,这时柱产生的内力在焊接完毕焊缝收缩后也就消失了。

③ 一节柱的各层梁安装好后,应先焊上层主梁后焊下层主梁,以使框架稳固,便于施工。一节柱(三层)的竖向焊接顺序是:上层主梁—下层主梁—中层主梁—上柱与下柱焊接。

每天安装的构件,应形成空间稳定体系,确保安装质量和结构安全。

2. 钢梁安装

(1)安装前的检查

主要检查定位轴线,复测梁的纵、横轴线,调整安装位置处的水平标高。

（2）梁绑扎

梁一般绑扎两点，绑扎时吊索应等长，左、右绑扎点对称。对于设有预埋吊环的梁，可用带钢钩的吊索直接钩住吊环起吊，自重较大的梁，应用卡环与吊环吊索相互连接在一起。对于未设吊环的梁，绑扎时，应在梁端靠近支点处用轻便吊索配合卡环绕梁左、右对称绑扎，或用工具式吊耳吊装，如图 7-31 所示。

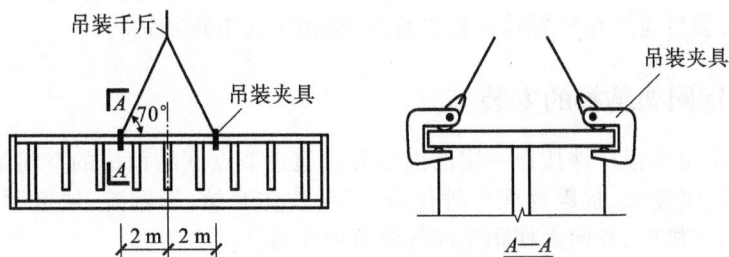

图 7-31　工具式吊耳吊装

绑扎时，梁的棱角边缘处应衬以麻袋片、汽车废轮胎块、半边钢管或短方木护角。同时，在梁一端须拴好溜绳（拉绳），以防就位时梁左右摆动，碰撞柱子。

（3）梁起吊

梁吊装须在柱子最后固定、柱间支撑安装后进行。

（4）梁垂直度及水平度控制

梁吊装前，应测量支承处距柱底的高度。如有偏差，可用垫铁在基础平面上或支承面上调整。

（5）梁定位与校正

梁的校正内容包括中心线、轴线间距（即跨距）、标高垂直度等。纵向位移在就位时已校正，故主要校正横向位移。

高低方向校正主要是对梁的端部标高进行校正，可用起重机吊空、特殊工具抬空、油压千斤顶顶空，然后在梁底填设垫块。

梁的校正顺序是先校正标高，待屋盖系统安装完成后再校正和调整其他项目。重量较大的梁亦可边安装边校正。

（6）梁固定

校正完毕应立即将梁与柱上的埋设件焊接固定。

3. 钢屋架安装

（1）钢屋架绑扎

当屋架跨度不大于 18 m 时，采用两点绑扎；当跨度大于 18 m 时，需采用四点绑扎；当跨度大于 30 m 时，应考虑采用横吊梁，以减小绑扎高度。

绑扎时，吊索与水平线的夹角不宜小于 45°，以免屋架上弦承受压力过大。

（2）钢屋架吊装

屋架吊装前，应用经纬仪或其他工具在柱顶放出建筑物的定位轴线。如柱顶截面中线与定位轴线偏差过大，应调整纠正。

（3）钢屋架校正与固定

屋架经对位、临时固定后，主要校正屋架垂直度偏差。有关规范规定：屋架上弦（在跨中）对通过两支座中心垂直面的偏差不得大于 $h/250$（h 为屋架高度）。

4. 檩条及墙架等构件安装

当安装完一个单元的钢柱、梁后,即可进行屋面檩条和墙架的安装。对于薄壁轻钢檩条,由于重量轻,安装时可用起重机械或人力吊升。

檩条和墙架安装比较简单,可直接用螺栓连接在檩条挡板或墙架托板上。檩条的安装允许误差应在±5 mm 以内,弯曲允许偏差应为 $L/750$(L 为檩条跨度),且不得大于 20 mm。墙架安装后应用拉杆螺栓调整平直度,应由上向下逐根进行。

7.3.3　钢网架结构的安装

网架结构是由多根杆件按照一定的网格形式通过节点联结而成的空间结构,具有空间受力、重量轻、刚度大、抗震性能好等优点,可用作体育馆、影剧院、展览厅、候车厅、体育场看台雨篷、飞机库、双向大柱距车间等建筑的屋盖。

钢网架吊装是指钢网架在地面总拼装后,采用单根或多根拔杆、一台或多台起重机进行吊装就位的施工方法。此方法不常搭设拼装架,高空作业少,易于保证接头焊接质量,但需要起重能力大的设备,吊装技术较复杂。

(1)钢网架绑扎

钢网架绑扎前应确定钢网架绑扎点,钢网架绑扎点的位置和数量应满足以下要求:① 钢网架绑扎点应与钢网架结构使用时的受力状况相接近。② 吊点的最大反力不应大于起重设备的负荷能力,各起重设备的负荷宜接近。

绑扎的方法常用的有两种:① 单机吊装绑扎。对于大跨度钢立体桁架、钢网架片多采用单机吊装。吊装时一般采用六点绑扎,并加设横吊梁,以降低起吊高度和对桁架网片产生较大的轴向压力,避免网架片出现较大的侧向弯曲。② 双机抬吊绑扎。采用双机抬吊时,可在支座处两点起吊或四点起吊,另加两副辅助吊索。

(2)钢网架吊装

钢网架吊装分为单机吊装和双机吊装,如图 7-32 所示。单机吊装较简单,当网架片在跨内斜向布置时,可采用 150 kN 履带式起重机或 400 kN 轮胎式起重机垂直起吊,吊

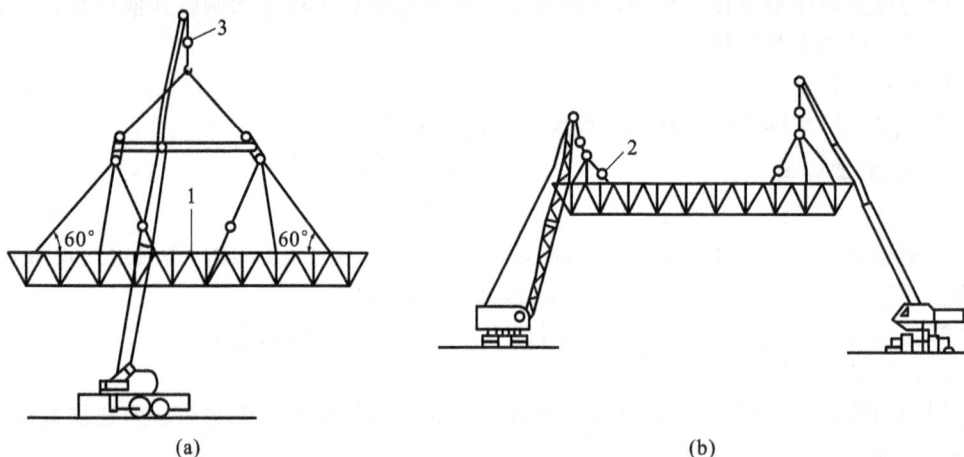

(a)　　　　　　　　　　　　　　　　　　　(b)

图 7-32　大跨度钢立体桁架、网架片的吊装

(a)单机吊装法;(b)双机吊装法

1—大跨度钢立体桁架或网架片;2—吊索;3—30 kN 导链

至比柱顶高 50 cm 时,可将机身就地在空中旋转,然后落于柱头上就位。其施工方法可参照一般钢屋架的吊装。

（3）钢网架空中移位

多机抬吊作业中,起重机变幅容易,钢网架空中移位并不困难,采用多根独脚拔杆进行整体吊升时,由于拔杆变幅很困难,钢网架在空中移位是利用拔杆两侧起重滑轮组中的水平力不等而推动网架移位的。

7.3.4 轻型门式刚架结构工程

门式刚架结构是大跨度建筑常用的结构形式之一。轻型门式刚架结构是指主要承重结构采用实腹门式刚架,具有轻型屋盖和轻型外墙的单层房屋钢结构。

门式刚架常见
设计问题解答

1. 刚架柱的安装

轻型门式刚架柱的安装顺序是:吊装单根钢柱—柱标高调整—纵横十字线位移—垂直度校正。

刚架柱一般采用一点起吊,吊耳放在柱顶处。为防止钢柱变形,也可两点或三点起吊。对于大跨轻型门式刚架变截面 H 型钢柱,由于柱根小、柱顶大、头重脚轻,且重心是偏心的,因此安装固定后,为防止倾倒,必要时需加临时支撑。

2. 刚架斜梁的拼接与安装

轻型门式刚架斜梁的特点是跨度大（即构件长）、侧向刚度小,为确保安装质量和安全施工,提高生产效率,减小劳动强度,应根据场地和起重设备条件最大限度地将拼装工作在地面完成。

刚架斜梁一般采用立放拼接（图 7-33）,拼装程序是:将要拼接的单元放在拼装平台上—找平—拉通线—安装普通螺栓定位—安装高强度螺栓—复核尺寸。

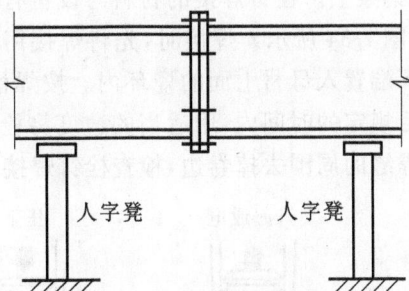

人字凳   人字凳
图 7-33 斜梁拼接示意

斜梁的安装顺序是:先从靠近山墙的有柱间支撑的两榀刚架开始,刚架安装完毕后将其间的檩条、支撑、隔撑等全部装好,并检查其垂直度;然后以这两榀刚架为起点,向建筑物另一端顺序安装。除最初安装的两榀刚架外,所有其余刚架间的檩条、墙梁和檐檩的螺栓均应在校准后拧紧。

斜梁的起吊应选好吊点,大跨度斜梁的吊点须经计算确定。斜梁可选用单机两点或三点、四点起吊,或用铁扁担以减小索具对斜梁产生的压力。对于侧向刚度小、腹板宽厚比大的斜梁,为防止构件扭曲和损坏,应采取多点起吊及双机抬升。

7.3.5 楼层压型钢板安装

多、高层钢结构楼板,多采用压型钢板与混凝土叠合层组合而成。一节柱的各层梁安装校正后,应立即安装本节柱范围内的各层楼梯,并铺好各层楼面的压型钢板,进行叠合楼板施工。楼层压型钢板安装工艺流程是:弹线→清板→吊运→布板→切割→压合→侧焊→端焊→封堵→验收→栓钉焊接。

1. 压型钢板安装铺设

① 在铺板区弹出钢梁的中心线。主梁的中心线是铺设压型钢板固定位置的控制线,并决定压型钢板与钢梁熔透焊接的焊点位置;次梁的中心线决定熔透焊栓钉的焊接位置。因压型钢板铺设后难以观察次梁翼缘的具体位置,故将次梁的中心线及次梁翼缘反弹在主梁的中心线上,固定栓钉时再将其反弹在压型钢板上。

② 将压型钢板分层、分区按料单清理、编号,并运至施工指定部位。

③ 用专用软吊索吊运。吊运时,应保证压型钢板板材整体不变形、局部不卷边。

④ 按设计要求铺设。压型钢板铺设应平整、顺直,波纹对正,设置位置正确;压型钢板与钢梁的锚固支承长度应符合设计要求,且不应小于 50 mm。

⑤ 采用等离子切割机或扳钳裁剪边角。裁剪放线时,富余量应控制在 5 mm 以内。

⑥ 压型钢板固定。压型钢板与压型钢板侧板间连接采用咬口钳压合,使单片压型钢板间连成整板;然后用点焊将整板侧边及两端头与钢梁固定,最后采用栓钉固定。为了浇筑混凝土时不漏浆,端部肋进行封端处理。

2. 栓钉焊接

为使组合楼板与钢梁有效地共同工作,抵抗叠合面间的水平剪力作用,通常采用栓钉穿过压型钢板焊于钢梁上。栓钉焊接的材料与设备有栓钉、焊接瓷环和栓钉焊机。

栓钉焊接工序如图 7-34 所示。焊接时,先将焊接用的电源及制动器接上,把栓钉插入焊枪的长口,栓钉下端置入母材上面的瓷环内。按焊枪电钮,栓钉被提升,在瓷环内产生电弧,在电弧发生后规定的时间内,用适当的速度将栓钉插入母材的融池内。焊完后,立即除去瓷环,并在焊缝的周围去掉卷边,检查栓钉焊接部位。

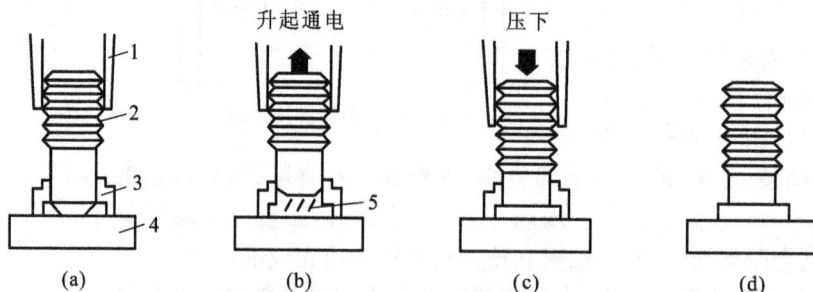

图 7-34 栓钉焊接工序

(a) 焊接准备;(b) 引弧;(c) 焊接;(d) 焊后清理

1—焊枪;2—栓钉;3—瓷环;4—母材;5—电弧

栓钉焊接质量检查分外观检查和弯曲试验检查。

① 外观检查。栓钉根部焊脚应均匀,焊脚立面的局部未熔合或不足360°的焊脚应进行修补。

② 弯曲试验检查。栓钉焊接后应进行弯曲试验检查,可用锤击使栓钉从原来轴线弯曲30°或采用特制的导管将栓钉弯成30°,若焊缝及热影响区没有肉眼可见的裂纹,即为合格。

压型钢板及栓钉安装完毕后,即可绑扎钢筋,浇筑混凝土。

单元小结

本单元介绍了结构安装工程中常用的起重机械和索具,并详细介绍了单层工业厂房结构安装工艺,包括柱的吊装方案,还有吊车梁、屋架等构件的具体吊装方案,使学生初步具备了编写单层工业厂房结构安装方案的能力。另外也使学生熟悉了轻型钢结构和钢网架结构的安装方案,掌握了其施工要点。

习 题

7-1 常用的起重机有哪几种?

7-2 怎样选择塔式起重机?

7-3 钢筋混凝土柱如何对位和临时固定?

7-4 简述屋架的安装工艺。

7-5 单层工业厂房构件安装前主要有哪些准备工作?

7-6 什么是分件吊装法和综合吊装法?

7-7 简述轻型钢结构的安装工艺流程。

7-8 简述钢网架结构的安装工艺流程。

单元 8　防水工程施工

5分钟看完本单元

8.1　屋面防水工程

8.1.1　卷材防水屋面

　　卷材防水屋面是用胶结材料粘贴卷材进行防水的屋面。这种屋面具有重量轻、防水性能好的优点,其防水层的柔韧性好,能适应一定程度的结构松动和胀缩变形。所用卷材有传统的沥青防水卷材、高聚物改性沥青防水卷材和合成高分子防水卷材三大系列。

1. 卷材防水屋面的构造

卷材防水屋面的构造如图8-1所示。

2. 卷材防水层施工

(1) 基层要求

卷材防水层
施工视频

基层施工质量的好坏将直接影响屋面工程质量的优劣。基层应有足够的强度和刚度,承受荷载时不致产生显著变形。基层一般采用水泥砂浆、细石混凝土或沥青砂浆找平,做到平整、坚实、清洁、无凹凸

254

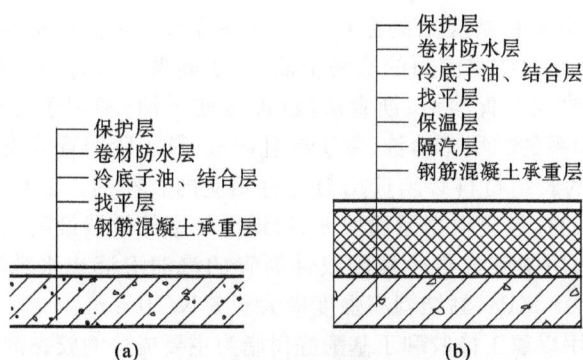

图 8-1 卷材防水屋面构造图

(a) 不保温卷材屋面；(b) 保温卷材屋面

形及尖锐颗粒。其平整度要求为：用 2 m 长的直尺检查，基层与直尺间的最大空隙不应超过 5 mm，空隙仅允许平缓变化，每米长度内不得多于一处。铺设屋面隔汽层和防水层以前，基层必须清扫干净。

屋面及檐口、檐沟、天沟找平层的排水坡度必须符合设计要求，平屋面采用结构找坡应不大于 3%，采用材料找坡宜为 2%，天沟、檐沟纵向找坡不应小于 1%，沟底落水差不大于 200 mm。与突出屋面结构的连接处以及基层的转角处，均应做成圆弧或钝角，其圆弧半径应符合要求：沥青防水卷材为 100～150 mm，高聚物改性沥青防水卷材为 50 mm，合成高分子防水卷材为 20 mm。

为防止由于温差及混凝土构件收缩而使防水屋面开裂，找平层应留分格缝，缝宽一般为 20 mm。缝应留在预制板支承边的拼缝处，其纵向最大间距，当找平层采用水泥砂浆或细石混凝土时，不宜大于 6 m；当采用沥青砂浆时，则不宜大于 4 m。分格缝应附加 200～300 mm 宽的油毡，用沥青胶结材料单边点贴覆盖。

采用水泥砂浆找平层、细石混凝土找平层、沥青砂浆找平层做基层时，其厚度和技术要求应符合表 8-1 的规定。

表 8-1 找平层厚度和技术要求

类别	基层种类	厚度/mm	技术要求
水泥砂浆找平层	整体混凝土	15～20	水泥与砂的体积比为 1∶2.5～1∶3，水泥强度等级不低于 32.5
	整体或板状材料保温层	20～25	
	装配式混凝土板、松散材料保温层	20～30	
细石混凝土找平层	松散材料保温层	30～35	混凝土强度等级不低于 C20
沥青砂浆找平层	整体混凝土	15～20	沥青与砂的质量比为 1∶8
	装配式混凝土板、整体或板状材料保温层	20～25	

（2）材料选择

① 基层处理剂。基层处理剂是为了增强防水材料与基层之间的

防水卷材图

黏结力,在防水层施工前预先涂刷在基层上的涂料。其选择应与所用卷材的材性相容。常用的基层处理剂有用于沥青卷材防水屋面的冷底子油,用于高聚物改性沥青防水卷材屋面的氯丁胶沥青乳胶、橡胶改性沥青溶液、沥青溶液(即冷底子油)和用于合成高分子防水卷材屋面的聚氨酯煤焦油系的二甲苯溶液、氯丁胶乳溶液、氯丁胶沥青乳胶等。

② 胶黏剂。卷材防水层的胶结材料必须选用与卷材相应的胶黏剂。沥青卷材可选用沥青胶作为胶黏剂,沥青胶的标号应根据屋面坡度、当地历年室外极端最高气温选用。

高聚物改性沥青卷材可选用橡胶或再生橡胶改性沥青的汽油溶液或水乳液作胶黏剂,其黏结剥离强度应大于 0.05 MPa,黏结剥离强度应大于 8 N/10 mm。

合成高分子防水卷材可选用以氯丁橡胶和丁基酚醛树脂为主要成分的胶黏剂或以氯丁橡胶乳液制成的胶黏剂,其黏结剥离强度不应小于 15 N/10 mm,其用量为 0.4～0.5 kg/m²。胶黏剂均由卷材生产厂家配套供应。部分合成高分子卷材的胶黏剂参见表8-2。

③ 卷材。主要防水卷材的分类参见表8-3。沥青防水卷材的外观质量要求参见表8-4。

表 8-2 部分合成高分子卷材的胶黏剂

卷材名称	基层与卷材胶黏剂	卷材与卷材胶黏剂	表面保护层涂料
三元乙丙-丁基橡胶卷材	CX-404 胶	丁基胶黏剂 A、B组分 (1:1)	水乳型醋酸乙烯-丙烯酸酯共聚,油溶性乙丙橡胶和甲苯溶液
氯化聚乙烯卷材	BX-12 胶黏剂	BX-12 乙组分胶黏剂	
LYX-603 氯化聚乙烯卷材	LYX-603-3(3 号胶) 甲、乙组分	LYX-603-2(2 号胶)	
聚氯乙烯卷材	FL-5 型(5～15 ℃使用)、FL-15 型(15～40 ℃使用)		

表 8-3 主要防水卷材分类表

类别		防水卷材名称
沥青防水卷材		纸胎、玻璃胎、玻璃布、黄麻、铝箔沥青卷材
高聚物改性沥青防水卷材		SBS、APP、ABS-APP、丁苯橡胶改性沥青卷材;胶粉改性沥青卷材、再生胶卷材、PVC 改性煤沥青卷材等
合成高分子防水卷材	硫化型橡胶或橡胶共混卷材	三元乙丙橡胶卷材、氯磺化聚乙烯卷材、丁基橡胶卷材、氯丁橡胶卷材、氯化聚乙烯-橡胶共混卷材等
	非硫化型橡胶或橡胶共混卷材	丁基橡胶卷材、氯丁橡胶卷材、氯化聚乙烯-橡胶共混卷材等
	合成树脂系防水卷材	氯化聚乙烯卷材、PVC 卷材等
特种卷材		热熔卷材、冷自粘卷材、带孔卷材、热反射卷材、沥青瓦等

表 8-4 沥青防水卷材外观质量要求

项目	质量要求
孔洞、硌伤	不允许
漏胎、涂盖不匀	不允许
折纹、皱折	距卷芯 100 mm 以外,长度不大于 100 mm
裂纹	距卷芯 100 mm 以外,长度不大于 10 mm
裂口、缺边	边缘裂口小于 20 mm,缺边长度小于 50 mm,深度小于 1 mm
每卷卷材的接头	不超过 1 处,较短的一段不应小于 2500 mm,接头处应加长 150 mm

高聚物改性沥青防水卷材的外观质量要求参见表 8-5。合成高分子防水卷材的外观质量要求参见表 8-6。

表 8-5　　　　　　　**高聚物改性沥青防水卷材的外观质量要求**

项目	质量要求
孔洞、缺边、裂口	不允许
边缘不整齐	不超过 10 mm
胎体露白、未浸透	不允许
撒布材料粒度	均匀
每卷卷材的接头	不超过 1 处,较短的一段不应小于 1000 mm,接头处应加长 150 mm

表 8-6　　　　　　　**合成高分子防水卷材的外观质量要求**

项目	质量要求
折痕	每卷不超过 2 处,总长度不超过 20 mm
杂质	大于 0.5 mm 颗粒不允许,每 1 m^2 不超过 9 mm^2
凹痕	每卷不超过 6 处,深度不超过本身厚度的 30%,树脂深度不超过 15%
胶块	每卷不超过 6 处,每处面积不大于 4 mm^2
每卷卷材的接头	橡胶类每 20 m 不超过 1 处,较短的一段不应小于 3000 mm,接头处应加长 150 mm;树脂类 20 m 长度内不允许有接头

各种防水材料及制品均应符合设计要求,具有质量合格证明,进场前应按规范要求进行抽样复检,严禁使用不合格产品。

(3)卷材施工

卷材防水层施工的一般工艺流程如图 8-2 所示。

① 沥青卷材防水施工。

a. 铺设方向。卷材的铺设方向应根据屋面坡度和屋面是否有振动来确定。当屋面坡度小于 3%时,卷材宜平行于屋脊铺贴;屋面坡度为 3%～15%时,卷材可平行或垂直于屋脊铺贴;屋面坡度大于 15%或屋面受振动时,沥青防水卷材应垂直于屋脊铺贴。上、下层卷材不得相互垂直铺贴。

b. 施工顺序。屋面防水层施工时,应先处理好节点、附加层和屋面排水比较集中的部位(如屋面与水落口连接处、檐口、天沟、屋面转角处、板端缝等),然后由屋面最低标高处向上施工。铺贴天沟、檐口卷材时,宜顺天沟、檐口方向,尽量减少搭接。铺贴多跨和有高低跨的屋面时,应按先高后低、先远后近的顺序进行。大面积卷材施工时,应根据卷材特征及面积大小等因素合理划分流水施工段。施工段的界线宜设在屋脊、天沟、变形缝等处。

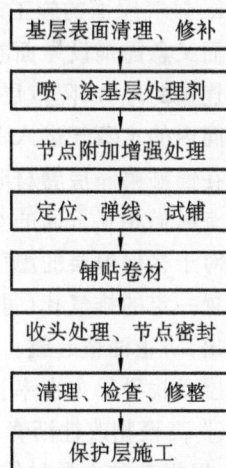

基层表面清理、修补

↓

喷、涂基层处理剂

↓

节点附加增强处理

↓

定位、弹线、试铺

↓

铺贴卷材

↓

收头处理、节点密封

↓

清理、检查、修整

↓

保护层施工

**图 8-2　卷材防水层施工
工艺流程图**

257

c. 搭接方法及宽度要求。铺贴卷材采用搭接法,上、下层及相邻两幅卷材的搭接缝应错开。平行于屋脊的搭接应顺水流方向,垂直于屋脊的搭接应顺主导风向。叠层铺设的各层卷材,在天沟与屋面的连接处应采用叉接法搭接,搭接缝应错开,接缝宜留在屋面或天沟侧面,不宜留在沟底。各种卷材搭接宽度应符合要求。

d. 铺贴方法。沥青卷材的铺贴方法有浇油法、刷油法、刮油法、撒油法四种。通常采用浇油法或刷油法,在干燥的基层上满涂沥青胶,应随浇涂随铺油毡。铺贴时,油毡要展平压实,使其与下层紧密黏结,卷材的接缝应用沥青胶赶平封严。对容易漏水的薄弱部位(如天沟、檐口、泛水、水落口处等),均应加铺1～2层卷材附加层。

e. 屋面特殊部位的铺贴要求。天沟、檐沟、檐口、水落口、泛水、变形缝和伸出屋面管道的防水结构必须符合设计要求。天沟、檐沟、檐口、泛水和立面卷材收头的端部应裁齐,塞入预留凹槽内,用金属压条钉压固定,最大钉距不应大于900 mm,并用密封材料嵌填封严,凹槽距屋面找平层不小于250 mm,凹槽上部墙体应做防水处理。

水落口杯应牢固地固定在承重结构上,如为铸铁制品,所有零件均应除锈,并刷防锈漆。天沟、檐沟铺贴卷材应从沟底开始,如沟底过宽,卷材纵向搭接时,搭接缝必须用密封材料封口,密封材料嵌填必须密实、连续、饱满、粘贴牢固,无气泡,不开裂、脱落。沟内卷材附加层在与屋面交接处宜空铺,其空铺宽度不小于200 mm,其卷材防水层应由沟底翻上至沟外檐顶部,卷材收头应用水泥钉固定并用密封材料封严,铺贴檐口800 mm范围内的卷材应采取满粘法。

铺贴泛水处的卷材应采取满粘法,防水层贴入水落口内不小于50 mm,水落口周围直径500 mm范围内的坡度不小于5%,并用密封材料封严。

变形缝处的泛水高度不小于250 mm,伸出屋面管道的周围与找平层或细石混凝土防水层之间应预留20 mm×20 mm的凹槽,并用密封材料嵌填严密,在管道根部直径500 mm范围内,找平层应抹出高度不小于30 mm的圆台。管道根部四周应增设附加层,宽度和高度均不小于300 mm。管道上的防水层收头应用金属箍紧固,并用密封材料封严。

f. 排气屋面的施工。卷材应铺设在干燥的基层上。当屋面保温层或找平层干燥有困难而又急需铺设屋面卷材时,应采用排气屋面。排气屋面是整体连续的 ,在屋面与垂直面连接的地方,隔汽层应延伸到保温层顶部,并高出150 mm,以便与防水层相连,以防止房间内的水蒸气进入保温层,造成防水层起鼓破坏;保温层的含水率必须符合设计要求。在铺贴第一层卷材时,采用条粘法、点粘法、空铺法等方法(图8-3)使卷材与基层之间留有纵横相互贯通的空隙作为排气道,排气道的宽度为30～40 mm,深度一直到结构层。对于有保温层的屋面,也可在保温层上的找平层上留槽作排气道,并在屋面或屋脊上设置一定的排气孔(每36 m² 左右一个)与大气相通,这样就能使潮湿基层中的水分蒸发排出,防止油毡起鼓。排气屋面适用于气候潮湿、雨量充沛、夏季阵雨多的地区,以及保温层或找平层含水率较大且干燥有困难的情况。

② 高聚物改性沥青卷材防水施工。高聚物改性沥青防水卷材是指对石油沥青进行改性,以提高防水卷材使用性能,增加防水层寿命而生产的一类沥青防水卷材。对沥青的改性,主要是通过添加高分子聚合物实现的,其品种包括塑料体沥青防水卷材、弹性体沥青防水卷材、自黏结油毡、聚乙烯膜沥青防水卷材等,使用较为普遍的是SBS改性沥青

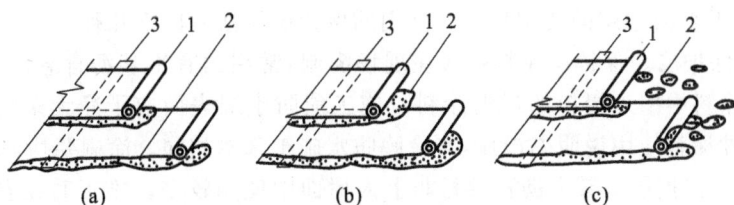

图 8-3　排气屋面卷材铺法

(a) 空铺法；(b) 条粘法；(c) 点粘法

1—卷材；2—沥青胶；3—附加卷材条

卷材、APP 改性沥青卷材、PVC 改性沥青卷材和再生胶改性沥青卷材等。其施工工艺流程与普通沥青卷材防水层相同。

依据高聚物改性沥青防水卷材的特性，其施工方法有冷粘法、热熔法和自粘法之分。在立面或大坡面铺贴高聚物改性沥青防水卷材时，应采用满粘法，并减少短边搭接。

a. 冷粘法施工。冷粘法施工是利用毛刷将胶黏剂涂刷在基层或卷材上，然后直接铺贴卷材，使卷材与基层、卷材与卷材黏结的方法。施工时，胶黏剂涂刷应均匀、不露底、不堆积。空铺法、条粘法、点粘法应按规定的位置与面积涂刷胶黏剂。铺贴卷材时应平整顺直，搭接尺寸应准确，接缝应满涂胶黏剂，辊压黏结牢固，不得扭曲，破折溢出的胶黏剂随即刮平封口；也可采用热熔法搭接。接缝口应用密封材料封严，宽度不应小于 10 mm。

b. 热熔法施工。热熔法施工是指利用火焰加热器熔化热熔型防水卷材底层的热熔胶进行粘贴的方法。施工时，在卷材表面热熔后（以卷材表面熔至光亮黑色为度）应立即滚铺卷材，使之平展，并辊压黏结牢固。搭接缝处必须以溢出热熔的改性沥青胶为度，并应随即刮封接口。加热卷材时应均匀，不得过分加热或烧穿卷材。

c. 自粘法施工。自粘法施工是指采用带有自粘胶的防水卷材，不用热施工，也不涂胶结材料而进行黏结的方法。铺贴前，基层表面应均匀涂刷基层处理剂，待干燥后及时铺贴卷材。铺贴时，应先将自粘胶底面隔离纸完全撕净，排除卷材下面的空气，并辊压黏结牢固，不得空鼓。搭接部位必须采用热风焊枪加热后随即粘贴牢固，溢出的自粘胶随即刮平封口。接缝口用不小于 10 mm 宽的密封材料封严。对厚度小于 3 mm 的高聚物改性沥青防水卷材，严禁采用热熔法施工。

③ 合成高分子卷材防水施工。合成高分子防水卷材主要有三元乙丙橡胶防水卷材、氯化聚乙烯-橡胶共混防水卷材、氯化聚乙烯防水卷材和聚氯乙烯防水卷材等品种。施工方法一般有冷粘法、自粘法和热风焊接法三种。

冷粘法、自粘法的施工要求与高聚物改性沥青防水卷材基本相同，但冷粘法施工时搭接部位应采用与卷材配套的接缝专用胶黏剂，在搭接缝黏合面上涂刷均匀，并控制涂刷与黏合的间隔时间，排除空气，辊压黏结牢固。

热风焊接法是利用热空气焊枪进行防水卷材搭接黏合的方法。焊接前卷材铺放应平整、顺直，搭接尺寸正确；施工时焊接缝的结合面应清扫干净，无水滴、油污及附着物。先焊长边搭接缝，后焊短边搭接缝，焊接处不得有漏焊、缺焊、焊焦或焊接不牢的现象，也不得损伤非焊接部位的卷材。

(4) 保护层施工

卷材铺设完毕，经检验合格后，应立即进行保护层的施工，及时保护防水层免受损伤,从而延长卷材防水层的使用年限。常用的保护层做法有以下几种。

① 涂料保护层。保护层涂料一般在现场配制,常用的有铝基沥青悬浮液、丙烯酸浅色涂料或在涂料中掺入铝粉的反射涂料。施工前防水层表面应干净无杂物。涂刷方法与用量按各种涂料使用说明书操作,与涂膜防水施工基本相同。涂刷要均匀、不漏涂。

② 绿豆砂保护层。其在沥青卷材非上人屋面中使用较多。施工时在卷材表面涂刷最后一道沥青胶,趁热撒铺一层粒径为 3~5 mm 的绿豆砂(或人工砂),绿豆砂应撒铺均匀,全部嵌入沥青胶中。为了嵌入牢固,绿豆砂须经预热至 100 ℃ 左右干燥后使用。边撒砂边扫铺均匀,并用软胶辊轻轻压实。

③ 细砂、云母或蛭石保护层。其主要用于非上人屋面的涂膜防水层的保护层。使用前应先筛去粉料,砂可采用天然砂。当涂刷最后一道涂料时,应边涂刷边撒铺细砂(或云母、蛭石),同时用软胶辊反复轻轻滚压,使保护层牢固地黏结在涂层上。

④ 混凝土预制板保护层。混凝土预制板保护层的结合面可采用砂或水泥砂浆。混凝土板的铺砌必须平整,并满足排水要求。在砂结合层上铺砌块体时,砂层应洒水压实、刮平;板块对接铺砌,缝隙应一致,缝宽 10 mm 左右,砌完洒水轻拍压实。板缝先填砂至一半高度,再用 1∶2 水泥砂浆勾成凹缝。为防止砂子流失,在保护层四周 500 mm 范围内,应改用低强度等级水泥砂浆做结合层。采用水泥砂浆做结合层时,应先在防水层上做隔离层,隔离层可采用热砂、干铺油毡、铺纸筋灰或麻刀灰、黏土砂浆、白灰砂浆等多种方法施工。预留板缝(10 mm)用 1∶2 水泥砂浆勾成凹缝。

上人屋面的预制块体保护层,块体材料应按照楼地面工程质量要求选用,结合层应选用 1∶2 水泥砂浆。

⑤ 水泥砂浆保护层。水泥砂浆保护层与防水层之间应设置隔离层,保护层用的水泥砂浆配合比一般为 1∶2.5~1∶3(体积比)。

保护层施工前,应根据结构情况每隔 4~6 m 用木模设置纵横分格缝。铺设水泥砂浆时应随铺随拍实,并用刮刀刮平。排水坡度应符合设计要求。

立面水泥砂浆保护层施工时,为使砂浆与防水层粘贴牢固,可事先在防水层表面粘上砂粒或小细石,然后再做保护层。

⑥ 细石混凝土保护层。施工前应在保护层上铺设隔离层,并按要求支好分格缝木模,设计无要求时,每格面积不大于 36 m²,分格缝宽度为 20 mm。一个格内的混凝土应连续浇筑,不留施工缝。振捣宜采用铁辊滚压或人工拍实,以防破坏防水层。拍实后随即用刮尺按排水坡度刮平,初凝前用木抹子提浆抹平,初凝后及时取出分格缝木模,终凝前用铁抹子压光。

细石混凝土保护层浇筑后应及时进行养护,养护时间不应少于 7 d。养护期满即将分格缝清理干净,待干燥后嵌填密封材料。

8.1.2 涂膜防水屋面

涂膜防水屋面是在屋面基层上涂刷防水涂料,经固化后形成一层有一定厚度和弹性的整体涂膜,从而达到防水目的的一种防水屋面形式。涂膜防水屋面的构造如图 8-4 所示。

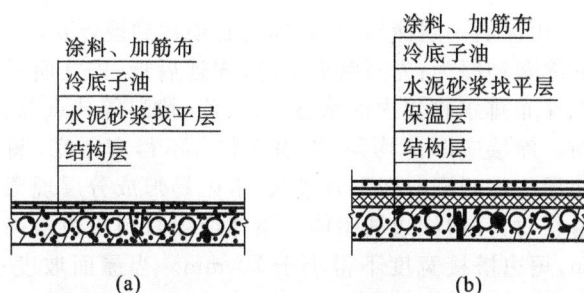

图 8-4　涂膜防水屋面构造图
（a）无保温层涂膜防水屋面；（b）有保温层涂膜防水屋面

1. 材料要求

根据防水涂料成膜物质的主要成分,适用于涂膜防水层的涂料可分为高聚物改性沥青防水涂料和合成高分子防水涂料两类。根据防水涂料形成液态的方式,可分为溶剂型、反应型和水乳型三类(表 8-7)。

表 8-7　　　　　　　　　　主要防水涂料的分类

类别		材料名称
高聚物改性 沥青防水涂料	溶剂型	再生橡胶沥青涂料、氯丁橡胶沥青涂料等
	水乳型	再生橡胶沥青涂料、丁苯胶乳沥青涂料、氯丁胶乳沥青涂料、PVC 煤焦油涂料等
合成高分子 防水涂料	水乳型	硅橡胶涂料、丙烯酸酯涂料、AAS 隔热涂料等
	反应型	聚氨酯防水涂料、环氧树脂防水涂料等

2. 基层要求

涂膜防水层要求基层的刚度大,空心板安装牢固,找平层有一定强度,表面平整、密实,不应有起砂、起壳、龟裂、爆皮等现象。表面平整度应用 2 m 直尺检查,基层与直尺的最大间隙不应超过 5 mm,间隙仅允许平缓变化。基层与凸出屋面结构连接处及基层转角处应做成圆弧或钝角。按设计要求做好排水坡度,不得有积水现象。施工前应将分格缝清理干净,不得有异物和浮灰。屋面的板缝处理应遵守有关规定。待基层干燥后方可进行涂膜施工。

3. 涂膜防水层施工

涂膜防水层施工的一般工艺是:基层表面清理、修理—喷涂基层处理剂—特殊部位附加增强处理—涂布防水涂料及铺贴胎体增强材料—清理与检查修理—保护层施工。

基层处理剂常用涂膜防水材料稀释后使用,其配合比应根据不同防水材料按要求配置。

涂膜防水层必须由两层以上涂层组成,每层应刷 2~3 遍,且应根据防水涂料的品种分层、分遍涂布,不能一次涂成,并待先涂的涂层干

涂膜防水层
施工视频

燥成膜后,方可涂后一遍涂料,其总厚度必须达到设计要求。

涂料的涂布顺序为:先高跨后低跨,先远后近,先立面后平面。同一屋面上先涂布排水较集中的水落口、天沟、檐口等节点部位,再进行大面积涂布。涂层应厚薄均匀、表面平整,不得有露底、漏涂和堆积现象。两涂层施工间隔时间不宜过长,否则易形成分层现象。涂层中夹铺增强材料时,宜边涂边铺胎体。胎体增强材料长边搭接宽度不得小于 50 mm,短边搭接宽度不得小于 70 mm。当屋面坡度小于 15％时,可平行屋脊铺设;屋面坡度大于 15％时,应垂直屋脊铺设。采用两层胎体增强材料时,上、下层不得互相垂直铺设,搭接缝应错开,其间距不应小于幅宽的 1/3。找平层分格缝处应增设胎体增强材料的空铺附加层,其宽度以 200～300 mm 为宜。涂膜防水层收头应用防水涂料多遍涂刷或用密封材料封严。在涂膜未干前,不得在防水层上进行其他施工作业。涂膜防水屋面上不得直接堆放物品。涂膜防水屋面的隔汽层设置原则与卷材防水屋面相同。

涂膜防水屋面应设置保护层。保护层材料可采用细砂、云母、蛭石、浅色涂料、水泥砂浆或块材等。采用水泥砂浆或块材时,应在涂膜与保护层之间设置隔离层。当用细砂、云母、蛭石时,应在最后一遍涂料涂刷后随即撒土,并用扫帚轻扫均匀、轻拍粘牢。当用浅色涂料作保护层时,应在涂膜固化后进行。

8.1.3 刚性防水屋面

刚性防水屋面是指利用刚性防水材料做防水层的屋面,主要有普通细石混凝土防水屋面、补偿收缩混凝土防水屋面、块体刚性防水屋面、预应力混凝土防水屋面等。与卷材及涂膜防水屋面相比,刚性防水屋面所用材料易得,价格便宜,耐久性好,维修方便,但刚性防水层材料的密度大,抗拉强度低,极限拉应力变小,易受混凝土或砂浆的干湿变形、温度变形和结构变位的影响而产生裂缝。

防水砂浆图

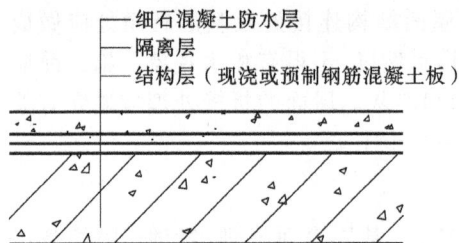

图 8-5 细石混凝土防水屋面构造

一般构造如图 8-5 所示。

刚性防水屋面主要适用于防水等级为Ⅲ级的屋面防水,也可用作Ⅰ、Ⅱ级屋面多道防水设防中的一道防水层,不适用于设有松散材料保温层的屋面以及受较大震动或冲击和坡度大于 15％的建筑屋面。刚性防水屋面的

1. 材料要求

防水层的细石混凝土宜用普通硅酸盐水泥或硅酸盐水泥,用矿渣硅酸盐水泥时应采用减小泌水性的措施,不得使用火山灰质水泥。防

水层的细石混凝土和砂浆中,粗骨料的最大粒径不宜超过 15 mm,含泥量不应大于 1%;细骨料应采用中砂或粗砂,含泥量不应大于 2%;拌和用水应采用不含有害物质的洁净水。混凝土水灰比不应大于0.55,水泥最少用量不应小于 330 kg/m³,含砂率宜为35%～40%,灰砂比为 1∶2～1∶2.5,并宜掺入外加剂;混凝土强度不得低于C20。普通混凝土、补偿收缩混凝土的自由膨胀率应为 0.05%～0.1%。

块体刚性防水层使用的块体应无裂纹、无石灰颗粒、无灰浆泥面、无缺棱掉角,质地密实,表面平整。

2. 基层要求

刚性防水屋面的结构层宜为整体现浇的钢筋混凝土。当屋面结构层采用装配式钢筋混凝土板时,应用强度等级不小于 C20 的细石混凝土灌缝,灌缝的细石混凝土宜掺膨胀剂。当屋面板板缝宽度大于 40 mm 或上窄下宽时,板缝内必须设置构造钢筋,板端缝应进行密封处理。

3. 隔离层施工

在结构层与防水层之间宜增加一层低强度等级砂浆、卷材、塑料薄膜等材料,起隔离作用,使结构层和防水层变形互不受约束,以减少防水混凝土产生拉应力而导致混凝土防水层开裂。

(1) 黏土砂浆(或石灰砂浆)隔离层施工

预制板缝填嵌细石混凝土后板面应清扫干净,洒水湿润,但不得积水,按石灰膏∶砂∶黏土=1∶2.4∶3.6(或石灰膏∶砂=1∶4)配制的材料拌和均匀,砂浆以干稠为宜,铺抹的厚度为 10～20 mm,要求表面平整、压实、抹光,待砂浆基本干燥后,方可进行下道工序施工。

(2) 卷材隔离层施工

用 1∶3 水泥砂浆将结构层找平,并压实抹光养护,再在干燥的找平层上铺一层 3～8 mm 厚干细砂滑动层,在其上铺一层卷材,搭接缝用热沥青胶胶结,也可在找平层上直接铺一层塑料薄膜。

隔离层继续施工时,要注意对隔离层加强保护。混凝土运输不能直接在隔离层表面进行,应采取垫板等措施;绑扎钢筋时不得扎破表面,浇捣混凝土时更不能振疏隔离层。

4. 分格缝的设置

为防止大面积的刚性防水层因温度、混凝土收缩等影响而产生裂缝,应按设计要求设置分格缝。其位置一般应设在结构应力变化较突出的部位,如结构层屋面板的支承端、屋面转折处、防水层与突出屋面结构的交接处,并应与板缝对齐。分格缝的纵、横间距一般不大于 6 m。

分格缝的一般做法是在刚性防水层施工前,先在隔离层上定好分格缝位置,再安放分隔条,然后按分格板块浇筑混凝土,待混凝土初凝后,将分隔条取出即可。分格缝处可采用嵌填密封材料并加贴防水卷材的方法进行处理,以增加防水的可靠性。

5. 防水层施工

(1) 普通细石混凝土防水层施工

混凝土浇筑应按先远后近、先高后低的原则进行。一个分格缝内的混凝土必须一次浇筑完毕,不得留施工缝。细石混凝土防水层厚度不小于 40 mm,配置双向钢筋网片,间距为 100～200 mm,但在分格缝处应断开。钢筋网片应放置在混凝土的中上部,其保护层厚度不小于 10 mm。混凝土的质量要严格保证,加入外加剂时,应准确计量,投料顺序得当,搅拌均匀。混凝土搅拌应采用机械搅拌,搅拌时间不少于 2 min;混凝土运输过程中应防止漏浆和离析。混凝土浇筑时,先用平板振动器振实,再用滚筒滚压至表面平整、泛浆,然后用铁抹子压实抹平,并确保防水层的设计厚度和排水坡度。抹光时严禁在表面洒水、加水泥浆或撒干水泥。待混凝土初凝收水后,应进行二次表面压光,或在终凝前三次压光成活,以提高其抗渗性。混凝土浇筑 12～24 h 后进行养护,养护时间不应少于 14 d。养护初期屋面不得上人。施工时的气温宜为 5～35 ℃,以保证防水层的施工质量。

（2）补偿收缩混凝土防水层施工

补偿收缩混凝土防水层是在细石混凝土中掺入膨胀剂拌制而成,硬化后的混凝土产生微膨胀,以补偿普通混凝土的收缩。它在配筋情况下,由于钢筋限制其膨胀,从而使混凝土产生自应力,起到致密混凝土、提高混凝土抗裂性和抗渗性的作用。其施工要求与普通细石混凝土防水层大致相同。当用膨胀剂拌制补偿收缩混凝土时,应按配合比准确称量,搅拌投料时膨胀剂应与水泥同时加入。混凝土连续搅拌时间不应少于 3 min。

8.1.4　常见屋面渗漏防治方法

造成屋面渗漏的原因是多方面的,包括设计、施工、材料质量、维修管理等。要提高屋面防水工程的质量,应以材料为基础,以设计为前提,以施工为关键,并加强维护,对屋面工程进行综合治理。

1. 屋面渗漏的原因

① 山墙、女儿墙和突出屋面的烟囱等墙体与防水层相交部渗漏雨水。其原因是节点做法过于简单,垂直卷材与屋面卷材没有很好地分层搭接,或卷材收口处开裂,在冬季不断冻结,夏季炎热融化,使开口增大,并延伸至屋面基层。此外,由于卷材转角处未做成圆弧形、钝角或角太小,女儿墙压顶砂浆等级低,滴水线未做或没有做好等原因,也会造成渗漏。

② 天沟漏水。其原因是天沟长度大,纵向坡度小,雨水口少,雨水斗四周卷材粘贴不严,排水不畅。

③ 屋面变形缝(伸缩缝、沉降缝)处漏水。其原因是处理不当,如薄钢板安装不牢、泛水坡度不当等。

④ 挑檐、檐口处漏水。其原因是檐口砂浆未压住卷材,封口处卷材张口,檐口砂浆开裂,下口滴水线未做好。

⑤ 雨水口处漏水。其原因是雨水口处水斗安装过高,泛水坡度不够,使雨水沿雨水斗外侧流入室内。

⑥ 厕所、厨房的通气管根部处漏水。其原因是防水层未盖严,或包管高度不够,在油毡上口未缠绕麻丝或钢丝,油毡没有做压毡保护层,使雨水沿出气管进入室内造成渗漏。

⑦ 大面积漏水。其原因是屋面防水层找坡不够,表面凹凸不平,造成屋面积水渗漏。

2. 屋面渗漏的预防及治理办法

① 遇上女儿墙压顶开裂时,可铲除开裂压顶的砂浆,重抹 1∶2～1∶2.5 水泥砂浆,并做好滴水线,有条件者可换成预制钢筋混凝土压顶板。凸出的烟囱、山墙、管根等与屋面交

接处、转角处做成钝角;垂直面与屋面的卷材应分层搭接;对已漏水的部位,可将转角渗漏处的卷材割开,并分层将旧卷材烤干剥离,清除原有沥青胶,按图8-6、图8-7所示方法处理。

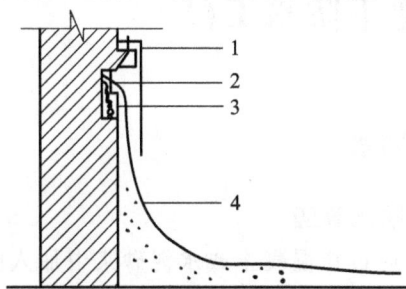

图8-6 女儿墙镀锌薄钢板泛水
1—镀锌薄钢板泛水;2—水泥砂浆堵缝;
3—预埋木砖;4—防水卷材

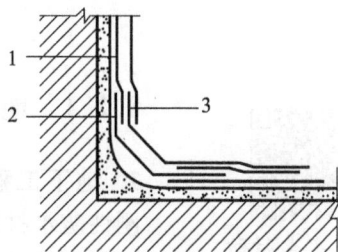

图8-7 转角渗漏处卷材处理
1—原有卷材;2—干铺一层新卷材;
3—新附加卷材

② 出屋面管道。管根处做成钝角,并建议设计单位加做防水罩,使油毡在防水罩下收头,如图8-8所示。

③ 檐口漏雨。将檐口处旧卷材掀起,用24号镀锌薄钢板将其钉于檐口,将新卷材贴于薄钢板上。

④ 雨水口漏水。将雨水斗四周卷材铲除,检查短管是否紧贴基层板面或铁水盘。如短管浮搁在找平层,则将找平层凿掉,清除后安装好短管,再用搭槎法重做防水层,然后对雨水斗附近的卷材进行守口和包贴,如图8-9所示。

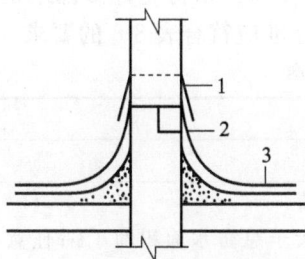

图8-8 出屋面管加铁皮防水罩
1—24号镀锌薄钢板防水罩;
2—铅丝或麻绳;3—油毡

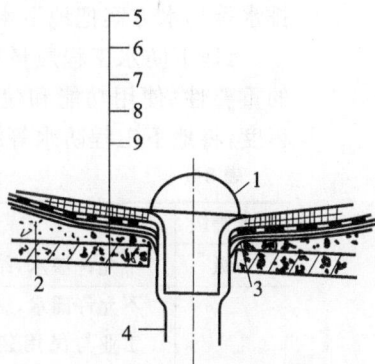

图8-9 雨水口漏水处理
1—防水罩;2—轻质混凝土;3—雨水斗紧贴基层;4—短管;
5—沥青胶或油膏灌缝;6—二毡四油防水层;7—附加一层卷材;
8—附加一层再生胶油毡;9—水泥砂浆找平层

如用铸铁弯头代替雨水斗,则需将弯头凿开取出,清理干净后安装弯头,再铺油毡(卷材)一层,其伸入弯头内应大于50 mm,最后做防水层至弯头内并与弯头端部搭接顺畅、抹压密实。

对于大面积渗漏屋面,针对不同原因可采用不同治理方法。第一种方法是将原细石保护层清扫一遍,去掉松动的浮石,抹20 mm厚水泥砂浆找平层,然后做一布三油乳化沥青(或氯丁乳胶沥青)防水层和黄砂(或粗砂)保护层;第二种方法是按上述方法将基层处理好,将一布三油改为二毡三油防水层,再做细石保护层。第一层油毡应干铺于找平层上,只在四周女儿墙和通风道处卷起,与基层粘贴。

8.2 地下防水工程

8.2.1 地下工程刚性防水

1. 地下工程防水方案与防水等级

刚性防水材料的防水层是通过在混凝土或水泥砂浆中加入膨胀剂、减水剂、防水剂等,使混凝土或水泥砂浆变得密实,阻止水分子渗透,达到防水的目的。这种防水方法成本低、施工较为简单,当出现渗漏时,只需修补渗漏裂缝即可。

目前,地下防水工程的方案主要有以下几种。

① 采用防水混凝土结构。通过调整配合比或掺入外加剂等方法来提高混凝土本身的密实度和抗渗性,使其成为具有一定防水能力的整体式混凝土或钢筋混凝土结构。

② 在地下结构表面另加防水层。如抹水泥砂浆防水层或贴涂料防水层等。

③ 采用防水加排水措施。通常可用盲沟排水、渗排水与内排法排水等排水方案把地下水排走,以达到防水目的。

《地下防水工程质量验收规范》(GB 50208—2011)根据防水工程的重要性、使用功能和建筑物类别的不同,按围护结构允许渗漏水的程度,将地下工程防水等级分为四级,各级标准应符合表 8-8 的要求。

表 8-8 **地下工程防水等级标准**

防水等级	标准
一级	不允许渗水,结构表面无湿渍
二级	不允许漏水,结构表面可有少量湿渍。 工业与民用建筑:总湿渍面积不大于总防水面积的 1‰;任意 100 m² 防水面积不超过 1 处,单个湿渍面积不大于 0.1 m²。 其他地下工程:总湿渍面积不大于总防水面积的 6‰;任意 100 m² 防水面积不超过 4 处,单个湿渍面积不大于 0.2 m²
三级	有少量漏水点,不得有线漏和漏泥砂。 任意 100 m² 防水面积不超过 7 处,单个漏水点的漏水量不大于 2.5 L/d,单个湿渍面积不大于 0.3 m²
四级	有漏水点,不得有线漏和漏泥砂。 整个工程平均漏水量不大于 2 L/(m²·d),任意 100 m² 防水面积的平均漏水量不大于 4 L/(m²·d)

2. 防水混凝土结构的施工

防水混凝土结构是指因本身的密实性而具有一定防水能力的整体

式混凝土或钢筋混凝土结构。防水混凝土适用于防水等级为 1～4 级的地下整体式混凝土结构。

防水混凝土一般分为普通防水混凝土、外加剂防水混凝土和膨胀剂或膨胀水泥防水混凝土三大类。外加剂防水混凝土又分为引气剂防水混凝土、减水剂防水混凝土、三乙醇胺防水混凝土、氯化铁防水混凝土。各种防水混凝土的技术要求和适用范围如表 8-9 所示。

表 8-9　　　　　　　　　　　　　　　防水混凝土的技术要求和适用范围

种类		最大抗渗压力/MPa	技术要求	适用范围
普通防水混凝土		>3.0	水灰比为 0.5～0.6,坍落度为 30～50 mm(掺外加剂或采用泵送时不受此限),水泥用量大于或等于 320 kg/m³,灰砂比为 1：2～1：2.5,含砂率大于或等于 35%,粗骨料粒径小于或等于 40 mm,细骨料为中砂或细砂	一般工业、民用及公共建筑的地下防水工程
外加剂防水混凝土	引气剂防水混凝土	>2.2	含气量为 3%～6%,水泥用量为 250～300 kg/m³,水灰比为 0.5～0.6,含砂率为 28%～35%、砂石级配、坍落度与普通防水混凝土相同	适用于北方高寒地区对抗冻要求较高的地下防水工程及一般的地下防水工程,不适用于抗压强度大于 20 MPa 或耐磨性要求较高的地下防水工程
	减水剂防水混凝土	>2.2	选用加气型减水剂。根据施工需要分别选用缓凝型、促凝型、普通型的减水剂	钢筋密集或薄壁型防水构筑物,对混凝土凝结时间和流动性有特殊要求的地下防水工程(如泵送混凝土)
	三乙醇胺防水混凝土	>3.8	可单独掺用,也可与氯化钠复合掺用,也能与氯化钠、亚硝酸钠复合使用	工期紧迫、要求早强及抗渗性较高的地下防水工程
	氯化铁防水混凝土	>3.8	氯化铁掺量一般为水泥的 3%	水中结构、无筋少筋、厚大防水混凝土工程及一般地下防水工程,砂浆修补抹面工程。薄壁结构不宜使用
明矾石膨胀剂防水混凝土		>3.8	必须掺入国产 32.5 MPa 以上的普通矿渣、火山灰和粉煤灰水泥共同使用,不得单独代替水泥。一般外掺量占水泥用量的 20%	地下工程及其后浇缝

（1）模板安装

防水混凝土所有模板除满足一般要求外,应特别注意模板拼缝严密不漏浆,构造应牢固稳定,固定模板的螺栓（或铁丝）不宜穿过防水混凝土结构。固定模板用的螺栓必须穿过混凝土结构时,可采用工具式螺栓、螺栓加堵头、螺栓加焊止水环、预埋套管加焊止水环等做法。止水环尺寸及环数应符合设计规定。如设计无规定,则止水环应为 10 cm×10 cm 的方形止水环,且至少有一环。

① 工具式螺栓做法。用工具式螺栓将防水螺栓固定并拉紧,以压紧固定模板。拆模时将工具式螺栓取下,再以嵌缝材料及聚合物水泥砂浆将螺栓凹槽封堵严密,如图 8-10 所示。

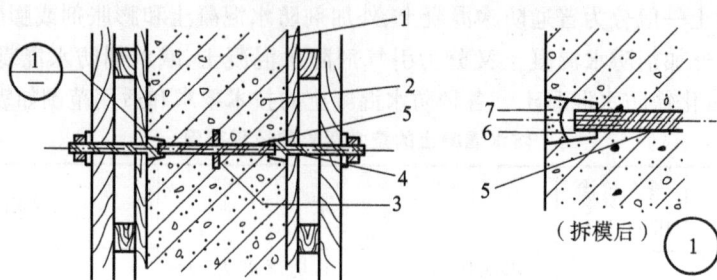

图 8-10 工具式螺栓的防水做法示意图

1—模板;2—结构混凝土;3—止水环;4—工具式螺栓;5—固定模板用螺栓;6—嵌缝材料;7—聚合物水泥砂浆

② 螺栓加焊止水环做法。在对拉螺栓中部加焊止水环,止水环与螺栓必须满焊严密。拆模后应沿混凝土结构边缘将螺栓割断。此法将消耗所用螺栓,如图 8-11 所示。

③ 预埋套管加焊止水环做法。套管采用钢管,其长度等于墙厚(或其长度加上两端垫木的厚度之和等于墙厚),兼具撑头作用,以保持模板之间的设计尺寸。止水环在套管上满焊严密。支模时在预埋套管中穿入对拉螺栓拉紧固定模板。拆模后将螺栓抽出,套管内用膨胀水泥砂浆封堵密实。套管两端有垫木的,拆模时连同垫木一并拆除,除密实封堵套管外,还应将两端垫木留下的凹坑用同样方法封实,如图 8-12 所示。此法可用于抗渗要求一般的结构。

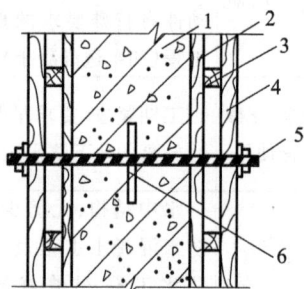

图 8-11 螺栓加焊止水环

1—围护结构;2—模板;3—小龙骨;
4—大龙骨;5—螺栓;6—止水环

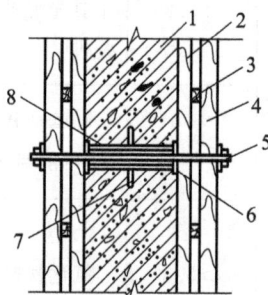

图 8-12 预埋套管支撑示意图

1—防水结构;2—模板;3—小龙骨;4—大龙骨;
5—螺栓;6—垫木;7—止水环;8—预埋套管

(2)钢筋施工

做好钢筋绑扎前的除污、除锈工作。绑扎钢筋时,应按设计规定留足保护层,且迎水面钢筋保护层厚度不应小于 50 mm。应以相同配合比的细石混凝土或水泥砂浆制成垫块,将钢筋垫起,以保证保护层厚度。严禁用垫铁或钢筋头垫钢筋,或将钢筋用铁钉及钢丝直接固定在模板上。钢筋应绑扎牢固,避免因碰撞、振动使绑扣松散、钢筋移位,造成露筋。钢筋及绑扎钢丝均不得接触模板。采用铁马凳架设钢筋时,在不便取掉铁马凳的情况下,应在铁马凳上加焊止水环。在钢筋密集的情况下,更应注意绑扎或焊接质量,并用自密实高性能混凝土浇筑。

（3）混凝土搅拌

选定配合比时，其试配要求的抗渗水压应较其设计值提高 0.2 MPa，并准确计算及称量每种用料，投入混凝土搅拌机。外加剂的掺入方法应遵从所选外加剂的使用要求。

防水混凝土必须采用机械搅拌，搅拌时间不应小于 120 s。掺外加剂时，应根据外加剂的技术要求确定搅拌时间。

（4）混凝土运输

运输过程中应采取措施防止混凝土拌合物产生离析，以及坍落度和含气量的损失，同时要防止漏浆。

防水混凝土拌合物在常温下应于 0.5 h 以内运至现场；运送距离较远或气温较高时，可掺入缓凝型减水剂，缓凝时间宜为 6～8 h。

防水混凝土拌合物在运输后如出现离析，则必须进行二次搅拌。当坍落度损失后不能满足施工要求时，应加入原水灰比的水泥浆或二次掺加减水剂进行搅拌，严禁直接加水搅拌。

（5）混凝土的浇筑和振捣

在结构中若有密集管群以及预埋件或钢筋稠密之处，不易使混凝土浇捣密实时，应选用免振捣的自密实高性能混凝土进行浇筑。

在浇筑大体积结构中，遇有预埋大管径套管或面积较大的金属板时，其下部的倒三角形区域不易浇捣密实而形成空隙，造成漏水，为此，可在管底或金属板上预先留置浇筑振捣孔，以利浇捣和排气，浇筑后再将孔补焊严密。

混凝土浇筑应分层，每层厚度不宜超过 30～40 cm，相邻两层浇筑时间间隔不应超过 2 h，夏季可适当缩短。在浇筑地点须检查混凝土坍落度，每工作班至少检查两次。普通防水混凝土坍落度不宜大于 50 mm。

防水混凝土必须采用高频机械振捣，振捣时间宜为 10～30 s，以混凝土泛浆和不冒气泡为准。要依次振捣密实，应避免漏振、欠振和超振。掺加引气剂或引气型减水剂时，应采用高频插入式振捣器振捣密实。

（6）混凝土的养护

防水混凝土的养护对其抗渗性能影响极大，特别是早期湿润养护更为重要，一般在混凝土进入终凝（浇筑后 4～6 h）即应覆盖，浇水湿润养护不少于 14 d。防水混凝土不宜用电热法养护和蒸汽养护。

（7）模板拆除

由于防水混凝土要求较严，因此不宜过早拆模。拆模时混凝土的强度必须超过设计强度等级的 70%，混凝土表面温度与环境温度之差不得超过 15 ℃，以防止混凝土表面产生裂缝。拆模时应注意勿使模板和防水混凝土结构受损。

（8）防水混凝土结构的保护

地下工程的结构部分拆模后，经检查合格后应及时回填。回填前应将基坑清理干净，无杂物且无积水。回填土应分层夯实。地下工程周围 800 mm 以内宜用灰土、黏土或粉质黏土回填；回填土中不得含有石块、碎砖、灰渣、有机杂物以及冻土。回填施工应均匀对称进行，回填后地面建筑周围应做不小于 800 mm 宽的散水，其坡度宜为 5%，以防地面水侵入地下。

完工后的自防水结构,严禁再在其上打洞。若结构表面有蜂窝麻面,应及时修补。修补时应先用水冲洗干净,涂刷一道水灰比为 0.4 的水泥浆,再用水灰比为 0.5 的 1∶2.5 水泥砂浆填实抹平。

3. 水泥砂浆防水层的施工

水泥砂浆防水层可分为多层刚性防水层(或称普通水泥砂浆防水层)和掺外加剂的水泥砂浆防水层(氯化铁防水剂、铝粉膨胀剂、减水剂等),其构造做法如图 8-13 所示。

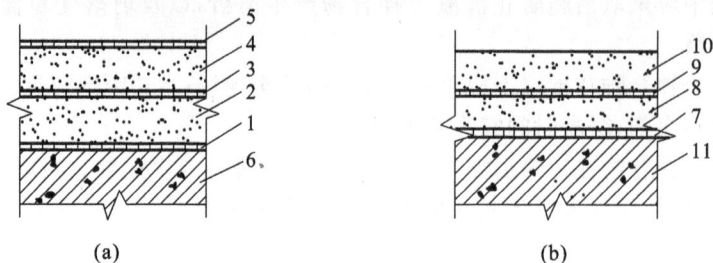

图 8-13 水泥砂浆防水层的构造做法

(a) 多层刚性防水层;(b) 刚性外加剂防水层

1,3—素灰层 2 mm;2,4—砂浆层 45 mm;5—水泥浆 1 mm;6,11—结构基层;

7,9—水泥浆一道;8—外加剂防水砂浆垫层;10—防水砂浆面层

防水层做法分为外抹面防水(迎水面)和内抹面防水(背水面),防水层的施工程序,一般是先抹顶板,再抹墙面,最后抹地面。

(1) 基层处理

基层处理十分重要,是保证防水层与基层表面结合牢固、不空鼓和密实不透水的关键。基层处理包括清理、浇水、刷洗、补平等工序,使基层表面保持潮湿、清洁、平整、坚实、粗糙。

① 混凝土基层的处理。

a. 新建混凝土工程处理。拆除模板后,立即用钢丝刷将混凝土表面刷毛,并在抹面前浇水冲刷干净。

b. 旧混凝土工程处理。补做防水层时需用钻子、剁斧、钢丝刷将表面凿毛,清理平整后再冲水,用棕刷刷洗干净。

c. 混凝土基层表面凹凸不平、蜂窝孔洞、蜂窝麻面的处理。超过 1 cm 的棱角及凹凸不平处,应剔成慢坡形,并浇水清洗干净,用素灰和水泥砂浆分层找平(图 8-14)。混凝土表面的蜂窝孔洞,应先将松散不牢的石子除掉,浇水冲洗干净,用素灰和水泥砂浆交替抹到与基层面相平(图 8-15)。混凝土表面的蜂窝床面不深,石子黏结较牢固,只需用水冲洗干净后用素灰打底,水泥砂浆压实找平(图 8-16)。

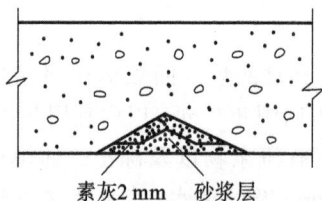

图 8-14 基层表面凹凸不平的处理

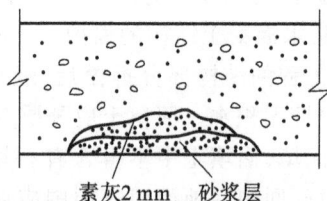

图 8-15 蜂窝孔洞的处理

d. 混凝土结构的施工缝要沿缝剔成八字形凹槽,用水冲洗后用素灰打底,水泥砂浆压实抹平,如图 8-17 所示。

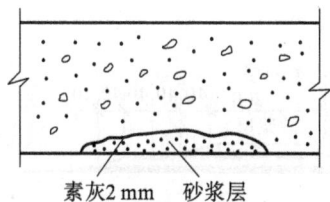

图 8-16 蜂窝麻面的处理

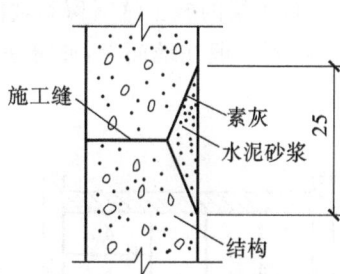

图 8-17 混凝土结构施工缝的处理

② 砖砌体基层的处理。对于新砌体,应将其表面残留的砂浆等污物清除干净,并浇水冲洗。对于旧砌体,要将其表面酥松表皮及砂浆等污物清理干净,至露出坚硬的砖面,并浇水冲洗。

对于石灰砂浆或混合砂浆砌的砖砌体,应将缝剔深 1 cm,缝内呈直角(图 8-18)。

(2) 施工方法

① 混凝土顶板与墙面防水层操作。

第一层:素灰层,厚 2 mm。先抹一道 1 mm 厚素灰,用铁抹子往返用力刮抹,使素灰填实基层表面的孔隙。随即在已刮抹过素灰的基层表面再抹一道厚 1 mm 的素灰找平层,抹完后,用湿毛刷在素灰层表面按顺序涂刷一遍。

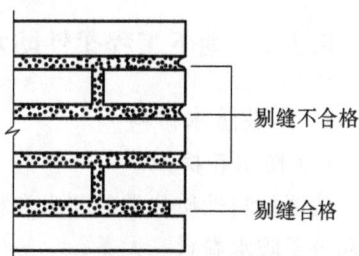

图 8-18 砖砌体的剔缝

第二层:水泥砂浆层,厚 4～5 mm。在素灰层初凝时抹第二层水泥砂浆层,要防止素灰层过软或过硬,过软将素灰层破坏,过硬黏结不良。要使水泥砂浆层薄薄压入素灰层厚度的 1/4 左右,抹完后,在水泥砂浆初凝时用扫帚按顺序向一个方向扫出横向条纹。

第三层:素灰层,厚 2 mm。在第二层水泥砂浆凝固并具有一定强度(常温下间隔一昼夜)后,适当浇水湿润,方可进行第三层操作,其方法同第一层。

第四层:水泥砂浆层,厚 4～5 mm。按照第二层的操作方法将水泥砂浆抹在第三层上,抹后在水泥砂浆凝固前水分蒸发过程中,分次用铁抹子压实,一般以抹压 3～4 次为宜,最后再压光。

第五层:即在第四层水泥砂浆抹压两边后,用毛刷均匀地将水泥浆刷在第四层表面,随第四层抹实压光。

② 砖墙面和拱顶防水层的操作。第一层刷水泥浆一道,厚度约为 1 mm,用毛刷往返涂刷均匀,涂刷后,可抹第二、三、四层等,其操作方法与混凝土基层防水相同。

③ 地面防水层的操作。地面防水层操作与墙面、顶板操作不同的地方是,素灰层(一、三层)不采用刮抹的方法,而是把拌和好的素灰倒在地面上,用棕刷往返用力涂刷均匀;第二层和第四层是在素灰层初凝前后把拌和好的水泥砂浆层按厚度要求均匀铺在素灰层上,按墙面、顶板操作要求抹压,各层厚度也均与墙面、顶板防水层相同。地面防水

层在施工时要防止践踏,按由里向外的顺序进行(图 8-19)。

④ 特殊部位的施工。结构阴、阳角处的防水层均需抹成圆角,阴角直径 5 cm,阳角直径 1 cm。防水层的施工缝需留斜坡阶梯形槎,槎子的搭接要依照层次操作顺序层层搭接。留槎的位置一般在地面上,亦可在墙面上,所留槎的位置均需距阴、阳角 20 cm 以上(图 8-20)。

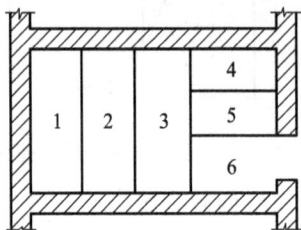

图 8-19　地面防水层施工顺序

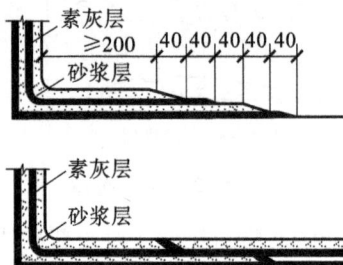

图 8-20　防水层接槎处理

8.2.2　地下工程柔性防水

1. 柔性防水材料

(1) 防水卷材

按原材料性质分类的防水卷材主要有沥青防水卷材、高聚物改性沥青防水卷材和合成高分子防水卷材三大类。

① 沥青防水卷材。沥青防水卷材的传统产品是石油沥青纸胎油毡。按油毡胎体单位面积重量分为 200 号、350 号、500 号三种规格,按物理性能不同分为优等品、一级品与合格品三个等级。其中 350 号油毡的合格品是我国纸胎油毡中产量最大、应用最多的一个品种。

② 高聚物改性沥青防水卷材。该卷材使用的高聚物改性沥青是在石油沥青中添加聚合物,以改善沥青的感温性差、低温易脆裂、高温易流淌等缺点。用于沥青改性的聚合物较多,主要有以 SBS(苯乙烯-丁二烯-苯乙烯合成橡胶)为代表的弹性体聚合物和以 APP(无规聚丙烯合成树脂)为代表的塑性体聚合物两大类。卷材的胎体主要使用玻纤毡和聚酯毡等高强材料,主要品种有 SBS 改性沥青防水卷材、APP 改性沥青防水卷材、PVC 改性焦油沥青防水卷材、再生胶改性沥青防水卷材、废橡胶粉改性沥青防水卷材和其他改性沥青防水卷材等种类。

SBS 改性沥青防水卷材的特点是低温柔性好、弹性和延伸率大、纵横向强度均匀性好,不仅可以在低寒、高温气候条件下使用,而且在一定程度上可以避免结构层由于伸缩开裂对防水层构成的威胁。APP 改性沥青防水卷材的特点是耐热度高、热熔性好,适合热熔法施工,因而更适合高温气候或有强烈太阳辐射地区的建筑屋面防水。

③ 合成高分子防水卷材。合成高分子防水卷材是一类无胎体的卷材。其特点是拉伸强度大、断裂伸长率高、抗撕裂强度大、耐高低温性能好等,因而对环境气温变化和结构基层伸缩、变形、开裂等状况具有较强的适应性。此外,由于其耐腐蚀性和抗老化性

好,因此可以延长卷材的使用寿命,降低建筑防水的综合费用。

合成高分子防水卷材按其原料的品质分为合成橡胶和合成树脂两大类。当前最具代表性的产品是合成橡胶类的三元乙丙橡胶(EPDM)防水卷材和合成树脂类的聚氯乙烯(PVC)防水卷材。

此外,我国还研制出了多种橡塑共混防水卷材,其中氯化聚乙烯-橡胶共混防水卷材具有代表性,其性能指标接近三元乙丙橡胶防水卷材。由于原材料与价格有一定优势,推广应用量正逐步扩大。

(2)防水涂料

建筑防水涂料在常温下呈无定型液态,经喷涂、刮涂、滚涂或涂刷作业,能在基层表面固化,形成具有一定弹性的防水膜物质,常分为沥青防水涂料、高聚物改性沥青防水涂料和合成高分子防水涂料三大类。

① 沥青防水涂料。该类涂料的主要成膜物质是以乳化剂配制的乳化沥青和填料。在Ⅲ级防水卷材屋面上单独使用时,沥青防水涂料的厚度不应小于 8 mm,涂布量约为 8 kg/m²,因而需多遍涂抹。由于这类涂料的沥青用量大、含固量低、弹性和强度等综合性能较差,已越来越少用于防水工程。

② 高聚物改性沥青防水涂料。该类涂料的品种有以化学乳化剂配制的乳化沥青为基料,掺加氯丁橡胶或再生橡胶水乳液的防水涂料,也有众多的溶剂型改性沥青涂料,如氯丁橡胶沥青涂料、SBS 橡胶沥青涂料、丁基橡胶沥青涂料等。

③ 合成高分子防水涂料。该类涂料有水乳型、溶剂型和反应型三种。其中综合性能较好的品种是反应型的聚氨酯防水涂料。

聚氨酯防水涂料是以甲组分(聚氨酯预聚体)与乙组分(固化剂)按一定比例混合的双组分涂料,常用的品种有聚氨酯防水涂料(不掺加焦油)和焦油聚氨酯防水涂料两种。聚氨酯防水涂料大多为彩色,固体含量高,具有橡胶状弹性,延伸性好,拉伸强度和抗撕裂强度高,耐油、耐磨、耐海水浸蚀,使用温度范围宽,涂膜反应速度易于调整,因而是一种综合性能好的高档次涂料,但其价格也较高。焦油聚氨酯防水涂料为黑色,有较大臭味,反应速度不易调整,性能易出现波动。由于焦油对人体有害,故这种涂料不能用于冷库内壁和饮水工程,室内施工时应采取通风措施。

(3)接缝密封材料

接缝密封材料是与防水层配套使用的一类防水材料,主要用于防水工程嵌填各种变形缝、分格缝、墙板板缝、密封细部构造及卷材搭接缝等部位。接缝密封材料有改性沥青接缝材料和合成高分子接缝密封材料两种。

① 改性沥青接缝材料是以石油沥青为基料,掺加废橡胶、废塑料作改性材料及填料等制成。因其综合性能较差,已逐渐被合成高分子类接缝密封材料所替代。

② 在我国最早研制的合成高分子接缝密封材料的产品是塑料油膏,它是以聚氯乙烯树脂为基料,加入适量煤焦油作改性材料及添加剂配制而成。其半成品为聚氯乙烯胶泥,成品即塑料油膏。

在当前开发的产品中,品质较高的建筑密封材料有硅酮密封膏、聚硫密封膏、聚氨酯密封膏和丙烯酸酯密封膏。其中,聚氨酯密封膏是建筑防水接缝与密封材料的主要品种之一。

2. 卷材防水施工

地下防水工程一般把卷材防水层设置在建筑结构的外侧迎水面上，称为外防水。这种防水层的铺贴法可以借助土压力压紧，并与结构一起抵抗有压地下水的渗透和侵蚀作用，防水效果良好，应用比较广泛。卷材防水层用于建筑物地下室，应铺设在结构主体底板垫层至墙体顶端的基面上，在外围形成封闭的防水层。

铺贴卷材的基层必须牢固、无松动现象，基层表面应平整、干净，阴、阳角处均应做成圆弧形或钝角。铺贴卷材前，应在基面上涂刷基层处理剂。当基层较潮湿时，应涂刷湿固化型胶黏剂或潮湿界面隔离剂。基层处理剂应与卷材和胶黏剂的材性相容，基层处理剂可采用喷涂法或涂刷法施工。喷涂应均匀一致，不露底，待表面干燥后，再铺贴卷材。铺贴卷材时，每层的沥青胶要求涂布均匀，厚度一般为 1.5～2.5 mm。外贴法铺贴卷材应先铺平面，后铺立面。平、立面交接处应交叉搭接；内贴法宜先铺垂直面，后铺水平面。铺贴垂直面时应先铺转角，后铺大面。墙面铺贴时应待冷底子油干燥后自下而上进行。

卷材接槎的搭接长度：高聚物改性沥青卷材为 150 mm，合成高分子卷材为 100 mm。当使用两层卷材时，上、下两层和相邻两幅卷材的接缝应错开 1/3～1/2 幅宽，并不得互相垂直铺贴。在立面与平面的转角处，卷材的接缝应留在平面距立面不小于 600 mm 处。在所有转角处均应铺贴附加层并仔细粘贴紧密。粘贴卷材时应展平压实。卷材与基层和各层卷材间必须粘贴紧密，搭接缝必须用沥青胶仔细封严。最后一层卷材贴好后，应在其表面均匀涂刷一层 1～1.5 mm 的热沥青胶，以保护防水层。铺贴高聚物改性沥青卷材时应采用热熔法施工，在幅宽内卷材底表面均匀加热，不可过分加热或烧穿卷材，只使卷材的黏结面材料加热呈熔融状态后，立即与基层或已粘贴好的卷材黏结牢固，但对厚度小于 3 mm 的高聚物改性沥青防水卷材，不能采用热熔法施工。铺贴合成高分子卷材要采用冷粘法施工，所使用的胶黏剂必须与卷材材性相容。

（1）外防外贴法

外防外贴法是将立面卷材防水层直接铺设在需防水结构的外墙外表面，施工程序如下。

① 先浇筑需防水结构的底面混凝土垫层，在垫层上砌筑永久性保护墙，墙下铺一层干油毡。墙的高度不小于需防水结构底板厚度再加 100 mm。

② 在永久性保护墙上用石灰砂浆接砌临时保护墙，墙高为 300 mm，并抹 1∶3 水泥砂浆找平层；在临时保护墙上抹石灰砂浆找平层并刷石灰浆。如用模板代替临时性保护墙，应在其上涂刷隔离剂。

③ 待找平层基本干燥后，即可根据所选卷材的施工要求进行铺贴。

④ 在大面积铺贴卷材之前，应先在转角处粘贴一层卷材附加层，

外贴法和
内贴法动画

然后进行大面积铺贴,先铺平面、后铺立面。在垫层和永久性保护墙上应将卷材防水层空铺,而在临时保护墙(或模板)上应将卷材防水层临时贴附,并分层临时固定在其顶端。

⑤ 浇筑需防水结构的混凝土底板和墙体,在需防水结构外墙外表面抹找平层。

⑥ 主体结构完成后,铺贴立面卷材时,应先将接槎部位的各层卷材揭开,并将其表面清理干净,如卷材有局部损伤,应及时进行修补。卷材接槎的搭接长度,高聚物改性沥青卷材为 150 mm,合成高分子卷材为 100 mm。当使用两层卷材时,卷材应错槎接缝,上层卷材应盖过下层卷材。卷材防水层的甩槎、接槎做法如图 8-21、图 8-22 所示。

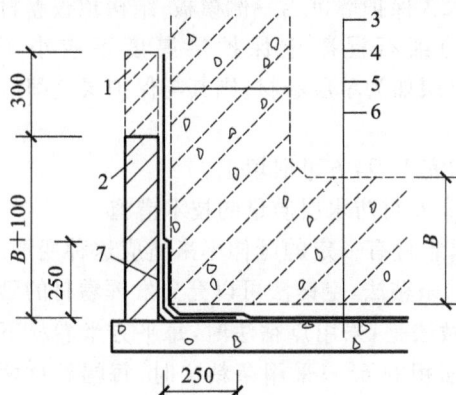

图 8-21　卷材防水层甩槎做法
1—临时保护墙;2—永久保护墙;
3—细石混凝土保护层;4—卷材防水层;
5—水泥砂浆找平层;6—混凝土垫层;7—卷材加强层

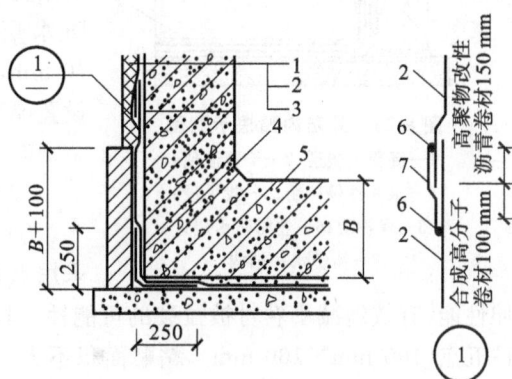

图 8-22　卷材防水层接槎做法
1—结构墙体;2—卷材防水层;
3—卷材保护层;4—卷材加强层;
5—结构底板;6—密封材料;7—盖缝条

⑦ 待卷材防水层施工完毕,并经过检查验收合格后,应及时做好卷材防水层的保护结构。保护结构的几种做法如下。

a. 砌筑永久保护墙,并每隔 5~6 m 及在转角处断开,断开的缝中填以卷材条或沥青麻丝;保护墙与卷材防水层之间的空隙应随砌随用砌筑砂浆填实,保护墙完工后方可回填土。注意在砌保护墙的过程中切勿损坏防水层。

b. 抹水泥砂浆。在涂抹卷材防水层最后一道沥青胶结材料时,趁热撒上干净的热砂或散麻丝,冷却后随即抹一层 10~20 mm 的 1:3 水泥砂浆,水泥砂浆经养护达到强度后即可回填土。

c. 贴塑料板。在卷材防水层外侧直接用氯丁系胶粘贴固定 5~6 mm 厚的聚乙烯泡沫塑料板,完工后即可回填土。亦可用聚醋酸乙烯乳液粘贴 40 mm 厚的聚苯泡沫塑料板代替。

(2) 外防内贴法

外防内贴法是浇筑混凝土垫层后,在垫层上将永久保护墙全部砌好,将卷材防水层铺贴在垫层和永久保护墙上(图 8-23),施工程序如下。

① 在已施工好的混凝土垫层上砌筑永久保护墙,保护墙全部砌好后,用 1:3 水泥砂浆在垫层和永久保护墙上抹找平层。保护墙与垫层之间须干铺一层油毡。

② 找平层干燥后即涂刷冷底子油或基层处理剂,干燥后方可铺贴卷材防水层,铺贴时应先铺立面、后铺平面,先铺转角、后铺大面。在全部转角处应铺贴卷材附加层,附加层可为

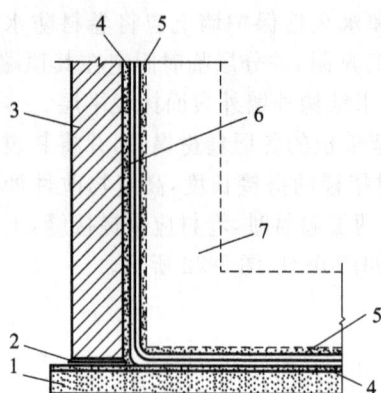

图 8-23 外防内贴法示意图

1—混凝土垫层；2—干铺油毡；
3—永久性保护墙；4—找平层；
5—保护层；6—卷材防水层；
7—需防水的结构

两层同类油毡或一层抗拉强度较高的卷材，并应仔细粘贴紧密。

③ 卷材防水层铺完经验收合格后即应做好保护层。立面可抹水泥砂浆、贴塑料板，或用氯丁系胶黏剂铺贴石油沥青纸胎油毡；平面可抹水泥砂浆，或浇筑不小于 50 mm 厚的细石混凝土。

④ 施工需防水结构，将防水层压紧。如为混凝土结构，则永久保护墙可当一侧模板；结构顶板卷材防水层上的细石混凝土保护层厚度不应小于 70 mm，防水层如为单层卷材，则其与保护层之间应设置隔离层。

⑤ 结构完工后，方可回填土。

（3）提高卷材防水层质量的技术措施

① 要求卷材有一定的延伸率来适应这种变形。采用点粘法、条粘法、空铺法可以充分发挥卷材的延伸性能，有效地减小卷材被拉裂的可能性。具体做法是：采用点粘法时，每平方米卷材下粘五点（100 mm×100 mm），粘贴面积不大于总面积的 6%；采用条粘法时，每幅卷材两边各与基层粘贴 150 mm 宽；采用空铺法时，卷材防水层周边与基层粘贴 800 mm 宽。

② 增铺卷材附加层。对变形较大、易遭破坏或易老化的部位，如变形缝、转角、三面角，以及穿墙管道周围、地下出入口通道等处，均应铺设卷材附加层。附加层可采用同种卷材加铺 1～2 层，亦可用其他材料做增强处理。

③ 密封处理。在分格缝、穿墙管道周围、卷材搭接缝，以及收头部位应做密封处理。施工中，要重视对卷材防水层的保护。

3. 涂膜防水施工

（1）涂膜施工工艺

① 涂膜施工的顺序。

涂膜施工的顺序是：基层处理→涂刷底层卷材（即聚氨酯底胶、增强涂布或增补涂布）→涂布第一道涂膜防水层（聚氨酯涂膜防水材料、增强涂布或增补涂布）→涂布第二道（或面层）涂膜防水层（聚氨酯涂膜防水材料）→稀撒石渣→铺抹水泥砂浆→粘贴保护层。

涂布的顺序为先垂直面，后水平面；先阴、阳角及细部，后大面。每层涂抹方向应互相垂直。

② 涂布与增补涂布。

在阴、阳角、排水口、管道周围、预埋件及设备根部、施工缝或开裂处等需要增强防水层抗渗性的部位，应做增强涂布或增补涂布。增强涂布或增补涂布可在粉刷底层卷材后进行，也可以在涂布第一道涂膜防水层之后进行。还有将增强涂布夹在每相邻两层涂膜之间的做法。

增强涂布的做法：在涂布增强膜中铺设玻璃纤维布，用板刷涂刮驱气泡，将玻璃纤维布紧密地粘贴在基层上，不得出现空鼓或皱折。这种做法一般为条形。增补涂布为块状，做法同增强涂布，但可做多层涂抹。

增强、增补涂布与基层卷材是组成涂膜防水层的最初涂层,对防水层的抗渗性能具有重要作用,因此涂布操作时要认真仔细,保证质量,不得有气孔、鼓泡、皱折、翘边现象,玻璃布应按设计规定搭接,且不得露出面层表面。

③ 涂布第一道涂膜防水层。

在前一道卷材固化干燥后,应先检查其上是否有残留气孔或气泡,如无,即可涂布施工;如有,则应用橡胶板刷将混合料用力压入气孔填实补平,然后再进行第一层涂膜施工。

涂布第一道聚氨酯防水材料,可用塑料板刷均匀涂刮,厚薄一致,厚度约为 1.5 mm。

平面或坡面施工后,在防水层未固化前不宜上人踩踏,涂抹施工过程中应留出施工退路,可以分区、分片用后退法涂刷施工。

在施工温度低或混合液流动度低的情况下,涂层表面留有板刷或抹子涂后的刷纹,为此应预先在混合搅拌液内适当加入二甲苯稀释,用板刷涂抹后,再用滚刷滚涂均匀,涂膜表面即可平滑。

④ 涂布第二道涂膜防水层。

第一道涂膜固化后,即可在其上涂刮第二道涂膜,方法与第一道相同,但涂刮方向应与第一道施工垂直。涂布第二道涂膜与第一道相间隔的时间应以第一道涂膜的固化程度(手感不黏)确定,一般不小于 24 h,也不大于 72 h。

当 24 h 后涂膜仍发黏,而又需涂刷下一道时,可先涂一些涂膜防水材料即可上人操作,不致影响施工质量。

⑤ 稀撒石渣。

在第二道涂膜固化之前,在其表面稀撒粒径约为 2 mm 的石渣,涂膜固化后,这些石渣即牢固地黏结在涂膜表面,作用是增强涂膜与其保护层的黏结能力。

⑥ 设置保护层。

最后一道涂膜固化干燥后,即可设置保护层。保护层可根据建筑要求设置相适宜的形式:立面、平面可在稀撒石渣上抹水泥砂浆,铺贴瓷砖、陶瓷锦砖;一般房间的立面可以铺抹水泥砂浆,平面可铺设缸砖或水泥方砖,也可抹水泥砂浆或浇筑混凝土;若用于地下室墙体外壁,可在稀撒石渣层上抹水泥砂浆保护层,然后回填土。

(2) 涂膜防水层施工

① 外防外涂法施工。外防外涂法施工是指涂料直接涂在地下室侧墙板上(迎水面),再在外侧做保护层,这种做法是在底板防水层完成后,转角处在永久性保护墙上,待侧墙板主体结构完成后,再涂抹外侧涂料,接头留在永久性保护墙上(图 8-24)。

② 外防内涂法施工。外防内涂法施工是指涂料涂在永久性保护墙上,涂料上做砂浆保护层,然后施工侧墙板主体结构。永久性保护墙加支撑后可作外模板(图 8-25)。

4. 结构细部构造防水施工

(1) 施工缝

施工缝是防水薄弱部位之一,应不留或少留施工缝。底板的混凝土应连续浇筑。墙体上不得留垂直的施工缝,垂直施工缝应与变形缝统一考虑。最低水平施工缝距底板面应不少于 300 mm,并避免设在墙板承受弯矩或剪力最大的部位。施工缝的接缝断面可做成不同的形状,如图 8-26 所示。

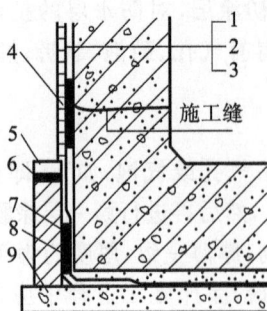

图 8-24 防水涂料外防外涂做法图

1—结构墙体；2—涂料防水层；3—涂料保护层；

4—涂料防水加强层；5—涂料防水层搭接部位保护层；

6—涂料防水层搭接部位；7—永久保护墙；

8—涂料防水加强层；9—混凝土垫层

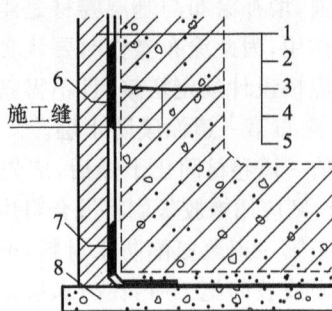

图 8-25 防水涂料外防内涂做法图

1—结构墙体；2—砂浆保护层；

3—涂料防水层；4—砂浆找平层；5—保护墙；

6,7—涂料防水加强层；8—混凝土垫层

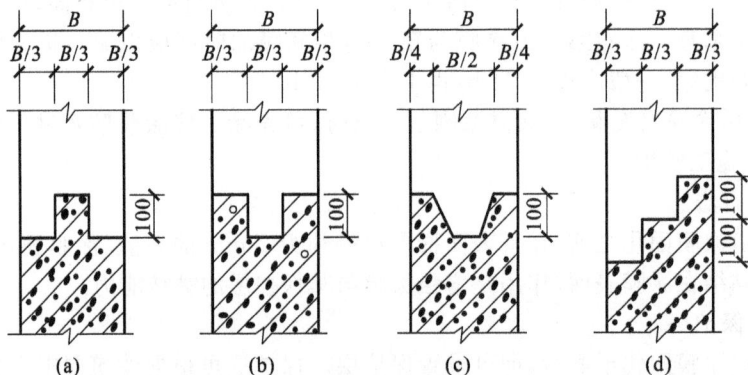

图 8-26 施工缝接缝断面形式

(a) 凸缝；(b) 凹缝；(c) V 形缝；(d) 阶形缝

无论采用哪种形式的施工缝，为了使接缝严密，混凝土浇筑前均应对缝表面进行凿毛处理，清除浮粒，并用水冲洗干净，保持湿润，铺上一层 20～25 mm 厚的水泥砂浆，其材料和灰砂比应与混凝土相同。捣压密实后再继续浇筑混凝土。

为有效解决墙体施工缝的渗漏水问题，目前常用 SPJ 型遇水膨胀橡胶或 BW 型遇水膨胀橡胶止水条对施工缝进行处理。BW 型遇水膨胀橡胶止水条的施工方法是撕掉其表面的隔离纸，将其直接粘贴在平整、干净的施工缝处，压紧粘牢，且每隔 1 m 左右钉一个水泥钢钉，固定后即可进行下一步防水混凝土的浇筑，如图 8-27 所示。

(2) 变形缝

地下结构物的变形缝是防水工程中的薄弱环节，防水处理比较复杂。有时因处理不当而引起一些渗漏现象，会直接影响地下工程的正常使用和寿命。为此，在选用材料、做法及结构形式上，应考虑变形缝处的沉降、伸缩的可变性，并且还应保证其在变态中的密闭性，即不产生渗漏水现象。

全埋的地下防水工程中的变形缝应为环状；半地下防水工程的变形缝为"U"字形，"U"字形变形缝的设计高度应超出室外地坪 150 mm 以上。

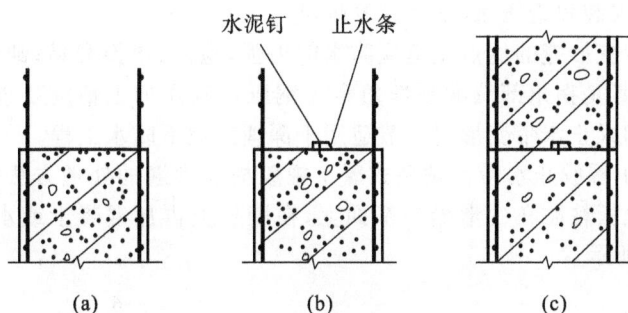

图 8-27 敷设止水条

(a) 上一工序混凝土浇筑；(b) 粘贴止水条；(c) 下一工序混凝土浇筑

变形缝止水材料通常有橡胶止水带、塑料止水带、氯丁橡胶止水带和金属止水带（如镀锌钢板）等。选择止水带的基本要求是：适应变形能力强，防水性能好，耐久性高，与混凝土黏结牢固等。

橡胶止水带与塑料止水带的柔性、适应变形能力与防水性能都比较好，是目前变形缝常用的止水材料。橡胶止水带的形式如图 8-28 所示。

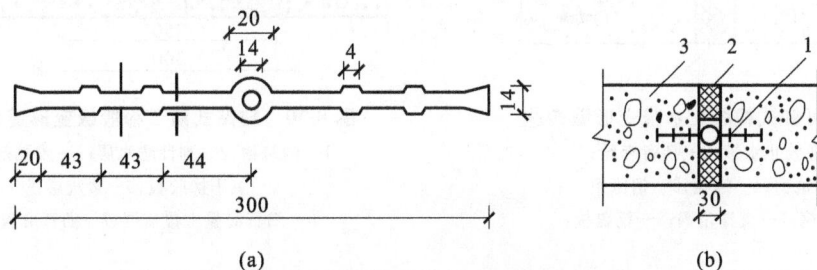

图 8-28 埋入式橡胶止水带变形缝构造

(a) 橡胶止水带；(b) 变形缝构造

1—橡胶止水带；2—沥青麻丝；3—构筑物

变形缝的构造形式通常有埋入式、可卸式、粘贴式等，目前采用较多的是埋入式。当防水要求严格时，也可在同一变形缝部位，同时采用埋入式和可卸式或者埋入式和粘贴式（即有两条止水带）等多道防线，使防水效果更好。

① 埋入式止水带变形缝。埋入式橡胶止水带变形缝的构造如图 8-28(b) 所示。止水带的安放位置要正确，即止水带的中心圆环应在变形缝的中轴线上。为了防止浇筑混凝土时止水带位置移动，一般用铁丝将止水带固定在钢筋或模板上。浇筑混凝土前必须将止水带洗净，不得留有泥土、杂物等，以免影响与混凝土的黏结。止水带处的混凝土要连续浇筑，振捣要密实，不得撞击止水带和留有施工缝。但是，变形缝两侧混凝土不宜同时浇筑，防止两侧混凝土同时收缩使止水带松动漏水。填缝材料一般用浸渍沥青麻丝或沥青木丝板。

埋入式止水带的优点是施工简单，节省材料；缺点是渗漏水时修补困难。

② 可卸式止水带变形缝。可卸式橡胶止水带变形缝的构造如图 8-29 所示。施工时，止水带打孔要按预埋螺栓实际间距（一般间距为 200 mm）进行，其孔径应略小于螺栓直径。铺设止水带时，在角钢与止水带间用油膏找平，将止水带按预定位置穿过螺栓，铺

贴严实,再在其上安装扁钢压条,最后拧紧螺母。

可卸式止水带变形缝的优点是适应防水能力强,检修、更换容易;缺点是构造与施工工艺均很复杂,尤其是拐角部位的预埋角钢与钢压条制作加工精度要求高,止水带的安装比较困难。可卸式止水带变形缝一般适用于深埋的地下防水工程。

③ 粘贴式氯丁橡胶止水带。粘贴式氯丁橡胶板变形缝的处理方法是采用氯丁橡胶胶黏剂将氯丁橡胶板粘贴在变形缝的基面上,在胶板上再加混凝土或水泥砂浆覆盖层,其构造如图 8-30 所示。

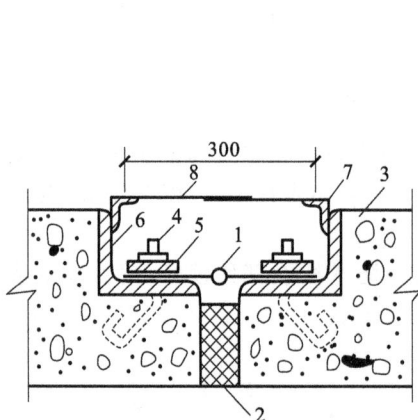

图 8-29　可卸式橡胶止水带变形缝构造

1—橡胶止水带;2—沥青麻丝;

3—构筑物;4—螺栓;5—钢压条;

6—角钢;7—支撑角钢;8—钢盖板

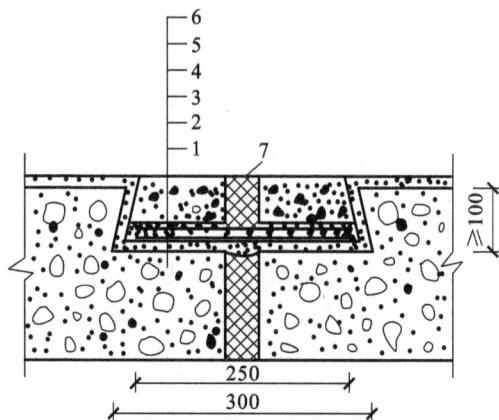

图 8-30　粘贴式氯丁橡胶板变形缝构造

1—构筑物;2—刚性防水层;3—胶黏剂;

4—氯丁橡胶板;5—素灰层;

6—细石混凝土覆盖层;7—沥青麻丝

粘贴式氯丁橡胶止水带施工时,先在变形缝预留的倒楔形凹槽内按刚性防水做法抹上防水层,防水层表面要做到平整、粗糙、清洁和干燥,以保证氯丁橡胶板与基面粘贴牢固。粘贴前,把涂剂涂刷部位用乙酸乙酯刷洗一遍,同时按黏结宽度分段(一般长度不超过 2 m,宽度以 200～250 mm 为宜)切割胶板。涂胶时,先在基面和胶板粘贴面分别涂一遍底胶层,涂胶厚度为 1～2 mm,要求均匀一致,不得漏刷。隔一天后再在基面和胶板粘贴面上涂刷第二遍粘贴胶层,当手背触及胶层表面感到粘且不粘胶时,即可粘贴。粘贴时,由下而上,从中间到两边,用手指依次按实,不得遗漏,以保证胶板与基面黏结牢固,无空鼓现象。两段胶片搭接部位的下压接槎要做成斜面,搭接长度为100 mm。粘贴后 3～5 d 经检查无空鼓、不牢现象,或者压水试验无漏水后,再将覆盖层填注严实,沿变形缝轴线用木丝板把覆盖层隔开。

粘贴式氯丁橡胶止水带施工操作简便,较易保证质量,有渗漏水时易于修补,其造价比埋入式橡胶止水带低。

(3) 混凝土后浇缝的处理

后浇缝的混凝土施工,应在其两侧混凝土浇筑完毕并养护 42 h,待混凝土收缩变形基本稳定后再进行。浇缝前应将接缝处混凝土表面凿毛,将缝内杂物清理干净,再浇水充分湿润。浇筑后浇缝的混凝土应优先选用补偿收缩的混凝土,其强度等级应与两侧混凝土相同。后浇缝混凝土的施工温度应低于两侧混凝土施工时的温度,而且宜选择在气温较低的季节施工。这是因为若施工季节气温高于两侧混凝土施工时的气温,则此时两侧混凝土正处于体积膨胀状态,即使后浇混凝土浇筑密实,待气温下降后,先浇和后浇的混凝土同时产生收缩,仍会产生缝隙,导致接缝处的抗渗性大大降低。后浇缝混凝土浇筑后,其养护时间不应少于 28 h。

8.3　卫生间防水工程

卫生间是防水的薄弱部位,因用水频繁、积水多、面积小、管道预留孔洞多、施工操作死角多等多种因素影响,卫生间防水工程是一个关键项目,在施工中应特别予以重视。

卫生间防水
堵漏视频

传统的卷材防水做法已不适应卫生间防水施工的特殊性,通过大量的实验和实践证明,以涂膜防水代替各种卷材防水,尤其是选用高弹性的聚氨酯涂膜防水或选用弹塑性的氯丁乳胶沥青涂料防水等新材料和新工艺,可以使卫生间、厨房的地面和墙面形成一个没有接缝、封闭严密的整体防水层,从而提高其防水工程质量。

8.3.1　卫生间楼地面聚氨酯防水施工

聚氨酯涂膜防水材料是双组分化学反应固化型的高弹性防水涂料,多以甲、乙双组分形式使用。主要材料有聚氨酯涂膜防水材料甲组分、聚氨酯涂膜防水材料乙组分和无机铝盐防水剂等。施工用辅助材料有二甲苯、醋酸乙酯、磷酸等。

1. 基层处理

卫生间的防水基层必须用 1∶3 的水泥砂浆找平,要求抹平、压光、无空鼓,表面要坚实,不应有起砂、掉灰现象。抹找平层时,应使管道根部的周围略高于地面,地漏的周围应做成略低于地面的洼坑。找平层的坡度以 1‰～2‰ 为宜,坡向地漏。凡遇到阴、阳角处,要抹成半径不小于 10 mm 的小圆弧。与找平层相连接的管件、卫生洁具、排水口等,必须安装牢固,收头圆滑,按设计要求用密封膏嵌固。基层必须干燥,一般在基层表面均匀泛白、无明显水印时,才能进行涂膜防水层施工。施工前要把基层表面的尘土、杂物彻底清扫干净。

2. 施工工艺

(1) 清理基层

需做防水处理的基层表面,必须彻底清扫干净。

(2) 涂布底胶

将聚氨酯甲、乙两组分和二甲苯按 1∶1.5∶2 的比例(重量比,以产品说明为准)配合搅拌均匀,再用小滚刷或油漆刷均匀涂布在基层表面上。涂刷量为 $0.15\sim0.2\ kg/m^2$,涂刷后应干燥固化 4 h 以上才能进行下道工序施工。

（3）配制聚氨酯涂膜防水涂料

将聚氨酯甲、乙组分和二甲苯按 1∶1.5∶0.3 的比例配合,用电动搅拌器强力搅拌均匀备用。应随配随用,一般在 2 h 内用完。

（4）涂膜防水层施工

用小滚刷或油漆刷将已配好的防水涂料均匀涂布在底胶已干的基层表面上。涂完第一层涂膜后,一般需固化 5 h 以上,待基本不粘手时,再按上述方法涂布第二、三、四层涂膜,并使后一层涂布方向与前一层的涂布方向垂直。对管道根部、地漏周围以及墙转角部位,必须认真涂刷,涂刷厚度不小于 2 mm。在涂刷最后一层涂膜固化前及时稀撒少许干净的粒径为 2～3 mm 的小豆石,使其与涂膜防水层黏结牢固,作为与水泥砂浆保护层黏结的过渡层。

（5）做好保护层

当聚氨酯涂膜防水层完全固化和通过蓄水试验合格后,即可铺设一层厚度为 15～25 mm 的水泥砂浆保护层,然后按设计要求铺设饰面层。

8.3.2 卫生间楼地面氯丁胶乳沥青防水涂料施工

氯丁胶乳沥青防水涂料是以氯丁橡胶和沥青为基料,经加工合成的一种水乳型防水涂料。它兼有橡胶和沥青的双重优点,具有防水、抗渗、耐老化、不易燃、无毒、抗基层变形能力强等优点,冷作业施工,操作方便。

1. 基层处理

与聚氨酯涂膜防水施工要求相同。

2. 施工工艺及要点

二布六油防水层的施工工艺流程:基层找平处理→满刮一遍氯丁胶乳沥青水泥腻子→满刮第一遍涂料→做细部构造加强层→铺贴玻璃布,同时刷第二遍涂料→刷第三遍涂料→铺贴玻纤网格布,同时刷第四遍涂料→涂刷第五遍涂料→涂刷第六遍涂料并及时撒砂粒→蓄水试验→按设计要求做保护层和面层→防水层二次试水,验收。

在清理干净的基层上满刮一遍氯丁胶乳沥青水泥腻子,管根和转角处要厚刮并抹平整。腻子的配制方法是将氯丁胶乳沥青防水涂料倒入水泥中,边倒边搅拌至稠浆状即可刮涂于基层,腻子厚度为 2～3 mm,待腻子干燥后满刷一遍防水涂料,但涂刷不能过厚,不得漏刷,表面均匀不流淌、不堆积,立面刷至设计标高,在细部构造部位（如阴阳角、管道根部、地漏、大便器蹲坑等）分别附加一布二涂附加层。附加层干燥后,大面铺贴玻纤网格布,同时涂刷第二遍防水涂料,使防水涂料浸透布纹渗入下层,玻纤网格布搭接宽度不小于 100 mm,立面贴到设计高度,顺水接槎,收口处贴牢。

上述涂料实干后（约 24 h）,满刷第三遍涂料,表干后（约 4 h）铺贴第二层玻纤网格布同时满刷第四遍防水涂料。第二层玻纤布与第一层玻纤布接槎要错开,涂刷防水涂料时应均匀,将布展平无折皱。上述涂层实干后,满刷第五遍、第六遍防水涂料,整个防水层实干后,可进行第一次蓄水试验,蓄水时间不少于 24 h,无渗漏才合格,然后做保护层和饰面层。工程交付使用前应进行第二次蓄水试验。

8.3.3　卫生间涂膜防水施工注意事项

① 施工用材料若有毒性,则存放材料的仓库和施工现场必须通风良好,无通风条件的地方必须安装机械通风设备。施工材料多属易燃物质,存放、配料以及施工现场必须严禁烟火,现场要配备足够的消防器材。

② 在施工过程中,严禁上人踩踏未完全干燥的涂膜防水层。操作人员应穿平底胶布鞋,以免损坏涂膜防水层。

③ 凡需做附加补强层的部位应先施工,然后进行大面防水层施工。

④ 已完工的涂膜防水层,必须经蓄水试验无渗漏现象后方可进行刚性保护层的施工。进行刚性保护层施工时,切勿损坏防水层,以免留下渗漏隐患。

8.4　冬期施工和雨季施工

8.4.1　冬期施工

冬期进行屋面防水工程施工应选择无风晴朗天气,并应根据使用的防水材料控制其施工气温界限,以及利用日照条件提高面层温度。在迎风面宜设置活动的挡风装置。

在施工中有交叉作业时,应合理安排保温层、找平层、防水层、隔汽层的施工工序,并宜做到连续操作。对已完成部位应及时覆盖,以免受潮、受冻。

① 保温层施工。冬期施工采用的屋面保温材料应符合设计要求,并不得含有冰雪、冻块和杂质。干铺的保温层可在负温下施工,采用沥青胶结的整体保温层和板状保温层应在气温不低于−10 ℃时施工,采用水泥、石灰或乳化沥青胶结的整体保温层和板状保温层应在气温不低于 5 ℃时施工。雪天或五级及五级以上的大风天气不得施工。

② 找平层施工。水泥砂浆找平层可掺入防冻剂。当采用氯化钠防冻剂时,宜选用普通硅酸盐水泥或矿渣硅酸盐水泥,严禁使用高铝水泥。砂浆强度不应低于 3.5 MPa,施工时的气温不应低于−7 ℃。

采用沥青砂浆做找平层时,基层应干燥、平整,不得有冰层或积雪。基层应先满涂冷底子油 1～2 道,待冷底子油干燥后,方可做找平层。施工时应采取分段流水作业和保温等措施。沥青砂浆施工温度应符合要求。找平层应牢固坚实,表面无凹凸、起砂、起鼓现象,如有积雪、残留冰霜、杂物等应清扫干净。

③ 防水层、隔汽层施工。沥青卷材施工的环境温度不应低于 5 ℃。当气温较低且屋面防水层采用卷材时,可采用热熔法和冷粘法施工。

热熔法施工温度不应低于−10 ℃,宜使用高聚物改性沥青防水卷材。基层处理剂宜使用快挥发的溶剂,涂刷后应干燥 10 h 及 10 h 以上,干燥后应及时铺贴。卷材搭接接缝的边缘以及末端收头部位应用密封材料做嵌缝处理,必要时也可在经过密封处理的末端收头处再用掺防冻剂的水泥砂浆做压缝处理。

冷粘法施工温度不宜低于−5 ℃,宜使用合成高分子防水卷材。涂布基层处理时应将聚氨酯涂膜防水材料的甲料∶乙料∶二甲苯按1∶1.5∶3的比例配料,搅拌均匀,涂在基层表面上,干燥时间不应少于10 h。采用聚氨酯涂料做附加层处理时,甲料∶乙料按1∶1.5的比例,厚度不小于1.5 mm,并应在固化36 h以后进行下一工序施工。铺贴立面或大坡面合成高分子防水卷材宜用满粘法。接缝采用配套的接缝胶黏剂,接缝口应用密封材料封严,其宽度不应小于10 mm。

当采用溶剂型涂料做防水层时,施工环境温度不应低于-5 ℃,在雨天、雪天、5级风及5级风以上时不得施工。涂料贮运环境温度不宜低于0 ℃,并应避免碰撞,保管环境应干燥、通风并远离火源。基层处理剂可由有机溶剂稀释而成,充分搅拌,涂刷均匀,干燥后方可进行涂膜施工。涂膜防水层应由两层以上涂层组成,总厚度应达到设计要求,其成膜厚度不应小于2 mm。施工时可采用涂刮或喷涂。当涂刮施工时,每遍涂刮的推进方向宜与前一遍互相垂直,并在前一遍涂料干燥后方可进行后一遍涂料施工。在涂层中夹铺胎体增强材料时,位于胎体下面的涂层厚度不应小于1 mm,最上层的涂料层不应少于两遍。

隔汽层可采用气密性好的单层卷料。用卷材时可采用花铺法施工,卷材搭接宽度不应小于80 mm。采用防水涂料时,宜选用溶剂型涂料。隔汽层施工的温度不应低于-5 ℃。

8.4.2 雨季施工

① 卷材层面应尽量在雨季前施工,并同时安装屋面的落水管。
② 雨天严禁进行油毡屋面施工,油毡、保温材料不准淋雨。
③ 雨天屋面工程宜采用湿铺法施工工艺。湿铺法就是在潮湿基层上铺贴卷材,先喷刷1～2道冷底子油,喷刷工作宜在水泥砂浆凝结初期进行操作,以防基层浸水。如基层浸水,应在基层面干燥后方可铺贴油毡,如基层潮湿且干燥有困难时,可采用排气屋面。

单元小结

本单元主要学习了卷材防水屋面、涂料防水屋面、刚性防水屋面,地下防水工程,以及卫生间防水工程的施工工艺。

习 题

8-1 试述沥青卷材屋面防水层的施工过程。
8-2 常用防水卷材有哪些种类?
8-3 试述高聚物改性沥青卷材的冷粘法和热熔法的施工过程。
8-4 简述合成高分子卷材防水施工的工艺过程。
8-5 试述涂膜防水屋面的施工过程。
8-6 刚性防水屋面的隔离层如何施工?分格缝如何处理?
8-7 试述屋面渗漏原因及其防治方法。
8-8 地下构筑物的变形缝有哪几种形式?各有哪些特点?
8-9 防水混凝土如何分类?
8-10 在防水混凝土施工中应注意哪些问题?

单元9 建筑节能工程施工

【学习目标】

(1) 掌握膨胀聚苯薄抹灰外墙外保温体系、外贴式聚苯板外墙外保温系统、大模内置无网保温系统、外墙保温砂浆等墙体节能工程的施工方法及技术要求。

(2) 掌握普通保温工程、倒置保温工程等屋面保温工程的构造及施工方法。

9.1 墙体节能工程施工

5分钟看完本单元

9.1.1 膨胀聚苯薄抹灰外墙外保温体系

1. EPS外墙外保温施工工艺流程

EPS外墙外保温施工工艺流程为:基层检查、处理→配专用粘接剂→预粘翻包网格布→粘聚苯板→钻孔及安装固定件→板面打磨、找平→配聚合物砂浆→抹聚合物砂浆→埋贴网格布→抹面层聚合物砂浆→验收。

未来建筑十大核心节能技术

2. 施工工艺

① 弹控制线。根据建筑立面设计和外墙外保温技术要求,在墙面弹出外门窗水平、垂直控制线及伸缩缝线、装饰缝线等。

② 挂基准线。在建筑外墙大角(阴、阳角)及其他必要处挂垂直基准钢线,每个楼层适当位置挂水平线,用以控制聚苯板的垂直度和平整度。

③ 配专用粘接剂。

a. 根据专用粘接剂的使用说明书提供的掺配比例配制,专人负责,严格计量,机械搅拌,确保搅拌均匀。

b. 拌和好的粘接剂在静停5 min后再搅拌方可使用。

c. 粘接剂必须随拌随用,拌和好的粘接剂应保证在1 h内用完。

④ 预粘翻包网格布。凡在聚苯板侧边外露处(如伸缩缝、门窗洞口处),都应做网格布翻包处理。

⑤ 粘聚苯板。a. 外保温用聚苯板标准尺寸为600 mm×900 mm、600 mm×1200 mm两种,非标准尺寸或局部不规则处可现场裁切,但必

须注意切口与板面垂直。b. 阴、阳角处必须相互错槎搭接粘贴。c. 门窗洞口四角不可出现直缝,必须用整块聚苯板裁切出刀把状,且小边宽度不小于 200 mm。d. 粘贴方法采用点粘法,且必须保证粘接面积不小于 30%。e. 聚苯板抹完专用粘接剂后必须迅速粘贴到墙面上,避免粘接剂结皮而失去粘接性。f. 粘贴聚苯板时应轻柔、均匀挤压聚苯板,并用 2 m 靠尺和拖线板检查板面平整度和垂直度。粘贴时注意清除板边溢出的粘接剂,使板与板间不留缝。

⑥ 安装固定件。a. 固定件安装应至少在粘完板 24 h 后再进行。b. 固定件长度为板的厚度加 50 mm。c. 用电锤在聚苯板表面向内打孔,孔径视固定件直径而定,进墙深度不小于 60 mm,拧入固定件,钉头和压盘应略低于板面。

⑦ 板面打磨、找平。对于板面接缝高低较大的区域用粗砂纸打磨找平,打磨时动作要轻,并以圆周运动打磨。

⑧ 配聚合物砂浆。方法及要求同配专用粘接剂。

⑨ 抹聚合物砂浆。聚合物砂浆分底层和面层两次抹灰。a. 在聚苯板面抹底层砂浆,厚度为 2~2.5 mm。同时将翻包网格布压入砂浆中,门窗洞口的加强网格布也应随即压入砂浆中。b. 贴网格布。将网格布紧绷后贴于底层抹面砂浆上,用抹子从中间向四周把网格布压入砂浆的表层,要平整压实,严禁网格布褶皱。网格布不得压入过深,表面必须暴露在底层砂浆之外。网格布上、下搭接宽度不小于 80 mm,左、右搭接宽度不小于 100 mm。c. 网格布粘贴完后,在表面抹一层 0.5~1 mm 厚面层聚合物砂浆。

9.1.2 外贴式聚苯板外墙外保温系统

1. 构造做法及施工顺序

（1）聚苯板涂料饰面系统

聚苯板涂料饰面系统基本构造见图 9-1。施工程序为:清理基层墙体→胶黏剂粘贴、塑料膨胀锚栓固定聚苯板→抹聚合物抗裂砂浆中夹入耐碱玻纤网布→刮柔性耐水腻子→涂料饰面。

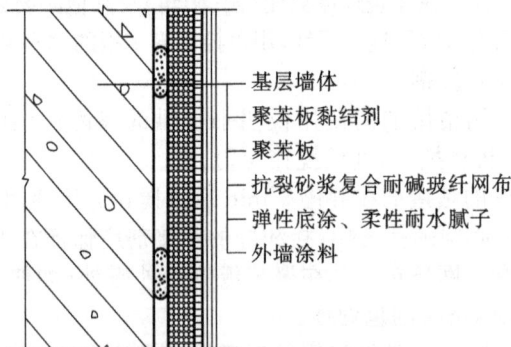

保温材料图

基层墙体
聚苯板黏结剂
聚苯板
抗裂砂浆复合耐碱玻纤网布
弹性底涂、柔性耐水腻子
外墙涂料

图 9-1　聚苯板涂料饰面系统

（2）聚苯板复合 ZL 胶粉聚苯颗粒涂料饰面系统

聚苯板复合 ZL 胶粉聚苯颗粒涂料饰面系统基本构造见图 9-2。施工程序为：清理基层墙体→胶黏剂粘贴、塑料膨胀锚栓固定聚苯板→抹胶粉聚苯颗粒浆 20 mm 厚→抹聚合物抗裂砂浆中夹入耐碱玻纤网布→刮柔性耐水腻子→涂料饰面。

（3）聚苯板复合 ZL 胶粉聚苯颗粒面砖饰面系统

聚苯板复合 ZL 胶粉聚苯颗粒面砖饰面系统基本构造见图 9-3。施工程序为：清理基层墙体→胶黏剂粘贴聚苯板→抹 ZL 胶粉聚苯颗粒保温浆料→抹第一遍聚合物抗裂砂浆→塑料膨胀锚栓固定热镀锌钢丝网→抹第二遍聚合物抗裂砂浆→粘贴面砖。

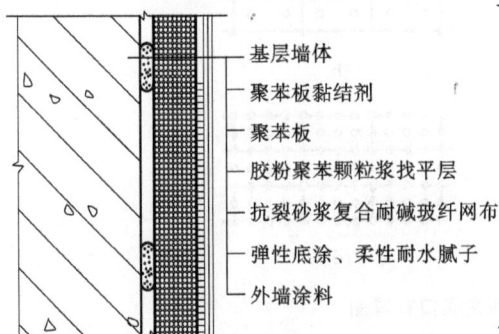

图 9-2　聚苯板复合 ZL 胶粉聚苯颗粒
涂料饰面系统

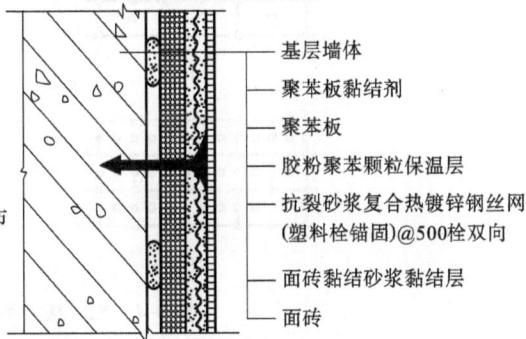

图 9-3　聚苯板复合 ZL 胶粉聚苯颗粒
面砖饰面系统

2. 施工准备及材料配制

① 聚苯板外墙保温系统施工，主要施工工具有不锈钢抹子、槽抹子、搓抹子、角抹子、700～1000 r/min 电动搅拌器（或可调速电钻加配搅拌器）、专用锯齿抹子以及粘有大于 20 粒度的粗砂纸的不锈钢打磨抹子。此外，尚需配电热丝切割器、冲击钻、靠尺、刷子、多用刀、灰浆托板、拉线、墨斗、空气压缩机、开槽器、皮尺、毛辊等一般施工工具以及操作人员必需的劳保用品等。

② 基层墙体表面应清洁，无油污、脱模剂等妨碍黏结的附着物。凸起、空鼓和疏松部位应剔除并找平。找平层应与墙体黏结牢固（应有可靠黏结力或界面处理措施），不得有脱层、空鼓、裂缝，面层不得有粉化、起皮、爆灰等现象。

③ 聚苯板的切割采用电热丝切割器切割成型，标准板尺寸一般为 1200 mm×600 mm，对角误差为 ±1.6 mm，非标准板用整板按实际需要尺寸加工，尺寸允许偏差为 ±1.6 mm，大小面应互相垂直。

④ 胶黏剂的配制应严格按规定的配比和制作工艺现场进行，除规定外严禁添加任何添加剂。

⑤ 若为双组分胶黏剂，配制胶黏剂用的树脂乳液开罐后，一般有离析现象，应在掺加水泥前，用专用电动搅拌器将其充分搅拌均匀，然后再加入一定比例水泥继续搅拌至充分均匀并静置 5 min 后，视其和易性，加入适量的水再进行搅拌，直至达到所需的黏稠度。

⑥ 单组分胶黏剂是将干粉胶黏剂直接加入适量水，用专用电动搅拌器搅拌均匀，达到所需的黏稠度。

⑦ 每次配制的胶黏剂不宜过多，应视不同环境温度控制在 2 h 内用完，或在产品说

明书中规定的时间内用完。

⑧ 聚苯板保温层应采用粘锚结合方案,当采用 EPS 板时,其锚栓数量为:对于高层建筑,标高 20 m 以下时不宜少于 3 个/m^2;标高为 20~50 m 时不宜少于 4 个/m^2;标高为 50 m 以上时不宜少于 6 个/m^2。当采用 XPS 板时,可参照图 9-4 布置锚栓,锚栓长度应保证进入基层墙体内 50 mm,锚栓固定件在阳角、檐口下、孔洞边缘四周应加密,其间距不应大于 300 mm,距基层边缘不小于 80 mm。

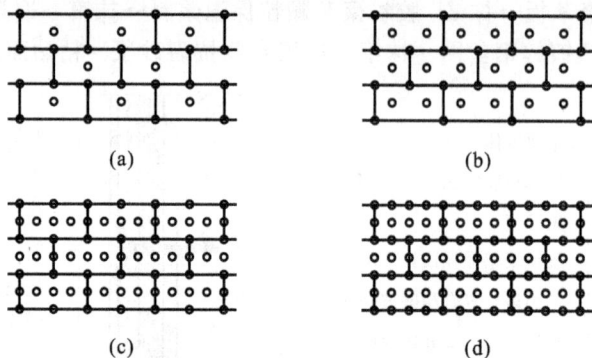

(a)　　　　　　　　　　(b)

(c)　　　　　　　　　　(d)

图 9-4　XPS 板排列锚固口布置图

(a) 7 层;(b) 8~18 层;(c) 19~25 层;(d) 26~30 层

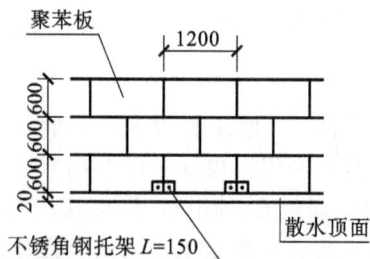

图 9-5　不锈角钢托架布置图

⑨ 饰面层为面砖时,应在底部第一排以及每层标高保温板的每板端下方增设不锈角钢托架,间距不大于 1200 mm,角钢托架长度为 150 mm,宽度由保温层厚度确定。每个托架由两个经防腐处理的膨胀螺栓与基层墙体固定,具体做法见图 9-5。

⑩ 洞口四角的聚苯板应采用整块聚苯板切割成型,不得拼接。拼接缝距四角距离应大于 200 mm,且须有锚固措施,并应在洞口处增贴耐碱玻纤网布,见图 9-6~图 9-8。

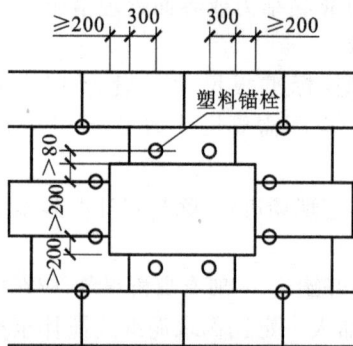

图 9-6　洞口 EPS 板排板及锚固示意图

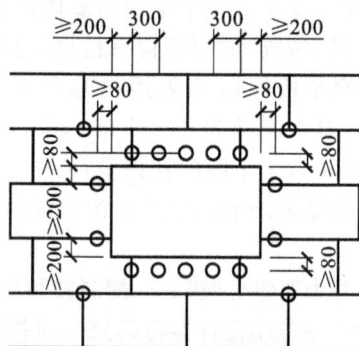

图 9-7　洞口 XPS 板排板及锚固示意图

3. 施工操作要点

① 根据建筑物体形和立面设计要求进行聚苯板排板设计,特别应做好门窗洞口的排

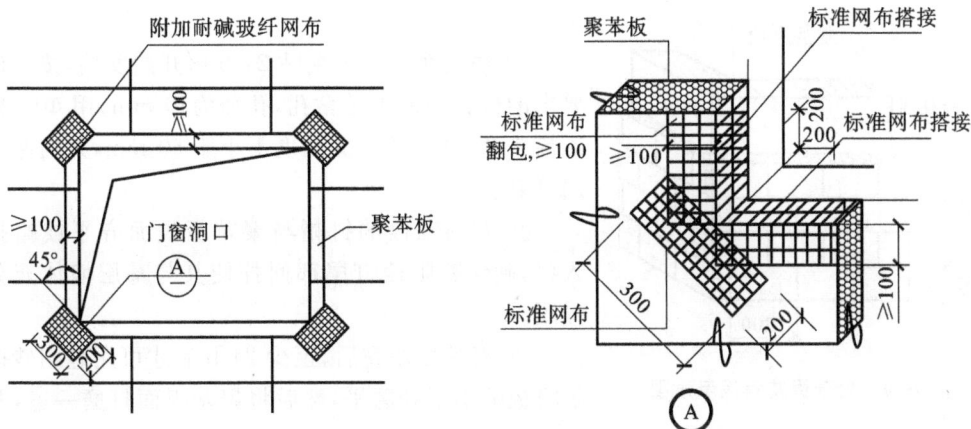

图 9-8　门窗洞口网格布加强

板设计。在经过处理的基层墙面上,用墨线弹出距散水标高 20 mm 的水平线和保温层变形缝宽度线,排出聚苯板黏结位置。所有细部构造应按标准图或施工图的节点大样进行处理。

② 粘贴聚苯板前,应按平整度和垂直度要求挂线(基层平整度偏差不宜超过 3 mm,垂直度偏差不应超过 10 mm);应首先进行系统起端和终端的翻包或包边施工。

③ 聚苯板宜采用点框粘贴方法,如图 9-9 所示。先用抹子沿保温板背面四周抹上胶黏剂,其宽度为 50 mm,如采用标准板时在板中还要均匀布置 8 个黏结饼,每个饼的黏结直径不小于 120 mm,胶厚 6~8 mm,中心距 200 mm;当采用非标准板时,板面中部黏结饼一般为 4~6 个。胶黏剂黏结面积与

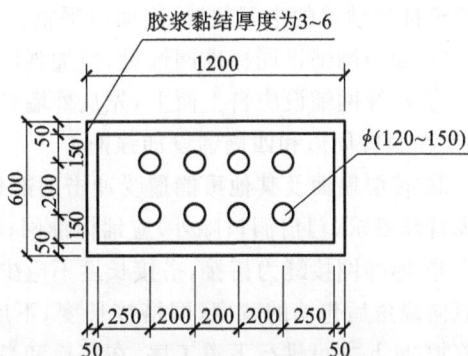

图 9-9　保温板点框粘贴法

保温板面积之比,当外表为涂料饰面时,不得小于 0.4;当为面砖饰面时,不得小于 0.45。

④ 胶黏剂应涂抹在聚苯板上,不应涂在基层上,涂胶点应按面积均布,板的侧边也应有涂胶(需翻包标准网时除外),抹完胶黏剂后应立即就位粘贴。

⑤ 聚苯板粘贴时,应先轻柔滑动就位,再用 2 m 靠尺进行压平操作,不得局部用力按压;聚苯板对头缝应挤紧,并与相邻板齐平;胶黏剂的压实厚度宜控制在 3~6 mm,贴好后应立即刮除板缝和板侧残留的黏结剂;聚苯板板间缝隙不应大于 2 mm,板间高差不得大于 1 mm,否则须用砂纸或专用打磨机具打磨平整;为了减少对头缝热桥影响,宜将聚苯板四周裁成企口,然后按上述方法进行粘贴。

⑥ 聚苯板应由勒脚部位开始,自下而上,沿水平方向铺设粘贴,竖缝应逐行错缝 1/2 板长;在墙角处应交错互锁咬口连接,并保证墙角垂直度,见图 9-10 。

⑦ 门窗洞口角部应用整块板切割成 L 形进行粘贴,板间接缝距四角的距离不应小于 200 mm;门窗口内壁面贴聚苯板,其厚度应视门窗框与洞口间隙大小而定,一般不宜

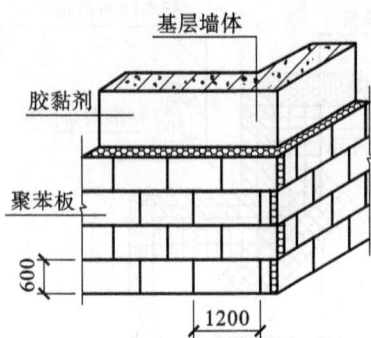

图 9-10　聚苯板转角板示意图

小于 30 mm。

⑧ 锚栓在聚苯板粘贴 24 h 后开始安装,按设计要求的位置用冲击钻钻孔,孔径为 10 mm,用 Φ10 聚乙烯胀塞,其有效锚固长度不小于 50 mm,并确保牢固可靠。

⑨ 塑料锚栓的钉帽与聚苯板表面齐平或略拧入些,确保膨胀栓钉尾部回拧使其与基层墙体充分锚固。

⑩ 聚苯板贴完后,至少 24 h 后才可用金刚砂搓子将板缝不平处磨平,然后将聚苯板面打磨一遍,并将板面清理干净。

⑪ 标准网的铺设:先用抹子在聚苯板表面均匀涂抹一道厚度为 1.5～2.0 mm 的聚合物抗裂砂浆(底层),面积略大于一块玻纤网的面积,立即将耐碱玻纤网压入抗裂砂浆中,压出抗裂砂浆表面应平整,直至把整片墙面做完,待胶浆干硬至可碰触,再抹第二遍聚合物水泥抗裂砂浆(面层),厚度为 1.0～1.2 mm,直至全部覆盖玻纤网,使玻纤网约处于两道抗裂砂浆的中间位置,表面应平整。

⑫ 加强网铺设同标准网铺设,但加强网应采用对接。

⑬ 玻纤网铺设应自上而下,先从外墙转角处沿外墙一圈一圈铺设,当遇到门窗洞口时,要在洞口周边和四周铺设加强网。

⑭ 首层墙面及其他可能遭受冲击的部位,应加铺一层加强玻纤网,二层及二层以上如无特殊要求(门窗洞口除外)应铺标准网;勒角以下部位宜增设钢丝网,采用厚层抹灰。

⑮ 标准网接缝为搭接,搭接长度不应少于 100 mm,转角处标准网应是连续的,从每边双向绕角后包墙的宽度(即搭接长度)不应小于 200 mm。加强玻纤网铺设完毕后,至少养护 24 h 方可进行下道工序,在寒冷和潮湿的气候条件下,可适当延长养护时间。养护时须避免雨水渗透和冲刷。

⑯ 标准网在下列终端应进行翻包处理。

a. 门窗洞口、管道或其他设备穿墙洞处。

b. 勒角,阴、阳台,雨篷等系统的终端部位。

c. 变形缝等需终止系统的部位。

d. 女儿墙顶部。

⑰ 翻包标准网施工应按下列步骤进行。

a. 裁剪窄幅标准网,长度由需翻包的墙体部位尺寸确定。

b. 在基层墙体上所有洞口周边及保温系统起、终端处涂抹宽 100 mm、厚 2～3 mm 的胶黏剂。

c. 将窄幅标准网的一端压入胶黏剂内 10 mm,其余甩出备用,并保持清洁。

d. 将聚苯板背面抹好胶黏剂,将其压在墙上,然后用抹子轻轻拍击,使其与墙面粘贴牢固。

e. 将翻包部位的聚苯板的正面和侧面均涂抹上聚合物抗裂砂浆,将预先甩出的窄幅标准网沿板厚翻包,并压入抗裂砂浆内。当需要铺设加强网时,则应先铺设加强网,再将翻包标准网压在加强网之上。

⑱ 主体结构变形缝、保温层的伸缩缝和饰面层的分格缝的施工应符合下列要求。

a. 主体结构变形缝应按标准图纸或设计图纸进行施工,其金属调节片应在保温层粘贴前按设计要求安装就位,并与基层墙体固定牢固,做好防锈处理。缝外侧需采用橡胶密封条或密封膏的应留出嵌缝背衬及密封膏的深度,无密封条或密封膏的应与保温板面平齐。

b. 保温层的伸缩缝应按标准图纸或设计图纸进行施工,缝内应填塞比缝宽大 1.3 倍的嵌缝衬条(如软聚乙烯泡沫塑料条),并分两次勾填密封膏,密封膏应凹进保温层外表面 5 mm;当在饰面层施工完毕后勾填密封膏时,应事前用胶带保护墙面,确保墙面免受污染。

c. 饰面层的分格缝按设计要求进行分格,槽深不大于 8 mm,槽宽为 10~12 mm;抹聚合物抗裂砂浆时,应先处理槽缝部位,在槽口加贴一层标准玻纤网,并伸出槽口两边 10 mm。分格缝亦可采用塑料分隔条进行施工。

⑲ 装饰线条安装应按下列步骤进行。

a. 装饰线条应采用与墙体保温材料性能相同的聚苯板。

b. 装饰线条凸出墙面时,可采用两种安装方式:一种是在保温用聚苯板粘贴完毕后,按设计要求用墨线在聚苯板面弹出装饰线的具体位置,将装饰线条用胶黏剂粘贴在设计位置上,表面用聚合物抗裂砂浆铺贴标准网,并留出不小于 100 mm 的搭接长度,如图 9-11(a)所示;另一种是将凸出装饰线按设计要求先用胶黏剂粘贴在基层墙面上,然后用胶黏剂粘贴装饰线上、下保温用聚苯板,如图 9-11(b)所示。

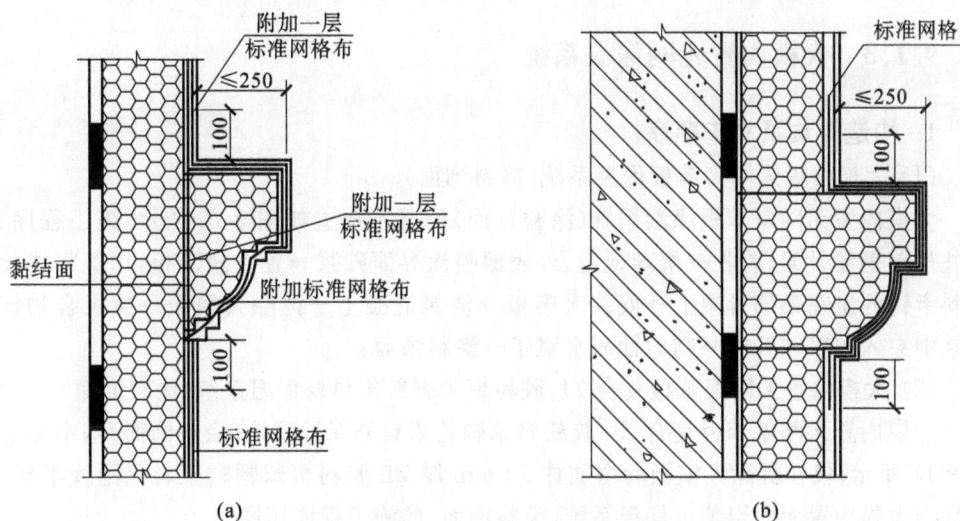

图 9-11　装饰件做法

c. 装饰线条凹进墙面时,应在粘贴完毕的保温聚苯板上按设计要求用墨线弹出装饰线的具体位置,用开槽器按图纸要求将聚苯板切出凹线或图案,凹槽处聚苯板的实际厚度不得小于 20 mm,然后压入标准网。墙面粘贴的标准网与凹槽周边甩出的网布需搭接。

d. 装饰线条凸出墙面保温板的厚度不得大于 250 mm,且应采取安全锚固措施。

e. 装饰件铺网时,饰件应在大面积网外装贴,再加附加网,附加网与大面积网应有一定的搭接宽度。

⑳ 饰面层施工应满足下列要求。

a. 施工前应首先检查聚合物抗裂砂浆是否有抹子抹痕,耐碱玻纤网是否全部嵌入,然后修补抗裂砂浆缺陷和凹凸不平处,并用细砂纸打磨一遍。

b. 待聚合物抗裂砂浆表干后,即可进行柔性耐水腻子施工,用镘刀或刮板批刮,待第一遍柔性腻子表干后,再刮第二遍柔性腻子,压实磨光成活,待柔性腻子完全干固后,即可进行与保温系统配套的涂料施工。

c. 采用涂料饰面系统,应采用高弹性防水耐擦洗外墙涂料,并按《建筑装饰装修工程质量验收规范》(GB 50210—2001)的规定进行施工。

d. 采用面砖饰面系统,应增设热镀锌钢丝网和锚栓固定,并按《外墙饰面砖工程施工及验收规程》(JGJ 126—2015)的规定进行施工。

e. 当采用模塑胶或挤塑聚苯板复合 ZL 胶粉聚苯颗粒浆料饰面系统时,仅需在聚苯板黏结和用塑料膨胀锚栓固定并清除表面污物后,增抹一层厚 15 mm 的 ZL 胶粉聚苯颗粒浆料作为保温找平层,然后再做饰面层施工即可。

f. 当采用模塑胶或挤塑聚苯板复合 ZL 胶粉聚苯颗粒面砖饰面系统时,则在聚苯板黏结牢固并清除表面污物后,增抹一层厚 15 mm 的 ZL 胶粉聚苯颗粒浆料作为保温找平层,然后抹第一遍厚 3~4 mm 聚合物抗裂砂浆,并用塑料膨胀锚栓将热镀锌钢丝网固定,再抹第二遍厚 5~6 mm 聚合物抗裂砂浆,最后用专用黏结砂浆粘贴面砖。

9.1.3 大模内置无网保温系统

1. 构造做法及施工顺序

(1) 大模内置无网聚苯板保温系统(涂料饰面)

大模内置无网聚苯板保温系统(涂料饰面)的基本构造如图 9-12 所示,施工程序为:绑扎外墙钢筋骨架、验收→聚苯板内、外表面喷涂界面砂浆→置入聚苯板,用塑料锚栓或塑料卡钉固定在钢筋骨架上→安装大模板→浇筑混凝土→拆除大模板→抹聚合物抗裂砂浆中夹入耐碱玻纤网→刮柔性耐水腻子→涂料饰面。

(2) 大模内置无网聚苯板复合 ZL 胶粉聚苯颗粒浆料外保温系统(涂料饰面)

大模内置无网聚苯板复合 ZL 胶粉聚苯颗粒浆料外保温系统(涂料饰面)基本构造如图 9-13 所示,仅在拆除大模板后增加抹 20 mm 厚 ZL 胶粉聚苯颗粒浆料保温找平层,其余皆与大模内置无网聚苯板保温系统(涂料饰面)的施工程序相同。

(3) 大模内置无网聚苯板复合 ZL 胶粉聚苯颗粒浆料外保温系统(面砖饰面)

大模内置无网聚苯板复合 ZL 胶粉聚苯颗粒浆料外保温系统(面砖饰面)基本构造参见图 9-3。施工程序为:绑扎外墙钢筋骨架、验收→聚苯板内、外表面喷涂界面砂浆→置入聚苯板,用塑料锚栓或塑料卡钉固定在钢筋骨架上→安装大模板→浇筑混凝土→拆除大模板→抹 ZL 胶粉聚苯颗粒浆料→抹第一遍聚合物抗裂砂浆→ϕ0.9 热镀锌钢丝网用塑料锚栓与基层墙体固定→抹第二遍聚合物抗裂砂浆→专用黏结砂浆粘贴面砖。

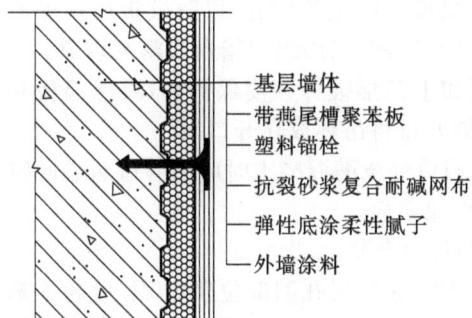

图 9-12　大模内置无网聚苯板保温
系统(涂料饰面)

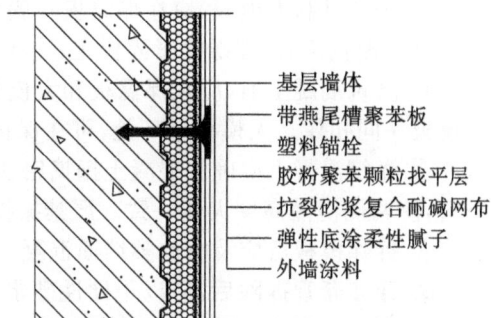

基层墙体
带燕尾槽聚苯板
塑料锚栓
抗裂砂浆复合耐碱网布
弹性底涂柔性腻子
外墙涂料

图 9-13　大模内置无网聚苯板复合 ZL 胶粉聚苯
颗粒浆料外保温系统(涂料饰面)

基层墙体
带燕尾槽聚苯板
塑料锚栓
胶粉聚苯颗粒找平层
抗裂砂浆复合耐碱网布
弹性底涂柔性腻子
外墙涂料

2. 施工准备及材料配制

① 主要施工工具有不锈钢抹子、槽抹子、搓抹子、角抹子、700～1000 r/min 电动搅拌器(或可调速电钻加配搅拌器)、专用锯齿抹子以及粘有大于 20 粒度的粗砂纸的不锈钢打磨抹子。此外,尚需配电热丝切割器、冲击钻、靠尺、刷子、多用刀、灰浆托板、拉线、墨斗、空气压缩机、开槽器、皮尺、毛辊等一般施工工具以及操作人员必需的劳保用品等。

② 聚苯板宽度宜为 1200 mm,高度宜为建筑物高度,即与大模板同高;大、小面互相垂直,对角误差为±1.6 mm,聚苯板单面开矩形(燕尾)槽,聚苯板两侧边裁成企口。

③ 高层建筑中 EPS 板的塑料锚栓数量为:标高 20 m 以下不应少于 3 个/m²,标高为 20～30 m 不应少于 4 个/m²,标高在 50 m 以上时不应少于 6 个/m²。对于 XPS 板可参照图 9-3 布置塑料锚栓,锚栓长度为保温层厚度加 80 mm。

④ 外墙体钢筋安装绑扎完毕,隐验合格;水电等专业预埋预留完成,预验合格。

⑤ 墙体大模板位置、控制线及控制各大角垂直线均设置完毕并预验合格。

⑥ 用于控制钢筋保护层的水泥砂浆垫块已按要求绑扎完毕(每平方米保温板不得少于 3 块)。

⑦ 聚苯板已开好单面矩形(燕尾)槽,并在内、外表面喷涂界面砂浆;大模板对拉螺栓穿孔,聚苯板锚栓穿孔。

⑧ 加工好浇筑混凝土和振捣时保护聚苯板所用的门形镀锌铁皮保护套,高度视实际情况而定,宽度为保温板厚加大模板厚。

3. 施工操作要求

① 根据弹好的墨线安装保温板,保温板凹槽面朝里,平面朝外,先安装阴、阳角保温构件,再安装大面积保温板;安装时板缝不能留在门窗四角,将分块进行标记。

② 安装前保温板两侧企口处均匀涂刷胶黏剂,保证将保温板竖缝之间相互黏结在一起。

③ 在安装好的保温板面上弹线,标出锚栓位置,用电烙铁或其他工具在锚栓定位处穿孔,然后在孔内塞入膨胀管,其尾部与墙体钢筋绑扎以固定保温板。

④ 用宽 100 mm、厚 10 mm 保温板满涂胶黏剂填补门窗洞口两边齿槽缝隙的凹槽

处,以免浇筑混凝土时在该处跑浆(冬期施工时,保温板上可不开洞口,待全部保温板安装完毕后再切割出洞口)。

⑤ 安装钢制大模板,应在保温板外侧根部采取可靠的定位措施,以防模板压损保温板。大模板就位后,穿螺栓紧固校正,连接必须严密、牢固,以防出现错台或露浆现象。

⑥ 浇筑混凝土前,应在保温板和大模板上部扣上门形镀锌铁皮保护套,将保温板和大模板一同扣住。大模板吊环处,可在保护套上侧开口将吊环放在开口内。

⑦ 浇筑混凝土应确保混凝土振捣密实,门窗洞口处浇灌混凝土时应沿洞口两边同时下料,使两侧浇灌高度大体一致。严禁振捣棒紧靠保温板。

⑧ 拆除模板后应及时修整墙面混凝土边角和板面余浆。

⑨ 穿墙套管拆除后,应以干硬性砂浆堵塞孔洞。保温板孔洞部位须用 ZL 胶粉聚苯颗粒浆料堵塞,并深入墙内大于 50 mm。

⑩ 抹面层聚合物抗裂砂浆前,应先清理保温层面层污物,板面、门窗洞口保温板如有缺损,应用 ZL 胶粉聚苯颗粒浆料或聚苯板进行修补,不平之处应进行打磨。

⑪ 抹聚合物抗裂砂浆,标准网和加强网的铺设,门窗洞口的处理,玻纤网翻包,沉降缝、抗震缝、伸缩缝、分格缝的处理,装饰线条的安装以及柔性防水腻子和涂料施工,皆与装饰工程施工相同。

⑫ 采用大模内置无网聚苯板复合 ZL 胶粉聚苯颗粒浆料外保温系统(涂料饰面和面砖饰面)拆除大模板前,施工过程与①～⑪相同,拆除大模板后,对于涂料饰面,应抹 20 mm 厚胶粉聚苯颗粒浆料保温找平层;对于面砖饰面,应先用塑料锚栓固定热镀锌钢丝网,再抹 20 mm 厚胶粉聚苯颗粒保温浆料找平层,其余施工方法与⑦～⑪规定相同。

9.1.4　外墙保温砂浆施工

将无机保温砂浆、弹性腻子(粗灰腻子、细灰腻子)与保温涂料(含抗碱防水底漆)或与面砖和勾缝剂按照一定的方式复合在一起,设置于建筑物墙体表面,对建筑物起保温隔热、装饰和保护作用的系统,称为无机保温隔热系统。保温砂浆由下列材料组成。

① 无机空心体:为中空的球体或不规则体,里面封闭不流动的空气或氮气,形成阻断热传导的物质。

② 对流阻断体:填充无机空心体之间的孔隙,防止其间的空气出现对流,提高隔热效果。

③ 少量硅酸盐:提高无机保温砂浆层硬度。

④ 无机黏结剂:改善无机保温砂浆层和基层的黏结效果,提高无机保温砂浆层本身的强度。

⑤ 助剂:改善无机保温砂浆的贮存性能、施工性能、保水性能等。

1. 基层墙体准备

① 施工前清除墙面浮灰、油污、隔离剂及墙角杂物,保证施工作业面干净;混凝土墙面上因有不同的隔离剂,需做适当的界面处理;其他墙面只要剔除突出墙面大于 10 mm 的异物,保证干净即可,不需做特殊处理。

② 基层墙面、外墙四角、洞口等处的表面平整及垂直度应满足有关施工验收规范的要求。

③ 按垂直、水平方向在墙角、阳台栏板等处弹好厚度控制线。

④ 按厚度控制线,用膨胀玻化微珠保温防火砂浆做标准厚度灰饼,冲筋,间隔应适度。

2. 施工工艺

(1) 工艺流程

面饰涂料工艺流程:基层墙面清理(混凝土墙面界面处理)→测量垂直度、套方、弹控制线→做灰饼、冲筋、做口→抹保温砂浆→弹分格线、开分格槽、嵌贴滴水槽→抹抗裂砂浆→刮柔性耐水腻子→面层装饰涂料。

面饰瓷砖工艺流程:基层墙面清理(混凝土墙面界面处理)→测量垂直度、套方、弹控制线→做灰饼、冲筋、做口→抹保温砂浆→铺设低碳镀锌钢丝网→打锚固钉固定在主体墙体上→抹聚合物罩面砂浆→用专用瓷砖黏结砂浆粘贴瓷砖→瓷砖勾缝处理。

(2) 作业条件

结构工程全部完工,并经有关部门验收合格;门窗框与墙体联结处的缝隙按规范规定嵌塞;施工墙面的灰尘、污垢和油渍应清理干净;脚手架搭设完成并验收合格。横、竖杆与墙面、墙角的间距应保证满足保温层厚度和施工要求,施工环境温度不低于 5 ℃,严禁雨天施工。

3. 施工方法

① 当窗框安装完毕后,将窗框四周分层填塞密实,保温层包裹窗框尺寸控制在 10 mm。

② 在清理干净的墙面上用配好的保温料浆压抹第一层(厚度不低于 10 mm),使料浆均匀、密实地覆盖墙面,稍待干燥后按设计要求抹至规定厚度,并用大杠搓平,门窗、洞口、垂直度、平整度均达到规范质量要求后,再在表面进行收平压实。

③ 抹灰厚度大于 25 mm 时,可分两次抹涂,待第一次抹浆硬化后(24 h)即可进行第二次抹浆,抹涂方法与普通砂浆相同。

④ 对于外饰涂料的墙体,待保温砂浆硬化后在其表面涂刮抗裂砂浆罩面,涂刮厚度为 1~2 mm,使其具有很好的防渗抗裂性能。同时对后续装饰工程形成很好的界面层,增强装饰装修效果。

⑤ 对于外贴瓷砖的墙体,待保温砂浆硬化后在其表面涂刮上 3 mm 厚聚合物抹面抗裂砂浆,铺设低碳镀锌钢丝网,打上锚固钉固定在主体墙壁上,再涂刮上 2 mm 厚的聚合物抗裂砂浆,待其干燥后用专用的瓷砖黏结砂浆粘贴瓷砖。

⑥ 首层外保温的阳角须用专用金属护角或网格布护角处理。其余各层阴角、阳角以及门窗洞口角各部用玻纤网格布搭接增强,网格布翻包尺寸为 150~200 mm。

⑦ 色带。设计要求用色带来体现立面效果时,在保温砂浆施工完毕后,弹出色带控制线,用壁纸刀开出设定的凹槽,深度约为 10 mm,处理时应做工精细,保证色带内表面和侧面的平整和光滑。聚合物抹面抗裂砂浆施工时,色带和大面同时进行,色带部位用专用小型工具做出阴、阳角,并保证平整和顺直。

⑧ 滴水槽。根据设计要求弹出滴水槽控制线,然后用壁纸刀沿控制线划开设定的凹槽,用聚合物抹面抗裂砂浆填满凹槽,并与聚合物抹面抗裂砂浆黏结牢固,然后将挤出的抗裂砂浆清理掉,确保黏结牢固。滴水槽的位置应处于同一水平面上,并与窗口外边缘距离相等。

⑨ 外装饰。保温砂浆属于柔性涂层,所以严禁在其表面进行刚性涂层施工。其外装饰可按照设计要求进行施工。

⑩ 涂料装饰、贴瓷砖、干挂石材等,与其配套使用的涂料必须是弹性涂料和柔性耐水腻子、专用面砖黏结砂浆等,以保证工程质量和施工效果。

9.2 屋面保温工程施工

9.2.1 普通保温工程施工

1. 保温材料及要求

保温材料既能阻止冬季室内热量通过屋面散发到室外,也能防止夏季室外热量(高温)传到室内,具有保温和隔热双重作用。

(1)保温材料分类

目前,我国屋面保温材料按形式可分为松散材料、板状材料和整体现浇材料三种,按材料性质可分为有机保温材料和无机保温材料,按吸水率可分为高吸水率保温材料和低吸水率保温材料,如表 9-1 所示。

表 9-1　　　　　　　　　　　保温材料分类及品种举例

分类方法	类型	品种举例
按保温层形式划分	松散材料	炉渣、膨胀珍珠岩、膨胀蛭石、岩棉
	板状材料	加气混凝土、泡沫混凝土、微孔硅酸钙、憎水珍珠岩、聚苯乙烯泡沫板、泡沫玻璃
	整体现浇材料	泡沫混凝土、水泥蛭石、水泥珍珠岩、硬泡聚氨酯
按材料性质划分	有机保温材料	聚苯乙烯泡沫板、硬泡聚氨酯
	无机保温材料	泡沫玻璃、加气混凝土、泡沫混凝土、蛭石、珍珠岩
按吸水率划分	高吸水率保温材料(>20%)	泡沫混凝土、加气混凝土、珍珠岩、憎水珍珠岩、微孔硅酸钙
	低吸水率保温材料(<6%)	泡沫玻璃、聚苯乙烯泡沫板、硬泡聚氨酯

(2)材料要求

材料的密度、导热系数等技术性能必须符合设计要求和施工及验收规范的规定,应有试验资料。松散的保温材料应使用无机材料,如选用有机材料,应先做好材料的防腐处理。

① 松散材料:炉渣或水渣的粒径一般为5～40 mm,不得含有石块、土块、重矿渣和未燃尽的煤块,堆积密度为500～800 kg/m³,导热系数为0.16～0.25 W/(m·K)。膨胀蛭石粒径一般为3～15 mm,导热系数为0.14 W/(m·K)。膨胀珍珠岩粒径小于0.15 mm的含量不应大于8%。

② 板状保温材料:产品应有出厂合格证,根据设计要求选用厚度、规格应一致,外形应整齐,密度、导热系数、强度应符合设计要求。

a. 泡沫混凝土板块：表观密度不大于 500 kg/m³，抗压强度应不低于 0.4 MPa。

b. 加气混凝土板块：表观密度为 500～600 kg/m³，抗压强度应不低于 0.2 MPa。

c. 聚苯乙烯泡沫板：表观密度不大于 45 kg/m³，抗压强度不低于 0.18 MPa，导热系数为 0.043 W/(m·K)。

（3）作业条件

① 铺设保温材料的基层（结构层）施工完之后，将预制构件的吊钩等进行处理，处理点应抹入水泥砂浆，经检查验收合格方可铺设保温材料。

② 铺设隔汽层的屋面应先将表面清扫干净，且要求干燥、平整，不得有松散、开裂、空鼓等缺陷；隔汽层的构造做法必须符合设计要求和施工及验收规范的规定。

③ 穿过结构的管根部位，应用细石混凝土填塞密实，以使管子固定。

④ 板状保温材料运输、存放应注意保护，防止其损坏和受潮。

2. 操作工艺

工艺流程为：基层清理→弹线找坡→管根固定→隔汽层施工→保温层铺设。

（1）基层清理

预制或现浇混凝土结构层表面前，应将杂物、灰尘清理干净。

（2）弹线找坡

按设计坡度及流水方向找出屋面坡度走向，确定保温层的厚度范围。

（3）管根固定

穿结构的管根在保温层施工前，应用细石混凝土塞堵密实。

（4）隔汽层施工

设计有隔汽层要求的屋面，应按设计做隔汽层，涂刷均匀，无漏刷。

（5）保温层铺设

① 松散保温层铺设。松散保温层铺设是一种干做法施工，材料多使用炉渣或水渣，粒径为 5～40 mm。使用时必须过筛，控制含水率。铺设松散材料的结构表面应干燥、洁净，松散保温材料应分层铺设，适当压实，压实程度应根据设计要求的密度经试验确定。每步铺设厚度不宜大于 150 mm，压实后的屋面保温层不得直接推车行走和堆积重物。松散膨胀蛭石保温层铺设时应使膨胀蛭石的层理平面与热流垂直。

② 板块状保温层铺设。

a. 干铺板块状保温层：直接铺设在结构层或隔汽层上，分层铺设时上、下两层板块缝应错开，表面两块相邻的板边厚度应一致。一般在块状保温层上用松散料做找坡。

b. 黏结铺设板块状保温层：板块状保温材料用黏结材料平粘在屋面基层上，一般用低标号水泥、石灰混合砂浆；聚苯板材料应用沥青胶结料粘贴。

一般在施工板状保温层时，应立即做保护层。如遇两层铺设，板缝应错开，不要上、下重缝。

③ 整体保温层。

a. 水泥石灰炉渣保温层：施工前用石灰水将炉渣闷透，不得少于 3 d，闷制前应将炉渣或水渣过筛，粒径控制在 5～40 mm。最好用机械搅拌，一般配合比为水泥∶白灰∶炉渣＝1∶1∶8，铺设时分层滚压，控制虚铺厚度和设计要求的密度，应通过试验，保证保温性能。

b. 沥青蛭石、沥青珍珠岩、现浇硬泡聚氨酯等整体现浇保温层:沥青蛭石和沥青珍珠岩要搅拌均匀、一致,虚铺厚度和压实厚度均要先行试验。施工时表面要平整,压实程度要一致。硬泡聚氨酯现浇喷涂施工时,气温应为 $15\sim35$ ℃,风速不超过 5 m/s,相对湿度应小于 85%,否则会影响硬泡聚氨酯质量。施工时还应注意配比准确,一般应做配比试验,使发泡均匀,表观密度保持在 $30\sim45$ kg/m³。喷涂时,应对工人进行培训,掌握喷枪的工人应使喷枪运行均匀,使发泡后表面平整;在完全发泡前应避免上人踩踏。发泡厚度允许误差为 $-5\%\sim10\%$。

硬泡聚氨酯保温层施工完成经检查合格后,应立即进行保护层施工;若为刚性砂浆或混凝土保护层,则应在保温层上铺聚酯毡等材料作为隔离层。

3. 排气屋面

当保温层采用吸水率低(小于 6%)的材料时,其不会再吸水,保温性能就能得到保证。如果保温层采用吸水率大的材料,施工时如遇雨水或施工用水侵入,造成很大含水率时,则应使其干燥,但许多工程已施工找平层,一时无法干燥。为了避免因保温层含水率高而导致防水层起鼓,使水分在屋面使用过程中逐渐蒸发(需几年或几十年时间),常采用排气屋面,如图 9-14 所示。即在保温层中设置纵、横排气道,在交叉处安放向上的排气管,目的是当温度升高,水分蒸发,气体沿排气道、排气管与大气连通,不会产生压力,潮气还可以从孔中排出。在规范中规定,如果保温层含水率过高(超过 15%),不管设计有无规定,施工时都必须做排气屋面。如果采用低吸水率保温材料,就可以不采取这种处理方法。

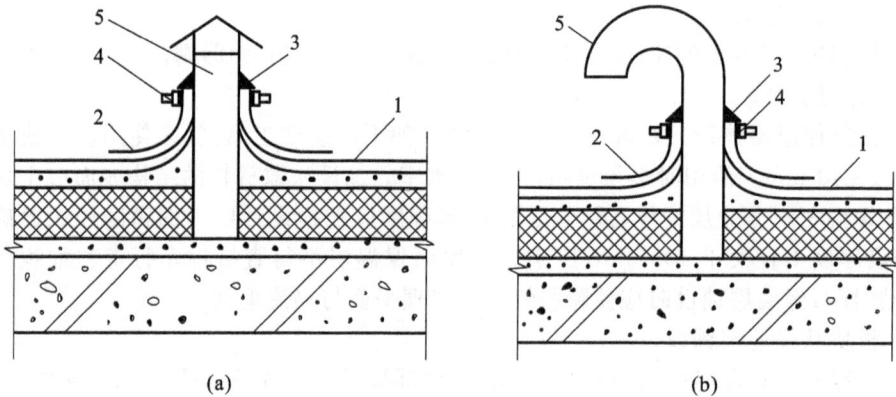

图 9-14 排气出口构造

(a) 直立式排气管;(b) 弯式排气管
1—防水层;2—附加防水层;3—密封材料;4—金属箍;5—排气管

9.2.2 倒置保温工程施工

倒置式屋面是把原屋面"防水层在上,保温层在下"的构造倒置过来,将憎水性较弱或吸水率较低的保温材料放在防水层上,使防水层不易损伤,提高耐久性,并可防止屋面结构内部结露。其具有节能、保温、隔热、延长防水层使用寿命、施工方便、劳动效率高、综合造价经济等特点。

1．材料

（1）保温材料

保温材料应选用具有高热绝缘系数、低吸水率的新型材料，如聚苯乙烯泡沫塑料、聚乙烯泡沫塑料、聚氨酯泡沫塑料、泡沫玻璃等，也可选用蓄热系数和热绝缘系数都较大的水泥聚苯乙烯复合板等保温材料。倒置式保温防水屋面常用保温材料的质量要求见表9-2。

表 9-2　　　　　　　　　倒置式保温防水屋面常用保温材料质量要求

项目	聚苯乙烯泡沫塑料类		泡沫玻璃	微孔混凝土类	硬质聚氨酯泡沫塑料	膨胀蛭石（珍珠岩制品）
	挤压	模压				
表观密度/(kg/m³)	≥32	15～30	≥150	500～700	≥30	300～800
导热系数/[W/(m·K)]	≤0.03	≤0.041	≤0.062	≤0.22	≤0.027	≤0.26
抗压强度/MPa			≥0.4	≥0.4		≥0.3
在10%形变下的压缩应力/MPa	≥0.15	≥0.06			≥0.15	
70℃,48 h后尺寸变化率/%	≤2.0	≤5.0	≤0.5		≤5	
吸水率/%	≤1.5	≤6	≤0.5		≤3	
外观质量	板的外形基本平整，无严重凹凸不平，厚度允许偏差为5%且不大于4 mm					

（2）防水材料

倒置式保温防水屋面主防水层（保温层之下的防水层）应选用合成高分子防水材料和中高档高聚物改性沥青防水卷材，也可选用改性沥青涂料与卷材复合防水，不宜选用刚性防水材料和松散憎水性材料，如防水宝、拒水粉等，也不宜选用胎基易腐烂的防水材料和易腐烂的涂料加筋布等。

屋面工程所采用的防水材料应有材料质量证明文件，优先选用省部级推广和认可的产品，确保其质量符合技术要求。材料进场后，施工单位应按规定取样复验并提交试验报告，严禁在工程中使用不合格的材料。

2．施工准备

（1）技术准备

防水保温工程施工应编制专项施工方案或技术方案，掌握施工图中的细部构造及有关技术要求，并根据施工方案进行技术交底，详细交代施工部位、构造做法、细部构造、技术要求、安全措施、质量要求和检验方法等。

（2）材料准备

屋面工程负责人应根据设计要求，按面积计算各种材料的总用量，防水材料应在抽检合格后方准许使用。

现场应准备足够的高压吹风机、平铲、扫帚、滚刷、压辊、剪刀、墙纸刀、卷尺、粉线包及灭火器等施工机具或设施，并保证完好。

（3）结构基层

防水层施工前，基层必须干净、干燥，表面不得有酥松、起皮、起砂现象。

3. 施工工艺

（1）工艺流程

基层清理检查、工具准备、材料检验→节点增强处理→防水层施工、检验→保温层铺设、检验→现场清理→保护层施工→验收。

（2）防水层施工

根据不同的材料采用相应的施工方法和工艺。

（3）保温层施工

保温材料可以直接干铺或用专用黏结剂粘贴，聚苯板不得选用溶剂型胶黏剂粘贴。保温材料接缝处可以是平缝也可以是企口缝，接缝处可以灌入密封材料以连成整体。块状保温材料的施工应采用斜缝排列，以利于排水。

当采用现喷硬泡聚氨酯保温材料时，要在成型的保温层面进行分格处理，以减少收缩开裂。大风天气和雨天不得施工，同时注意喷施人员的劳动保护。

（4）面层施工

① 上人屋面。

a. 采用 40～50 mm 厚钢筋细石混凝土做面层时，应按刚性防水层的设计要求进行分格缝的节点处理。

b. 采用混凝土块材上人屋面保护层时，应用水泥砂浆坐浆平铺，板缝用砂浆勾缝处理。

② 不上人屋面。

a. 当屋面为非功能性上人屋面时，可采用平铺预制混凝土板的方法进行压埋，预制板要有一定强度，厚度也应小于 30 mm。

b. 选用卵石或砂砾做保护层时，其直径应为 20～60 mm，铺埋前，应先铺设 250 g/m² 的聚酯纤维无纺布或油毡等隔离，再铺埋卵石，并注意雨水口的畅通。压置物的质量应保证最大风力时保温板不被刮起，并保证保温层在积水状态下不浮起。

c. 聚苯乙烯保温层不能直接接受太阳照射，以防紫外线照射导致其老化，还应避免其与溶剂接触和在高温环境下（80 ℃以上）使用。

❷ 单元小结

本单元主要学习了膨胀聚苯薄抹灰外墙外保温体系、外贴式聚苯板外墙外保温系统、大模内置无网保温系统、外墙保温砂浆等墙体节能工程施工工艺，以及普通保温工程、倒置保温工程等屋面保温工程施工工艺。

➡ 习 题

9-1 简述膨胀聚苯薄抹灰外墙外保温体系施工工艺流程。

9-2 简述外贴式聚苯板外墙外保温系统施工工艺流程。

9-3 简述大模内置无网保温系统施工工艺流程。

9-4 简述外墙保温砂浆施工工艺流程。

9-5 简述普通屋面保温工程施工工艺流程。

9-6 简述倒置式屋面保温工程施工工艺流程。

单元 10   建筑装饰工程施工

【学习目标】
　　(1)掌握抹灰工程的分类,各种抹灰的构造及各构造层的作用,了解各种抹灰工具及其作用,熟悉一般抹灰、装饰抹灰的施工工艺。
　　(2)了解各种门窗的安装固定方法。
　　(3)掌握吊顶的组成,熟悉吊顶的施工方法,了解吊顶材料与隔墙材料的种类及施工方法。
　　(4)了解饰面工程的材料种类,熟悉各种板材安装、面砖镶贴的施工方法,了解饰面工程施工机具的种类及功能。
　　(5)熟悉楼地面的构造组成、分类,了解楼地面基层处理及垫层施工方法,熟悉面层施工方法(水磨石、混凝土、水泥砂浆、块材等)。
　　(6)了解涂料、刷浆工程施工机具及材料种类,熟悉涂料工程施工工序及方法,了解刷浆工程的施工工序及方法,熟悉裱糊工程的工艺流程及施工方法。

10.1   常用施工机具

5分钟看完本单元

10.1.1   木结构施工机具

1. 电动圆锯

电动圆锯(图 10-1)又称木材切割机,主要用于切割木夹板、木方条、装饰板等。施工时,常把电动圆锯反装在工作台面下,并使圆锯片从工作台面的开槽处伸出台面,以便切割木板和木方。

使用电动圆锯时,双手握稳电锯,开动手柄上的电钮,让其空转至正常速度,再进行锯切工作。操作者应戴防护眼镜或把头偏离锯片径向范围,以免木屑乱飞击伤眼睑。

图 10-1　电动圆锯

2. 电动曲线锯

电动曲线锯(图 10-2)又称为电动线锯、垂直锯、直锯机、线锯机等。它由电动机、往复机构、机壳、开关、手柄、锯条等零件组成。电动曲线锯可以在金属、木材、塑料、橡胶皮条、泡沫塑料板等材料上切割直线或曲线,锯割形状复杂和曲率半径小的几何图形。锯条可分为粗齿、中齿、细齿三种,其中粗齿锯条适用于锯割木材,中齿锯条适用于锯割有色金属板材、层压板,细齿锯条适用于锯割钢板。

电动曲线锯锯割前应根据加工件的材料种类选取合适的锯条。若在锯割薄板时发现工件有反跳现象,表明锯齿太大,应调换细齿锯条。锯割时向前推力不能太猛,转角半径不宜小于 50 mm。若卡住应立刻切断电源,退出锯条再进行锯割。在锯割时不能将曲线锯任意提起,以防损坏锯条。使用过程中,发现不正常声响、火花过大、外壳过热、不运转或运转过慢时,应立即停锯,检查修复后再用。

3. 电刨

电刨(图 10-3)又称手提式电刨、木工电刨,主要由电机、刨刀、刨刀调整装置和护板等组成,主要用于刨削木材或木结构件。开关带有锁定装置并附有台架的电刨,还可以翻转固定于台架上,作小型台刨使用。

图 10-2　电动曲线锯　　　　　　　　　图 10-3　电刨

电刨使用前,要检查电刨的各部件完好和绝缘情况,确认没有问题后方可投入使用。

操作时,双手前后握刨,推刨时,平稳、匀速向前移动,刨到工件尽头时应将机身提起,以免损坏刨好的工件表面。

4. 电动木工修边机

电动木工修边机也称倒角机,如图 10-4 所示,由马达、刀头及可调整角度的保护罩组成,配用各种成形铣刀,用于对各种木质工件的边棱或接口处进行整平、斜面加工或图形切割、开槽等。

使用时应用手正确把握,沿着加工件匀速运动,速度不宜太快;按事先的边线进行操作,以免损坏物件,使用后应切断电源,清除灰尘。

5. 电动、气动打钉枪

电动、气动打钉枪用于在木龙骨上钉木夹板、纤维板、刨花板、石膏板等板材和各种装饰木线条。

电动打钉枪(图 10-5)插入 220 V 电源插座就可直接使用。气动打钉枪需与气泵连接。操作时用钉枪嘴压在需钉接处,再按下开关即可把钉子压入所钉面材内。

图 10-4　电动木工修边机

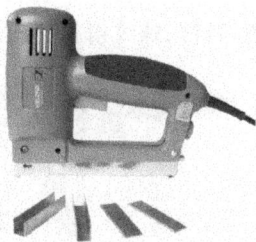

图 10-5　电动打钉枪

10.1.2　金属结构施工机具

1. 型材切割机

型材切割机(图 10-6)可分为单速型材切割机和双速型材切割机两种,它主要由电动机、切割动力头、变速机构、可转夹钳、砂轮片等部件组成,用于切割金属型材。它根据砂轮磨损原理,利用高速旋转的薄片砂轮进行切割,也可改换合金锯片切割木材、硬质塑料等,多用于金属内、外墙板、铝合金门窗、吊顶等装饰装修工程施工。

操作时用锯板上的夹具夹紧工件,按下手柄使砂轮片轻轻接触工件,平稳匀速地进行切割。因切割时有大量火星,须注意远离木器、油漆等易燃物品。

2. 电动角向磨光机

电动角向磨光机(图 10-7)是供磨削用的电动工具。它主要由电机、传动机构、磨头和防护罩等组成,用于对金属型材进行磨光、除锈、去毛刺等作业,使用范围比较广泛。

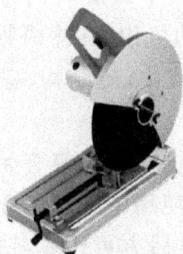

图 10-6　型材切割机

图 10-7　电动角向磨光机

磨光机使用的砂轮,必须是增强纤维树脂砂轮,安全线速度不小于 80 m/s。使用的电缆和插头具有加强绝缘性能,不能任意用其他导线和插头更换或接长。操作时用双手平握住机身,再按下开关。用砂轮片的侧面轻触工件,并平稳地向前移动,磨到尽头时应提起机身,不可在工件上来回推磨,以免损坏砂轮片。电动角向磨光机转速很快,振动大,应保持磨光机的通风畅通、清洁,应经常清除油垢和灰尘。

3. 射钉枪

射钉枪是一种直接完成型材安装固定技术的工具,如图 10-8 所示。它主要由活塞、弹膛组件、击针、击针弹簧及枪体外套等部分组成。在装饰工程施工中,由枪击发射钉弹,以弹内燃料的能量将各种射钉直接钉入钢铁、混凝土或砖砌体等材料中去。射钉种类主要有一般射钉、螺纹射钉、带孔射钉三种。

图 10-8　射钉枪

使用射钉枪前要认真检查枪的完好程度,操作者最好是经过专门训练的人员。射击的基体必须稳固、坚实,并且有抵抗射击冲力的刚度。扣动扳机后如发现子弹不发火,应再次按于基体上扣动扳机,如仍不发火,应保持原射击位置数秒后,再来回拉伸枪管,使下一颗子弹进入枪膛,并扣动扳机。

10.1.3　钻孔机具

1. 轻型手电钻

轻型手电钻(图 10-9)又称手枪钻、手电钻、木工电钻,是用来对材料或工件进行小孔

图 10-9　轻型手电钻

径钻孔的电动工具,主要用于对木材、塑料件、金属件等钻孔。操作时,注意钻头应垂直平稳进给,防止跳动和摇晃。要经常清除钻头旋出的木渣,以免钻头扭断在工件中。

2. 冲击电钻

冲击电钻是带冲击的、可调节式旋转的特种电钻。冲击电钻由单相串激式电机、传动机构、旋冲调节机构及壳体等部分组成,主要用于混凝土结构、砖结构、瓷砖地砖的钻孔,以便安装膨胀螺栓或木楔。

使用前,应检查冲击电钻的完好情况,包括机体、绝缘、电线、钻头等有无损坏。根据冲击、旋转要求,调好调节开关,钻头垂直于工作面冲转。如使用中发现声音和转速不正常,要立即停机检查。使用后,及时进行保养。电钻旋转正常后方可作业,钻孔时不能用力过猛。使用双速电钻,一般钻小孔时用高速,钻大孔时用低速。

3. 电锤

电锤(图 10-10)主要由单相串激式电机、传动箱、曲轴、连杆、活塞机构、保险离合器、刀夹机构、手柄等组成,主要用于混凝土等结构表面剔、凿和打孔作业。作为冲击钻使用时,则用于门窗、吊顶和设备安装中的钻孔,埋置膨胀螺栓。

使用电锤打孔时,首先要保证电源的电压与品牌中的规定相符,电锤各部件紧固螺钉必须牢固;根据钻孔开凿情况选择合适的钻头,并安装牢靠。操作时工具必须垂直于工作面,不允许工具在孔内左右摆动,以免扭坏工具。电锤多为断续工作制,切勿长期连续使用,以免烧坏电动机。

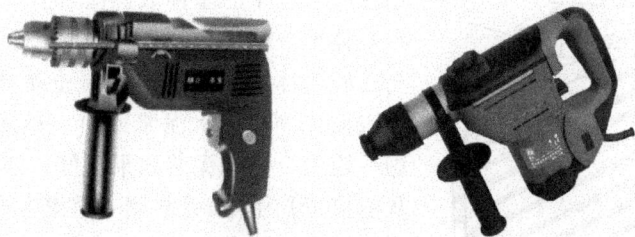

图 10-10　电锤

10.2　抹 灰 工 程

10.2.1　抹灰工程的分类和组成

1. 抹灰工程分类

抹灰工程分一般抹灰和装饰抹灰两大类。一般抹灰有石灰砂浆、水泥石灰砂浆、水泥砂浆、聚合物水泥砂浆以及麻刀灰、纸筋灰、石膏灰等；按使用要求、质量标准和操作工序不同，又分为普通抹灰、中级抹灰和高级抹灰。装饰抹灰有水刷石、水磨石、斩假石（剁斧石）、干黏石、拉毛灰、洒毛灰以及喷砂、喷涂、滚涂、弹涂等。

2. 抹灰的组成

一般抹灰工程施工是分层进行的，以利于抹灰牢固、抹面平整和保证质量。如果一次抹得太厚，由于内外收水速度不同，容易出现干裂、起鼓和脱落现象。

① 底层。底层主要起与基层的黏结和初步找平作用。底层所使用材料随基层不同而异，室内砖墙面常用石灰砂浆、水泥石灰混合砂浆；室外砖墙面和有防潮、防水要求的内墙面常用水泥砂浆或混合砂浆；对混凝土基层宜先刷素水泥浆一道，采用混合砂浆或水泥砂浆打底，更易于黏结牢固，而高级装饰工程的预制混凝土板顶棚宜用 108 水泥砂浆打底；木板条、钢丝网基层等，用混合砂浆、麻刀灰和纸筋灰并将灰浆挤入基层缝隙内，以加强拉结。

② 中层。中层主要起找平作用。使用砂浆的稠度为 70～80 mm，根据基层材料的不同，其做法基本上与底层的做法相同。中层抹灰按照施工质量要求可一次抹成，也可分遍进行。

③ 面层。面层主要起装饰作用，所用材料根据设计要求的装饰效果而定。室内墙面及顶棚抹灰，常用麻刀灰或纸筋灰；室外抹灰常用水泥砂浆或做成水刷石等饰面层。

10.2.2　抹灰基体的表面处理

为保证抹灰层与基体之间能黏结牢固，不致出现裂缝、空鼓和脱落等现象，在抹灰前基体表面上的灰土、污垢、油渍等应清除干净，基体表面凹凸明显的部位应事先剔平或用

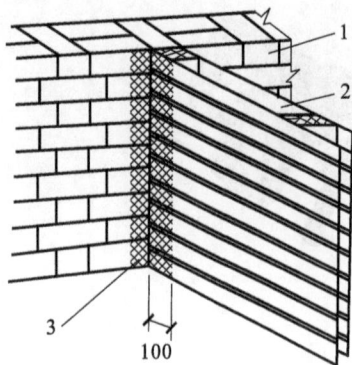

图 10-11　不同材料基体交接处的处理
1—砖墙；2—板条墙；3—钢丝网

水泥砂浆补平。基体表面应具有一定的粗糙度。砖石基体面灰缝应砌成凹缝式，使砂浆能嵌入灰缝内与砖石基体黏结牢固。混凝土基体表面较光滑，应在表面先刷一道水泥浆或喷一道水泥砂浆疙瘩，如刷一道聚合物水泥浆效果更好。加气混凝土表面抹灰前应清扫干净，并需刷一道聚合物胶水溶液，然后才可抹灰。板条墙或板条顶棚，各板条之间应预留 8~10 mm 缝隙，以便底层砂浆能压入板缝内结合牢固，如图 10-11 所示。木结构与砖石结构、混凝土结构等相接处应先铺设金属网，并绷紧牢固。门窗框与墙连接处的缝隙应用水泥砂浆嵌塞密实，以防因振动而引起抹灰层剥落、开裂。

10.2.3　一般抹灰施工工艺

一般抹灰按表面质量的要求分为普通抹灰、中级抹灰和高级抹灰三级。外墙抹灰层的平均总厚度不得超过 20 mm，勒脚及突出墙面部分不得超过 25 mm。顶棚抹灰层的平均总厚度：现浇混凝土基体不得超过 15 mm，预制混凝土基体则不得超过 18 mm。严格控制抹灰层的厚度不仅是为了取得较好的技术经济效益，而且是为了保证抹灰层的质量。抹灰层过薄达不到预期的装饰效果，过厚则由于抹灰层自重增大，灰浆易下坠脱离基体导致出现空鼓，而且由于砂浆内、外干燥速度相差过大，表面易产生收缩裂缝。

1. 常用工具

一般抹灰常用的工具如图 10-12 所示。

① 木抹子，有圆头、方头两种，其作用是抹平压实灰层。

② 塑料抹子，是用硬质聚乙烯塑料做成的抹灰器具。其用途是压光纸筋灰等面层，有圆头、方头两种。

③ 铁抹子，用于抹底子灰层，有圆头、方头两种。

④ 钢抹子，因其较薄，弹性好，适用于抹平、抹光水泥砂浆面层。

⑤ 压板，适用于压光水泥砂浆面层和纸筋灰罩面等。

⑥ 阴角抹子，适用于压光阴角，分小圆角及尖角两种。

⑦ 阳角抹子，适用于压光阳角，分小圆角及尖角两种。

⑧ 捋角器，用于捋水泥抱角的素水泥浆。

⑨ 托灰板，用于作业时承托砂浆。

⑩ 挂线板，主要用来挂垂直线，板上附有带线锤的标准线。

⑪ 方尺，用来测量阴、阳角方正。

⑫ 八字靠尺及钢筋卡子，用来做棱角。钢筋卡子用来卡八字靠尺，常用直径为 8 mm 的钢筋加工而成。

⑬ 刮尺，即木杠，有长杠、中杠、短杠三种。一般长杠长度为 250~350 mm，适用于冲

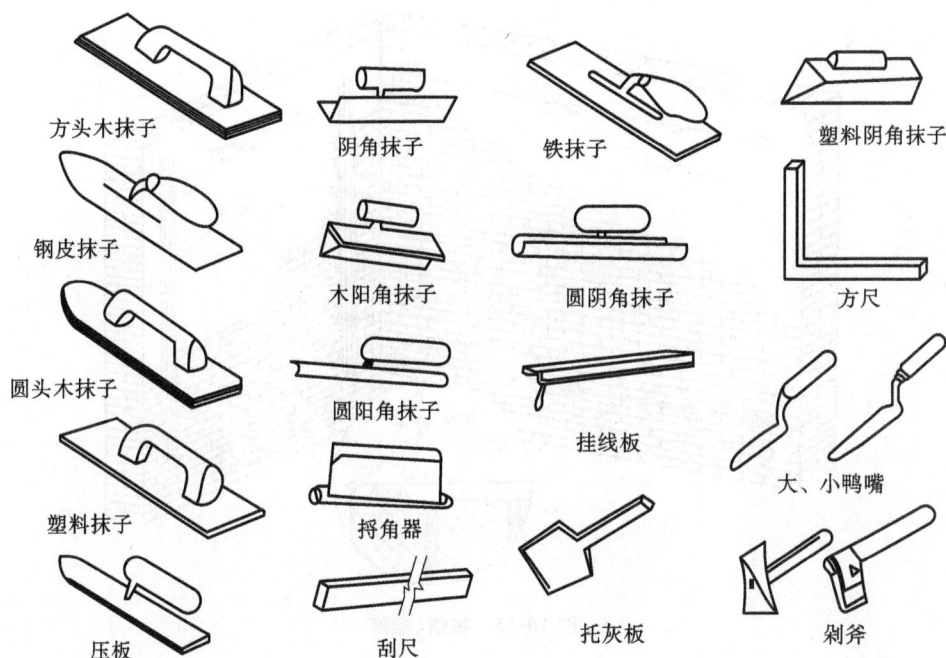

图 10-12　常用抹灰工具

筋;中杠长度为 200～250 mm,短杠长度为 150 mm,用来刮平墙面和地面。

⑭　剁斧,用来剁砖石和清理混凝土基层。

⑮　筛子,用来筛分砂子,去除块状杂物。常用筛孔直径有 10 mm、8 mm、5 mm、3 mm、1.5 mm、1 mm 六种。

⑯　尼龙线,用来拉直线。

2. 施工工艺

一般抹灰随抹灰等级的不同,其施工工序也有所不同。普通抹灰只要求分层涂抹、走平、修整、表面压光。中级抹灰则要求阳角找方、设置标筋、分层涂抹、赶平、修整、表面压光。高级抹灰要求阴、阳角找方、设置标筋、分层涂抹、赶平、修整、表面压光等。一般抹灰的施工工艺如下。

(1) 设置标筋

为了有效地控制墙面抹灰层的厚度与垂直度,使抹灰面平整,抹灰层涂抹前应设置标筋(又称冲筋),作为底、中层抹灰的依据。

设置标筋时,先用托线板检查墙面的平整、垂直程度,据以确定抹灰厚度(最薄处不宜小于 7 mm),再在墙两边上角离阴角边 100～200 mm 处按抹灰厚度用砂浆各做一个方形(边长约 50 mm)标准块,称为"灰饼",然后根据这两个灰饼,用托线板或线锤吊挂垂直,做墙面下角的两个灰饼(高低位置一般在踢脚线上口),随后以上角和下角左、右两灰饼面为准拉线,每隔 1.2～1.5 m 上、下加做若干灰饼。待灰饼稍干后在上、下灰饼之间用砂浆抹上一条宽 100 mm 左右的垂直灰埂,此即为标筋,作为抹底层及中层的厚度控制和赶平的标准,如图 10-13 所示。

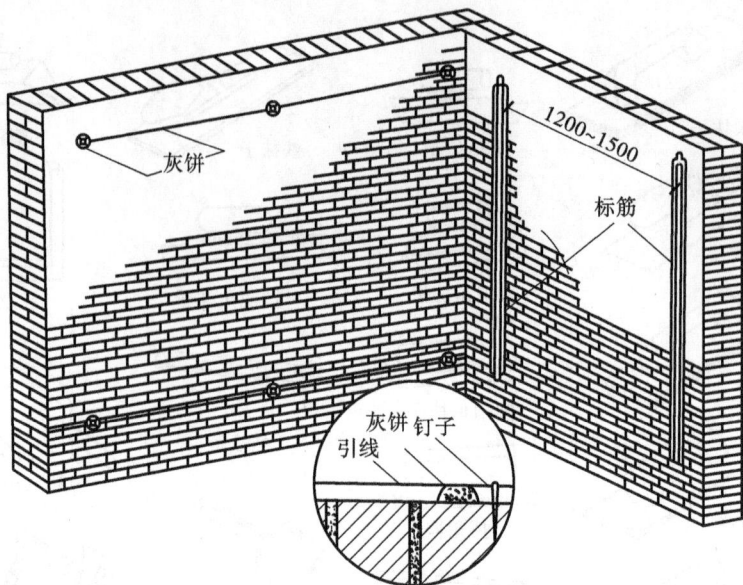

图 10-13　灰饼、标筋

　　顶棚抹灰一般不做灰饼和标筋,而是在靠近顶棚四周的墙面上弹一条水平线以控制抹灰层厚度,并作为抹灰找平的依据。

　　(2) 做护角

　　室外内墙面、柱面和门窗洞口的阳角抹灰要求线条清晰、挺直,并防止碰坏,故该处用 1:2 水泥砂浆做护角,砂浆收水稍干后,用捋角器抹成小圆角。

　　(3) 抹灰层的涂抹

　　当标筋稍干后,即可进行抹灰层的涂抹。涂抹应分层进行,以免一次涂抹厚度较厚,浆内外收缩不一致而导致开裂。一般涂抹水泥砂浆时,每遍厚度以 5~7 mm 为宜;涂抹石灰砂浆和水泥混合砂浆时,每遍厚度以 7~8 mm 为宜。

　　分层涂抹时,应防止涂抹后一层砂浆时破坏已抹砂浆的内部结构而影响与前一层的黏结,应避免几层湿砂浆合在一起造成收缩率过大,导致抹灰层开裂、空鼓。因此,水泥砂浆和水泥混合砂浆应待前一层抹灰层凝结后,方可涂抹后一层;石灰砂浆应待前一层发白(约七八成干)后,方可涂抹后一层。抹灰用的砂浆应具有良好的工作性(和易性),以便于操作。砂浆稠度一般宜控制为:底层抹灰砂浆 100~120 mm,中层抹灰砂浆 70~80 mm。底层砂浆与中层砂浆的配合比应基本相同。中层砂浆强度不能高于底层,底层砂浆强度不能高于基体,以免砂浆在凝结过程中产生较大的收缩应力,破坏强度较低的抹灰底层或基体,导致抹灰层产生裂缝、空鼓或脱落。另外底层砂浆强度与基体强度相差过大时,由于收缩变形性能相差悬殊也易产生开裂和脱离,故混凝土基体上不能直接抹石灰砂浆。为使底层砂浆与基体黏结牢固,抹灰前基体一定要浇水湿润,以防止基体过干而吸去砂浆中的水分,使抹灰层产生空鼓或脱落。砖基体一般宜浇水 2 遍,使砖面渗水深度达 8~10 mm。混凝土基体宜在抹灰前一天浇水,使水渗入混凝土表面 2~3 mm。如果各层抹灰相隔时间较长,已抹灰砂浆层较干时,也应浇水湿润,才可抹下一层砂浆。

抹灰层除用手工涂抹外,还可利用机械喷涂。机械喷涂抹灰将砂浆的拌制、运输和喷涂三者有机地衔接起来。

(4)罩面压光

室内常用的面层材料有麻刀石灰、纸筋石灰、石膏灰等,应分层涂抹,每遍厚度为 1～2 mm,经赶平压实后,面层总厚度对于麻刀石灰不得大于 3 mm,对于纸筋石灰、石膏灰不得大于 2 mm。罩面时应待底子灰五六成干后进行,如底子灰过干应先浇水湿润,分纵横 2 遍涂抹,最后用钢抹子压光,不得留抹纹。

室外抹灰常用水泥砂浆罩面。由于面积较大,为了不显接茬,防止抹灰层收缩开裂,一般应设有分格缝,留槎位置应留在分格缝处。由于大面积抹灰罩面抹纹不易压光,在阳光照射下极易显露而影响墙面美观,故水泥砂浆罩面宜用木抹子抹成毛面。为防止色泽不均匀,应用同一品种与规格的原材料,由专人配料,采用统一配合比,底层浇水要均匀,干燥程度基本一致。

10.2.4　装饰抹灰施工工艺

装饰抹灰与一般抹灰的区别在于两者具有不同的装饰面层,其底层和中层的做法基本相同。按装饰面层的不同,装饰抹灰的种类有水刷石、水磨石、斩假石、干黏石、拉毛灰、洒毛灰、拉条灰、假面砖、喷砂、喷涂、滚涂、弹涂等。

1. 水刷石

水刷石主要用于室外的装饰抹灰。对于高层建筑大面积水刷石,为加强底层与混凝土基体的黏结,防止空鼓、开裂,墙面要加钢筋做拉结网。为防止大面积水刷石开裂,需适当分格,施工时按设计要求在抹灰中层表面弹出分格线,粘贴分格条。

水刷石施工时,先将已硬化的 1∶3 水泥砂浆中层(一般为 12 mm 厚)表面浇水湿润,再薄刮一层素水泥浆(水灰比为 0.37～0.40),厚度约为 1 mm,以便面层与中层结合牢固,随即抹水泥石子浆。水泥石子浆的配合比视石子粒径大小而定,如为大八厘石子(粒径为 8 mm),则水泥与石子的比例约为 1∶1(体积比,下同);中八厘石子(粒径为 6 mm)为 1∶1.25;小八厘石子(粒径为 4 mm)为 1∶1.5。其基本要求是以水泥用量正好能填满石子之间的空隙,便于抹压密实为原则,水泥用量不宜偏多。水泥石子浆的稠度以50～70 mm 为宜。面层厚度一般为石子粒径的 2.5 倍,故用大八厘石子时厚度约为 20 mm,中八厘石子时约为 15 mm,小八厘石子时约为 10 mm。

抹水泥石子浆时,应随抹随用铁抹子用力压实、压平。当水泥石子浆开始凝固时(大致是以手指按上去无指痕,用刷子刷石子,石子不掉下为准),便可进行刷洗,用刷子从上而下蘸水刷掉石子间表层水泥浆,使石子露出灰浆面 1～2 mm 为度。刷洗时间要严格掌握,刷洗过早或过度,则石子颗粒露出灰浆面过多,容易脱落;刷洗过晚,则灰浆洗不净,石子不显露,饰面浑浊不清晰,影响美观。

水刷石的外观质量应满足以下要求:石粒清晰、分布均匀、紧密平整、色泽一致、不得有掉粒和接茬痕迹。

2. 水磨石

水磨石具有整体性好、耐磨不起灰、光滑美观,可根据设计要求制成各种图案,装饰效果好等优点。其按装饰效果可分为普通水磨石和美术水磨石,按施工方法分有预制和现浇两种。白色或浅色的水磨石面层应采用白水泥,深色的水磨石面层宜采用硅酸盐水泥、普通水泥或矿渣水泥,同颜色的面层应使用同一批水泥,以保证面层色泽一致。水磨石面层所用的石粒应采用质地密实、磨面光亮但硬度不太高的大理石、白云石、方解石加工而成,硬度过高的石英岩、长石、刚玉等不宜采用,石粒粒径规格习惯上用大八厘、中八厘、小八厘、米粒石来表示。颜料对水磨石面层的装饰效果有很大影响,应采用耐光、耐碱和着色力强的矿物颜料;颜料的掺入量对面层的强度影响也很大,面层中颜料的掺入量宜为水泥质量的 3%～6%。同时不得使用酸性颜料,因其与水泥中的水化产物氢氧化钙起作用,使面层易产生变色、褪色现象。常用的矿物颜料有氧化铁红(红色)、氧化铁黄(黄色)、氧化铁绿(绿色)、氧化铁棕(棕色)、群青(蓝色)等。

现浇水磨石施工时,在 1:3 水泥砂浆底层上洒水湿润,刮一层水泥浆(厚 1～1.5 mm)作为黏结层,找平后按设计要求布置并固定分格嵌条(铜条、铝条、玻璃条),随后将不同色彩的水泥石子浆[水泥:石子＝1:(1～1.25)]填入分格中,厚度为 8 mm(比嵌条高出 1～2 mm),抹平压实。待罩面灰有一定强度(1～2 d)后,用磨石机浇水开磨至光滑发亮为止。每次磨光后,用同色水泥浆填补砂眼,视环境温度不同每隔一定时间再磨第二遍、第三遍,要求磨光遍数不少于 3 遍,补浆 2 次,此即所谓“二浆三磨”法。最后,有的工程还要求用草酸擦洗并打蜡。

3. 斩假石

斩假石又称剁斧石,是仿制天然石料的一种饰面,用不同的骨料或掺入不同的颜料,可以仿制成仿花岗石、玄武石、青条石等。施工时先用 1:(2～2.5)水泥砂浆打底,待24 h 后浇水养护,硬化后在表面洒水湿润,刮素水泥浆一道,随即用 1:1.25 水泥石子浆(内掺 30%石屑)罩面,厚度为 10 mm;抹完后要注意防止日晒或冰冻,并养护 2～3 d(强度达 60%～70%)即可试剁,如石子颗粒不发生脱落便可正式斩假加工;加工时用剁斧将面层斩毛,剁的方向要一致,剁纹深浅要均匀,一般两遍成活,分格缝周边、墙角、柱子的棱角周边留 15～20 mm 不剁,即可做出似用石料砌成的装饰面。

4. 干黏石

先在已经硬化的厚度为 12 mm 的 1:3 水泥砂浆底层上浇水湿润,再抹上一层厚度为 6 mm 的 1:(2～2.5)的水泥砂浆中层,随即紧跟抹厚度为 2 mm 的 1:0.5 水泥石灰膏浆黏结层,同时将配有不同颜色的(或同色的)小八厘石碴略掺石屑后甩黏拍平压实在黏结层上。拍平压实石子时,不得把灰浆拍出,以免影响美观,待有一定强度后洒水养护。

有时可用喷枪将石子均匀有力地喷射于黏结层上,用铁抹子轻轻压一遍,使表面搓平。如在黏结砂浆中掺入 108 胶或其他聚合物胶乳,则可使黏结层砂浆抹得更薄,石子粘得更牢。

5. 拉毛灰和洒毛灰

拉毛灰是将底层用水湿透,抹上 1：(0.05～0.3)：(0.5～1)水泥石灰罩面砂浆,随即用硬棕刷或铁抹子进行拉毛。棕刷拉毛时,用刷蘸砂浆往墙上连续垂直拍拉,拉出毛头。铁抹子拉毛时,则不蘸砂浆,只用抹子黏结在墙面随即抽回,要做到拉得快慢一致、均匀整齐、色泽一致、不露底,在一个平面上要一次成活,避免中断留槎。

洒毛灰(又称撒云片)是用茅草小帚蘸 1：1 水泥砂浆或 1：1：4 水泥石灰砂浆,由上往下洒在湿润的底层上,洒出的云朵须错乱多变、大小相称、空隙均匀,形成大小不一而有规律的毛面。亦可在未干的底层上刷上颜色,再不均匀地洒上罩面灰,并用抹子轻轻压平,使其部分地露出带色的底子灰,使洒出的云朵具有浮动感。

6. 喷涂饰面

喷涂饰面是用喷枪将聚合物砂浆均匀喷涂在底层上。此种砂浆由于掺入聚合物乳液因而具有良好的和易性及抗冻性,能提高装饰面层的表面强度与黏结强度。通过调整砂浆的稠度和喷射压力,可喷成砂浆饱满、波纹起伏的"波面",或表面不出浆而满布细碎颗粒的"粒状",亦可在表面涂层上喷以不同色调的砂浆点,形成"花点套色"。

7. 滚涂饰面

滚涂饰面是将带颜色的聚合物砂浆均匀涂抹在底层上,随即用平面或带有拉毛、刻有花纹的橡胶、泡沫塑料滚子,滚出所需的图案和花纹。其分层做法为:以 10～13 mm 厚水泥砂浆打底,木抹搓平,粘贴分格条(施工前在分格处先刮一层聚合物水泥浆,滚涂前将涂有聚合物胶水溶液的电工胶布贴上,等饰面砂浆收水后揭下胶布);用 3 mm 厚色浆罩面,随抹随用辊子滚出各种花纹;待面层干燥后,喷涂有机硅水溶液。

8. 弹涂饰面

彩色弹涂饰面是用电动弹力器将水泥色浆弹到墙面上,形成 1～3 mm 的圆状色点。由于色浆一般由 2～3 种颜色组成,不同色点在墙面上相互交错、相互衬托,犹如水刷石、干黏石,亦可做成单色光面、细麻面、小拉毛拍平等多种形式。这种工艺可在墙面上做底灰,再做弹涂饰面,也可直接弹涂在基层平整的混凝土板、加气板、石膏板、水泥石棉板等板材上。其施工流程为:基层找平修正或做砂浆底灰→调配色浆刷底色→弹力器做头道色点→弹力器做二道色点→弹力器局部找均匀→树脂罩面防护层。

10.3　饰　面　工　程

饰面工程是指把饰面材料镶贴或安装到基体表面上以形成装饰层的施工工作。饰面材料的种类有很多,但基本上可分为饰面砖和饰面板两大类。就施工工艺而言,前者以采用直接粘贴的镶贴工艺为主,后者以采用构造联结方式的安装工艺为主。

10.3.1　饰面砖镶贴工艺

饰面砖包括釉面砖、外墙面砖、陶瓷锦砖、玻璃锦砖等。饰面砖应镶贴在湿润、干净、平整的基层(找平层)上。为保证基层与基体黏结牢固,应对不同的基体采用不同的处理方法。

1. 釉面砖镶贴

(1) 材料质量要求

釉面砖正面挂釉,又叫瓷砖或釉面瓷砖,是用瓷土或优质陶土烧成。底胎均为白色,挂釉面有白色和其他颜色,可带有各种花纹和图案。其表面光滑、美观、易于清洗,且防潮耐碱,具有较好的装饰效果,多用于室内卫生间、厨房、浴室、水池、游泳池等处作为饰面材料。

釉面砖规格品种较多,常见的规格有 152 mm×152 mm、110 mm×110 mm、152 mm×75 mm 等,厚度一般为 5 mm 或 6 mm。在转弯及结束部位均另有阳角条、阴角条、压顶条等配件砖,或带有圆边的正方形或长方形砖。

釉面砖质量应满足下列要求:颜色均匀、尺寸一致,边缘整齐,棱角不得损坏,无缺釉、脱釉、裂纹、夹心及扭曲凹凸不平等现象,釉面砖的吸水率不得大于 18%,抗折强度应达 2~4 MPa,以保证镶贴后不致发生后期开裂现象。

(2) 镶贴工艺

釉面砖镶贴前应经挑选,使规格、颜色一致,并在清水中浸泡(以瓷砖吸足水不冒泡为止)后阴干备用。基层应扫净,浇水湿润,用 7~10 mm 厚水泥砂浆打底,找平划毛。打底后养护 1~2 d 方可镶贴。

镶贴前应找好规矩,按砖实际尺寸弹出横、竖控制线,定出水平标准和皮数,进行预排。排列方法有直缝排列和错缝排列两种。接缝宽度应符合设计要求,一般宽度为 1~1.5 mm。然后用废瓷砖按黏结层厚度用混合砂浆贴灰饼,找出规矩,灰饼间距一般为1.5~1.6 m。阳角处要两面挂直。

镶贴时先浇水湿润底层,根据弹线稳好平尺板,作为镶贴第一皮瓷砖的依据。贴时一般从阳角开始,由下往上逐层粘贴,使不成整块的留在阴角。总之,先贴阳角大面,后贴阴角、凹槽等难度较大的部位。如墙面有突出的管线、灯具、卫生器具支承物,应用整砖套割吻合,不得用非整砖拼凑镶贴。

采用掺聚合物的水泥砂浆做黏结层可以抹一行贴一行,其他均应将黏结砂浆均匀刮抹在瓷砖背面,逐块进行粘贴。聚合物水泥砂浆应随调随用,全部工作宜在 3 h 内完成。镶贴后的每块瓷砖,当采用混合砂浆黏结层时,可用小铲把轻轻敲击;当采用聚合物水泥砂浆黏结层时,可用手轻压,并用橡皮锤轻轻敲击,使其与基层黏结密实牢固,并用靠尺随时检查平直方正情况,修正缝隙。凡遇缺灰、黏结不密实等情况,应取下瓷砖重新粘贴,不得在砖口处塞灰,以防止空鼓。

室外接缝应用聚合物水泥浆或砂浆嵌缝,室内接缝宜用与釉面瓷砖相同颜色的石灰膏(非潮湿房间)或水泥浆嵌缝。待整个墙面与嵌缝材料硬化后,根据不同污染情况,用棉丝、砂纸清理或用稀盐酸刷洗,然后用清水冲洗干净。

2. 陶瓷锦砖镶贴

（1）材料质量要求

陶瓷锦砖旧称"马赛克"，是以优质瓷土烧制而成的小块瓷砖，有挂釉与不挂釉两种，目前以不挂釉者为多。其规格尺寸有 19 mm×19 mm、39 mm×39 mm 正方形的，39 mm×19 mm 长方形的，每边 25 mm 六角形的及其他形状的，厚度一般为 4~5 mm，有白、粉红、深绿、浅蓝等各种颜色。由于其规格小，不宜分块铺贴，故出厂前工厂已按各种图案组合将陶瓷锦砖反贴在 314 mm 见方的护面纸上。陶瓷锦砖具有美观大方、拼接灵活、自重较轻、装饰效果好等特点，除用于地面外，还可用作室内、外墙面的饰面材料。

镶贴陶瓷锦砖时，根据已弹好的水平线稳定好平尺板，如图 10-14 所示。然后在已湿润的底子灰上刷素水泥浆一层，再抹 2~3 mm 厚 1∶3 水泥纸筋灰黏结层，并用靠尺刮平。陶瓷锦砖背面向上，将 2~3 mm 厚的 1∶0.2∶1 水泥石灰砂浆抹在背面，随即进行粘贴；然后用拍板依次拍实直至拍到水泥石灰砂浆填满缝隙为止；紧接着浇水湿润纸版，约半小时后轻轻揭掉，用小刀调整缝隙，用湿布擦净砖面。48 h 后用 1∶1 水泥砂浆勾大缝，其他小缝用素水泥浆擦缝，颜色按设计要求。

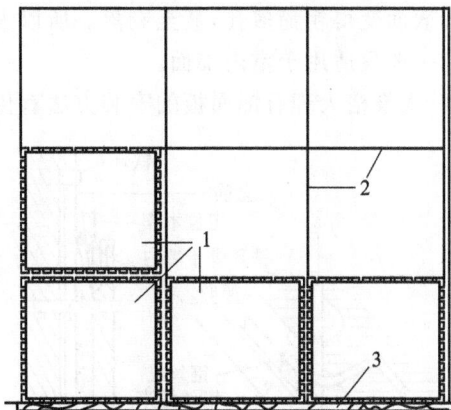

图 10-14　陶瓷锦砖镶贴示意图

1—陶瓷锦砖贴纸；2—陶瓷锦砖按纸版尺寸弹线分格（留出缝隙）；3—平尺板

陶瓷锦砖的质量要求是：尺寸、颜色一致，拼接在纸版上的图案应符合设计要求，纸版完整，颗粒齐全，间距均匀，边角整齐，吸水率不大于 2%，脱纸时间不大于 40 min。

（2）镶贴工艺

陶瓷锦砖镶贴前，应按照设计图案要求及图纸尺寸核实墙面的实际尺寸，根据排砖模数和分格要求，绘制出施工大样图，加工好分格条，并对陶瓷锦砖统一编号，便于镶贴时对号入座。基层上用厚 10~12 mm 的 1∶3 水泥砂浆打底，找平划毛，洒水养护。镶贴前弹出水平、垂直分格线，找好规矩，然后在湿润的底层上刷素水泥浆一道，再抹一层厚 2~3 mm 的 1∶0.3 水泥纸筋灰或厚 3 mm 的 1∶1 水泥砂浆黏结层，用靠尺刮平、抹子抹平。同时将锦砖底面朝上铺在木垫板上，缝里灌 1∶2 水泥砂浆并用软毛刷刷净底面浮砂，再在底面上薄涂一层黏结灰浆，然后逐张拿起，按平尺板上口沿线由下往上对齐接缝粘贴于墙上。粘贴时应仔细拍实使其表面平整。待水泥砂浆初凝后，用软毛刷将护纸刷水润湿，约半小时后揭纸，并检查缝的平直大小，校正拨直。粘贴 48 h 后，除了大缝用 1∶1 水泥砂浆嵌缝外，其他缝均用素水泥浆嵌平。待嵌缝材料硬化后用稀盐酸溶液刷洗，并随即用清水冲洗。

10.3.2　石材饰面板安装

石材饰面板可分为天然石饰面板和人造石饰面板两大类，前者有大理石、花岗石和青石板饰面板等,后者有预制水磨石、预制水刷石和合成石饰面板等。

小规格的饰面板(一般指边长不大于 400 mm,安装高度不超过 1 m)通常采用与釉面砖相同的粘贴方法安装,大规格的饰面板则通过采用联结件的固定方式来安装。

1. 大理石饰面板安装

大理石是一种变质岩,其主要成分是碳酸钙。纯粹的大理石呈白色,但因含有多种其他化学成分,通常呈灰、黑、红、黄、绿等各种颜色。当各种成分分布不均匀时,大理石的色彩花纹就丰富多变。经表面磨光后,纹理雅致、色泽鲜艳,是一种高级饰面材料。大理石在潮湿和含有硫化物的大气作用下,容易风化、溶蚀,使表面很快失去光泽,变色掉粉,表面变得粗糙多孔,甚至剥落。所以大理石除汉白玉、艾叶青等少数几种质地较纯者外,一般只适用于室内饰面。

大规格大理石饰面板的安装方法有传统的湿作业法和改进的湿作业法两种。

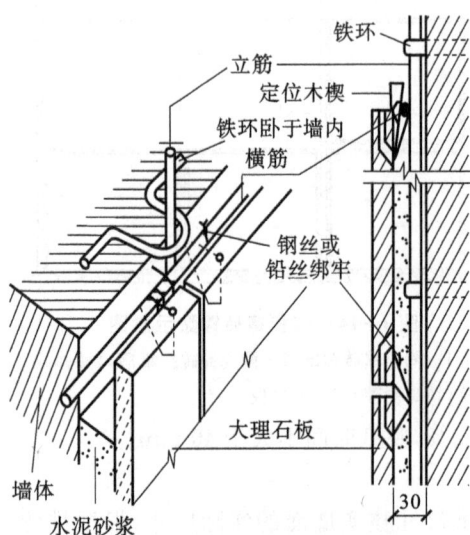

图 10-15 饰面板钢筋网片及安装方法

(1)传统的湿作业法安装

① 预拼及钻孔。安装前,先按设计要求在平地上进行试拼,校正尺寸,使宽度符合要求,线条平直均匀,并调整颜色、花纹,力求色调一致,上下左右纹理通顺。试拼后再分部位逐块按安装顺序予以编号,以便安装时对号入座。对已选好的大理石,还应进行钻孔剔槽,以便穿绑铜丝或不锈钢丝与墙面预埋钢筋网绑牢,固定饰面板。

② 绑扎钢筋网。如图 10-15 所示,首先剔出预埋筋,把墙面(柱面)清扫干净,先绑扎(或焊接)一道竖向钢筋,间距一般为 300 ~ 500 mm,并把绑好的竖筋用预埋筋弯压于墙面,并使其牢固。然后将横向钢筋与竖筋绑牢或焊接,以用来拴系大理石板材。若基体未预埋钢筋,可用电钻钻孔,埋设膨胀螺栓固定预埋垫铁,然后将钢筋网竖筋与预埋垫铁焊接,后绑扎横向钢筋。

③ 弹线。在墙(柱)面上分块弹出水平线和垂直线,并在地面上顺墙(柱)弹出大理石板外廓尺寸线。

④ 安装。从最下一层开始,两端用块材找平、找直,拉上横线,再从中间或一端开始安装。安装时,按部位编号取大理石板就位,先将下口铜丝绑在横筋上,再绑上口铜丝,用靠尺板靠直、靠平,并用木楔垫稳,再将铜丝系紧,保证板与板交接处四角平整。

⑤ 临时固定。石板安装垂直、平整、方正后,在石板表面横竖接缝处每隔 100 ~ 150 mm 用调成糊状的石膏浆(石膏中可掺加 20% 的白水泥以增加强度,防止石膏裂缝)予以粘贴,临时固定石板,使该层石板成一整体,以防止发生移位。

⑥ 灌浆。待石膏凝结、硬化后,即可用 1∶2.5 水泥砂浆(稠度一般为 100~150 mm)分层灌入石板内侧缝隙中,每层灌注高度为 150~200 mm,并不得超过石板高度的 1/3。

灌注后应插捣密实。只有待下层砂浆初凝后，才能灌注上层砂浆。如发生石板位移错动，应拆除重新安装。

⑦ 嵌缝。全部石板安装完毕，灌注砂浆达到设计强度标准值的 50% 后，即可清除所有固定石膏和余浆痕迹，用麻布擦洗干净，并用与石板相同颜色的水泥浆填抹接缝，边抹边擦干净，保证缝隙密实，颜色一致。大理石安装于室外时，接缝应用干性油腻子填抹。全部大理石板安装完毕后，表面应清洗干净。若表面光泽受到影响，应重新打蜡上光。

（2）改进的湿作业法安装

大理石饰面板传统的湿作业法安装工序多、操作较为复杂，易造成粘贴不牢、表面接槎不平整等质量缺陷，而且采用钢筋网连接也增加了工程造价。改进的湿作业法克服了传统工艺的不足，现已得到广泛应用。如图 10-16、图 10-17 所示，采用该法时，其施工准备、板材预拼编号等工序与传统工艺相同，其不同工序的施工要点如下。

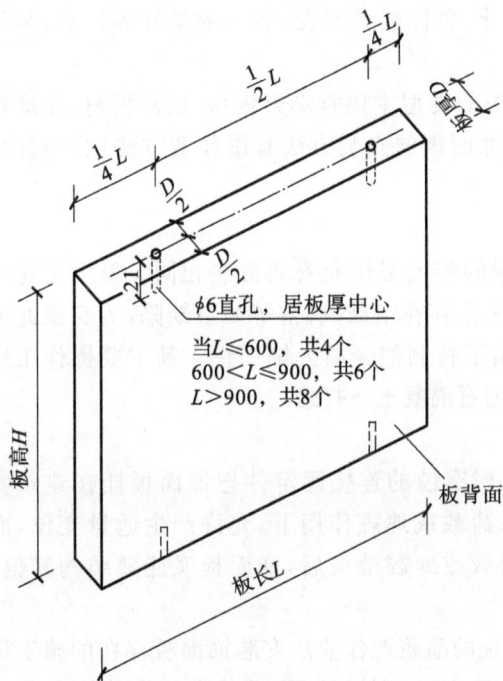

图 10-16　板材钻孔位置及数量示意图

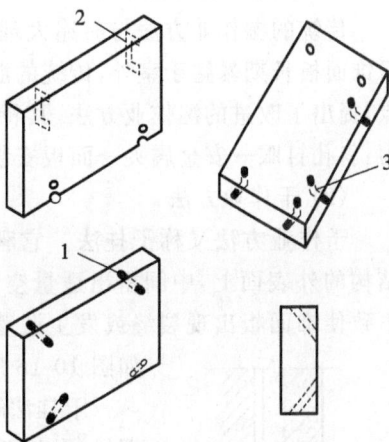

图 10-17　饰面板打眼示意图
1—板面打斜眼；2—板面打二面牛鼻子眼；
3—打三面牛鼻子眼

① 基体处理。大理石饰面板安装前，基体应清理干净，并用水湿润，抹上 1∶1 水泥砂浆（体积比）；砂子应采用中砂或粗砂。大理石板背面也要用清水刷洗干净，以提高其黏结力。

② 石板钻孔。将大理石饰面板直立固定于木架上，用手电钻在距板两端 1/4 处，于板厚度的中心钻孔，孔径为 6 mm，孔深为 35～40 mm。

③ 基体钻斜孔。用冲击钻按板材分块弹线位置，对应于板材上孔及下侧孔位置打45°斜孔，孔径为 6 mm，孔深为 40～50 mm。

④ 板材安装就位、固定。基体钻孔后,将大理石板安放就位,按板材与基体相距的孔距,用克丝钳子现场加工直径为 5 mm 的不锈钢"U"形钉,将其一端勾进大理石板材直孔内,并随即用硬木小楔楔紧,另一端勾进基体斜孔内,并拉线或用靠尺板及水平尺校正板上、下口及板面垂直度和平整度,并检查其与相邻板材接合是否严密,随后将基体斜孔内"U"形钉楔紧,接着用大木楔入板材与基体之间,以紧固"U"形钉。

大理石饰面板安装的质量要求是:表面光亮平整,纹理通顺,不得有裂缝、缺棱、掉角等缺陷;接缝平直、嵌缝严密、颜色一致;与基层黏结牢固,不得有空鼓现象。

2. 花岗石饰面板安装

天然花岗石是一种火成岩,主要由长石、石英和云母等组成,按其结晶颗粒大小可分为伟晶、粗晶和细晶三种。品质优良的花岗石结晶颗粒分布细而均匀,云母少而石英含量多。花岗石岩质坚硬密实、强度高,有深青、紫红、粉红、浅灰、纯黑等多种颜色,并有均匀的黑白点。它具有耐久性好、坚固不易风化、色泽经久不变、装饰效果好等优点,多用于室内外墙面、墙裙和楼地面等的装饰。

根据加工方法的不同,天然花岗石饰面板的类型主要有剁斧板材、机刨板材、粗磨板材、磨光板材 4 种。细磨抛光的镜面花岗石饰面板的安装方法有湿作业方法(分传统的与改进的)和干作业方法。

(1) 改进的湿作业方法

传统的湿作业方法与前述大理石饰面板的传统湿作业安装方法相同。但由于花岗石饰面板长期暴露于室外,传统的湿作业方法常存在空鼓、脱落等质量缺陷,为克服此缺点,提出了改进的湿作业方法,其特点是增用了特制的金属夹锚固件。其主要操作工序为:斜孔打眼→安金属夹→面板安装→浇灌细石混凝土→打蜡。

(2) 干作业方法

干作业方法又称干挂法。它利用高强、耐腐蚀的连接固定件把饰面板挂在建筑物结构的外表面上,中间留出适量空隙。在风荷载或地震作用下,允许产生适量变位,而不致使饰面板出现裂缝或发生脱落,当风荷载或地震消失后,饰面板又能随结构复位,如图 10-18 所示。

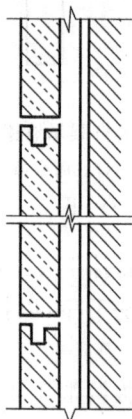

图 10-18 花岗石直角挂钩

干挂法解决了传统的灌浆湿作业法安装饰面板存在的施工周期长、黏结强度低、自重大、不利于抗震、砂浆易污染外饰面等问题,具有安装精度高、墙面平整、取消砂浆黏结层、减轻建筑物自重、提高施工效率等特点;且板材与结构层之间留有 40~100 mm 的空腔,具有保温和隔热作用,节能效果显著。干挂法的支撑方式分为在石材上下边支撑和侧边支撑两种,前者易于施工时临时固定,故在国内多被采用。干挂法工艺流程及主要工艺要求如下。

① 基体表面应坚实、平整,凸出物应凿去,清扫干净。

② 花岗石要进行挑选,几何尺寸必须准确,颜色均匀一致,石粒均匀,背面平整,不准有缺棱、掉角、裂缝、隐伤等缺陷。

③ 须用模具进行钻孔,以保证钻孔位置的准确。

④ 表面刷不饱和树脂,贴玻璃丝布做增强处理时应在作业棚

内进行,环境要清洁,通风良好,无易燃物,温度不宜低于 10 ℃。

⑤ 锚固栓钻孔深度宜为 55~60 mm。

⑥ 排水处理。底层板安装好后,将其竖缝用橡胶条嵌缝 250 mm 高,板材与混凝土基体间的空腔底部用聚苯板填塞,然后在空腔内灌入 1∶2.5 的白水泥砂浆,高度为 200 mm,待砂浆凝固后,将板缝中的橡胶条取出,在每块板材间接缝处的白水泥砂浆上表面设置直径为 6 mm 的排水管,使上部渗下的雨水能顺利排出。

⑦ 板材安装由下而上分层,沿一个方向依次顺序进行,同一层板材安装完毕后,应检查其表面平整度及水平度,经检查合格后,方可进行嵌缝。

⑧ 饰面板周边应粘贴防污条,防止嵌缝时污染饰面板。密封胶要嵌填饱满密实,光滑平顺,其颜色要与石材颜色一致。

10.3.3　金属饰面板安装

金属饰面板按材料可分为单一材料板和复合材料板两类。单一材料板是用一种质地的材料制成,如钢板、铝板、铜板、不锈钢板等。复合材料板是由两种或两种以上质地的材料组成,如铝合金板、烤漆板、镀锌板、金属夹心板、塑料膜板等。金属饰面板按板面形状可分为光面平板、纹面平板、波纹板、压型板、立体盒板等。

1. 不锈钢饰面板安装

不锈钢既具有金属特有的光泽和强度,又具有色彩纷呈、经久不变的颜色。不锈钢板不仅保持了原色不锈钢的物理、化学、机械性能,而且比原色不锈钢具有更强的耐腐蚀性能。

不锈钢饰面板的安装技术与铝合金面板相同,其施工程序为:放线→固定骨架的连接件→固定骨架→安装彩色不锈钢饰面板→收口构造处理。不锈钢饰面板安装如图 10-19、图 10-20 所示。

2. 铝合金饰面板安装

(1) 铝合金饰面板

铝合金饰面板,又称铝合金压型板。它是选用钝铝、铝合金为原料,经冷压成型的各种波形金属板材。它具有质量轻、易加工、强度高、刚度好、经久耐用、表面光亮等特点,广泛用于室内外墙面装饰和屋面装饰。铝合金饰面板的种类按表面处理方法分阳极氧化处理板和喷漆处理板,阳极氧化处理板由于氧化膜耐腐蚀性能好,故多用于室外,氧化膜的厚度越厚,耐腐蚀能力越高,成本也提高;其按色彩分为银白色、古铜色、金色等;按几何尺寸分为条形板和方形板;按吸声要求分,有穿孔铝合金板和不穿孔铝合金板,室内多用前者,而室外一般用不穿孔铝合金板;按装饰效果分,有铝合金花纹板、铝质浅花纹板、铝及铝合金波纹板、铝及铝合金压型板等。

(2) 铝合金板的固定

铝合金板墙面主要由铝合金板和骨架组成。骨架的横、竖杆通过连接件与结构固定,铝合金板作为饰面板固定在骨架上,骨架的横、竖杆一般采用铝合金型材或型钢(如角钢、槽钢等),也可用方木做骨架。

铝合金板固定在骨架上的方法多种多样。常用的固定方法主要有两大类型:一种是

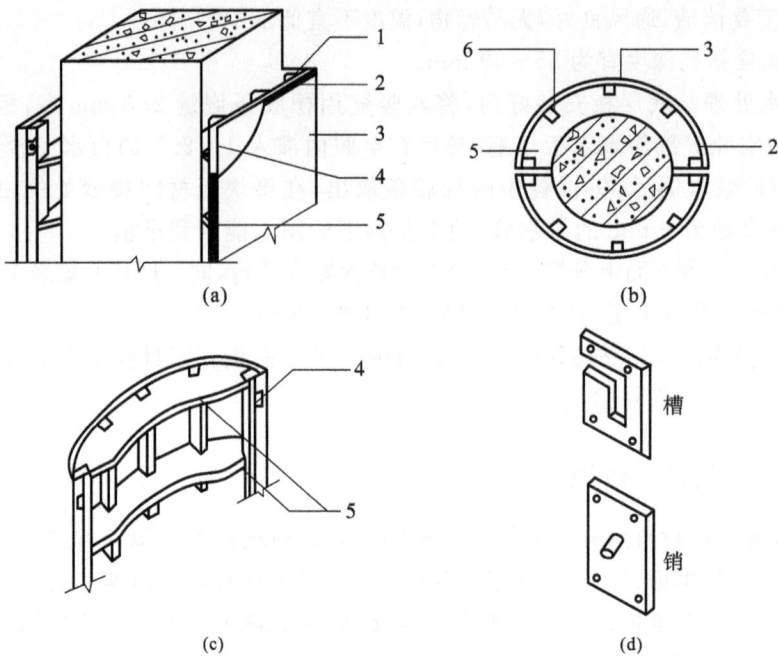

(a)

(b)

(c)

(d)

图 10-19　柱面不锈钢板安装

（a）方柱；（b）圆柱；（c）圆柱胎；（d）销件

1—木骨架；2—胶合板；3—不锈钢板；4—销件；5—中密度板；6—木质竖筋

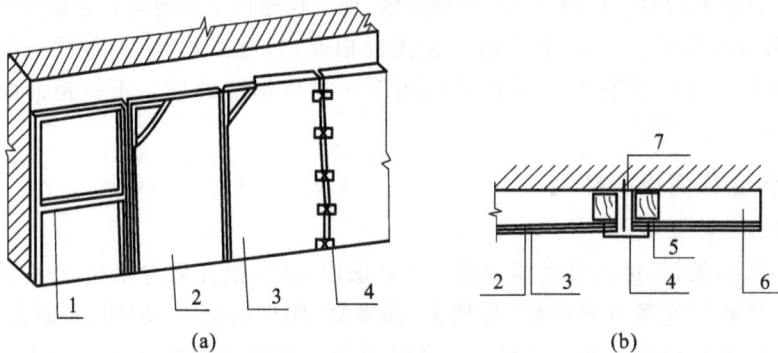

(a)

(b)

图 10-20　不锈钢墙面施工示意图

（a）不锈钢板、铜板饰面；（b）板缝构造

1—骨架；2—胶合板；3—饰面金属板；4—临时固定木条；5—竖筋；6—横筋；7—玻璃胶

将板条或方板用螺钉拧到型钢或木骨架上；另一种是采用特制的龙骨，将板条卡在特制的龙骨上。

（3）铝合金饰面板安装工艺

铝合金饰面板墙安装的施工程序是：放线→安装连接件→安装骨架→安装铝合金饰面板→收口构造处理。

3. 彩色不锈钢饰面板安装

彩色不锈钢饰面板是在不锈钢板上进行技术和艺术加工，使其成为各种色彩绚丽的不锈钢饰面板,表面颜色有蓝、紫、红、青、绿、金黄、橙及茶色等,色泽随光照角度不同会产生变幻的色调效果。其用以装饰厅堂的墙面和柱面,既坚固耐用,又美观新颖。

彩色不锈钢饰面板的安装技术与铝合金饰面板相同,其施工程序为:放线→固定骨架的连接件→固定骨架→安装彩色不锈钢饰面板→收口构造处理。

10.4　油漆、涂料和裱糊工程

10.4.1　油漆工程的施工

1. 材料要求和使用机具

① 所用油漆或半成品料,应有品名、种类、颜色、制作时间、贮存有效期、使用说明和产品合格证。

② 油漆工程所用的腻子,应具塑性和易涂性,干燥后应坚固结实,不起皮、无裂纹。

③ 使用的工具有:牛角漆刮、硬塑料板刮、橡皮板刮等作批嵌腻子用,油刷、羊毛排笔、漆刷为刷不同油漆的涂刷工具,其他还有如钢丝刷、油灰刀、铲刀、木砂纸、水砂纸、铁砂纸、铜丝筛、人字梯等。

④ 使用的机具有空气喷涂设备,包括喷枪、贮漆设备、空压机、油水分离器、橡皮管等,此外还有电动磨砂机及手持电动搅拌机(拌油漆及腻子用)。

2. 油漆的施工工艺

油漆可分为木材表面的混色油漆、清漆,金属面的油漆,混凝土、抹灰面的混色油漆,古建筑的大漆磨退等。各种面的油漆分为普通、中级、高级三个等级的油漆工艺;大漆磨退分为油灰麻绒打底、袖灰褙布打底和漆灰褙布打底三种。现主要介绍木材表面的混色油漆施工工艺。

① 清除、起钉子、除油污、去脂、磨砂纸、结疤处点漆片。

② 刷底子油。刷底子油要掌握涂刷的顺序,以木门窗刷底油为例,除木门扇下口刷氟化钠外,其他各面均应涂刷一遍清油。

③ 局部刮腻子、磨光。底子油干透后用牛角板将所有钉孔、裂缝、结疤、榫头间隙、拼缝、合页孔隙及边棱残缺等用腻子填嵌平整。嵌刮腻子时,牛角刮面与木料面夹角宜为50°~60°,来回一次压实刮平。腻子干后,用1号木砂纸磨平、磨光,不得将棱角磨圆和磨穿涂膜,磨后用刷从上向下将浮屑和粉尘揸干净。

④ 满刮腻子、磨光。用刮板先将腻子按条状平行地刮在物面上,再横向将腻子抹开,最后纵向刮平,厚度宜薄不宜厚。刮腻子时,刮板与物面的夹角宜为30°~40°,用力应均匀,来回次数不宜过多,腻子面不得出现粗糙、断续、明显刮痕和漏刮;腻子干透后,用1号木砂纸顺木纹打磨平整光滑,线角处用砂纸角或对折的砂纸边部打磨,不得漏磨和磨穿。木基层上尖锐的阳角宜磨成微小的圆角。磨完后清除干净,并用湿布将粉尘擦净待干。

⑤ 刷底涂料。用油性底涂料,刷法同刷清油。

⑥ 刷第一遍厚漆。用刷过清油的油刷操作,涂刷顺序同刷清油,应顺木纹刷,线角处不宜刷得过厚,内外分色的分界线应刷得齐直。小面积狭长可用油刷侧面上油,刷到后再用平面(大面)理顺。在门芯板或大面积木料上刷厚漆,可采用"开油"(沿长向每隔50~60 mm刷一长条)、"横油"、"斜油"(横向和斜向来回刷开)、"理油"(沿长向轻轻理顺)。接头处油刷应轻刷,不显刷痕,涂层应均匀平滑,色泽一致。刷完后应检查有无漏刷处。

油刷蘸涂料时,应少蘸、勤蘸,油刷浸入涂料内不宜超过刷毛长的2/3,蘸好后将油刷两面各在涂料桶边轻拍一下,使多余的涂料回桶,以免滴落玷污其他物面,并可防止在立面上涂刷时流坠。涂刷时,油刷应拿稳,条路应准确,操作应轻便、灵活。

⑦ 复补腻子。等厚漆干透后,对于底腻子收缩或残缺处,用稍硬且较细的加色腻子嵌补平整。

⑧ 磨光、湿布擦净。待腻子干透后用0~1号木砂纸或旧砂纸将所有施涂部位的表面磨平、磨光,以加强下一遍施涂的附着力。应注意不要把底子油磨穿、棱角磨破。磨好后用湿布将粉尘擦净待干。

⑨ 刷第二遍厚漆,刷法同刷第一遍厚漆,然后磨光、湿布擦净。

⑩ 刷调和漆。用刷过厚漆的油刷操作,可避免刷痕。因调和漆黏度大,涂刷时应多刷多理,动作应敏捷,刷应饱满、不流、不坠,以达到光亮均匀、色泽一致。刷完后应仔细检查一遍,如有漏刷应及时修整。

10.4.2 墙面涂料、刷浆施工

刷浆是在有机涂料未产生前使用的内墙面涂刷工艺,有石灰浆、大白浆、聚合物水泥浆、可赛银等。涂料,尤其是有机材料涂料的出现,除了在内墙面被采用,大多使用在室外外墙,既增加了水泥抹灰面的色彩,也代替了有些饰面装饰。

1. 材料要求及使用机具

涂料及刷浆所用的材料、成品、半成品均应符合设计要求,以及现行有关产品的国家标准的规定,并应有品名、种类、颜色、制作时间、贮存的有效期、技术指标和产品合格证。

刷浆的大白粉、白水泥、可赛银、颜料都应符合使用要求,还有辅助材料,如牛皮胶、乳胶、田仁粉、火碱、面胶、羧甲基纤维素、107胶、六偏磷酸钠、木质素磺酸钙、甲基硅醇钠、硬脂酸钙等,都应在使用有效期内。

涂料及刷浆的机具一般有空压机、喷枪、喷浆泵、手持电动搅拌器、高压胶管。手工工具有铲刀、腻子板、辊筒、刷子、排笔、铜丝筛、料桶、料勺、人字梯、粉线袋、砂纸等。

2. 涂料、刷浆的工艺工序

涂料、刷浆和油漆一样,不同的施工对象和不同的涂料,其施工工序是不一样的。其一般施工工序为:清扫→润湿→填补缝隙、局部刮腻子→磨平→第一遍刮腻子→磨平→第二遍刮腻子→磨平→第一遍刷浆→补腻子→磨平→第二遍刷浆→磨浮粉→第三遍刷浆。

10.4.3 裱糊工程施工

裱糊工程就是用黏结材料把塑料壁纸、复合壁纸、墙布和绸缎等薄型柔性材料贴到墙面、顶棚表面,形成装饰效果的施工工艺。裱糊的基层可以是清水平整的混凝土面、抹灰面、石膏板面、纤维水泥加压板面等,但基层必须光滑、平整,可用批刮腻子、砂纸磨平等方法,无鼓包、凹坑、毛糙等现象。裱糊工序应待顶棚、墙面、门窗及建筑设备的油漆、刷浆工序完成后进行。裱糊前要将突出基层表面的设备或附件卸下;如为木基层则钉帽应打进表面,并涂防锈漆和抹油性腻子刮平;表面为混凝土、抹灰面时含水率不得大于8%,为木制品时含水率不得大于12%。裱糊的基层表面要求颜色一致,阴、阳角先做成小圆弧角。对易透底的壁纸等材料,在基层表面先刷一遍乳胶漆,使颜色一致。冬期施工,应在具备采暖的条件下进行。

1. 材料要求

① 采用的壁纸等品种、图案、牌号均应符合设计要求。产品应有合格证。

② 基层批刮的腻子要用确保坚实牢固、不起皮、不裂缝的材料。一般用白胶水加滑石粉做成。

③ 胶黏剂应按壁纸、墙布和绸缎的品种选配,并应具有防霉、耐久的性能。

④ 所用壁纸、墙布、绸缎不得在运输和贮存中受雨淋、日晒、受潮,应存放在防潮、干燥的仓库之中。

2. 使用工具

① 裁剪用的工具:工作台(1 m×2 m)、钢直尺、钢卷尺、裁刀或剪刀。

② 弹线工具:线锤、粉袋、铝质水平尺。

③ 裱糊工具:脚手架(高的顶棚用)、人字梯、塑料刮板、橡皮刮板、排笔、大油刷、壁纸刀、小辊子、白毛巾、棉丝、塑料桶、海绵块、毛刷、羊毛辊刷、胶质辊筒、牛皮纸、电熨斗等。

3. 施工工艺程序

裱糊工程的施工工艺程序因基层、裱糊材料不同而不同,一般裱糊工程的施工工艺程序为:清扫基层→接缝处糊条→找补腻子、磨砂纸→满刮腻子、磨平→涂刷铅油一遍→涂刷底胶一遍→墙面画准线→壁纸浸水润湿→壁纸涂刷胶黏剂→基层涂刷胶黏剂→墙上纸裱糊→拼缝、搭接、对花→赶压胶黏剂、气泡→裁边→擦净挤出的胶液→清理、修整。

10.5　天　棚　工　程

10.5.1　施工前的准备

天棚施工前的准备工作如下。

① 在吊顶施工前,吊顶内的通风、水、电、管道及上人吊顶内的人行或安装通道应安装完毕。消防管道安装并试压完毕,从天棚经墙体通下来的各种开关、插座线路亦已安装就绪。施工材料基本备齐,必要的脚手架已搭好(4.5 m 高以上需用钢架)。

② 结构检验在吊顶施工前,应对吊顶固定处的楼面进行结构检查,施工质量应符合设计要求。

③ 认真筛选吊顶木龙骨。将有腐蚀、斜口开裂、虫蛀孔等缺陷的木龙骨剔除,并刷防火涂料。

④ 按设计要求放标高线、天棚造型位置线、吊挂点布局线、大中型灯位线。标高线弹到墙面或柱面上,其他线弹到楼板底面上。

1. 确定标高线

① 根据室内墙上 50 cm 水平线,用尺量至顶棚的设计标高,在四周墙上弹线,作为顶棚四周的标高线。弹线应清楚、位置准确,其水平允许偏差为 ±5 cm。

② 水柱法。将一条塑料透明软管灌满水后,将软管一端的水平面对准墙面上的高度线,再用软管另一端头内水面在同侧墙面找出高度线的另一点。找法:当软管两端头内水平面静止在同一平面时,画下该点的水平位置,再将这两点连成一直线,即得吊顶高度水平线。用同样的方法在其他墙面上同样可以做出高度水平线。

2. 造型位置线的做法

造型位置线的做法有以下两种。

① 规则室内空间造型位置线做法。先从一个墙面量出天棚吊顶造型位置距离,并按该距离画出与墙面平行的直线,再用相同的方法在另外三个墙面画出直线,则画出吊棚造型外框位置线。根据此外框线,逐步画出造型的各个局部。

② 不规则室内空间造型位置线做法。对不规则的室内来说,主要是墙面不垂直相交,或者是有的墙面不垂直相交。做圆吊顶造型线时,应从与造型线平行的那个墙面开始测量距离,并画出造型线,再根据此条造型线画出整个造型线位置;或是用找点法先在施工图上量出造型外框线距墙面的距离,然后再量出各墙面距造型边线的各点距离,将各点连线即得出吊顶造型线。

3. 吊顶位置的确定

吊顶位置的确定要求:① 平顶吊顶的吊点,一般间距为 1 m 左右 1 个,均匀布置;② 有迭级(即天棚两个表面不在同一平面上)造型的天花吊顶,应在迭级交界处布置吊点,两点间距为 0.8~1.2 m;③ 吊杆距主龙骨端部距离不得超过 300 mm,否则应增设吊杆;④ 较大的灯具应单独安排吊点来吊挂。

10.5.2 天棚施工工艺

天棚施工工艺为:安装吊点紧固件→沿吊顶标高线固定沿墙边龙骨→刷防火涂料→在地面拼接木隔栅(木龙骨架)→分片吊装→与吊点固定→分片间的连接→预留孔洞→整体调整→安装胶合板→后期处理。

1. 安装吊点紧固件

① 用冲击电钻在建筑结构底面按设计要求打孔,下膨胀螺栓。

② 用直径大于 5 mm 的射钉将角铁等固定在建筑底面上。

③ 利用事先预埋吊筋固定吊杆,如图 10-21 所示。

2. 沿吊顶标高线固定沿墙边龙骨

① 若为水泥混凝土墙面,可用水泥钉将木龙骨固定在墙面上。

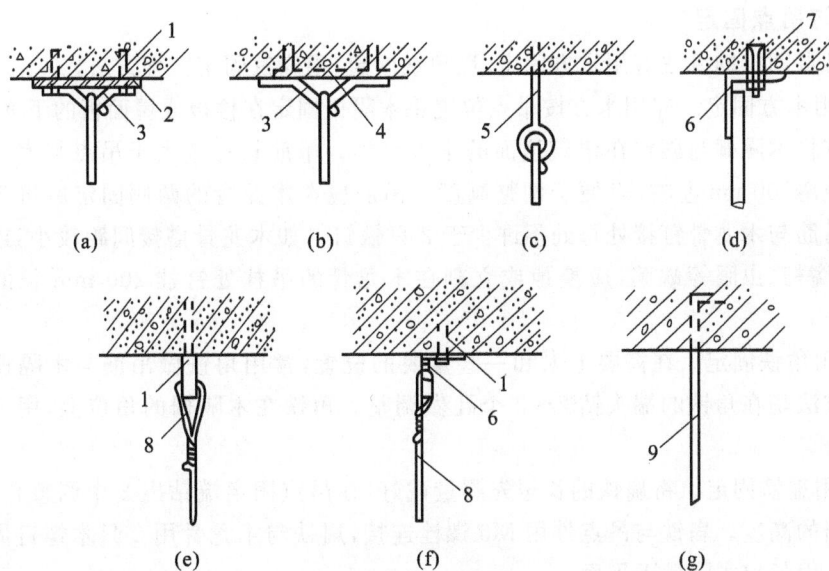

图 10-21 吊杆固定

(a) 射钉固定;(b) 预埋件固定;(c) 预埋 φ6 钢筋吊环;(d) 金属膨胀螺丝固定;
(e) 射钉直接连接钢丝;(f) 射钉角铁连接法;(g) 预埋 8 号镀锌钢丝
1—射钉;2—焊板;3—φ10 钢筋吊环;4—预埋钢板;5—φ6 钢筋吊环;
6—角钢;7—金属膨胀螺丝;8—镀锌钢丝;9—8 号镀锌铁丝

② 若是砖墙和混凝土墙,先用冲击钻在墙面标高线以上 10 mm 处打孔(孔的直径应大于 12 mm,在孔内下木楔,木楔的直径要稍大于孔径),木楔下入孔内要牢固配合。木楔下完后,木楔和墙面应保持在同一平面,木楔间距为 0.5~0.8 mm。然后将边龙骨用钉固定在墙上,边龙骨断面尺寸应与吊顶木龙骨断面尺寸一样,边龙骨固定后其底边与吊顶标高线应一致。

3. 刷防火涂料

吊顶木龙骨筛选后要刷三遍防火涂料,待晾干后备用。

4. 在地面拼接木隔栅(木龙骨架)

① 先把吊顶面上需分片或可以分片的尺寸位置定出,根据分片的尺寸进行拼接前安排。

② 将截面尺寸为 25 mm×30 mm 的木龙骨,在长木方向上按中心线距 300 mm 的尺寸开出深 15 mm、宽 25 mm 的凹槽。然后按凹槽对凹槽的方法拼接,在拼口处用小圆钉或胶水固定。通常是先拼接大片的木隔栅,再拼接小片的木隔栅,但木隔栅最大片不能大于 10 m²。

5. 分片吊装

平面吊顶的吊装先从一个墙角位置开始,将拼接好的木隔栅托起至吊顶标高位置。对于高度低于 3.2 m 的吊顶木隔栅,可在木隔栅举起后用高度定位杆支撑,使隔栅的高度略高于吊顶标高线,高度大于 3 m 时,则用铁丝在吊点上做临时固定。

6. 与吊点固定

与吊点固定的方法有用木方固定、用角铁固定、用扁铁固定三种方法。

① 用木方固定。先用木方按吊点位置将木隔栅固定在楼板或屋面板的下面,然后用吊筋木方将木隔栅与固定在建筑顶面的木方钉牢。吊筋长短应大于吊点与木隔栅表面之间的距离100 mm左右,以便于调整高度。吊筋应在木龙骨的两侧固定后再截去多余部分。吊筋与木龙骨钉接处每处不许少于 2 只铁钉。如木龙骨搭接间距较小,或钉接处有劈裂、腐朽、虫眼等缺陷,应换掉或立刻在木龙骨的吊挂处钉挂 200 mm 长的加固短木方。

② 用角铁固定。在需要上人和一些重要的位置,常用角铁做吊筋与木隔栅固定连接。其方法是在角铁的端头钻 2～3 个孔做调整。角铁在木隔栅的角位上,用 2 只木螺钉固定。

③ 用扁铁固定。将扁铁的长短先测量截好,在吊点固定端钻出 2 个调整孔,以便调整木隔栅的高度。扁铁与吊点件用 M6 螺栓连接,扁铁与木龙骨用 2 只木螺钉固定。扁铁端头不得长出木隔栅下平面。

7. 分片间的连接

分片间的连接有两种情况:一种是两分片木隔栅在同一平面对接,先将木隔栅的各端头对正,然后用短木方进行加固;另一种是分片木隔栅不在同一平面,平面吊顶处于高低面连接处,先用一条木方斜位地将上、下两平面木隔栅架定位,再将上、下平面的木隔栅用垂直的木方条固定连接。

8. 预留孔洞

预留灯光盘、空调风口、检修孔等的位置。

9. 整体调整

各个分片木隔栅连接加固完后,在整个吊顶面下用尼龙线或棒线拉出十字交叉标高线,检查吊顶平面的平整度,吊顶起拱量一般可按 7～10 m 跨度为 3/1000,10～15 m 跨度为 5/1000。

10. 安装胶合板

① 按设计要求将挑选好的胶合板正面向上,按照木隔栅分格的中心线尺寸,在胶合板正面上画线。

② 板面倒角:在胶合板的正面四周按宽度为 2～3 mm 刨出 45°倒角。

③ 钉胶合板:将胶合板正面朝下,托起到预定位置,使胶合板上的画线与木隔栅中心线对齐,用铁钉固定,钉距为 80～150 mm,钉长为 25～35 mm,钉帽应砸扁钉入板内,钉帽进入板面 0.5～1 mm,钉眼用油性腻子抹平。

④ 固定纤维板:钉距为 80～120 mm,钉长为 20～30 mm,钉帽进入板面 0.5 mm,钉眼用油性腻子抹平。硬质纤维板使用前应先用水浸透,自然阴干后安装。

⑤ 胶合板、纤维板、木丝板要钉木压条,先按图纸要求的间距尺寸在板面上弹线。以墨线为准,将压条用钉子左右交错钉牢,钉距不应大于 200 mm,钉帽应砸扁顺着木纹打

入木压条表面 0.5～1 mm,钉眼用油性腻子抹平。木压条的接头处,用小齿锯制角,使其严密平整。

11. 后期处理

按设计要求进行刷油、裱糊、喷涂,最后安装 PVC 塑料板。

10.6　门　窗　工　程

10.6.1　门窗工程施工基本要求

(1) 门窗安装前的检查

① 根据门窗图纸检查门窗的品种、规格、开启方向及组合杆、附件,并对其外形及平整度检查校正,合格后方可安装。

② 按设计要求检查洞口尺寸,如与设计不符合,应予以纠正。

(2) 门窗框、扇安装要求

门窗框、扇安装过程中,不得在门窗框、扇上安装脚手架,悬挂重物或在框、扇内穿物起吊,以防止门窗变形和损坏;吊运时,表面应用非金属软质材料衬垫,选择牢靠、平稳的着力点,以免门窗表面擦伤。

(3) 安装门窗必须采用预留洞口的方法

严禁采用边安装边砌口或先安装后砌口的方法;门窗固定可采用焊接、膨胀螺栓或射钉等方式,但砖墙严禁用射钉固定。

10.6.2　门窗安装工艺

1. 钢门窗安装

① 工艺流程:确定门窗安装位置线及标高线→运门窗至安装地点→立钢门窗→木楔临时固定→按水平线重新复核临时固定→焊接固定→堵洞养护→装五金配件→装玻璃刷漆→装纱窗→刷油→保温窗橡胶条安装。

② 画线找规矩。按设计图纸门窗安装位置尺寸标高,以窗中线为准往两侧量橱窗边线,以顶层门窗安装位置为主,分别找出各层门窗安装位置线及标高线。

③ 立门窗扇。将门窗就位,用木楔临时固定,使铁脚插入预留洞找正吊直,且保证位置准确,左、右缝隙应宽窄一致,距外墙尺寸符合图纸要求,如图 10-22 所示。门连窗可拼装好再进行安装,也可现拼现装,但均应做到位置准确、找正吊直。

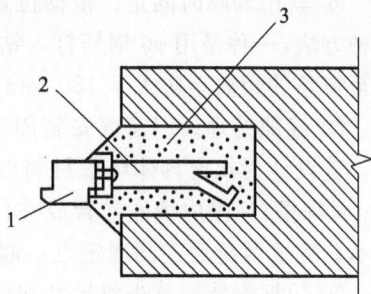

图 10-22　钢窗预埋铁脚
1—窗框;2—铁脚;
3—留洞 60 mm×60 mm×100 mm

325

④ 焊接固定。钢门窗立好后,要进行严格的检查,位置及标高均满足要求后,上框铁角与过梁铁件焊牢,窗两侧铁脚插入预留洞内,并用水阴湿,用1∶3干硬性砂浆填严、洒水养护。待堵洞砂浆凝固后用水泥砂浆将边缝塞实。

⑤ 裁纱、绷纱。裁纱要比实际尺寸各长50 mm,压纱时先将纱铺平,将上压条压好,用螺丝拧紧;将绷纱紧装上压条,用螺丝拧紧。然后再装两侧压条,用螺丝拧紧,将多余的纱割掉。

⑥ 油漆。绷纱前应先刷一道防锈漆、一道调和漆,绷纱后再刷一道,其余两道调和漆待安装后刷。钢门窗应在安装前刷好防锈漆和头道调和漆,安装后与室内木门窗一起再刷调和漆。

⑦ 小五金安装应待油漆干后进行,如需要先行安装,应注意防止污染、丢失。

2. 铝合金门窗安装

① 工艺流程:画线找规矩→门窗洞口处理→防腐处理及埋设连接铁件→铝合金门窗拆包、检查→就位和临时固定→门窗固定→铝合金门窗扇安装→门窗口四周堵缝、密封嵌缝→清理→安装五金配件→安装门窗纱扇密封条。

② 画线找规矩。在最顶层找出外门窗口边线,用大线锤将门窗边线下引,并在每层门窗1∶1处画线标记,对个别不直的口边应做处理。高层建筑宜用经纬仪找垂直线。水平位置应以+50 cm水平线为准,往上反量出窗下皮标高,弹线找直,每层窗下皮(若标高相同)应在同一水平线上。

③ 门窗洞口处理。根据外墙大样图集窗台板的宽度确定铝合金门窗在墙厚方向的安装位置,如外墙厚度有偏差时,原则上应以同一房间窗台板外漏尺寸一致为准。窗台板以深入铝合金窗下5 mm为宜。

④ 防腐处理及埋设连接铁件。门窗框两侧的防腐处理应按设计要求进行,如设计无要求,可涂刷防腐材料,如橡胶型防腐涂料或聚丙烯树脂保护装饰膜,也可粘贴塑料膜进行保护,避免填缝水泥砂浆直接与铝合金门窗表面接触。铝合金门窗安装时若采用连接铁件固定,铁件应进行防腐处理。连接件最好选用不锈钢,如图10-23所示。

⑤ 运输及安装铝合金窗拔水。按设计要求将拔水条固定在铝合金窗上,应保证安装位置正确、牢固。

⑥ 就位和临时固定。根据位置线安装,并将其吊直找正后用木楔临时固定。固定有两种方法,一种是用φ6钢筋打入钻好的孔中,另一种是与预埋钢板或结构钢筋焊接。铁角至窗角的距离不应大于180 mm,铁角间距应小于600 mm。

⑦ 缝隙处理。门窗框安装固定后,应按设计要求及时处理门窗框与墙体之间的缝隙。若设计为规定具体堵塞材料时,应用矿棉或玻璃棉毡分层填塞缝隙,外表面留5～8 mm深槽口,槽内填嵌油膏或在门窗两侧做防腐处理后填1∶2水泥砂浆,如图10-24所示。完成填缝后连同固定点一起办理隐蔽工程验收记录。

⑧ 门框安装。首先将尺寸找好,在门框的侧边钉好连接件或木砖,然后安装门框,门框安装并找好垂直度及几何尺寸后,用射钉枪或自攻螺钉将门框与墙上预埋件固定,用低碱性水泥砂浆将门框与砖墙四周的缝隙填实。

⑨ 地弹簧座的安装。根据地弹簧位置,提前剔洞,将地弹簧放入凹坑内用水泥砂浆

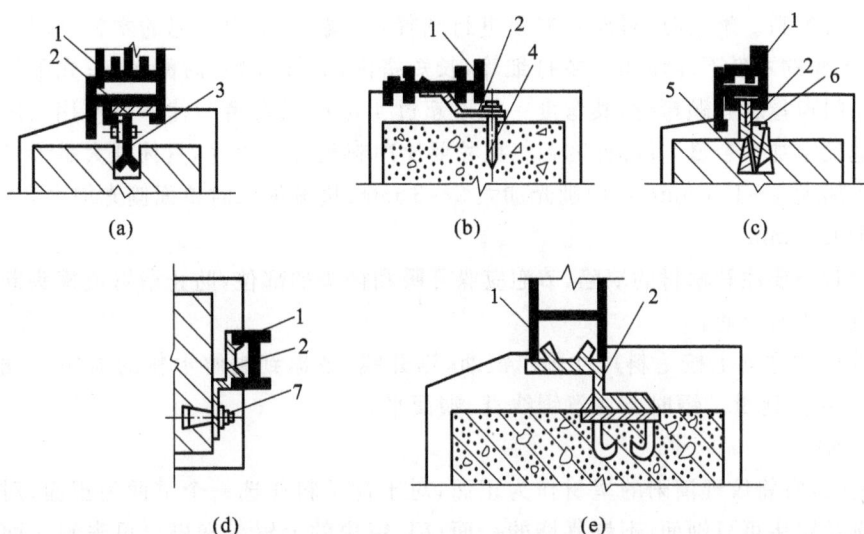

图 10-23　铝合金门窗框与墙体连接方式

(a) 预留洞燕尾铁脚连接；(b) 射钉连接；(c) 预埋木砖连接；(d) 膨胀螺钉连接；(e) 预埋铁件焊接连接

1—门窗框；2—连接铁件；3—燕尾铁脚；4—射(钢)钉；5—木砖；6—木螺钉；7—膨胀螺钉

固定,上面应与室内地面平齐,转轴轴线要与门框横料的定位销轴心线一致。

⑩ 门扇安装。门框、门扇的安装均采用铝角固定。门扇安装的具体做法与门框连接相同。

⑪ 安装五金配件,应待油漆完成并修理后再进行,安装工艺应按产品说明进行,要求安装牢固,使用灵活。

⑫ 安装纱门窗工序:绷铁纱→裁纱→压条固定→挂纱扇→装五金配件。

3. 木门窗安装

木门窗安装工艺流程为:放样→配料、截料→刨料→画线→打眼→开榫、拉肩→裁口与倒棱→拼装。

(1) 放样

放样是根据施工图纸上设计好的木制品,按照足尺 1:1 将木制品构造画出来,做成样板(或样棒),样板用松木制作,双面刨光,厚度约为 25 cm,宽等于门窗樘子梃的断面宽,长度比门窗

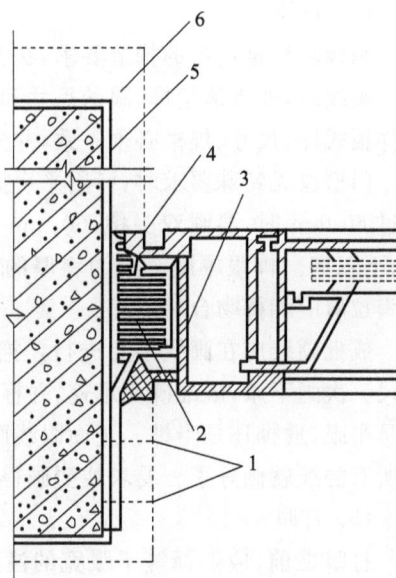

图 10-24　铝合金门窗框填缝

1—膨胀螺栓；2—软质填充料；
3—自攻螺钉；4—密封膏；
5—第一遍抹灰；6—最后一遍抹灰

高度大 200 mm 左右,经过仔细校核后才能使用。放样是配料和截料、画线的依据,在使用过程中应注意保持其画线的清晰,不要使其弯曲或折断。

(2) 配料、截料

配料是在放样的基础上进行的,因此要计算出各部件的尺寸和数量,列出配料单,按

配料单进行配料。配料时,对原材料要进行选择,有腐朽、斜裂节疤的木料,应尽量躲开不用;不干燥的木料不能使用。精打细算,长短搭配,先配长料,后配短料;先配框料,后配扇料。门窗樘料有顺弯时,其弯度一般不超过 4 mm,扭弯者一律不得使用。配料时,要合理地确定加工余量,各部件的毛料尺寸要比净料尺寸加大些,具体加大量参考如下:单面刨光加大 1~1.5 mm,双面刨光加大 2~3 mm;机械加工时单面刨光加大 3 mm,双面刨光加大 5 mm。

配料时还要注意木材的缺陷,节疤应躲开眼和榫头的部位,防止凿劈或榫头断掉;起线部位也禁止有节疤。

在选配的木料上按毛料尺寸画出截断、锯开线,考虑到锯解木料的损耗,一般留出 2~3 mm 的损耗量。锯时要注意锯线直,端面平。

(3)刨料

刨料时,宜将纹理清晰的里材作为正面,对于樘子料任选一个窄面为正面,对于门、窗框的梃及冒头可只刨面,不刨靠墙的一面;门、窗扇的上冒头和梃也可先刨三面,靠樘子的一面待安装时根据缝的大小再进行修刨。

刨完后,应按同类型、同规格樘扇分别堆放,上、下对齐。每个正面相合,堆垛下面要垫实平整。

(4)画线

画线是根据门窗的构造要求,在各根刨好的木料上画出榫头线、打眼线等。

画线前,要弄清楚榫、眼的尺寸和形式,什么地方做样,什么地方凿眼,弄清图纸要求和样板式样,尺寸、规格必须一致,并先做样品,经审查合格后再正式画线。

门窗樘无特殊要求时,可用平肩插。樘梃宽超过 80 mm 时,要画双实榫;门扇梃厚度超过 60 mm 时,要画双头榫,60 mm 以下画单榫。冒头料宽度大于 180 mm 者,一般画上、下双榫。榫眼厚度一般为料厚的 1/4~1/3。半榫眼深度一般不大于料断面的 1/4,冒头拉肩应和榫吻合。

成批画线应在画线架上进行。把门窗料叠放在架子上,将螺钉拧紧固定,然后用丁字尺一次画下来,既准确又迅速,并标识出门窗料的正面或背面。所有眼、榫注明是全眼还是半眼,透榫还是半榫。正面眼线画好后,要将眼线画到背面,并画好倒棱、裁口线,这样所有的线就画好了。要求线要画得清楚、准确、齐全。

(5)打眼

打眼之前,应选择等于眼宽的凿刀,凿出的眼,顺木纹两侧要直,不得出错槎。先打全眼,后打半眼。全眼要先打背面,凿到一半时,翻转过来再打正面直到贯穿。眼的正面要留半条里线,反面不留线,但比正面略宽。这样装榫头时,可减少冲击,以免挤裂眼口四周。

成批生产时,要经常核对,检查眼的位置尺寸,以免发生误差。

(6)开榫、拉肩

开榫就是按榫头线纵向锯开。拉肩就是锯掉榫头两旁的肩头,通过开榫和拉肩操作就制成了榫头。

开榫、拉肩要留半个墨线。锯出的榫头要方正、平直,榫、眼处完整无损,没有被拉肩操作面锯伤。半榫的长度应比半眼的深度小 2～3 mm。锯成的榫要求方、正,不能伤榫根。楔头倒棱,以防装楔头时将眼背面顶裂。

(7)裁口与倒棱

裁口即刨去框的一个方形角部分,供装玻璃用。用裁口刨或歪嘴刨。快刨到要刨的部分时,用单线刨子刨,去掉木屑,刨到为止。裁好的口要求方正、平直,不能有戗槎起毛、凹凸不平的现象。倒棱也称倒八字,即沿框刨去一个三角形部分。倒棱要平直、板实,不能过线。裁口也可用电锯切割,需留 1 mm 再用单线刨子刨到需求位置为止。

(8)拼装

拼装前应对部件进行检查,要求部件方正、平直,线脚整齐、分明,表面光滑,尺寸规格、式样符合设计要求,并用细刨将遗留墨线刨光。

门窗框的组装,是在一根边梃的眼里,再装上另一边的梃,用锤轻轻敲打拼合,敲打时要垫木块防止打坏榫头或留下敲打的痕迹。待整个拼好归方以后,再将所有榫头敲实,锯断露出的榫头。先将榫头沾抹上胶再用锤轻轻敲打拼合。

门窗扇的组装方法与门窗框基本相同。但木扇有门心板,须先把门心板按尺寸裁好,一般门心板应比扇边上量得的尺寸小 3～5 mm,门心板的四边去棱,刨光净好。然后先把一根门梃平放,将冒头逐个装入,门心板嵌入冒头与门梃的凹槽内,再将另一根门梃的眼对准榫装入,并用锤垫木块敲紧。

门窗框、扇组装好后,为使其成为一个结实的整体,必须在眼中加木楔,将榫在眼中挤紧。木楔长度为榫头的 2/3,宽度比眼宽窄 1/2。楔子头用扁铲顺木纹铲尖,加楔时应先检查门窗框、扇的方正,掌握其歪扭情况,以便在加楔时调整、纠正。

一般每个榫头内必须加两个楔子。加楔时,用凿子或斧子把榫头凿出一道缝,将楔子两面抹上胶插进缝内。敲打楔子要先轻后重,逐步搏入,不要用力太猛。当楔子已打不动,眼已扎紧饱满,就不要再敲,以免木料龟裂。在加楔的过程中,对框、扇要随时用角尺或尺杆卡窜角找方正,并校正框、扇的不平处,加楔时注意纠正。

组装好的门窗、扇用细刨刨平,先刨光面。双扇门窗要配好对,对缝的裁口刨好。安装前,门窗框靠墙的一面均要刷一道防腐剂,以增强防腐能力。

为了防止在运输过程中门窗框变形,在门框下端钉上拉杆,拉杆下皮正好是锯口。大的门窗框,在中贯档与梃间要钉八字撑杆,外面四个角也要钉八字撑杆。

门窗框组装、净面后,应按房间编号,按规格分别码放整齐,堆垛下面要垫木块。不准露天堆放,要用油布盖好,以防日晒雨淋。门窗框进场后应尽快刷一道底油防止风裂和污染。

(9)门窗框的后安装

① 主体结构完工后,复查洞口标高、尺寸及木砖位置。

② 将门窗框用木楔临时固定在门窗洞口内相应位置。

③ 用吊线坠校正框的正、侧面垂直度,用水平尺校正框冒头的水平度。

④ 用砸扁钉帽的钉子钉牢在木砖上。钉帽要冲入木框内 1～2 mm,每块木砖要钉两处。

⑤ 高档硬木门框应用钻打孔木螺丝拧固并拧进木框 5 mm。

（10）门窗扇的安装

① 量出棱口净尺寸，考虑留缝宽度。确定门窗扇的高、宽尺寸，先画出中间缝处的中线，再画出边线，并保证梃宽一致。四边画线。

② 若门窗扇高、宽尺寸过大，则刨去多余部分。修刨时应先锯余头，再修刨。门窗扇为双扇时，应先做打叠高低缝，并用开启方向的右扇压左扇。

③ 若门窗扇高、宽尺寸过小，可在下边或装合页一边用胶和钉子绑钉刨光的木条。钉帽砸扁，钉入木条内 1～2 mm，然后锯掉余头刨平。

④ 平开扇的底边，中悬扇的上、下边，上悬扇的下边，下悬扇的上边等与框接触且容易发生摩擦的边，应刨成 1 mm 斜面。

⑤ 试装门窗扇时，应先用木楔塞在门窗扇的下边，然后检查缝隙，并注意窗楞和玻璃芯子平直对齐。合格后画出合页的位置线，剔槽装合页。

（11）门窗小五金的安装

① 所有小五金必须用木螺丝固定安装，严禁用钉子代替。使用木螺丝时，先用手锤钉入全长的 1/3，接着用螺丝刀拧入。当木门窗为硬木时，先钻孔径为木螺丝直径 9/10 的孔，孔深为木螺丝全长的 2/3，然后拧入木螺丝。

② 铰链距门窗扇上、下两端的距离为扇高的 1/10，且避开上、下冒头。安好后必须灵活。

③ 门锁距地面高为 0.9～1.05 m，应错开中冒头和边梃的掉头。

④ 门窗拉手应位于门窗扇中线以下，窗拉手距地面 1.5～1.6 m。

⑤ 窗风钩应装在窗框下冒头与窗扇下冒头夹角处，使窗开启后成 90°角，并使上、下各层窗扇开启后整齐划一。

⑥ 门插销位于门拉手下边。装窗插销时应先固定插销底板，再关窗打插销压痕，凿孔，打入插销。

⑦ 门扇开启后易碰墙的门，为固定门扇应安装门吸。

⑧ 小五金应安装齐全，位置适宜，固定可靠。

4. 塑料门窗安装

塑料门窗及其附件应符合国家标准，不得有开焊、断裂等损坏现象，应远离热源。

塑料门窗框子连接时，先把连接件与框子成 45°角放入框子背面燕尾槽口内，然后顺时针方向把连接件扳成直角，最后旋进 φ4×15 自攻螺钉固定，如图 10-25 所示，严禁锤击框子。

门窗框和墙体连接采用膨胀螺栓固定连接件，一只连接件不少于 2 只螺钉。

（1）无气窗塑料门安装

① 直樘与上冒头 45°拼角处，用塑料角尺拍合，正确垂直放入门洞内。

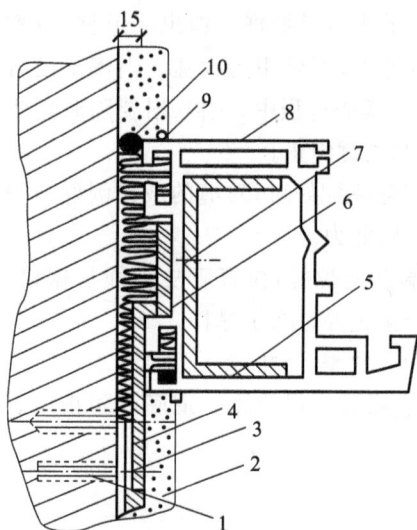

图 10-25 塑料门窗框的安装
1—膨胀螺栓；2—抹灰层；3—螺丝钉；
4—密封胶；5—加强筋；6—连接件；
7—自攻螺钉；8—硬 PVC 窗框；
9—密封膏；10—保温气密材料

② 在预埋木砖处,门框钻孔,旋入 3 寸木螺丝紧固。

③ 门框外嵌条 45°拼角处,用塑料角尺拍合,随后压入前门框凹痕处。

④ 整体门扇插入门框上铰链中,按门锁说明书装上球形门锁。

(2) 有气窗塑料门安装

① 中贯樘与直樘缺口吻合,穿入洋圆,用螺母搭牢。

② 上冒头内旋气窗铰链处预埋木芯。

③ 直樘与上冒头 45°拼合处用塑料角尺拍合,正确垂直放入门洞内。

④ 门洞预埋木砖处,在门框上钻洞,旋入 3 寸木螺丝紧固。

⑤ 窗边樘四角用塑料或木角尺拍合,并用木螺丝固定,装铰链处,木角尺稍长。

⑥ 装上百叶铰链。

⑦ 整扇门扇插入门框上铰链中,接门锁说明书装上球形门锁。

(3) 全塑整体门的安装

① 先修好砖洞口,检查是否符合图纸要求。

② 把塑料门框按规定位置立好,并在门框的一侧将木螺丝拧在木砖上。

③ 将塑料门装在门框上,找正位置后,用木块找好垂直和地坪标高,方位和立木门框相同,完成后将门从框中卸下。

④ 将门框另一侧用木螺丝固定在木砖上。

⑤ 在安装合页时,剔好合页槽。

⑥ 把门装入框中,用合页固定再进行修整,做到不崩扇,不坠崩,开关自如。

5. 玻璃钢门窗安装

① 门的安装与木门相似,门洞需要留木砖或预埋铁件,安装时先在框上打孔,然后拧螺丝。如有预埋铁板,可先钻孔拧入螺丝。

② 窗的安装,在窗洞上应预埋木砖或预埋铁件,在框上钻孔,用木螺丝拧入墙内。

③ 在安装前必须检查,如发现窗框有翘曲变形,窗角等有脱落及松动现象,均应进行修整。

10.7　玻璃幕墙工程

10.7.1　玻璃幕墙材料的一般要求

安装玻璃幕墙的钢结构、钢筋混凝土结构及砖混结构的主体工程,应符合有关结构施工及验收规范结构的要求。安装玻璃幕墙的构件及零附件的材料品种、规格、色泽和性能应符合设计要求。玻璃幕墙的安装施工,应单独编制施工组织设计方案。

① 玻璃幕墙材料应符合国家现行产品标准的规定,并应有出厂合格证。

② 应选用耐气候的材料。金属材料除不锈钢外,钢材应进行表面热浸镀锌处理,铝合金应进行表面阳极氧化处理。

③ 结构硅酮密封胶应有与接触材料相容性实验报告,并应有保险年限的质量证书。

10.7.2 施工准备

① 构件应按品种和规格堆放在特种架子或垫木上,在室外堆放应有保护措施。

② 构件安装前均应进行检验与校正,均应达到平直、规方,不得有变形和剐痕。

③ 构件进行钻孔、装配接头芯管、连接附件等辅助加工时,其加工位置与尺寸应准确。

④ 玻璃幕墙与主体结构连接的预埋件,应在主体结构施工时按设计要求埋设。埋设应牢固、位置准确,埋件的标高偏差不应大于 10 mm,埋件位置与设计位置的偏差不应大于 20 mm。

⑤ 幕墙构件在搬运、吊装过程中不得碰撞与损坏,不合格的构件不得安装。

10.7.3 安装施工

(1) 玻璃幕墙的施工测量

幕墙分隔轴线的测量应与主体结构的测量相配合,其误差应及时调整不得积累。对高层建筑的测量,应在风力不大于 4 级的条件下进行,每天应定时对玻璃幕墙的垂直及立柱位置进行校核。

(2) 幕墙立柱的安装

先将立柱与连接件连接,然后连接件再与立体预埋件连接,调整后固定。立柱安装标高偏差不应大于 3 mm;通过连接件幕墙的平面轴线与建筑物的外平面轴线距离的允许偏差应控制在 2 mm 以内。特别是建筑平面呈弧形、圆形和四周封闭的幕墙,其内、外轴线距离会影响幕墙的周长,应认真对待。

作为竖向骨架杆件的立柱,可以是一层楼高为一整根,长度可达 7.5 m,接头应有一定空隙穿入芯柱(套管),以套筒连接法连接,可适应及消除建筑挠度变形和温度变形的影响。

(3) 幕墙横梁安装

作为水平构件的横梁分段在立柱之间嵌入连接。横梁两端与立柱连接处用连接件和弹性橡胶垫安装在立柱的预定位置,橡胶垫应有 20%～35% 的压缩性,以适应和消除玻璃幕墙横向温度变形的影响。横梁应安装牢固,其接缝应严密。

相邻梁的水平标高偏差不应大于 1 mm,同层标高偏差:当一幅幕墙宽度小于或等于 35 m 时,不应大于 5 mm;当一幅幕墙宽度大于 35 m 时,不应大于 7.5 mm。

同一层的横梁安装,应由下向上进行。安装完一层高度时,应进行检查、调整、校正、固定,使其符合质量要求。

(4) 其他主要附件安装

有热工要求的幕墙,非采光部分为单层玻璃,常用做法是在内表面加衬镀锌钢板或其他板材作衬托,将保温材料钉在衬板上,保温层与玻璃之间保持一定距离以利于气体流动。施工时其保温部分已从内向外安装,内衬板四周应套装弹性橡胶密封条,内衬板与构件接触应严密;内衬板就位后即进行密封处理。

固定防火保温材料应锚钉牢固,防火保温层应平整,拼接处不应留缝隙。

幕墙采光部分一般都考虑室内冷凝水处理问题,常用做法是在窗台部位设排水口,管道从内部至窗台下出口与采暖设备的排口相连接。施工时需注意冷凝水排出管及附件应与水平构件预留孔连接严密,与内衬板出水孔连接处应设橡胶密封条。

其他通气留槽孔及雨水排出口等,均应按设计要求施工,不得遗漏。

玻璃幕墙立柱安装就位并调整后,应及时紧固,玻璃幕墙安装的临时螺栓等在构件安装、就位、调整、紧固后要及时拆除。

现场焊接或高强螺栓紧固的构件固定后,应及时进行防锈处理。幕墙中与铝合金接触的螺栓及金属配件应采用不锈钢或轻金属制品。

不同金属的接触面,要采用垫片做隔离处理。

(5) 幕墙玻璃的安装

① 玻璃安装时不论采用机械或人工,均采用吸盘附着原理,故在安装时必须将其擦拭干净,以避免吸盘漏气而保证施工安全。

② 热反射玻璃安装时,其镀膜面应朝向室内一侧,不能装反,否则不仅影响装饰效果,而且影响热反射玻璃的耐久性和物理耐用年限。

③ 玻璃与构件不得直接接触。玻璃四周与构件凹槽底应保持一定空隙,每块玻璃下部应设置不少于 2 块弹性定位垫块;垫块的宽度与槽口宽度相同,长度不得小于 100 mm;玻璃两边嵌入量及空隙应符合设计要求,左、右空隙宜保持能使玻璃在建筑变形及温度变形时在胶垫的夹持下竖向与水平向滑动,从而消除变形对玻璃的影响。

④ 玻璃四周橡胶条应按规定型号选用,镶嵌应平整,橡胶条长度宜比边框内槽口长出 1.5%～2%,其断口应留在四角;斜面断口后应拼成预定的设计角度并应使用黏结剂黏结牢固后嵌入槽内。

⑤ 玻璃幕墙四周与主体结构之间的缝隙,应采用防火的保温材料填塞;内、外表面应采用密封胶连接封闭,接缝应严密不漏水。幕墙与上部女儿墙、下部窗台和主体结构等处的连接处理,要满足连接牢固、密封和防水等要求,一般应有大样图,以便加工特殊的金属构件等。

⑥ 幕墙所采用的铝合金装饰压板应符合设计要求,表面应平整,色彩应一致,不得有肉眼可见的变形、波纹和凹凸不平,接缝应均匀严密。

⑦ 在幕墙安装施工到一定高度,应分层进行抗雨水渗漏性检查,以便修补并保证幕墙质量的中间控制。

⑧ 结构硅酮密封胶用于幕墙之间防水、防风的连接。施工厚度要控制在 3.5 mm 以上、4.5 mm 以下。注胶太薄时应保证密封质量,因其对防止雨水渗漏不利,同时对铝合金因热胀冷缩产生的拉应力也不利;但若注胶过厚,当胶受拉应力时易被拉断破坏,使密封和渗漏失效。

(6) 幕墙安装施工的隐蔽验收项目

玻璃幕墙安装施工应对下列项目进行隐蔽验收:构件和主体结构的连接节点的安装,幕墙四周、幕墙内表面与主体结构之间间隙节点的安装,幕墙伸缩缝、沉降缝、防震缝及墙面转角的安装,幕墙防雷接地节点的安装。

10.8 冬期施工和雨期施工

10.8.1 冬期施工措施

1. 一般规定

① 室外建筑装饰装修工程施工不得在 5 级及 5 级以上大风或雨雪天气下进行。施工前应采取挡风措施。

② 外墙饰面板、饰面砖以及马赛克饰面工程采用湿贴法作业时,不宜进行冬期施工。

③ 外墙抹灰后需进行涂料施工时,抹灰砂浆内所掺的防冻剂品种应与所选用的涂料材质相匹配,具有良好的相溶性;防冻剂掺量和使用效果应通过试验确定。

④ 装饰装修施工前,应将墙体基层表面的冰、雪、霜等清理干净。

⑤ 室内抹灰前,应提前做好屋面防水层、保温层及室内封闭保温层。

⑥ 室内装饰施工可采用建筑物正式热源、临时性管道或火炉、电气取暖。若采用火炉取暖,应采取预防煤气中毒的措施。

⑦ 室内抹灰、块料装饰工程施工与养护期间的温度不应低于 5 ℃。

⑧ 冬期抹灰及粘贴面砖所用砂浆应采取保温、防冻措施。室外用砂浆可掺入防冻剂,其掺量应根据施工及养护期间环境温度经试验确定。

⑨ 室内粘贴壁纸时,其环境温度不宜低于 5 ℃。

2. 抹灰工程

① 室内抹灰的环境温度不应低于 5 ℃。抹灰前,应将门口和窗口、外墙脚手眼或孔洞等封堵好,施工洞口、运料口及楼梯间等处应封闭保温。

② 砂浆应在搅拌棚内集中搅拌,并应随用随拌,运输过程中应进行保温。

③ 室内抹灰工程结束后,在 7 d 以内应保持室内温度不低于 5 ℃。当采用热空气加热时,应注意通风,排除湿气。当抹灰砂浆中掺入防冻剂时,温度可相应降低。

④ 室外抹灰采用冷作法施工时,可使用掺防冻剂的水泥砂浆或水泥混合砂浆。

⑤ 含氯盐的防冻剂不宜用于有高压电源部位和有油漆墙面的水泥砂浆基层内。

⑥ 砂浆防冻剂的掺量应按使用温度与产品说明书的规定经试验确定。当采用氯化钠作为砂浆防冻剂时,其掺量可按表 10-1 选用;当采用亚硝酸钠作为砂浆防冻剂时,其掺量可按表 10-2 选用。

⑦ 当抹灰基层表面有冰、霜、雪时,可采用与抹灰砂浆同浓度的防冻剂溶液冲刷,并应清除表面的尘土。

表 10-1 砂浆内氯化钠掺量

室外温度/℃		0～5	−5～10
氯化钠掺量 (占拌和用水质量百分比,%)	挑檐、阳台、雨罩、墙面等抹水泥砂浆	4	4～8
	墙面为水刷石、干黏石水泥砂浆	5	5～10

表 10-2　　　　　　　　　　　　　砂浆内亚硝酸钠掺量

室外温度/℃	0～3	−4～9	−10～15	−16～20
亚硝酸钠掺量(占水泥质量百分比,%)	1	3	5	8

⑧ 当施工要求分层抹灰时,底层灰不得受冻。抹灰砂浆在硬化初期应采取防止受冻的保温措施。

3. 油漆、刷浆、裱糊、玻璃工程

① 油漆、刷浆、裱糊、玻璃工程应在采暖条件下进行施工。当需要在室外施工时,其最低环境温度不应低于 5 ℃。

② 刷调和漆时,应在其内加入调和漆质量 2.5％的催干剂和 5.0％的松香水,施工时应排除烟气和潮气,防止失光和发黏不干。

③ 室外喷、涂、刷油漆、高级涂料时应保持施工均衡。粉浆类料浆宜采用热水配置,随用随配,并应将料浆保温,料浆使用温度宜保持在 15 ℃左右。

④ 裱糊工程施工时,混凝土或抹灰基层含水率不应大于 8％。施工中当室内温度高于 20 ℃,且相对湿度大于 80％时,应开窗换气,防止壁纸皱折起泡。

⑤ 玻璃工程施工时,应将玻璃、镶嵌用合成橡胶等材料运到有采暖设备的室内,施工环境温度不宜低于 5 ℃。

⑥ 外墙铝合金、塑料框、大扇玻璃不宜在冬期安装。

10.8.2　雨期施工措施

雨天不准进行室外抹灰,至少应能预计 1～2 d 的大气变化情况。对已经施工的墙面,应注意防止雨水污染。室内抹灰尽量在做完屋面后进行,至少做完屋面找平层,并铺一层油毡。雨天不宜做罩面油漆。

➲ 单元小结

本单元主要内容包括门窗工程,天棚工程,抹灰工程,饰面工程,玻璃幕墙工程,涂料、油漆和裱糊工程。

➲ 习　题

10-1　试述一般抹灰的分层做法操作要点及质量要求。

10-2　装饰抹灰有哪些种类?试述水刷石、水磨石、干黏石的做法及质量要求。

10-3　简述饰面砖的镶贴方法。

10-4　简述大理石及花岗石的安装方法。

10-5　简述铝合金门窗及塑料门窗的安装方法。

10-6　油漆施工有哪些工序?如何保证施工质量?

10-7　试述壁纸裱糊工艺及质量要求。

参考文献

[1] 卢爽,鲁春梅.建筑施工技术[M].北京:中国计量出版社,2010.

[2] 赵育红.建筑施工技术[M].北京:中国电力出版社,2009.

[3] 李洪军,贺云.建筑施工技术[M].北京:中国水利水电出版社,2009.

[4] 宁仁岐.建筑施工技术[M].2版.北京:高等教育出版社,2011.

[5] 张保兴.建筑施工技术[M].北京:中国建材工业出版社,2010.

[6] 顾昊兴,张志刚.建筑施工技术[M].天津:天津大学出版社,2012.

[7] 钱大行,杜曰武.建筑施工技术[M].大连:大连理工大学出版社,2009.

[8] 张伟,徐淳.建筑施工技术[M].上海:同济大学出版社,2010.

[9] 《建筑施工手册》第5版编委会.建筑施工手册[M].5版.北京:中国建筑工业出版社,2012.